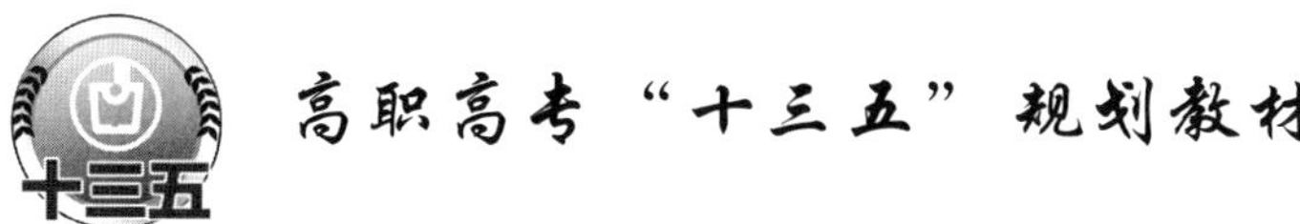

冶金技术概论

(第2版)

主　编　郑金星
副主编　杨意萍　王振光

北　京
冶 金 工 业 出 版 社
2023

内 容 提 要

全书共分五篇：第一篇炼铁生产，主要讲述炼铁原料、铁矿粉造块、炼铁原理与工艺、炼铁设备、炼铁技术进步与发展；第二篇炼钢生产，主要讲述炼钢基本原理、氧气转炉炼钢、电炉炼钢、炉外精炼、连续铸钢、炼钢新工艺新技术；第三篇有色金属冶金，主要讲述铝、镁、钛、铜、铅、锌冶金；第四篇压力加工，主要讲述塑性成型基本理论、轧制、拉拔、挤压、锻造和冲压；第五篇冶金生产用耐火材料，主要讲述耐火材料的定义、分类、化学与矿物组成、主要性能及耐火材料在冶金生产中的应用。

本书为高职高专学校教材，也可供冶金企业做技术培训之用，还可供相关领域的工程技术人员和管理人员参考。

图书在版编目(CIP)数据

冶金技术概论/郑金星主编．—2版．—北京：冶金工业出版社，2019.2（2023.1重印）
高职高专“十三五”规划教材
ISBN 978-7-5024-7694-6

Ⅰ.①冶…　Ⅱ.①郑…　Ⅲ.①冶金—技术—高等职业教育—教材　Ⅳ.①TF1

中国版本图书馆CIP数据核字（2018）第076492号

冶金技术概论（第2版）

出版发行	冶金工业出版社	**电　　话**	(010)64027926
地　　址	北京市东城区嵩祝院北巷39号	**邮　　编**	100009
网　　址	www.mip1953.com	**电子信箱**	service@mip1953.com

责任编辑　宋　良　高　娜　美术编辑　彭子赫　版式设计　孙跃红
责任校对　郑　娟　责任印制　禹　蕊
北京印刷集团有限责任公司印刷
2006年8月第1版，2019年2月第2版，2023年1月第3次印刷
787mm×1092mm　1/16；18印张；434千字；269页
定价 38.00 元

投稿电话　(010)64027932　投稿信箱　tougao@cnmip.com.cn
营销中心电话　(010)64044283
冶金工业出版社天猫旗舰店　yjgycbs.tmall.com
（本书如有印装质量问题，本社营销中心负责退换）

第2版前言

“十二五”期间，在需求的带动下，我国粗钢产量由2010年的6.3亿吨增加到2015年的8亿吨，年均增长5%，并在2014年达到8.2亿吨。2015年，有色金属工业产量同比增长10%，十种有色金属产量合计达到5156万吨。

“十三五”期间，我国经济发展步入速度变化、结构优化、动力转化的新常态，进入全面推进供给侧结构性改革的攻坚阶段。钢铁工业面临着深化改革、扩大开放、结构调整和需求升级等方面的重大机遇。而有色金属市场从国内看，“十三五”是全面建设小康社会的决战期，经济发展长期向好的基本面没有变，四化同步发展以及“中国制造2025”“一带一路”“京津冀一体化”“长江经济带”等国家战略和倡议的深入实施，需求潜力和发展空间依然较大。

长期以来，冶金工业有效支撑了中国经济的快速发展，不论是基础设施建设还是工业制造方面，都需要强大、高效、优质的金属材料做支撑。随着世界经济和科学技术的发展，冶金生产技术不断进步，冶金企业对技术工人的知识水平和技能水平以及相关的职业教育和职业培训提出了更高、更新的要求。为更好地适应行业发展，满足高等职业学校的教学需求和企业技术人员的培训、学习需求，在多年教学科研实践的基础上，结合高校科技计划项目研究成果，我们编写了本书。

在教材开发工作中，我们力求突出以下几个方面的特色：

第一，根据职业教育冶金类专业学生就业岗位的实际需求和冶金企业技术人员专业知识需求，合理安排知识点和技能点，以够用、实用为标准，注重工作能力的培养，满足企业对技术技能型人才的需求。

第二，在内容安排上，尽可能多地引入新知识、新技术、新设备和新材料等方面的内容，反映行业发展趋势。同时，在编写过程中，严格执行国家相关技术标准的规定。

第三，在结构和表达方式方面，强调由浅入深、循序渐进，力求使教材做到易教易学。

本书为高等职业技术院校专业教材，也可作为向社会各界普及和培训冶金技术专业知识的教育用书。

参加本书编写工作的人员为：山东工业职业学院张花（第 1、2 章）；山东工业职业学院吴洋（第 3~5 章）；山东工业职业学院郑金星（第 6~9 章）；山东工业职业学院王振光（第 10 章）；山东钢铁集团永锋淄博有限公司刘希山（第 11 章）。山东工业职业学院杨娜（第 12 章）；山东工业职业学院王鸿雁（第 13、14 章）；山东工业职业学院杨意萍（第 15~17 章）；山东工业职业学院李明晶（第 18、19 章）；山东工业职业学院孙华云（第 20 章）；全书由山东工业职业学院郑金星任主编，杨意萍、王振光任副主编，王庆春、白星良主审。

在编写过程中，参阅了冶金方面的相关文献，得到了山东钢铁集团、青岛钢铁集团等企业人员的热情帮助。在此谨向鼓励、关心和支持本书编写工作的业界朋友和相关文献作者表示衷心感谢！

由于编者知识有限，加之本行业技术和设备更新很快，书中难免存在不妥之处，敬请读者不吝赐教。

编　者

2017 年 7 月

第1版前言

进入21世纪以来，我国冶金工业快速发展。粗钢产量由2000年的1.285亿吨，上升到2005年的3.493亿吨，净增2.208亿吨，增长了1.72倍。粗钢生产能力由2000年的1.496亿吨，上升到2005年的4.14亿吨，净增加生产能力2.644亿吨，增长了1.77倍。2005年中国粗钢产量已经占到全球粗钢总产量的30%，相当于全球第二、三、四大产钢国产量的总和。

“十一五”期间，我国的GDP年增速预计为7.5%左右，仍将处于工业化、城镇化加速发展阶段。国民经济对钢铁产品的需求量仍然很大，预计每年消费增长在10%左右，市场仍然有很大的空间。高技术含量、高附加值钢材供不应求的状况还要保持相当长的时间。

2000~2005年期间，我国10种常用有色金属产量增长了2.08倍，年均递增15.8%；2005年达到1630万吨，连续四年位居世界第一。传统优势产品锡占世界产量的36%；钨、锑、稀土均占80%以上。铜加工材产量为466万吨，是2000年的2.92倍，年均递增23.9%，超过美国，居世界第一；铝加工材为583万吨，是2000年的2.69倍，年均递增21.9%，居世界第二。

随着冶金工业的迅猛发展，越来越多的企业员工进入到冶金行业，越来越多的社会宏观经济研究人员和管理人员、投资者也想了解冶金生产技术知识。企业的发展不仅需要大量精通冶金生产技术的工程师和专业技术人员，也需要全员职工掌握一定的冶金生产工艺知识，这样企业才能更快发展。

为了满足冶金工业的迅猛发展和生产企业对不同素质人才的要求，以及非专业人员对冶金生产知识了解的需要，我们编写了这本教材。本书主要内容包括炼铁生产、炼钢生产、有色金属冶金、压力加工和冶金生产用耐火材料等领域的新知识、新工艺和新设备，系统、简明地介绍了冶金工程的生产技术知识。

本教材可作为高职高专院校非冶金类专业教学用书，也可作为向社会各界普及冶金技术知识的培训教材和参考书。

全书由山东工业职业学院王庆义主编，郑金星任副主编。参加本书编写的同志还有山东工业职业学院王振光、尹雪亮、王鸿雁、杨意萍、李明晶、邓基芹。全书由山东工业职业学院王庆春、白星良同志审阅，王庆春同志任责任主审。

由于时间紧迫，加之编者水平有限，书中不足之处，敬请读者批评指正。

编　者

2006年4月

目　录

第2篇 炼钢生产

第3篇 有色金属冶金

第4篇 压 力 加 工

第5篇　冶金生产用耐火材料

绪　　论

冶金是一门研究如何经济合理地从矿石和其他原料中提取金属或金属化合物并加工处理，使之适于人类应用的技术科学。

冶金作为一门古老的技术，在国内外都已有几千年的历史。人类由使用石器、陶器进入到使用金属，是人类文明的一次飞跃。根据冶金史的研究，大约在公元前 30 世纪，人类开始大量使用青铜，此时期称为“青铜器时代”；到了公元前 13 世纪，铁器的应用在古埃及已占据一定比例。通常认为这是人类进入“铁器时代”的开端。人类同金属材料及其制品的关系日益密切，在人们的日常生活、生产和其他活动中所使用的工具及设施，都离不开金属材料及其制品。可以说，没有金属材料，就没有人类的物质文明。

中国古代冶金技术的发展要比欧洲国家早，尤其是在掌握铸铁及热处理技术方面。就金属种类而言，中国在春秋战国之际（公元前 7 世纪），已经能够提炼铜、铁、锡、铅、汞、金和银等 7 种常用金属。但由于冶金技术长期停留在凭经验操作或师徒传授的传统方式，在中世纪近一千多年的时期内，全世界的冶金技术发展均十分缓慢。

现代冶金可以认为是开始于 19 世纪前后，冶金学受到其他学科的影响而获得迅速发展。特别是化学、物理学、热能及工程学等方面的成就，促使冶金生产技术不断改进。例如，冶金方法已不仅局限于传统的碳还原法和氧化法，而开始使用电能并制造出能够产生高温和能控制气氛的电炉，出现了熔盐电解铝和水溶液电解有色金属的新方法，在冶金过程中应用氧气，使用大型自动化炼铁高炉、氧气顶吹炼钢转炉、真空冶金和闪速熔炼等新技术，从此冶金技术进入到新的发展阶段。

冶金工业是指对金属矿物的勘探、开采、精选、冶炼以及轧制成材的工业部门，包括黑色冶金工业和有色冶金工业两大类，前者包括生铁、钢和铁合金（如铬铁、锰铁等）的生产；后者包括其余所有各种金属的生产。冶金工业是重要的原材料工业部门，为国民经济各部门提供金属材料，也是经济发展的物质基础。

冶金是国民经济建设的基础，是国家实力和工业发展水平的标志，它为机械、能源、化工、交通、建筑、航空航天工业、国防军工等各行各业提供所需的原材料产品。现代工业、农业、国防及科技的发展，对冶金工业不断提出新的要求并推动着冶金学科和工程技术的发展；反过来，冶金工业的发展，又为人类文明进步不断提供新的物质基础。

冶金工程技术的发展趋势是不断汲取相关学科和工程技术的新成就进行充实、更新和深化，在冶金热力学、金属、熔渣、熔盐结构及物性等方面的研究会更加深入，建立智能化热力学、动力学数据库，加强冶金动力学和冶金反应工程学的研究，应用计算机逐步实现对冶金全流程进行系统最优设计和自动控制。冶金生产技术将实现生产柔性化、高速化和连续化，达到资源、能源的充分利用及生态环境的最佳保护。随着冶金新技术、新设备、新工艺的出现，冶金产品将向超纯净和超高性能等方面发展，在支撑经济、国防及高科技发展上，发挥愈来愈重要的作用。

冶金工程与许多学科密切相关，相互促进，共同发展。冶金物理化学是冶金工程的应用理论基础。该工程领域与材料工程、环境工程、矿业工程、控制工程、计算机技术等工程领域及物理、化学、工程热物理等基础学科密切联系，相互促进，共同发展。

作为冶金原料的矿石（或精矿），其中除含有所要提取的金属矿物外，还含有伴生金属矿物以及大量无用的脉石矿物。冶金的任务，就是把所要提取的金属从成分复杂的矿物集合体中分离出来并加以提纯。这种分离和提纯过程常常不能一次完成，需要进行多次。一般说来，冶金过程包括预备处理、熔炼和精炼三个循序渐进的作业过程。

在现代冶金中，由于矿石（或精矿）性质和成分、能源、环境保护以及技术条件等情况的不同，故实现上述冶金作业的工艺流程和方法是多种多样的，根据各种方法的特点，大体上可将其归纳为三类：火法冶金、湿法冶金和电冶金。

提取冶金属于原材料工业，主要涉及资源的开发和利用，包括从矿产资源中提取、分离、纯化和生产出各种金属及其化合物，并加工出具有一定性能的金属或合金材料。金属可以分为黑色金属、有色金属、稀有金属和贵金属等。随着矿产资源不断地大量开采，有些陆地矿产资源已趋于枯竭，人们已开始关注海洋矿产资源，研究从海水中和从海底多金属锰结核中提取与分离出有用金属。同时，从可持续发展和生态环境保护出发，人们日益重视从二次再生资源中回收利用有用金属，因而提取冶金的对象和范围也在不断扩大。

新中国成立以来，国家一直非常重视冶金工业的发展。近年来，我国的钢产量连续居于世界前列，足见国家的重视和其迅速稳健发展的良好势头。诚然，现代科技的进步催生了一些高科技新材料的诞生和应用，替代了部分金属材料。但是，金属材料在未来相当长的一段时期内，其优势和特性依然是其他材料所不可比拟和替代的。

冶金工程专业主要有三大研究方向：

一是冶金物理化学方向：学习内容包括冶金新理论与新方法，冶金与材料物理化学，材料制备物理化学，冶金和能源电化学等；

二是冶金工程方向：学习内容包括钢铁和有色金属冶金新工艺、新技术和新装备的研究，现代冶金基础理论和冶金工程软科学，冶金资源的综合利用，优质高附加值冶金产品的制造和特殊材料的制备技术等；

三是能源与环境工程方向：学习内容包括冶金工程环境控制，燃料的清洁燃烧与能源极限利用，工艺节能与余能回收，工业固体废弃物，城市垃圾处理，大气污染控制，技术及新产品的开发与试验工作等。

这些广泛的分支领域构成了冶金工程的重要组成部分，极大地推进了冶金材料行业的发展与国家的经济建设。

第1篇

炼 铁 生 产

炼铁是指利用含铁矿石、燃料、熔剂等原燃料通过冶炼生产合格生铁的工艺过程。自然界中的铁绝大多数以铁氧化物的形态存在于矿石中，如赤铁矿、磁铁矿等。高炉炼铁就是从铁矿石中将铁还原出来，并熔炼成液态生铁。为了使铁矿石中的脉石生成低熔点的熔融炉渣并与铁分离，必须有足够的热量并需加入熔剂（主要是石灰石）。在高炉炼铁中，还原剂和热量都是由燃料与鼓风提供的。目前所用的燃料主要是焦炭，高炉还从风口喷入煤粉等其他燃料，以代替部分焦炭。通常，冶炼1吨生铁需要1.5~2.0吨铁矿石，0.4~0.6吨焦炭，0.2~0.4吨熔剂，总计需要2~3吨原料。为了保证高炉生产的连续性，要求有足够数量的原料供应。

高炉炼铁的一般生产流程如图Ⅰ-1所示。

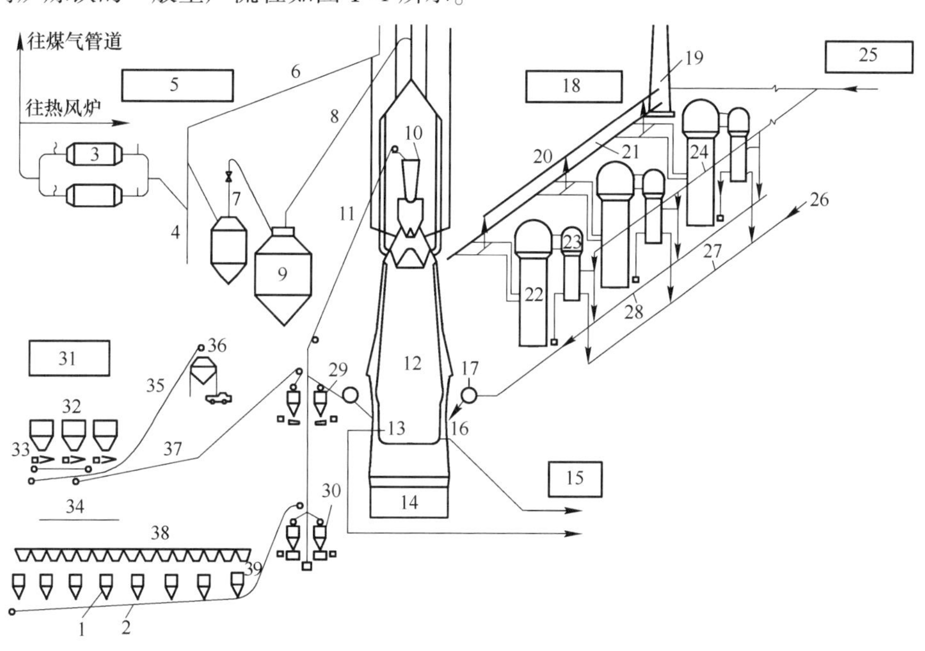

图Ⅰ-1　高炉本体和辅助设备系统

1—称量漏斗；2—漏矿皮带；3—电除尘器；4—闸式阀；5—煤气净化设备；6—净化煤气放散管；7—文氏管煤气洗涤器；8—下降管；9—除尘器；10—炉顶装料设备；11—装料传送皮带；12—高炉；13—渣口；14—高炉本体；15—出铁场；16—铁口；17—围管；18—热风炉设备；19—烟囱；20—冷风管；21—烟道总管；22—蓄热室；23—燃烧室；24—混风总管；25—鼓风机；26—净煤气；27—煤气总管；28—热风总管；29—焦炭称量漏斗；30—碎铁称量漏斗；31—装料设备；32—焦炭槽；33—给料器；34—原料设备；35—粉焦输送带；36—粉焦槽；37—漏焦皮带；38—矿石槽；39—给料器

高炉生产工艺过程由高炉本体和五个辅助设备系统构成。高炉本体是炼铁生产的核心设备，包括炉基、炉壳、炉衬、冷却设备、炉顶装料设备等，整个冶炼过程是在高炉内完成的。五个辅助设备系统中，上料系统（包括贮矿场、贮矿槽、焦炭仓、焦炭滚筛、称量漏斗、称量车等）的任务是将高炉所需原燃料通过上料设备装入高炉内，以供高炉冶炼；送风系统（包括鼓风机、热风炉、热风弯管、直吹管等）的任务是将风机送来的冷风经热风炉预热以后送进高炉内；煤气净化系统（包括上升管、下降管、重力除尘器、洗涤塔、文氏管、脱水器等）的任务是对高炉冶炼所产生的荒煤气进行净化处理，以获得合格的气体燃料；渣铁处理系统（包括出铁场、泥炮、开口机、炉前吊车、铁水罐、铸铁机、渣罐等）的任务是将炉内放出的渣、铁，按要求进行处理；喷吹燃料系统（包括煤粉收集罐、贮煤罐、喷吹罐、混合器和喷枪等）是将按一定要求配备好的燃料喷入炉内，以代替部分昂贵的冶金焦，降低冶炼成本，改善高炉操作指标。

炉料从炉顶装料设备装入高炉后，自上而下运动。从高炉下部的风口处鼓入热风（1000~1300℃），燃料中的碳素（还有少量碳氢化合物）在热风中发生燃烧反应，产生具有很高温度的还原性气体（CO、H_2）。炉料下降过程中，被上升的炽热煤气流加热，在此过程中发生一系列的物理化学变化：炉料的挥发与分解，铁氧化物和其他物质的还原，生铁与炉渣的形成，燃料的燃烧，热交换等。这些过程不是单独进行的，而是在相互制约下数个过程同时进行的。基本过程是燃料在炉缸风口前燃烧形成高温煤气，煤气不停地向上运动，与不断下降的炉料相互作用，其温度、数量和化学成分逐渐发生变化，最后从炉顶逸出炉外。炉料在不断下降过程中，由于受到高温还原煤气的加热和化学作用，其物理形态和化学成分逐渐发生变化，最后在炉缸里形成液态渣铁。矿石中的脉石与熔剂作用变成炉渣浮在液态的金属铁液面上，铁水与炉渣定期从铁口排出。反应后的气态产物称为高炉煤气，从炉顶排出。煤气含有可燃性气体，经净化处理后成为气体燃料。

高炉冶炼的主要产品是生铁，副产品是炉渣、煤气和一定量的炉尘等。

生铁分为炼钢生铁和铸造生铁两大类，我国约90%以上的为炼钢生铁，其余部分为铸造生铁。它们的主要区别是含硅量不同。

炉渣是高炉的副产品。矿石中的脉石与熔剂、燃料中的灰分等熔化后组成炉渣，炉渣的主要成分为CaO、MgO、SiO_2、Al_2O_3等。炉渣有许多用途，常用作水泥原料及隔热、建材、铺路等材料。我国大中型高炉的渣量一般在每吨铁300~600kg之间，地方小高炉的渣量大大超过此数值。

煤气的化学成分为CO、CO_2、H_2、N_2及少量CH_4等。高炉冶炼1t生铁大约产生煤气1700~3000m^3。煤气经处理后，成为很好的气体燃料，除作为热风炉的燃料外，还可供炼钢、炼焦、轧钢厂均热炉以及锅炉等用户使用。

高炉煤气是无色、无味的气体，有毒易爆炸。因此，在煤气区域工作，要特别注意防火和预防煤气中毒。

炉尘是随高炉逸出的细粒炉料，经除尘处理后与煤气分离。炉尘含Fe、C、CaO等有用物质，可作为烧结的原料，吨铁炉尘量为10~100kg。近年来日本用炉尘生产海绵铁成功，开辟了利用炉尘的新途径。

高炉生产的技术水平和经济效果可以用技术经济指标来衡量。其主要技术经济指标有以下几项：

（1）高炉有效容积利用系数

$$\eta_u = \frac{P}{V_u}$$

式中 η_u——每立方米高炉有效容积在一昼夜内生产合格生铁的吨数；

P——高炉一昼夜生产的合格生铁；

V_u——高炉有效容积，指炉缸、炉腹、炉腰、炉身、炉喉五段之和。

高炉有效容积利用系数 η_u 是衡量高炉生产强化程度的指标。η_u 越高，高炉生产率就越高，每天所产生铁越多。目前我国高炉有效容积利用系数一般为（1.8~2.3）t/(m^3·d)，高的可达3.0t/（m^3·d）以上。

（2）焦比：

$$K = \frac{Q}{P}$$

式中 K——生产1t生铁消耗的焦炭量；

Q——高炉一昼夜消耗的干焦量。

焦比是衡量高炉物质消耗，特别是能耗的重要指标，它对生铁成本的影响最大。因此降低焦比和燃料比始终是高炉操作者努力的方向。目前我国喷吹高炉的焦比一般低于450kg/t。国外先进高炉焦比已小于400kg/t，燃料比约450kg/t。

（3）综合焦比：指冶炼1t生铁消耗干焦数量与其他辅助燃料折算成相应干焦数量的总和；

$$综合焦比 = \frac{干焦量 + \sum 喷吹燃料 \times 折算系数}{合格生铁产量} = \frac{综合干焦量}{合格生铁产量}$$

（4）冶炼强度：

$$I = \frac{Q}{V_u}$$

冶炼强度是指每立方米高炉有效容积消耗的焦炭总量，当高炉喷吹燃料时每昼夜每立方米高炉有效容积消耗的燃料折合总量，称为综合冶炼强度。

冶炼强度的计算要扣除休风时间以实际工作时间计算；它是表示高炉生产强化程度的指标，主要取决于高炉所接受的风量；鼓入的风量越多，冶炼强度越高。

利用系数和焦比与冶炼强度之间的关系为：

$$\eta_u = \frac{I}{K}$$

冶炼强度和焦比均影响利用系数，当采用某一技术措施后，若冶炼强度增加而焦比又降低时可使利用系数得到最大限度的提高。

（5）休风率：休风率是指休风时间（日历时间扣除计划检修时间）占规定作业时间的百分数：

$$休风率 = \frac{休风时间}{日历时间 - 计划检修时间} \times 100\%$$

休风率反映设备管理维护和高炉的操作水平。降低休风率是高炉增产节焦的重要途径，我国先进高炉休风率已降到1%以下。

（6）生铁合格率：化学成分符合国家标准的生铁为合格生铁。合格生铁占高炉总产量的百分数为生铁合格率，它是评价高炉产品质量的指标：

$$生铁合格率=\frac{合格生铁产量}{生铁总产量}\times 100\%$$

（7）炉龄：指两代高炉大修之间高炉实际运行时间。衡量炉龄的另一个指标是每立方米炉容在一代炉龄内的累计产铁量。延长炉龄是高炉工作者的重要课题，现代高炉平均寿命可达 15000~20000t/m^3。

中国的冶铁技术有着古老的历史，最早欧洲的冶炼技术也是从我国输入的。但 19 世纪第一次工业革命爆发，当欧洲国家高炉向着大型化、机械化、电气化方向发展，冶炼技术不断完善的时候，我国却处在落后的封建统治时代，发展迟缓，直到 19 世纪末，不得不转而从欧洲引入近代炼铁技术。

人们平时使用得最多的是铁的合金，生铁和钢就是铁的合金。自从人类进入了铁器时代以来，钢铁工业是否发达，一直是衡量世界各国经济实力的一个重要标志。新中国成立后，我国于 1953 年生铁产量就达到了 190 万吨，超过了历史最高水平。1957 年，生铁产量达到了 597 万吨，高炉利用系数达到了 1.321，我国在这一指标上进入了世界先进行列。1993 年，生铁年产量为 8000 万吨，跃居世界第二位；1996 年，生铁年产量突破 1 亿吨，居世界第一位；2016 年，生铁产量为 7 亿吨。

自 20 世纪 60 年代以来，世界各国的高炉容积不断扩大，产量不断增长。据不完全统计，当前世界上大于 2000m^3 级高炉已超过 150 座，4000m^3 级高炉 40 多座。我国沙钢高炉是 5860m^3，日产生铁超过 13000 吨。

现代钢铁工业是一个庞大而复杂的生产部门，它包括采矿、选矿、烧结（球团）、炼铁、炼钢和轧钢等环节。炼铁生产作为钢铁联合企业中的一个环节对整个冶金生产系统起着非常重要的作用，其主要原因是生铁质量与性能的好坏将直接影响到炼钢以及轧钢产品的质量与性能。另外，高炉停产或减产都会给整个联合企业的生产带来严重的影响。因此高炉工作者务必努力做好本职工作，防止各类事故发生，采取积极措施，使高炉生产稳定、均衡，以保证钢铁联合企业连续协调生产。目前，我国炼铁生产已由过去的重产量、抓速度，转到重质量、抓品种、节能降耗、提高经济效益的发展轨道上来。其总的发展方向是：节约能源和资源，提高设备效率，实现全方位自动化，加强环境保护，实现综合治理。

复习思考题

Ⅰ-1 简述高炉炼铁生产工艺流程？

Ⅰ-2 高炉炼铁的产品和副产品主要有哪些？

Ⅰ-3 高炉生产主要经济技术指标有哪些，分别说明其含义？

1 炼铁原料

原料是炼铁生产的物质基础，原料的质量对冶炼过程及冶炼效果有极大的影响。高炉炼铁的主要原料是铁矿石、熔剂和燃料。尽管我国钢铁工业通过技术改造和结构调整，整体实力有了较大的提高，但我国钢铁生产所需原料资源仍然不足，钢铁工业的持续稳定发展面临着严峻的挑战。由于全球经济的复苏，钢铁原燃料和钢铁产品的价格同步上涨，说明原燃料和钢铁产品长期以来低价格的局面已经成为过去。在这种新的条件下，我国钢铁工业发展应当更加注重节能降耗，特别是努力提高原燃料的综合利用效率，转变全行业的增长方式，坚持发展循环经济，走新型工业化道路，依靠科技进步、技术创新和工艺水平提高，使钢铁工业由能源、资源消耗型向节约型转变，由数量扩张型向质量效益型转变，成为环境生态友好的产业。

1.1 铁矿石和熔剂

1.1.1 铁矿资源及铁矿石特性

自然界中金属状态的铁是极少见的，一般都以化合物的形式存在于矿物中。所谓矿物是指地壳中的化学元素经过各种地质作用，形成的天然元素和天然化合物。矿石和岩石均由矿物组成，是矿物的集合体。矿石是在目前的技术条件下能经济合理地从中提取金属、金属化合物或有用矿物的物质。矿石又由有用矿物和脉石矿物所组成。能够利用的矿物为有用矿物，目前尚不能利用的矿物为脉石矿物。

近十多年来，由于国内钢铁工业迅速发展，矿石开采赶不上钢铁工业发展的速度，铁矿产量和质量不能满足钢铁生产的需要，使我国铁矿石进口量逐年增加。2014 年，我国进口铁矿 9.33 亿吨，2015 年进口铁矿石 9.527 亿吨，2016 年达 10.24 亿吨，同比增长 7.5%。

我国铁矿的特点是分布分散，储量不多，原矿品位低，贫矿占铁矿石总储量的 80% 以上。矿石资源储量约 400 多亿吨，可供开采的有 200 多亿吨，达到经济规模的为 80 多亿吨。按目前开采规模，大约可供开采 20 年左右，而且产量不能满足我国钢铁高速增长的需要。

从 20 世纪 80 年代开始，我国每年都要进口相当数量的铁矿石，以补充国内铁矿生产的不足。2005 年度铁矿粉供应合同价创纪录地上调了 71.5%。近年来，中国钢铁工业迅猛发展，带动全球钢产量大幅增长。作为钢铁生产的关键原料，铁矿石在全球范围内成为各大钢铁公司极力争夺的紧俏资源。目前，我国进口的铁矿石主要来自澳大利亚、巴西、印度和南非等国。随着我国的钢铁产量进一步增加，我国对进口铁矿的需求量还要有更大的增长。因此，必须大力发展选矿和造块技术，加强矿石综合利用的研究试验工作，合理利用我国资源。

铁矿石是以含铁矿物为主的矿石。自然界中含铁矿物很多，但能利用的按其矿物组成主要分为四大类：磁铁矿、赤铁矿、褐铁矿和菱铁矿。由于它们的化学成分、结晶构造以及生成的地质条件不同，因此各种铁矿石都具有不同的外部形态和物理特性。

（1）磁铁矿：俗称“黑矿”，化学式为 Fe_3O_4，结构致密，晶粒细小，黑色条痕；强磁性，硫、磷含量较高，还原性差。

（2）赤铁矿：俗称“红矿”，化学式为 Fe_2O_3，樱红色条痕，具有弱磁性；硫、磷含量较低，易破碎、易还原。

（3）褐铁矿：褐铁矿是含结晶水的氧化物，呈褐色条痕，还原性好，化学式为 $nFe_2O_3 \cdot mH_2O$（$n=1\sim3$，$m=1\sim4$）。其中绝大部分含铁矿物以 $2Fe_2O_3 \cdot 3H_2O$ 的形式存在。

（4）菱铁矿：它为碳酸盐铁矿石，化学式为 $FeCO_3$，菱铁矿很容易被分解氧化成褐铁矿，一般含铁量不高，但受热分解出 CO_2以后，不仅含铁量显著提高而且也变得多孔，还原性很好，其含硫低，含磷较高。

1.1.2 高炉冶炼对铁矿石的要求

铁矿石是高炉冶炼用的主要含铁原料，其质量的好坏与冶炼进程及技术指标有极为密切的关系。决定铁矿石质量的主要因素是化学成分、物理性质及冶金性能。高炉冶炼对铁矿石的要求是：含铁量高，脉石少，有害杂质少，化学成分稳定，粒度均匀，具有良好的还原性及一定的机械强度等性能。

1.1.2.1 铁矿石的成分

铁矿石主要由含铁矿物和脉石组成，铁矿石含铁量的高低用品位来表示，矿石品位是衡量铁矿石质量的主要指标。矿石有无开采价值，开采后能否直接入炉冶炼以及其冶炼价值如何，主要取决于矿石的含铁量。工业上使用的铁矿石含铁量范围一般在 23%~70%之间。铁矿石含铁量高，有利于降低焦比和提高产量。

一般地说，直接入炉冶炼的矿石称做富矿；由于含铁量较低，不能直接入炉冶炼要经过选矿处理的称做贫矿。

铁矿石的脉石成分绝大多数为酸性，SiO_2含量较高。在现代高炉冶炼条件下，为了得到一定碱度的炉渣就必须在炉料中配加一定数量的碱性熔剂，如石灰石。铁矿石中 SiO_2 含量越高，需加入的石灰石也愈多，这样就导致燃料消耗增多，引起焦比升高和产量下降。所以要求铁矿石中含 SiO_2愈低愈好。

矿石中的有害元素是指那些对冶炼有妨碍或使矿石冶炼时不易获得优异产品的元素。主要有硫、磷、铅、锌等。

（1）硫。硫对钢材是最有害的成分，能使钢材具有热脆性。硫在钢中主要以 FeS 的形式存在，FeS 和 Fe 组成的共晶体熔点为 985℃。当钢锭被加热到 1250~1350℃ 轧制或锻造时，晶界处的硫化物首先熔化，这样使钢材沿晶粒界面形成裂纹，造成钢的“热脆”。所以要求铁矿石中含硫愈低愈好。

（2）磷。磷是钢材中的有害成分，它使钢材具有冷脆性。随着含磷量的增加，钢的塑性和韧性降低，出现钢的脆性现象，当低温时更为严重，通称为冷脆性。铁矿石中的磷在选矿和烧结过程中不易除去，而在炼铁过程中磷又全部还原进入生铁，所以控制生铁含磷量的唯一途径就是控制原料的含磷量。因此，除少数高磷铸铁允许有较高的磷外，一般生铁含磷愈低愈好。

(3) 铅和锌。我国的一些铁矿石中含有少量的铅，一般以硫化物状态存在，如方铅石（PbS）。其密度大于铁水，所以还原出来的铅沉积于炉底铁水层以下，渗入砖缝破坏炉底砌砖，甚至使炉底砌砖浮起。因此，要求铁矿石中含铅量愈少愈好，一般限制铁矿石中含铅不应超过0.1%。

高炉冶炼中的锌全部被还原，其沸点低，不熔于铁水，很容易挥发，在炉内又被氧化成ZnO，部分ZnO沉积在炉身上部炉墙上，形成炉瘤，部分渗入炉衬的孔隙和砖缝中，引起炉衬膨胀而破坏炉衬。要求矿石中含锌的质量分数应小于0.1%。

矿石中的有益元素主要是指对钢铁性能有改善作用或可提取的元素。如锰、铬、钴、镍、钒、钛等。当这些元素达到一定含量时，可显著改善钢的可加工性，强度和耐磨、耐热、耐腐蚀等性能。同时这些元素的经济价值很大，当矿石中这些元素含量达到一定数量时，可视为复合矿石加以综合利用。我国复合矿储量大，种类多，是很宝贵的财富。有许多元素是我国发展尖端科学技术所急需的，因此对这类矿石应大力开展综合利用工作。

(1) 锰。几乎所有的铁矿石中都含有锰元素，但一般含量不高。锰在钢中是有益元素，可以改善钢的机械性能，尤其是增加钢的硬度，还可以削弱硫的危害。锰与氧的亲和力比铁对氧的亲和力大，而且MnO不溶于钢水易上浮。因而锰就成为炼钢时必不可少的脱氧剂。另外，在烧结过程中加入含锰的粉矿还能够改善矿石的烧结作用。

(2) 铬和镍。铬在铁矿石中常以 $FeO \cdot Cr_2O_3$ 形式存在，铬在钢中是有益元素，可以增加钢的耐腐蚀能力及强度。钢中加入铬与镍可以制成镍铬不锈钢。一般冶炼过程中希望生铁中含铬大于0.4%~0.6%，这就要求生铁中的含铬量不大于0.25%。

1.1.2.2 铁矿石的化学性质

铁矿石的化学性质主要指其还原性。所谓铁矿石的还原性是指其被还原气体CO或 H_2 还原的难易程度。它是一项评价铁矿石质量的重要指标，还原性好有利于降低焦比。影响铁矿石还原性的因素主要有矿物组成、矿物结构的致密程度、粒度和气孔率等。一般因磁铁矿结构致密，最难还原。赤铁矿有中等的气孔率，比较容易还原。褐铁矿和菱铁矿容易还原，因为这两种矿石分别失去结晶水和去除 CO_2 后，矿石气孔率增加。烧结矿和球团矿的气孔率高，其还原性一般比天然富矿的还要好。

1.1.2.3 铁矿石的物理性质

铁矿石的物理性质主要包括矿石的粒度、机械强度和软化性。

矿石的粒度是指矿石颗粒的直径。它直接影响着炉料的透气性和传热、传质条件。通常，入炉矿石粒度在5~35mm之间，小于5mm的粉末是不能直接入炉的。粒度的确定应在保证良好透气性的前提下，尽可能的小。

矿石的机械强度是指矿石耐冲击、抗摩擦、抗挤压的能力。力求强度高一些，以避免冶炼过程中炉尘量增加后影响高炉透气性。应该指出，上述指的是常温下的强度，并不能反映高炉内的实际情况。各种铁矿石在高温下的机械强度有待于进一步的研究。

铁矿石的软化性包括铁矿石的软化温度和软化温度区间两个方面。软化温度是指铁矿石在一定荷重下受热开始变形的温度；软化温度区间是指矿石开始软化到软化终了的温度范围。高炉冶炼要求铁矿石的软化温度要高，软化温度区间要窄。

铁矿石的各项理化指标保持相对稳定，才能最大限度地提高生产效率。在前述各项指标中，矿石品位、脉石成分与数量、有害杂质含量的稳定性尤为重要。高炉冶炼要求成分波动范围：含铁原料 $w(TFe)$ <± （0.5%~1.0%）；$w(SiO_2)$<±(0.2%~0.3%)；烧结矿的碱度<± （0.03~0.1）。

为确保矿石成分的稳定，加强原料的整粒和混匀也是非常必要的。

1.1.3 铁矿石的准备和处理

高炉生产必须以原料为基础，这是高炉操作技术最基本的方针，其正确性已经在长期生产实践中得到证明。对铁矿石进行冶炼前的准备和处理，就是为了获得精料。

为了把从矿山开采出来的原矿变成“精料”一般要经过破碎、筛分、混匀、焙烧、选矿、造块等准备处理加工过程。

1.1.3.1 破碎和筛分

破碎和筛分是铁矿石准备处理工作的一个基本环节。通过破碎和筛分使铁矿石的粒度达到“小、净、匀”。

当矿石粒度很大时，破碎一般都要分段进行，根据破碎的粒度，可分为粗碎、中碎、细碎和粉碎。各段破碎的粒度范围参见表 1-1。

表 1-1 各段破碎粒度范围

作业	给矿粒度/mm	排矿粒度/mm
粗碎	1000	100
中碎	100	30
细碎	30	5
粉碎	5	<1

目前破碎方式主要是机械破碎，采用的主要破碎设备有颚式破碎机和圆锥破碎机两大类。破碎方法有：压碎、劈碎、折断和击碎等。

破碎后的矿石粒度很不均匀，为保证矿石粒度合乎高炉冶炼的要求，入炉前必须经过筛分作业。一方面，将粉末筛出，同时也要将大于规定粒度上限的大块筛出进行再破碎，以提高破碎机的工作效率；另一方面，通过筛分可以按矿石粒度分级分批装入高炉冶炼，有利于改善料柱的透气性，提高高炉生产的技术经济指标。矿石的筛分设备多采用振动筛。

1.1.3.2 混匀

混匀的目的在于稳定铁矿石的化学成分，从而稳定高炉操作。矿石的混匀方法是按“平铺直取”的原则进行的。所谓平铺，是根据料场的大小将每一批来料沿水平方向依次平铺，一般每层厚度为200~300mm，把料铺到一定高度。所谓直取，即取矿时，沿料堆垂直断面截取矿石，这样可以同时截取许多层次的矿石，从而达到混匀的目的。

1.1.3.3 焙烧

焙烧是对矿石进行热加工处理的一种方法。铁矿石焙烧是将铁矿石加热到比其熔化温度低200~300℃的一种加热过程。通过焙烧可以改变矿石的化学组成，除去有害杂质，回收有用元素，同时还可以使矿石变得疏松，提高矿石的还原性。

1.1.3.4 选矿

选矿的目的主要是为了提高矿石品位。

矿石经过选别作业可以得到三种产品：精矿、中矿、尾矿。

精矿是指选矿后得到的含有用矿物较高的产品；中矿为选矿过程中间产品，需进一步选矿处理；尾矿是经选矿后留下的废弃物。对于铁矿石，目前常用的选别方法有：重力选矿法、磁力选矿法、浮游选矿法。

1.1.4 熔剂

1.1.4.1 熔剂的作用

在高炉冶炼条件下，脉石和灰分是不能熔化的，必须加入助熔剂（即熔剂），使其与脉石、灰分作用生成低熔点化合物和共熔体（即熔渣）。这种熔渣在高炉冶炼温度下可以完全熔化为液体，并具有良好的流动性，然后借助铁水与熔渣密度不同而实现分离。除此之外，在使用碱性熔剂时，还可以去除有害杂质硫，改善生铁质量。

1.1.4.2 熔剂的种类

根据铁矿石中脉石和焦炭中灰分成分的不同，高炉冶炼使用的熔剂可分为碱性、酸性和中性熔剂三种。

（1）碱性熔剂。当脉石成分主要为酸性氧化物时，则使用碱性熔剂。由于燃料灰分的成分和绝大多数脉石成分都是酸性的，因此，普遍使用碱性熔剂。常用的碱性熔剂有石灰石（$CaCO_3$）和白云石（$CaCO_3 \cdot MgCO_3$）。

（2）酸性熔剂。当使用含碱性脉石的铁矿石冶炼时，就需要加入酸性熔剂。酸性熔剂主要为石英（SiO_2）。由于铁矿石中的脉石绝大部分是酸性的，所以实际上酸性熔剂很少使用。

（3）中性熔剂。当矿石和焦炭灰分中Al_2O_3很少，渣中Al_2O_3含量很低，炉渣流动性很差时，须在高炉中加入高铝原料做熔剂，生产上极少遇到这种情况。

1.1.4.3 高炉冶炼对碱性熔剂的要求

高炉冶炼要求碱性熔剂中碱性氧化物（$CaO+MgO$）含量高，酸性氧化物（$SiO_2+Al_2O_3$）少。否则，冶炼单位生铁的熔剂消耗增加，渣量增大，焦比升高。另外，要求其有害杂质元素硫、磷含量要少；机械强度高，粒度要均匀适中。

1.2　燃　　料

燃料是高炉冶炼中不可缺少的基本原料之一。现代高炉都使用焦炭作燃料。近年来，随着喷吹技术的发展，使高炉用燃料的种类和加入高炉的方式都有了变化。可以从风口喷吹燃料替代一部分焦炭，但只占全部燃料用量的10%~30%（个别达40%），其中主要是无烟煤粉，有的地方还使用天然气。因此，焦炭仍然是高炉冶炼的主要燃料。

1.2.1　炼焦及焦煤资源

焦炭是由采出的原煤经过洗煤、配煤、炼焦和产品处理等工序得到的高炉燃料。采出的原煤在炼焦之前要先进行洗煤，目的是降低煤中所含灰分和洗出其他杂质。配煤是将各种结焦性能不同的煤按一定比例配合炼焦，目的是在保证焦炭质量的前提下，扩大炼焦用煤的使用范围，合理利用资源，并尽可能多地得到一些化工产品。炼焦是将配合好的煤料，装入炼焦炉的炭化室，在隔绝空气的条件下，通过两侧的燃烧室加热干馏，经过一定时间最后形成焦炭。焦炭产品的处理是将由炉内推出的红热焦炭送去熄火，并进行筛分分级，以获得不同粒度的焦炭产品，分别送往高炉及烧结用户。另外，在炼焦过程中还产生炼焦煤气和多种化学产品。

从目前国内外已查明的煤资源来看，作为炼焦用煤的煤种所占比例小，不能满足生产需求。这是发展钢铁工业在能源问题上所遇到的一大困难。我国煤炭储量很多，但煤种分布不均，钢铁生产所需的主焦煤和肥煤主要在山西省境内，受开采条件和运输能力的限制，这两种煤的生产能力不足。国内焦煤的产量已不能满足我国焦炭生产的需要，已开始增加进口焦煤。因此，强化高炉冶炼与降低焦比的研究有待于进一步的加强。

1.2.2　高炉冶炼对焦炭质量的要求

焦炭在高炉冶炼中主要作为发热剂、还原剂和料柱骨架。焦炭在风口前燃烧放出大量热量并产生煤气，煤气在上升过程中将热量传给炉料，使高炉内的各种物理化学反应得以进行。高炉炼铁过程中的热量有70%~80%来自焦炭的燃烧。焦炭燃烧产生的CO及焦炭中的固定碳是铁矿石的还原剂。在高温下铁矿石被还原和熔融，只有焦炭起到料柱的骨架作用支持料柱，保持炉内有较好的透气性，特别是在高炉下部区料柱的透气性完全由焦炭来维持。

焦炭的质量直接影响高炉炼铁过程，并对高炉炼铁的技术经济指标有决定性影响，为了保证高炉炼铁过程顺利进行和获得好的技术经济指标，焦炭必须满足如下几方面的要求。

(1) 含碳量高，灰分低。高炉冶炼要求焦炭中的固定碳含量尽量高，而灰分尽量少。因为焦炭中固定碳含量愈高，焦炭的发热量愈大，还原剂愈多，有利于降低焦比。实践证明，焦炭中的固定碳含量提高1%，可降低焦比2%。目前我国焦炭中的固定碳含量一般在84%~85%。

焦炭中的灰分对焦炭的质量影响很大。首先，灰分高使焦炭中固定碳含量减少；其次，焦炭中的灰分使焦炭的耐磨强度降低，使焦炭产生裂纹，强度降低，粉末增加；第三，灰分中的主要成分是酸性的 SiO_2 和 Al_2O_3，它们约占灰分总量的80%以上，灰分增加势必导致增加熔剂用量，渣量增加，使焦比升高。生产经验表明，灰分增加1%，焦比升高2%，产量降低3%。

降低灰分的主要途径是减少炼焦用煤的灰分，也就是增强炼焦的洗煤工作和配煤工作，以及加强对煤的贮运等技术管理，尽量减少混入杂质的量（因为在炼焦过程中不能降低灰分）。

（2）含硫、磷杂质要少。在一般冶炼条件下，原料中的硫有80%是由焦炭带入的，因此降低焦炭含硫量对降低生铁含硫有很大作用。当焦炭含硫升高时，则必须适当提高炉渣碱度以改善脱硫效果，所以石灰石消耗量增加，导致渣量增大，焦比升高。要降低焦炭的含硫量必须从降低炼焦煤的含硫量着手，控制煤的含硫量和合适的配煤比是控制焦炭含硫的基本途径。焦炭中一般含磷较少，我国本溪的焦炭是著名的低磷焦，加上低磷铁矿石，所以本钢产出的生铁颇受用户的欢迎。

（3）化学成分要稳定。化学成分的稳定是指碳、硫、灰分、挥发分含量要稳定，此外焦炭中的水分也要求稳定，高炉装料系统中焦炭都是采用质量称量装置称量入炉的。水分的波动将引起入炉焦炭量的波动会导致炉缸温度的波动，因此焦炭中的水分稳定程度愈好，就愈有利于高炉焦比的稳定和降低。

（4）挥发分含量要适合。焦炭中的挥发分是炼焦过程中未分解挥发完的有机物，主要是碳、氢、氧及少量硫和氮。当再次加热到850~900℃以上时，它们能以气体成分如氢气、甲烷、氮气等挥发出来。焦炭挥发分过高或过低，都会影响焦炭的质量和产量，从而影响高炉的产量和焦比。目前我国钢铁厂使用的焦炭挥发分有升高到1.5%~2.0%的趋势，这主要是由于配煤时气煤的比率增大，而未相应延长结焦时间所致。

（5）机械强度高。焦炭的机械强度主要指焦炭的耐磨性和抗冲击的能力，其次是抗压强度。目前我国各厂测定焦炭机械强度的方法是转鼓试验，一般用 M_{40} 表示破碎强度指标，用 M_{10} 表示耐磨强度指标。对于中型高炉用焦炭，M_{40} 在60% ~70%，大型高炉在75%以上；M_{10} 均应小于9%。焦炭的抗压强度一般在9.81 ~14.71MPa。机械强度差的焦炭，在转运过程和在高炉内下降过程中，易破裂而产生大量粉末。进入初渣时大大降低其流动性，增加煤气阻力，造成炉况不顺，甚至造成炉缸冻结。此外，焦炭强度差还将影响风口寿命。

（6）粒度均匀、粉末少。高炉冶炼要求焦炭粒度大小合适而且粒度均匀。在保证料柱透气性的前提下适当降低焦炭粒度，对合理利用焦炭也是一项很有意义的措施。现在，国外也趋向于降低入炉焦炭粒度，不少高炉的粒度下限已降低到15~20mm。

（7）物理化学性质好。焦炭的物理化学性质包括焦炭的燃烧性和反应性两方面。燃烧性是指焦炭与氧在一定的温度下反应生成 CO_2 的速度，即燃烧速度。反应性是指焦炭在一定温度下和 CO_2 作用，生成CO的反应速度。

在一定温度下，这些反应速度愈快则表示燃烧性和反应性愈好；它们对高炉冶炼的影响还有待于进一步研究。一般认为为了提高炉顶 CO_2 含量，改善煤气利用程度，在较低温度下，焦炭的反应性差一点为好；为了扩大燃烧带，以利于炉缸温度及煤气流沿炉缸断面分布更为合理，使炉料下降顺利，亦希望焦炭的燃烧性较差一些为宜。

复习思考题

1-1 简述我国铁矿资源的现状。
1-2 目前用于高炉炼铁的铁矿石主要有哪几类？简述其主要特征。
1-3 高炉冶炼对铁矿石有何要求？
1-4 铁矿石的准备处理工作包括哪些？
1-5 熔剂在高炉冶炼中有何作用？
1-6 高炉冶炼对熔剂有何要求？
1-7 简述我国煤焦资源的现状。
1-8 焦炭在高炉冶炼中有何作用？
1-9 高炉冶炼对焦炭有什么要求？
1-10 简述提高焦炭质量有哪些措施？

2 铁矿粉造块

铁矿粉造块是为满足高炉冶炼对精料的要求而发展起来的。通过铁矿粉造块，可综合利用资源，扩大炼铁用的原料种类，去除有害杂质，回收有益元素，保护环境。同时可以改善矿石的冶金性能，适应高炉冶炼对铁矿石的质量要求，使高炉冶炼的主要技术经济指标得到改善。铁矿粉造块的方法主要有两种：烧结法和球团法，获得的块矿分别为烧结矿和球团矿。2015 年我国生产烧结矿 8.57 亿吨，生产球团矿 1.49 亿吨，烧结矿产量居世界第一。

2.1 烧结生产

近年来，随着我国生铁产量的不断攀升，烧结球团产业也得到了快速发展。目前我国铁矿石烧结服役的有带式烧结机、环式烧结机和步进式烧结机等，大小烧结机在 1000 台以上，年产烧结矿约 9 亿吨。

2.1.1 烧结基础知识

2.1.1.1 烧结的含义

烧结生产过程是在铁矿粉中配入一定比例的熔剂和燃料，加入适量的水，经过混合后，在一定温度下烧结成高炉需要的原料（烧结矿）。铁矿粉烧结是一种人造富矿的过程。

2.1.1.2 烧结厂主要技术经济指标

技术经济指标能够反映出生产操作的技术水平和经济效益，烧结厂的主要技术经济指标包括利用系数、作业率、质量合格率等。

（1）利用系数。一台烧结机每平方米有效抽风面积（m^2）每小时（h）的生产量（t）称烧结机利用系数，单位为 $t/(m^2 \cdot h)$。它用台时产量与烧结机有效抽风面积的比值表示：

$$利用系数=\frac{台时产量(t/h)}{有效抽风面积(m^2)}$$

台时产量是一台烧结机 1h 的生产量，通常以总产量与运转的总台时的比值表示。利用系数是衡量烧结机生产效率的指标，它与烧结机有效面积的大小无关。

（2）烧结机作业率。作业率是设备工作状况的一种表示方法，以运转时间占设备日历时间的百分数表示：

$$设备作业率=\frac{运转台时}{日历台时}\times 100\%$$

日历台时是个常数，一台烧结机一天的日历台时即为24台时。它与台数、时间有关。日历台时=台数×24×天数。

(3) 质量合格率。烧结矿的化学成分和物理性能符合YB/T 421—2014标准要求的称做烧结矿合格品，不符合的称做出格品。

$$质量合格率=\frac{总产量-未验品量-试验品量-出格品量}{总产量-未验品量-试验品量}\times 100\%$$

质量合格率是衡量烧结矿质量好坏的综合指标。

2.1.1.3 烧结矿的质量指标

烧结矿质量的好坏，直接关系着高炉冶炼的进程。因此对它的化学性质，物理性能和还原粉化率都有一定的要求。

(1) 烧结矿的化学性质　烧结矿的化学性质包括：品位、碱度、硫及其他有害杂质含量和还原性等。

烧结矿品位：指含铁量。提高烧结矿含铁量是高炉精料的基本要求，在评价烧结矿品位时，应考虑烧结矿所含碱性氧化物的数量，因为它关系到高炉冶炼时熔剂的用量。

烧结矿碱度：一般用烧结矿中 $w(CaO)/w(SiO_2)$ 的比值表示。按碱度的高低，烧结矿分为熔剂性烧结矿、自熔性烧结矿和普通烧结矿。凡碱度等于高炉炉渣碱度的叫自熔性烧结矿，高于高炉炉渣碱度的为熔剂性烧结矿，低于高炉炉渣碱度为普通烧结矿。

还原性：烧结矿的还原性可用其氧化度来表示。根据烧结矿中的全铁和亚铁的含量计算出它的氧化度。计算公式为：

$$氧化度=\frac{1-w(Fe_{FeO})}{3w(TFe)}\times 100\%$$

式中　$w(Fe_{FeO})$——烧结矿中以FeO形态存在的铁的质量分数,%

$w(TFe)$——烧结矿中全部铁的质量分数,%；

氧化度高，相对还原性也高。

(2) 烧结矿的物理性质。烧结矿的物理性质指烧结矿的强度、粒度组成和孔隙率。我国鉴定烧结矿强度的指标有转鼓指数、筛分指数和落下强度等。

转鼓指数：它是衡量烧结矿在常温状态下抗磨削和抗冲击能力的指标。测试时用标准转鼓。取样后30min进行试验，将20kg试样装入转鼓内，以25r/min的转速转4min，然后将烧结矿倒入悬吊式的5mm孔网筛上，往复筛动10次，大于5mm的百分数作为烧结矿的转鼓指数。转鼓指数越高烧结矿强度越好。

$$转鼓指数=\frac{A}{20}\times 100\%$$

式中，A 为试样中大于5mm的质量，kg。

筛分指数：按取样规定在高炉矿槽下烧结矿入料车前取原始试样100kg，每次取20kg试样装入筛内进行筛分，往复摆动10次，共分5次筛完，筛下0~5mm部分与原始试样重的百分比，即为筛分指数。此值越小越好。

$$筛分指数 = \frac{100 - A}{100} \times 100\%$$

式中，A 为筛分试验后大于 5mm 部分的质量，kg。

落下强度：它是表示烧结矿抗冲击能力的强度指标。测定方法是将一定数量的（试验室取 25kg）粒度大于 15mm 成品烧结矿，装入上下移动的盛料箱内，然后将料箱提升到规定高度（通常取 1.8m），打开料箱底门使烧结矿落到钢板上；再将烧结矿全部收集起来，重复 3~4 次，最后筛出 5~0mm 粉末。此质量与原始试样质量之比的百分数，即为烧结矿的落下指标，一般要求不大于 15%。

粒度组成：要求粒度均匀并尽可能将小于 5mm 的粉末筛除。烧结矿粒度的下限取决于高炉气体力学条件的改善；而上限决定于还原过程改善的要求。

2.1.2 烧结生产工艺

目前生产上广泛采用带式抽风烧结机生产烧结矿。烧结生产的工艺流程如图 2-1 所示。主要包括烧结原料的准备和加工处理，配料，混合与制粒，烧结和产品处理等工序。

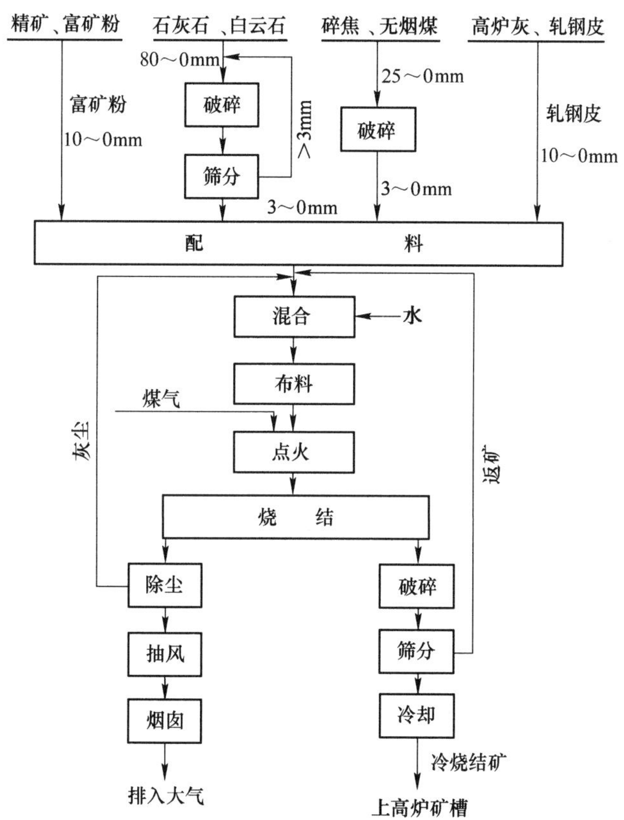

图 2-1 抽风烧结工艺流程

2.1.2.1 烧结原料的准备和加工处理

精矿粉是含铁贫矿经过细磨、选矿处理，除去一部分脉石和杂质使含铁量提高的极细的矿粉。在烧结生产过程中，除了精矿粉外，往往还添加一些其他的含铁原料（如高炉返矿、铁皮和富矿粉等）。这样做有两个目的：一是为了增加烧结混合料成球核心，改善混合料的透气性，提高烧结机利用系数，降低烧结矿成本；二是为了提高烧结矿的品位，为高炉顺产、高产创造条件。

烧结对熔剂的要求：碱性氧化物含量要高；硫、磷杂质要少；酸性氧化物含量（SiO_2 $+Al_2O_3$）低，粒度和水分适宜。烧结生产过程中配加熔剂的目的主要有三个：一是将高炉冶炼时高炉所配加的一部分或大部分熔剂和高炉中的部分化学反应转移到烧结过程中来进行，从而有利于高炉进一步提高冶炼强度和降低焦比；二是碱性熔剂中的 CaO 和 MgO 与烧结料中的氧化物及酸性脉石 SiO_2、Al_2O_3等在高温作用下，生成低熔点的化合物，以改善烧结矿强度、冶金性能和还原性；三是加入碱性熔剂，可提高烧结料的成球性和改善料层透气性，提高烧结矿质量和产量。

烧结所用燃料主要为焦粉和无烟煤。对燃料的要求是固定碳含量高，灰分低，挥发分低，含硫低，成分稳定，含水小于 10%，粒度小于 3mm 的占 95%以上。

2.1.2.2　配料

所谓配料就是根据高炉对烧结矿的产品质量要求及原料的化学性质，将各种原料、熔剂、燃料、代用品及返矿等按一定比例进行配加的工序。

配料是获得优质烧结矿的前提。烧结矿使用的原料种类多，物理化学性质各不相同。烧结厂必须根据本厂原料的供应情况及物理化学性质选择合适的原料，通过计算确定配料比，并严格按配比配料，并经常进行检查、调整。

目前国内常用的配料方法有容积配料法和重量配料法。

2.1.2.3　混合与制粒

混合、制粒的目的是：

（1）将配好的各种物料以及后来加入的返矿进行混匀，得到质量比较均一的烧结料；

（2）在混合过程中加入烧结料所必需的水分，使烧结料为水所润湿；

（3）进行烧结料的造球，提高烧结料的透气性。总之，通过混合得到化学成分均匀、粒度适宜、透气性良好的烧结料。

为了达到上述目的，将原料进行两次混合。一次混合主要是将烧结料混匀，并起预热烧结料的作用。二次混合主要是对已润湿混匀的烧结料进行造球并补加水分。我国烧结厂一般都采用两次混合工艺。

物料在混合机中的混匀程度和造球的质量与烧结料本身的性质、加水润湿的方法、混合制粒时间、混合机的充填率及添加物有关。

2.1.2.4　烧结生产

一般烧结生产时，首先要在烧结机的台车炉箅上铺一层较粗粒级的（10~25mm）的烧结料，这部分料称为铺底料。采用铺底料后，台车篦条粘料基本消除，无需专门设清料装置，便于实现烧结机自动控制。

铺底料之后，紧接着就进行烧结混合料的布料。布料时，应使混合料在粒度、化学成分及水分等沿台车宽度均匀分布，并且具有一定的松散性。烧结机上布料均匀与否，直接影响到烧结矿的生产质量。布料均匀是烧结生产的基本要求。

为了使混合料内燃料进行燃烧和使表层烧结料粘结成块，烧结料的点火必须满足：

（1）有足够高的点火温度和点火强度；

（2）适宜的高温保持时间；

（3）沿台车方向点火均匀。

所以，点火操作也是烧结过程的基础，点火的好坏将直接影响烧结过程能否顺利进行，以及表层烧结矿的强度。目前国内外经验表明，对于铁矿石烧结，点火温度一般介于1050~1200℃之间，点火时间一般为1~1.5min。

带式烧结机抽风烧结过程是自上而下进行的，根据沿其料层高度温度变化的情况和其中发生的物理化学变化，烧结料层一般可分为5层，各层中的反应变化情况如图2-2所示。烧结过程是以在混合料表层的燃料点火开始的。点火开始以后，依次出现烧结矿层、燃烧层、预热层、干燥层和过湿层；然后后四层又相继消失，最终只剩烧结矿层。

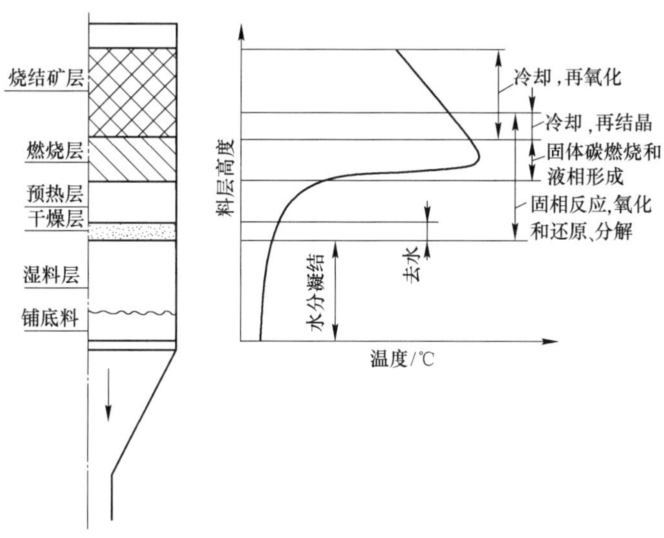

图2-2　烧结过程各层反应示意图

2.1.2.5　烧结矿的冷却与整粒

烧结矿在烧结机上烧成后从机尾卸下时其温度在600~1000℃，对这样的赤热烧结矿，一般要将其冷却到150℃以下，这是因为以下几个原因：

（1）保护运输设备，使厂区配置紧凑；

（2）保护高炉炉顶设备及高炉矿槽；

（3）改善高炉、烧结厂的劳动条件；

（4）为烧结矿的整粒及分出铺底料创造条件；

（5）为实现高炉生产技术现代化创造条件。

烧结矿的冷却方式很多，从方法上分为自然冷却和强制通风冷却两类；从冷却的地点和设备来分，有烧结机外冷却和烧结机上冷却两种。烧结机外冷却，即烧结矿在烧结机上烧成之后卸出来，另外进行冷却。机上冷却的方法是将烧结机延长，将烧结机的前段作为烧结段，后段作为冷却段。当台车上的混合料在烧结段已烧成为烧结矿后，台车继续前进，进入冷却段，通过抽风将热烧结矿冷却下来。一般情况下，烧结段与冷却段分别备有专用的风机。

烧结矿的整粒，就是对烧结矿进行破碎、筛分，控制烧结矿上、下限粒度，并按需要进行粒度分级，以达到提高烧结矿质量的目的。烧结机的铺底料也在筛分过程中分出。经过整粒后的烧结矿粒度均匀、粉末少、强度高，这对改善高炉冶炼指标有很大作用。一般情况下，烧结矿整粒后保持在50~5mm（或60~5mm，对于小型高炉可保持在35~5mm）范围内，其中经整粒后的粉末含量（5~0mm）不超过5%。

2.1.3　烧结生产的主要设备

烧结生产的主要设备包括：配料设备，混料设备，烧结机本体及附属设备，烧结矿破碎、筛分及冷却设备等。

2.1.3.1　配料设备

目前烧结生产广泛采用的配料设备是圆盘给料机，其结构如图2-3所示。它由传动机构、圆盘、套筒和调节排料量的闸门及刮刀组成。圆盘给料机具有给料均匀，容易调节，运行平稳可靠，操作方便等优点。

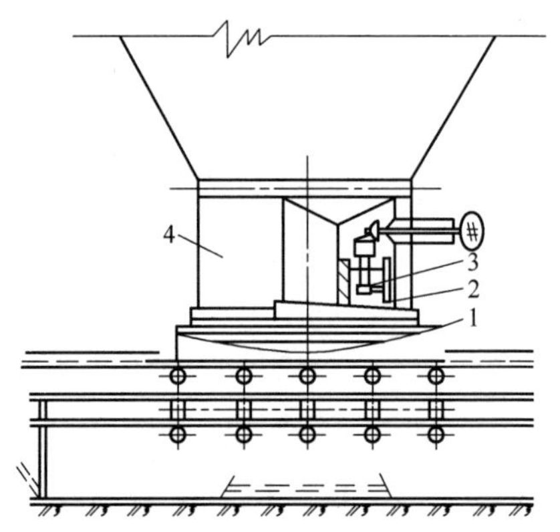

图2-3　烧结配料圆盘给料机
1—底盘；2—刻度标尺；
3—出料口闸板；4—圆筒

2.1.3.2　混料设备

目前国内烧结厂普遍采用的混料设备是圆筒混料机，其构造如图2-4所示。它是一个带有倾角的钢制回转圆筒，内衬防磨衬板；筒内装有喷水嘴，以便供水。它具有构造简单、对原料适应性强、生产率高、运转可靠等优点；缺点是内衬粘料，振动较大。

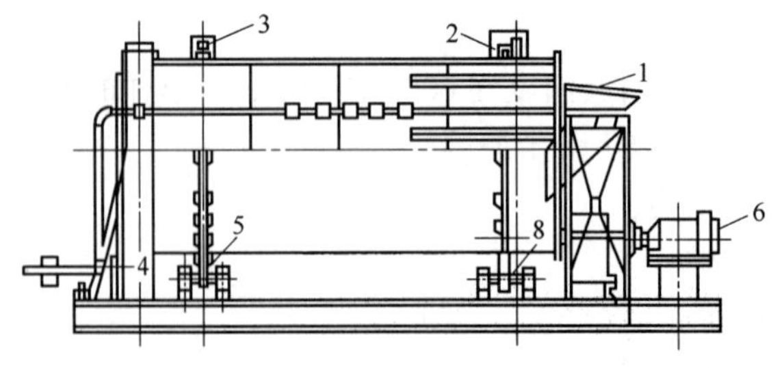

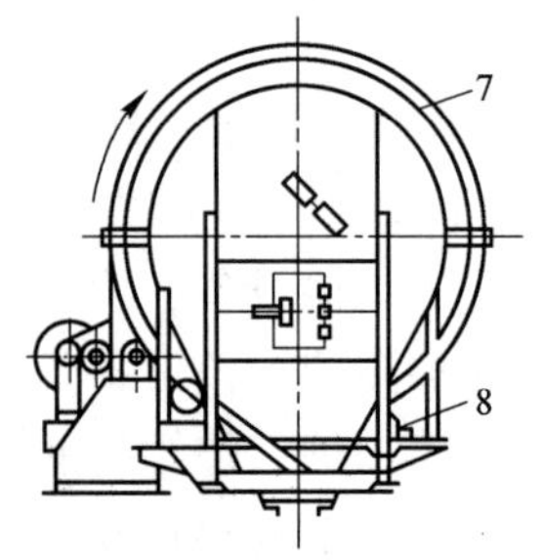

图2-4　圆筒混料机
1—装料漏斗；2—齿环；3—箍；4—卸料漏斗；5—定向轮；6—电动机；7—圆筒；8—托辊

2.1.3.3 带式烧结机本体设备

国内外广泛采用的烧结设备是带式烧结机。带式烧结机的大小用有效抽风面积表示。随着高炉的大型化，烧结机也明显增大。烧结机本体主要包括：传动装置、台车、真空箱等，其结构如图2-5所示。

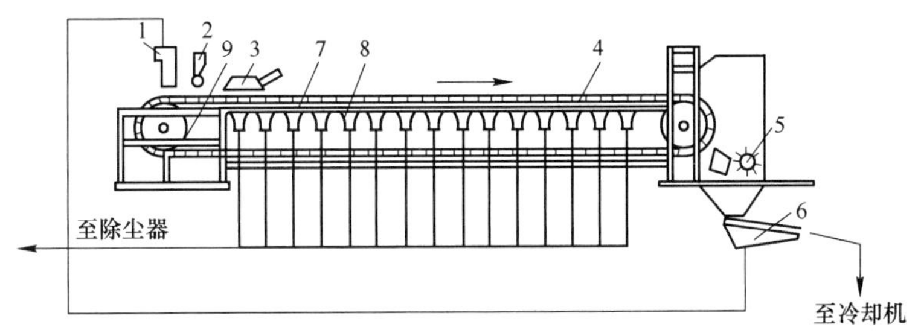

图2-5 烧结机示意图

1—铺底料布料器；2—混合料布料器；3—点火器；4—烧结机；5—单辊破碎机；6—热矿筛；7—台车；8—真空箱；9—机头链轮

2.2 球团生产

随着高炉炼铁技术的进步和细磨精矿技术的提高，球团技术也有了相应的发展和应用。近30年来，世界上球团矿产量增长很快。我国随着高碱度烧结矿配加酸性球团矿合理炉料结构的推广，球团矿生产也有较大的发展。

2.2.1 球团生产基础知识

2.2.1.1 球团的含义

球团是指把细磨铁精矿粉或其他含铁粉料添加少量添加剂混合后，在加水润湿的条件下，通过造球机滚动成球，再经过干燥焙烧，固结成为具有一定强度和冶金性能的球形含铁原料（球团矿）的过程。

2.2.1.2 球团的分类

球团法是一种新型的造块方法，球团矿无论是在高炉、转炉还是电炉中都能使用。从固结原理上来分，可分为高温固结和低温固结法；按化学成分，可分为酸性球团、自熔性球团和含镁球团三种。

2.2.2 球团生产工艺

球团矿生产的工艺流程一般包括原料的准备、配料、混合、干燥和焙烧、冷却、成品和返矿处理等工序，如图2-6所示。

2.2.2.1　原料及准备

球团矿生产所用的原料主要是铁精矿粉，一般占造球混合料的90%以上，因此精矿的质量如何，对生球、成品球团矿的质量起着决定性的作用。球团生产对铁精矿的要求是：一定的粒度、适宜的水分和均匀的化学成分，这是生产优质球团矿的三项基本要求。

（1）粒度。一定的粒度是物料成球的必要条件。理论与生产实践都证明，为了稳定造球过程和获得足够强度的生球，精矿必须有足够细的粒度和一定的粒度组成。

一般要求具有足够的-0.044mm 粒级含量或-0.074mm粒级含量。

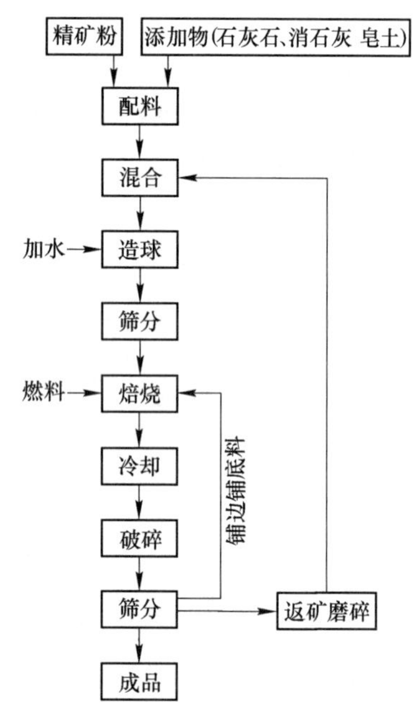

图 2-6　球团矿生产工艺流程

（2）水分。水分的控制和调节对造球是极其重要的。水分的变化不但影响生球质量（粒度、强度）和产量，也影响干燥、焙烧工艺过程，严重时还影响到设备（如造球系统）的正常运转。最佳水分必须通过试验确定。但是对稳定造球来说，水分的波动应该是越小越好，根据实验室试验和大量的工业生产实践表明，水分的波动不应超过±0.2%。

（3）化学成分。化学成分的稳定及其均匀程度直接影响生产工艺的复杂程度和产品（球团矿）质量的好坏。国外对球团矿的要求是：TFe 的波动≤±0.3%，SiO_2≤±0.2%。我国标准（YB/T 005—2005）规定，酸性球团矿一级品、二级品的 TFe 允许波动值分别为±0.40%、±0.80%。

用于生产球团矿的精矿不能满足上述要求时，须进行加工处理。

为了强化造球过程和改善生球的质量，常常在造球物料中添加一些黏结性极强的物料，这些物料的作用主要是为了提高造球混合料的黏结性，人们习惯地称它为添加剂。添加剂主要为黏结剂和熔剂。作为黏结剂的物质必须具有以下性质：

（1）亲水性强，比表面积大，遇水后能高度分散。因此它能改善球团混合物料的亲水性和提高混合料的比表面积。

（2）黏结性能好，而且它的加入能很好地改善成球物料的黏结性，也就是说它的这种黏结性还能在别的物料颗粒之间起到传递作用。因此，它的极小加入量就能有效地改善成球物料的黏结性。

（3）它的加入不至于影响到造球之后工序（如生球的干燥、焙烧、球团矿质量及环境保护等）的顺利进行。

2.2.2.2　配料与混合

为了获得化学成分和冶金性能稳定的球团矿，必须进行精确配料。配料的准确性首先是按工艺要求将精矿、熔剂和黏结剂按照给定的比例配合，送往造球工序，其次是根据造球的需要量均衡地供料。

混合的任务是将各种物料混匀，使之成分均匀。一些特殊的混料设备还可以用来捣碎混合料中的大团块，改善成球性能。

2. 2. 2. 3　造球

颗粒极细的精矿粉被水润湿到合适的程度，在外力的作用下，会聚集成为一定大小的球。成球过程大致可分为三个步骤：精矿粉成核、母球长大和生球密实。这三个步骤，在实际生产中同时发生于同一造球机中。目前国内常用的造球设备为圆筒造球机和圆盘造球机。生球的尺寸控制一般下限为6~9mm，上限为16~20mm。

2. 2. 2. 4　生球的干燥与焙烧

生球在高温焙烧之前，必须先干燥，以除去其中绝大部分水分。它是防止生球开裂，提高球团矿产量，改善球团矿品质的必要工序。在生产中干燥生球使用的是冷却球团矿的余热或焙烧球团矿的废气余热。合理的干燥制度是在保证生球不发生破裂的条件下，尽量提高干燥速度，以提高生产率和产品质量。

生球经过干燥后，强度有所提高，但还满足不了高炉冶炼的要求。生球焙烧对球团矿的冶金性能和机械强度起着决定性的作用。在焙烧过程中，因生球的矿物组成与焙烧制度不同，发生不同的固结反应，从而决定着焙烧后的球团矿质量。

目前，球团矿的焙烧方法按设备分类主要有三种：竖炉法、带式焙烧机法和链箅机-回转窑法。

2. 2. 2. 5　球团矿的质量指标

球团矿的质量指标主要有转鼓指数、落下强度和抗压强度。

转鼓指数是指球团矿在常温状态下抵抗冲击和摩擦的综合能力，以大于6. 3mm部分的重量百分数表示。它是鉴定球团矿质量的主要手段之一。测定时，取质量为15kg，>6. 3mm粒度至<40mm的球团矿试样装入鼓内，关好鼓门，以25r/min的转速转动200转后，取出试样。试样中>6. 3mm粒级的百分比为转鼓指数；<0. 5mm粒级的百分比为抗磨指数。目前我国要求转鼓指数（>6. 3mm部分）应在86%以上。

落下强度反映球团矿的抗冲击能力，即产品的耐转运能力。装料箱可在支架上移动，调节的最高点可使箱底离生铁板达2m，最低高度1. 5m。测定时将装料箱放在规定高度后装入需测定的试样，通过拉弓将底门打开，试样随即直落到生铁板上。反复数次，直至试样出现裂纹或破裂为止。

球团矿的抗压强度就是球团矿能够抵抗外力而不破裂时的最大压应力。可用材料试验机或带有压力表的油压机测定。

复习思考题

2-1 铁矿粉造块的方法有哪些？分别说明其含义。

2-2 简述烧结、球团生产过程各包括哪些环节。

2-3 说明烧结、球团生产对原燃料的要求。

2-4 烧结、球团生产使用的设备各主要有哪些?

2-5 评价烧结矿、球团矿的质量指标有哪些?

3　炼铁原理与工艺

炼铁过程主要是在高炉中进行，是把经过处理的含铁原料、燃料和熔剂等按一定配比分批加入到高炉中，在高温下进行冶炼。其主要产品是生铁，副产品是炉渣、煤气和炉尘等。

高炉炼铁工艺系统由高炉本体和供料、送风、煤气净化除尘、喷吹和渣铁处理等附属系统组成。整个工艺过程是从风口前碳的燃烧开始的，燃烧产生的高温煤气与炉料相向运动和相互作用发生反应。冶炼过程包括炉料的加热、蒸发、挥发和分解，氧化物的还原，炉料的软熔、造渣，生铁的脱硫、渗碳等，并涉及气、固、液多相流动，发生传热和传质等复杂物理化学变化的连续性生产过程。

3.1　炼 铁 原 理

3.1.1　高炉内各区域的状况

通过国内外高炉解剖研究得到高炉炉内典型炉况如图 3-1 所示，按照炉料物理状态，高炉炉内大致分为块状带、软熔带、滴落带、风口带、渣铁带五个区域或称五个带。图 3-2 为软熔带示意图，软熔带的位置、形状、尺寸对高炉顺行、产量、燃料消耗量及铁水成分影响很大。根据其形状特点，软熔带一般分为倒 V 形、V 形、W 形三种。倒 V 形软熔带，高炉中心温度高，边缘温度低，煤气利用较好，是比较理想的软熔带。V 形软熔带则相反，W 形软熔带介于二者之间。软熔带形状主要受到装料制度和送风制度影响，以正装比例为主的高炉一般接近倒 V 形软熔带，以倒装为主或全倒装高炉基本属于 V 形软熔带，对于正装、倒装都占有一定比例的高炉一般接近 W 形软熔带。

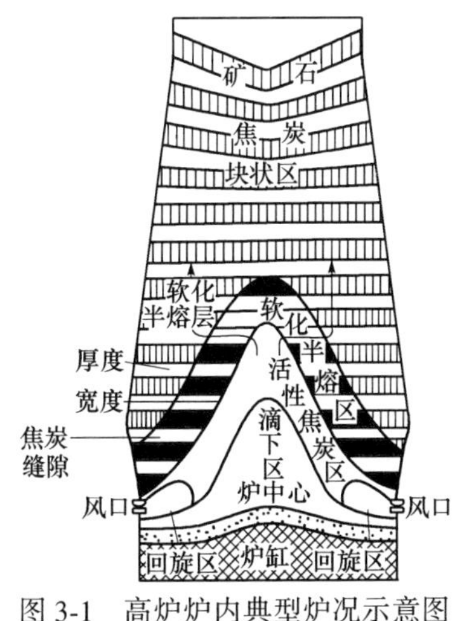

图 3-1　高炉炉内典型炉况示意图

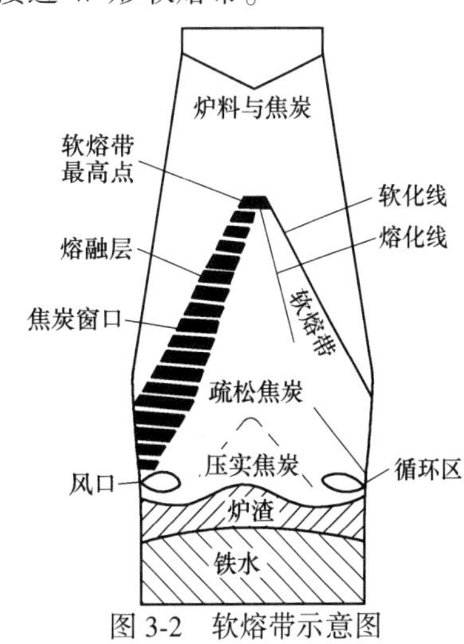

图 3-2　软熔带示意图

3.1.2　高炉内燃料燃烧

3.1.2.1　燃料燃烧

高炉冶炼的主要燃料焦炭中的碳除小部分在下降过程中参加直接还原和渗入生铁外，约70%进行燃烧反应。此外还有从风口喷入的燃料（重油、天然气、煤粉）中的碳均在风口前发生燃烧反应。

完全燃烧：　$C + O_2 \longrightarrow CO_2$，$\Delta_r H_m = +4006600kJ$

不完全燃烧：　$C + \frac{1}{2}O_2 \longrightarrow CO$，$\Delta_r H_m = +117490kJ$

高炉内燃烧反应在焦炭过剩条件下进行，即使在氧充足处产生的CO_2也会与固体碳进行气化反应，如下式：

$$CO_2 + C \longrightarrow 2CO,\ \Delta_r H_m = -165800kJ$$

热风带入的氮在整个过程中不参与反应，带入的水分在高温下与碳发生反应：

$$H_2O + C \longrightarrow H_2 + CO,\ \Delta_r H_m = -124390kJ$$

所以，炉缸反应最终产物除CO和N_2外，还有少量H_2。

3.1.2.2　理论燃烧温度

理论燃烧温度，即风口前焦炭燃烧所能达到的最高平均温度，也即炉缸煤气尚未与炉料参与热交换前的原始温度。

理论燃烧温度是高炉操作中重要的参考指标。通常为提高理论燃烧温度可采取的主要措施包括：

（1）提高鼓风温度；

（2）提高鼓风中氧气含量；

（3）降低鼓风湿度；

（4）减少喷吹量；

（5）减少炉缸煤气体积。

3.1.2.3　回旋区和燃烧带

随着高炉冶炼强度的提高和风速的增大（100～200m/s），焦炭在风口前随气流一起运动，形成一个非静止的、疏散的、近似球形的自由空间，称为风口回旋区，如图3-3所示。

在回旋区外围有一层厚100～300mm的中间层，此层焦炭既受高速煤气流的冲击作用又受阻于外围包裹的紧密焦炭，比较疏松，但又不能和煤气流一起运动。回旋区和中间层组成焦炭在炉缸内进行碳燃烧反应的区域称为燃烧带。

燃烧带是高炉煤气的发源地，燃烧带向高炉中心扩大时有利于高炉中心气流发展，燃烧带缩小时有利于边缘气流发展。适当扩大燃烧带可缩小炉料呆滞区，扩大活跃区，有利于顺行，炉缸圆周的燃烧带连成环形（如图3-4所示），有利于高炉顺行，可以通过改变

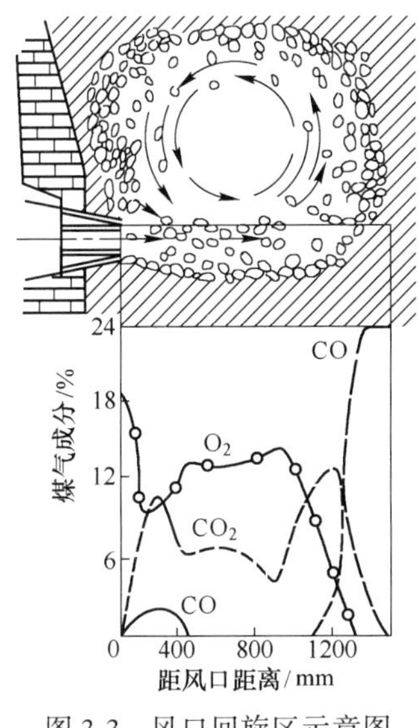

图 3-3 风口回旋区示意图

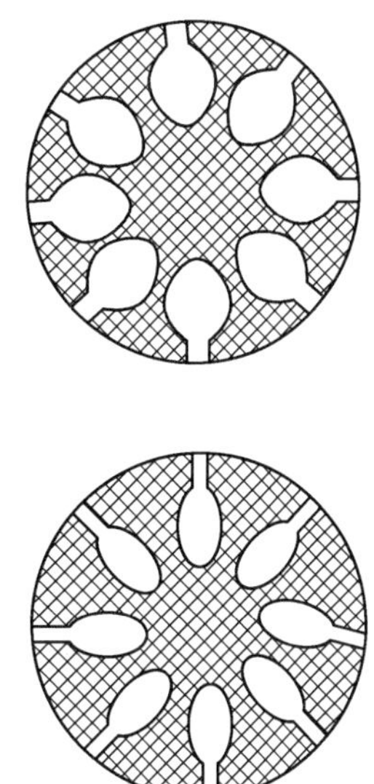
图 3-4 炉缸截面上燃烧带的分布

送风制度进行调剂。影响燃烧带大小的因素主要有：

（1）鼓风动能。指鼓风克服风口前料层阻力向炉缸中心扩大和穿透的能力，应控制合理。

（2）燃烧反应速度。燃烧反应速度提高，燃烧带缩小。一般情况下，风温提高，燃烧反应速度加快，燃烧反应时间减少，燃烧带长度减小；鼓风中氧增加，燃烧反应速度加快，燃烧反应时间减少，燃烧带长度减小。

（3）炉缸料柱阻力。炉缸内料柱疏松，燃烧带延长；反之，燃烧带缩小。

（4）焦炭性质。焦炭粒度气孔度、反应性等对燃烧带大小也有一定的影响。

3.1.3 煤气和炉料的运动

高炉冶炼过程是在炉料和煤气的相向运动条件下进行的，这一过程中伴随着热量的传递和物质的传输。煤气流的合理分布和炉料的顺利下降是获得高产、优质、低耗的前提。

3.1.3.1 煤气的运动

风口前燃烧反应产生的高速上升煤气，带有大量的热，并含有高浓度的 CO、H_2等气体，是高炉内的主要还原剂，还是高炉冶炼过程中热能和化学能的来源。煤气在上升过程中，穿过料层空隙，借传导、对流和辐射的方式将热量传给炉料，并参加一系列物理化学反应，随着热交换和还原反应进行，煤气在上升过程中的体积、成分、温度和压力均发生变化。

（1）煤气成分和体积的变化。煤气成分和体积的变化如图 3-5 所示。

CO：炉内直接还原及生成的 CO_2与 C 作用生成 CO。但到了中温区，大量间接还原消耗了 CO，所以 CO 量是先增后减，炉顶煤气中 CO 含量一般为 20%~25%。

CO_2：从中温区开始由于间接还原和碳酸盐分解，才逐渐增加。炉顶煤气中 CO_2 含量一般为 15%~22%。

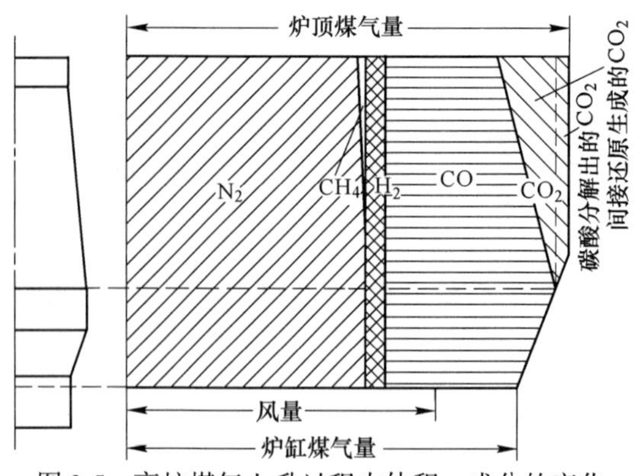

图 3-5 高炉煤气上升过程中体积、成分的变化

H_2：鼓风中水分分解，焦炭中的有机氢，挥发分中氢，以及喷吹燃料中的氢等是 H_2 的主要来源，H_2在上升过程中有 1/3～1/2 参加间接还原，转化为 H_2O。不喷吹时炉顶煤气中 H_2含量一般为 1%～2%，喷吹燃料时略高一些，为 4%～6%。

N_2：鼓风中带入的 N_2，少量是焦碳中的有机氮和灰分中的氮，N_2 不参加化学反应，故绝对量不变。炉顶煤气中 N_2含量一般为 55%～57%。

CH_4：高温区少量的 C 与 H_2生成 CH_4。煤气上升中焦炭挥发分中的 CH_4加入，但数量很少，变化不大。炉顶煤气中 CH_4含量一般为 0.3%左右。

煤气的总体积自下而上有所增大，一般全焦冶炼条件下，炉缸煤气量约为风量的 1.21 倍，炉顶煤气量约为风量的 1.35～1.37 倍；喷吹燃料时，炉缸煤气量约为风量的 1.25～1.30 倍，炉顶煤气量约为风量的 1.4～1.45 倍。石灰石用量多时 CO_2也高，但 CO_2 +CO 总量一般比较稳定，约 38%～42%。

（2）煤气上升过程中的温度变化。炉缸内沿半径方向的温度分布如图 3-6 所示，在此变化过程中的温度最高点，也是炉内 CO_2含量最高的地方，称为燃烧焦点。大中型高炉燃烧焦点温度可达 1900℃以上。

沿高炉高度方向煤气温度变化，上升煤气流与炉料的热交换如图 3-7 所示。高炉竖向温度分布呈 S 形曲线，高炉上部和下部温度变化较大，中部变化不大（称热交换空区）。

上部热交换区：主要进行炉料的加热、蒸发和分解以及间接还原反应等，所需热量较少，热量供应充足，炉料迅速被加热，其升温速率大于煤气降温速率。因此自下而上进行着激烈的热交换。

下部热交换区：由于进行着大量的直接还原，渣铁熔化及碳酸盐分解，需要消耗大量的热量，热量供应紧张。因而，煤气温度迅速下降，而炉料升温相对并不快，两者间存在较大温差，因而进行着热交换。

在高炉上部和下部热交换区之间存在一个热交换达到平衡的空区。此时煤气和炉料间温差很小（不超过 50℃），煤气放出的热量和炉料吸收热量基本保持平衡。

煤气在上升过程中，经热交换后把热量传给炉料，本身温度下降，最终到达炉顶。炉顶温度越低，煤气热能利用越好。如图 3-8 所示，煤气温度沿高炉截面上分布是不均匀的，温度分布与炉内矿石分布及煤气运动的特性有关。同一高度上，不同半径处温度分布也是不同的，如图 3-9 所示。炉内温度分布与煤气量的分布相对应，煤气分布多的地方温度高，煤气分布少的地方温度则低。

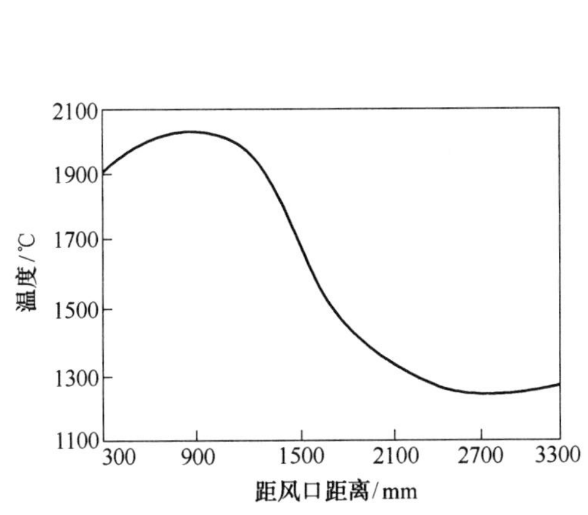

图 3-6　沿半径方向炉缸温度的变化

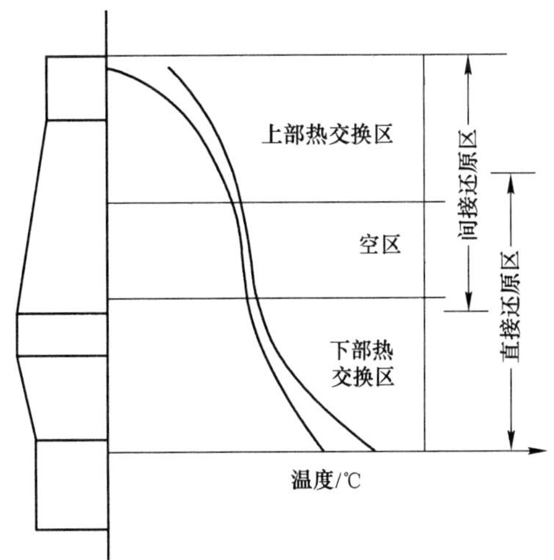

图 3-7　理想高炉竖向温度分布图

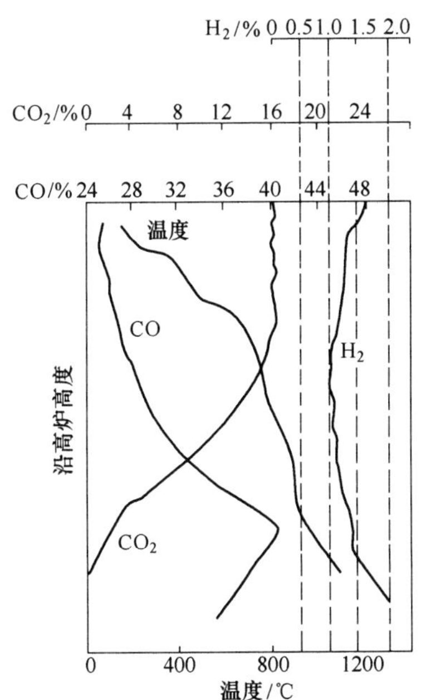

图 3-8　沿高炉高度上煤气成分和温度的变化

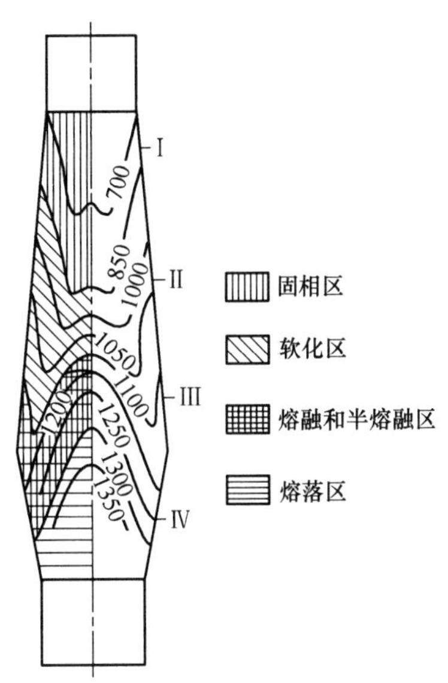

图 3-9　高炉内各相及等温线分布

（3）煤气上升过程中的压力变化。煤气从炉缸上升，穿过软熔带、块状带到达炉顶，本身压力降低，产生压头损失（Δp），可表示为 $\Delta p = p_{缸} - p_{炉喉}$，近似 $\Delta p = p_{热风} - p_{炉顶}$。正常操作的高炉，炉缸边沿到中心的压力是逐渐降低的，若炉缸料柱透气性好，中心压力较高（压差小），反之，中心压力低（压差大）。煤气在上升过程中在高炉下部压力变化较大而在高炉上部比较小，如图 3-10 所示，随着冶炼强度的增加，高炉的料柱阻力增加值提高。当压头损失 Δp 增加到一定程度时将妨碍高炉顺行，改善高炉下部料柱透气性是进一步提高冶炼强度，促进顺行的重要措施。

（4）影响 Δp 的因素。主要可分为煤气流方面和原料方面。煤气流方面主要包括煤气流速、煤气温度和压力、煤气密度和黏度等。原料方面主要包括粒度、孔隙度等的影响。

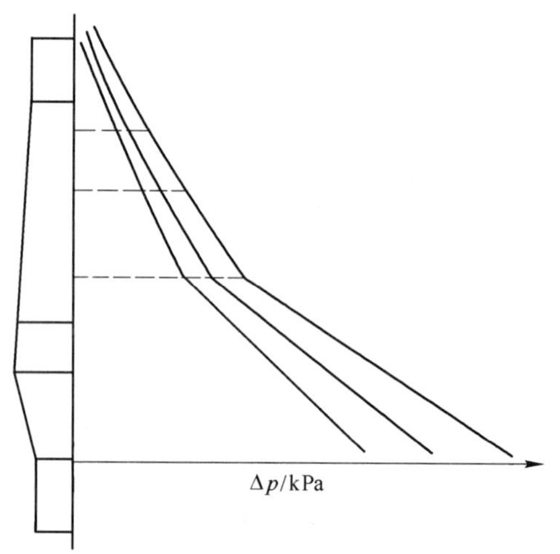

图 3-10　不同冶炼强度下高炉煤气静压力 ΔP 分布示意图

3.1.3.2　炉料的运动

高炉炉料均匀下降是高炉顺行的重要标志。风口前焦炭的燃烧；渣铁排放，炉料在下降过程中小块填充于大块之间以及软熔等引起的体积缩小，为炉料下降提供了可能性。但炉料能否顺利下降取决于炉料下降的力学条件。就风口平面上整个料柱来说，决定炉料下降的力（P）可表示为：

$$P = Q_{炉料} - P_{墙摩} - P_{料摩} - \Delta P$$

式中，P 为决定炉料下降的力；$Q_{炉料}$ 为炉料在炉内的总重；$P_{墙摩}$ 为炉料与炉墙间摩擦力；$P_{料摩}$ 为料块间的摩擦力；ΔP 为煤气对炉料的支撑力。

当 $P>0$ 时，炉料可顺利下降；当 $P\approx 0$ 时，高炉难行或悬料；$P<0$，超过一定的值，炉料会被吹出。

3.1.4　炉料的蒸发、挥发和分解

入炉的炉料首先受到上升煤气流的加热作用，进行水分的蒸发、结晶水的分解、挥发物的挥发和碳酸盐的分解。

3.1.4.1　水分的蒸发和结晶水的分解

炉料中的水分以吸附水和结晶水两种形式存在。吸附水也称物理水，以游离状态存在于炉料中，加热到105℃时迅速干燥和蒸发。吸附水的蒸发吸热使煤气体积缩小，煤气流速降低，减少了炉尘的吹出量，同时对炉顶装料设备和炉顶设备维护带来好处。

结晶水也称化合水，一般存在于褐铁矿（$n\mathrm{Fe_2O_3} \cdot m\mathrm{H_2O}$）和高岭土（$\mathrm{Al_2O_3 \cdot 2SiO_2 \cdot 2H_2O}$）中。随着温度升高到400~600℃，结晶水在炉内大量分解。

3.1.4.2　挥发物的挥发

挥发物的挥发包括燃料中挥发物的挥发和高炉内其他物质的挥发。焦炭中的挥发分数量相对较少，对于煤气成分和冶炼过程影响不大。但在高炉喷吹条件下，特别在大量喷吹含挥发物较高的煤粉时，引起炉缸煤气成分的明显变化，对还原也有影响。所以应尽可能把燃料中的挥发物控制在下限水平。除燃料中的挥发物外，还有一些化合物和元素进行挥发或循环富集，包括：

（1）还原产物：S、P、As、K、Na、Zn、Pb、Mn 等；

（2）还原中间产物：SiO、PbO、K_2O、Na_2O 等；

（3）高炉内新生化合物：SiS、CS 等。

另外炉料带入的 CaF_2 等元素和化合物的挥发也会对高炉炉况和炉衬产生影响。

3.1.4.3　碳酸盐的分解

高炉内碳酸盐主要以 $CaCO_3$、$MgCO_3$、$MnCO_3$、$FeCO_3$ 等形式存在，并以熔剂中的 $CaCO_3$ 为主。其中 $MgCO_3$、$MnCO_3$、$FeCO_3$ 等分解温度较低，对于冶炼影响不大；但 $CaCO_3$ 分解温度较高，在高炉内的开始分解温度为 740℃，化学沸腾温度高于 960℃，其反应式为：

$$CaCO_3 = CaO+CO_2,\ \Delta_r H_m^{\ominus} = 178000kJ$$

$CaCO_3$ 粒度为 25～40mm，有 50%～70%进入 900℃以上高温区分解，而在高温区会发生碳的气化反应。

石灰石分解后，大致有 50%以上 CO_2 参加反应，此反应的发生对于高炉冶炼将产生一定的危害：反应耗热，反应耗碳使焦比升高，反应产物 CO_2 冲淡了还原气氛。为减少其危害通常可采用熔剂性烧结矿或球团矿，不加或少加石灰石，缩小矿石粒度等措施来降低焦比。

3.1.5　还原反应

还原反应是高炉内的主要反应，还原反应所需要的热量约占炉内总热量需求的 50%左右。

3.1.5.1　还原的基本原理

还原反应的基本通式：

$$MeO+X = Me+XO$$

式中，MeO 为被还原金属氧化物；X 为还原剂；Me 为还原产物；XO 为氧化产物。

高炉炼铁常用的还原剂主要是 CO、H_2 和 C。

3.1.5.2　铁氧化物的还原

高炉内的铁氧化物主要有 Fe_2O_3、Fe_3O_4、$FeCO_3$、Fe_2SiO_4、FeS_2 等，但最后都是经 FeO 形态被还原成金属铁。

（1）各种铁氧化物的还原与分解顺序：

$$3Fe_2O_3 \longrightarrow 2Fe_3O_4 \longrightarrow 6FeO \longrightarrow 6Fe$$

失氧量/%	0	11.1	33.3	100

一半以上的氧是从 FeO ⟶Fe，所以 FeO 的还原意义重大。

温度小于 570℃时还原顺序为：$Fe_2O_3 \longrightarrow Fe_3O_4 \longrightarrow Fe$。

温度大于 570℃时还原顺序为：$Fe_2O_3 \longrightarrow Fe_3O_4 \longrightarrow FeO \longrightarrow Fe$。

（2）CO 还原铁氧化物。在温度不超过 900～1000℃的高炉中上部，铁氧化物中的氧被煤气中的 CO 和 H_2 夺取而生成 CO_2 和 H_2O 的反应称为间接还原反应。

用 CO 作还原剂，存在如下反应：

当 $T<570$℃时，还原反应分两步

$$3Fe_2O_3 + CO = 2Fe_3O_4 + CO_2, \quad \Delta_r H_m^{\ominus} = +27130kJ$$

$$Fe_3O_4 + CO = 3Fe + CO_2, \quad \Delta_r H_m^{\ominus} = +17160kJ$$

当 $T>570$℃时，还原反应分三步

$$3Fe_2O_3 + CO = 2Fe_3O_4 + CO_2, \quad \Delta_r H_m^{\ominus} = +27130kJ$$

$$Fe_3O_4 + CO = 3FeO + CO_2, \quad \Delta_r H_m^{\ominus} = -20890kJ$$

$$FeO + CO = Fe + CO_2, \quad \Delta_r H_m^{\ominus} = +13600kJ$$

用 H_2作还原剂，反应如下：

当 $T<570$℃时，还原反应分两步

$$3Fe_2O_3 + H_2 = 2Fe_3O_4 + H_2O, \quad \Delta_r H_m^{\ominus} = +21800kJ$$

$$Fe_3O_4 + 4H_2 = 3Fe + 4H_2O, \quad \Delta_r H_m^{\ominus} = -146650kJ$$

当 $T>570$℃时，还原反应分三步

$$3Fe_2O_3 + H_2 = 2Fe_3O_4 + H_2O, \quad \Delta_r H_m^{\ominus} = +21800kJ$$

$$Fe_3O_4 + H_2 = 3FeO + H_2O, \quad \Delta_r H_m^{\ominus} = -63570kJ$$

$$FeO + H_2 = Fe + H_2O, \quad \Delta_r H_m^{\ominus} = -27700kJ$$

对 H_2和 CO 的还原能力研究表明：在低温区 $T<810$℃ 时，$H_2<CO$；

$T=810$℃时，H_2和 CO 还原能力相同；在高温区 $T>810$℃时，$H_2>CO$。

（3）用碳作还原剂。高炉内用碳作还原剂还原铁氧化物生成气相产物 CO 的反应称为直接还原反应。其反应式为：

$$FeO + C = Fe + CO, \quad \Delta_r H_m^{\ominus} = -152190kJ$$

由于碳同铁氧化物的接触面积很小，实际上主要通过以下两个阶段进行：

$$FeO + CO = Fe + CO_2, \quad \Delta_r H_m^{\ominus} = +13600kJ$$

$$+) \quad CO_2 + C = 2CO, \quad \Delta_r H_m^{\ominus} = -165790kJ$$

$$FeO + C = Fe + CO, \quad \Delta_r H_m^{\ominus} = -152190kJ$$

高炉内各区域的温度不同，直接还原和间接还原的部位也不同。如图 3-11 所示，$T<800$℃低温区为间接还原区；$T>1100$℃高温区为直接还原区；800～1100℃中温区为两者都存在的混合区。高炉冶炼中通常把以直接还原方式还原出的铁量占还原出来总铁量的比值称为直接还原度（r_d）。研究表明，r_d最佳值为 0.2～0.3，而高炉实际操作中，r_d常在 0.4～0.5 之间，有的甚至更高，调配合理的 r_d，是降低焦比的重要手段，一般采取途径为：改善矿石还原性，控制高炉煤气的合理分布，采用强化冶炼新工艺等。

3.1.5.3 非铁元素的还原

高炉内除铁元素外还有锰、硅、磷等元素的还原。根据各氧化物分解压大小，可知铜、砷、钴、镍在高炉内几乎全部被还原；锰、矾、硅、钛等较难还原，只有部分进入生铁。

（1）锰的还原。锰一般由锰矿带入，有的由矿石带入，高炉也可用来冶炼镜铁和锰铁，锰氧化物还原与铁类似，由高价向低价逐级还原。

$$6MnO_2 \longrightarrow 3Mn_2O_3 \longrightarrow 2Mn_3O_4 \longrightarrow 6MnO \longrightarrow 6Mn$$

气体还原剂（CO、H_2）把 MnO_2 还原为低价 MnO 比较容易，但 MnO 只能由直接还原方式还原为 Mn，其开始还原温度在 1000~2000℃之间，其反应如下：

$$MnO + C = Mn + CO,\ \Delta_r H_m^{\ominus} = -287190kJ$$

冶炼普通生铁时 Mn 有 40%~60%进入生铁，5%~10%挥发进入煤气，其余进入炉渣。

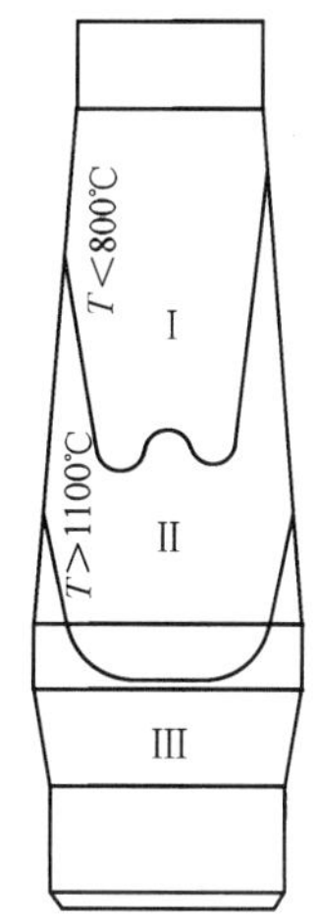

图 3-11　高炉内铁的还原区分布示意图

（2）硅的还原。高炉中硅主要来源于矿石中脉石和焦炭灰分中的 SiO_2，SiO_2 为稳定化合物，比 Fe、Mn 难还原。Si 只能在下部高温区（>1300℃）以直接还原方式进行，且是逐级进行的。

当 $T<1500$℃时，$SiO_2 \rightarrow Si$：

$$SiO_2 + 2C = Si + 2CO$$

当 $T>1500$℃时，$SiO_2 \rightarrow SiO \rightarrow Si$：

$$SiO_2 + C = SiO + CO$$

$$SiO + C = Si + CO$$

还原出来的硅能与铁在高温下形成稳定的硅化物 FeSi（也包括 Fe_3Si 和 $FeSi_2$）而溶解于铁中，降低了还原时的热消耗和还原温度，从而有利于硅的还原。生铁中硅含量愈高，炉温也愈高，生产中常以生铁含硅量来代表炉缸温度水平。

（3）磷的还原。炉料中的磷主要以磷酸钙 $(CaO)_3 \cdot P_2O_5$（又称磷石灰）形态存在，有时也以磷酸铁 $(FeO)_3 \cdot P_2O_5 \cdot 8H_2O$（又称蓝铁矿）形态存在。

当 $T<950\sim1000$℃时，进行间接还原：

$$2[(FeO)_3 \cdot P_2O_5] + 16CO = 6Fe_2P + P + 16CO_2$$

当 $T>950\sim1000$℃时，进行直接还原：

$$2[(FeO)_3 \cdot P_2O_5] + 16C = 3Fe_2P + P + 16CO$$

磷石灰较难还原，它在高炉中首先进入炉渣，被炉渣中的 SiO_2 置换成游离态的 P_2O_5，再进行直接还原：

$$2[(CaO)_3 \cdot P_2O_5] + 3SiO_2 = 3Ca_2SiO_4 + 2P_2O_5,\quad \Delta_r H_m^{\ominus} = -917340kJ$$

$$+)\quad 2P_2O_5 + 10C = 4P + 10CO,\quad \Delta_r H_m^{\ominus} = -1921290kJ$$

$$2Ca_3 \cdot (PO_4)_2 + 3SiO_2 + 10C = 3Ca_2SiO_4 + 4P + 10CO,\quad \Delta_r H_m^{\ominus} = -2838630kJ$$

高炉冶炼过程中磷为难还原元素且反应吸热量大，还原出来的 Fe_2P 和 P 都溶于铁水中，因此降低生铁中含磷量的唯一途径是控制炉料中的含磷量。

（4）铅、锌、砷的还原。我国的一些铁矿石中含有铅、锌、砷等元素，这些元素在高炉冶炼条件下易还原。还原出来的这些元素会对生铁质量和高炉本身产生一定的影响。

3.1.6　还原反应动力学

对于铁氧化物反应的研究而言，热力学是研究反应方向和限度即平衡的科学。而动力学则是说明反应是通过什么步骤进行（反应机理），以及反应速度和反应达到平衡所需时间的科学。目前为止能比较全面解释铁氧化物整个还原过程的理论是未反应核模型理论。

这种理论认为铁氧化物从高价到低价逐级还原，随着反应的进行，未反应核心逐渐缩小，直到完全消失，如图3-12所示，整个反应过程按以下顺序进行：

（1）还原气体外扩散；

（2）还原气体内扩散；

（3）还原气体被界面吸附；

（4）界面化学反应；

（5）氧化气体的脱附；

（6）氧化气体内扩散；

（7）氧化气体外扩散。

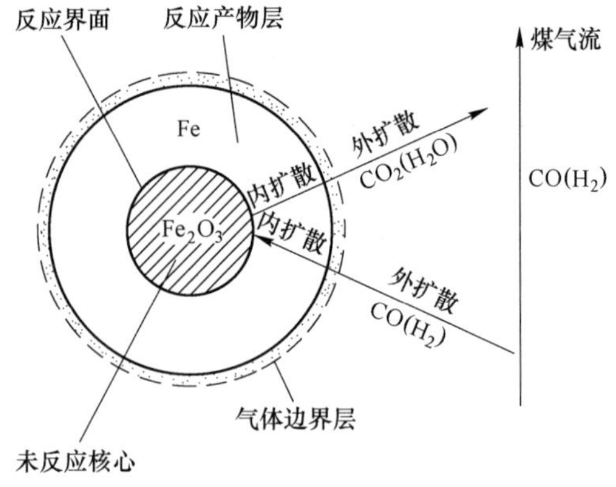

图3-12　矿球反应过程模型

在整个过程中还原反应速度取决于最慢的一个环节，该环节称为限制性环节。一般情况，当反应受扩散规律控制时，称为扩散控速；如反应受本身控制时，则称化学反应控速；二者相差不多时，称为处于复合控速。反应速度处于哪个范围受到许多动力学因素的影响，通常提高煤气的温度和浓度、控制合理的流速、提高煤气压力，使用粒度较小、气孔率较大的人造矿石有利于改善还原条件，加快还原反应速度。

3.1.7　生铁的形成和渗碳过程

在高炉上部已有部分铁矿石逐渐还原成金属铁。随着温度的不断升高逐渐有更多的铁被还原出来，刚还原出来的铁呈多孔海绵状，称为海绵铁，早期出现的海绵铁成分较纯，几乎不含碳。而高炉内生铁形成（除了硅、锰、磷和硫等元素的渗入或去除外）的主要特点是经过渗碳过程。研究认为炉内渗碳大致可分三个阶段：

第一阶段，海绵铁的渗碳。当温度升高到727℃以上时，一般在高炉炉身中上部，固体海绵铁开始发生如下的渗碳过程：

$$2CO = CO_2 + C_{黑}$$

$$+)\quad 3Fe_{固} + C_{黑} = Fe_3C_{固}$$

$$3Fe_{固} + 2CO = Fe_3C_{固} + CO_2$$

这一阶段的渗碳量占全部渗碳量的1.5%左右。

第二阶段：液态铁的渗碳。经初步渗碳的金属铁在1400℃左右时与炽热的焦炭继续进行固相渗碳，开始熔化为铁水，穿过焦炭滴入炉缸，熔化后的铁水与焦炭直接接触的渗碳反应：

$$3Fe_{液} + C_{焦} = Fe_3C$$

到达炉腹处，生铁的最终含碳已达4%左右。

第三阶段：炉缸内的渗碳过程。炉缸部分只进行少量的渗碳，一般只有0.1%～0.5%。

经过以上三个阶段，铁水在向炉缸滴落的过程中，除了渗碳反应外，还有硅、锰、磷进入生铁，脱除硫等有害杂质，形成最终成分的生铁。

3.1.8 炉渣的组成和作用

炉渣对高炉的炉况和生铁的质量有着决定性的影响。要想炼好铁，必须造好渣。

3.1.8.1 炉渣的组成

冶炼 1t 生铁大致产生 400~1000kg 炉渣，国外先进水平已达 300kg 左右。炉渣的主要来源是铁矿石中的脉石以及燃料燃烧后剩余的灰分。其主要成分是 SiO_2、Al_2O_3、CaO、MgO，此外还含有少量的其他氧化物和硫化物。用焦炭冶炼，高炉炉渣成分大致范围如下：

成分	SiO_2	Al_2O_3	CaO	MgO	MnO	FeO	CaS	K_2O+Na_2O
%	30~40	8~18	35~50	<10	<3	<1	<2.5	<1~1.5

其中，炉渣的性质主要取决于 CaO 和 SiO_2，冶炼上把炉渣中碱性氧化物与酸性氧化物的百分数之比称为炉渣碱度（B）。

$$B=\frac{\text{炉渣中碱性氧化物质量分数之和}}{\text{炉渣中酸性氧化物质量分数之和}}$$

生产中，碱度一般表示为二元碱度：

$$B=\frac{w(\mathrm{CaO})}{w(\mathrm{SiO_2})}$$

根据碱度高低，炉渣可分为三类：

（1）$B<1$，酸性渣。

（2）$B=1$，中性渣。

（3）$B>1$，碱性渣。

炉渣的很多物理化学性质与炉渣碱度有关。一般根据高炉原料和冶炼产品有所不同，冶炼中二元碱度一般在 1.0~1.3 之间。

3.1.8.2 高炉渣的作用和要求

高炉冶炼过程，除在化学反应上实现 Fe—O 分离外，还要实现金属与氧化物等的机械或物理分离，而这要靠性能良好的液态炉渣，并利用渣铁密度的不同达到渣铁分离的目的。为此，要求高炉渣应具有以下作用：

（1）炉渣与生铁互不溶解，且密度不同，因而，使渣铁得以分离，得到纯净的生铁。

（2）具有充分的脱硫能力，保证生铁合格。

（3）调整生铁成分，保证生铁质量。炉渣成分有利于有益元素的还原，抑制有害元素的还原，即炉渣应具有选择还原性。

（4）有利于炉况顺行，获得良好的冶炼技术经济指标；同时应有利于保护炉衬，延长炉衬寿命。

3.1.9 炉渣的形成

炉渣的形成要经历由初成渣⟶中间渣⟶终渣过程，高炉内成渣是从矿石软化开始，在炉料不断下降过程中进行着一系列的物理化学变化，形成最终炉渣。其变化过程简述如下：

（1）初成渣的生成。包括固相反应、软化、熔融、滴落几个阶段。软熔带中形成液态初渣。初渣中（FeO）、（MnO）含量较高。

（2）中间渣的变化。处于滴落过程中成分、温度不断变化的炉渣。处于软熔带以下、风口平面以上部位。中间渣中（FeO）、（MnO）含量逐渐减小，（CaO）、（MgO）含量逐渐增大，炉渣黏度增大。

（3）终渣由中间渣转化而得，通过风口平面聚集在炉缸，是成分、性质较稳定的炉渣。终渣中（Al_2O_3）、（SiO_2）增大，（CaO）、（MgO）、（MnO）和（FeO）含量减小，（CaS）含量增大，碱度减小。

3.1.10 炉渣去硫

高炉中的硫主要来源于炉料中的焦炭、矿石、熔剂和喷吹燃料等。其中焦炭带入的硫量占60%~80%。冶炼每吨生铁由炉料带入的总硫量称为硫负荷。一般硫负荷为4~8kg/t。

高炉内的去硫主要是含有 FeS 的铁水在滴过渣层时以及在渣铁相界面处进行。

$$[FeS] + (CaO) = (CaS) + (FeO)$$

$$(FeO) + C = [Fe] + \{CO\}$$

总的脱硫反应为：

$$[FeS] + (CaO) + C = [Fe] + (CaS) + CO,\ \Delta_r H_m^{\ominus} = -149140\text{kJ}$$

产物 CO 气体起搅拌作用，可加速去硫反应。

硫使钢铁产品具有热脆性，因此钢铁产品硫含量应尽可能降低。通常降低铁水含硫的主要措施有：降低硫负荷；提高煤气的利用率；增大渣量；提高炉渣的脱硫能力（即提高温度，增加碱度）等。

3.1.11 高炉强化冶炼与节能

高炉强化冶炼的目的是提高产量，即提高高炉冶炼强度（I）、提高高炉有效容积利用系数（η_u）和降低焦比（K）。主要措施包括：

（1）精料。具体概括为："高、熟、净、匀、小、稳、少、好"。

"高"指入炉矿石含铁品位要高，焦炭、烧结矿和球团矿强度要高，烧结矿的碱度要高。

"熟"指熟料，即将铁矿粉制成具有高温强度，又符合各项冶金性能要求的块状料。

"净"是指入炉原料中小于5mm 的粉末要筛除。

"匀"是指高炉炼铁的炉料粒度要均匀。

"小"是指入炉料的粒度要小、均匀，上限所规定的范围要窄，并控制住炉料中的大块。

"稳"是指入炉料的化学成分和物理性能要稳定，波动范围要小。

"少"是指炉料中有害杂质要少。

"好"是指炉料的冶金性能要好。

（2）高压操作。即人为地将高炉内煤气压力提高，超过130kPa 的称为高压操作。通过系统中高压阀组控制阀门的开闭度来完成。其工艺流程如图3-13所示。高压操作可有效地提高冶炼强度，有利于炉况顺行，减少管道行程，降低炉尘吹出量以及降低焦比等。当前的高压水平一般为 140～250kPa，3000m^3以上的高炉大多采用 250～300kPa。

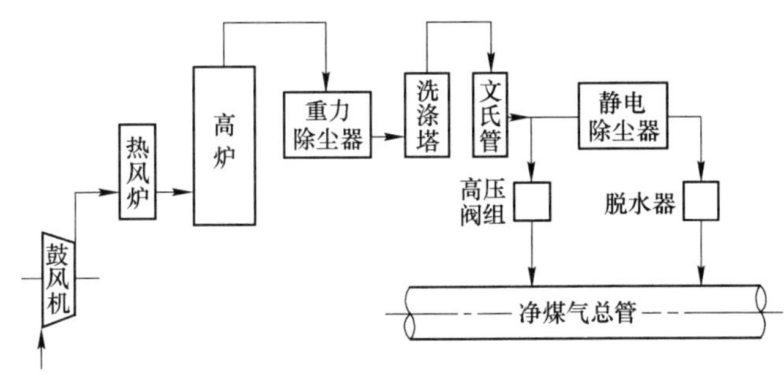

图 3-13 包钢高炉高压操作工艺流程图

（3）高风温。高炉炉内的热量主要源自于燃料燃烧的化学热和热风带入的物理热。热风带入的热量大约占 1/4 左右。特别是喷吹量不断加大的情况下，提高风温是降低焦比和强化冶炼的有效措施。风温每提高 100℃可降低焦比 8～12kg/t，产量增加 2%～3%。

（4）富氧鼓风。富氧鼓风是指通过鼓入工业氧气，提高鼓风中的氧气含量，相对降低氮气含量的强化冶炼途径。富氧鼓风可提高冶炼强度，炉缸煤气量增加，促进还原，提高炉缸温度，降低焦比，有利于顺行。富氧率一般为 3%～4%。

（5）加湿和脱湿鼓风。统称为调湿鼓风。其中加湿鼓风是在冷风总管上加一定量的水蒸气，经热风炉送往高炉。加湿鼓风风中的水分在风口前燃烧发生以下反应：

$$H_2O = H_2 + \frac{1}{2}O_2, \quad \Delta_r H_m^{\ominus} = -Q$$

$$H_2O + C = CO + H_2$$

可见水分在风口前燃烧增加了还原性气体的含量，有利于降低焦比和提高冶炼强度，目前只在一些不喷吹燃料且具有潜能的小高炉上应用。

脱湿鼓风是将鼓风中的湿分降低到较低水平。有利于提高风口前理论燃烧温度，有利于降低焦比、增加喷吹量和稳定炉况。

（6）喷吹燃料。高炉喷吹燃料主要指通过风口向炉内喷入固体燃料、气体燃料和液体燃料等，以代替部分的焦炭，降低焦比，同时有利于改善煤气分布和煤气还原能力，提高生铁产量，促进顺行的效果。

另外，高炉冶炼低硅生铁，可达到降低焦比，增加产量的效果；采用合理冷却方式，改进冷却器材质与结构，提高耐火材料的材质，选择合理的操作制度，炉缸、炉底用含钛物料护炉延长高炉寿命等措施，也属于高炉强化冶炼的范畴。

整个炼铁系统（焦化、烧结、球团、炼铁等工序）直接能源消耗占钢铁生产总能耗的一半以上。而在高炉生产过程中有许多余能利用潜力很大，可通过炉顶煤气余压发电，煤气余热发电，渣铁显热利用，回收热风炉烟道废气余热，冷却水落差发电等高炉节能措施回收利用二次能源。

3.2 炼铁工艺

高炉冶炼是一个伴随着上升热煤气流和下降的冷炉料相向运动贯穿于始终的复杂工艺过程。而高炉操作的主要目的是保证上升的煤气流和下降的炉料顺利进行，力求获得更好的技术经济指标。高炉日常操作主要包括（1）开炉、休风、停炉操作；（2）高炉炉况判断与调节；（3）炉前操作。

3.2.1 开炉

开炉是高炉一代炉龄的开始，开炉的准备工作和开炉过程的好坏直接影响着高炉的寿命长短、人身设备安全以及以后的生产操作，必须高度重视。

（1）开炉前的准备检查。开炉前必须对高炉全部设备进行仔细检查和试运转。

（2）烘炉。必须根据一定的烘炉制度对高炉和热风炉逐渐加热，彻底烘干炉衬以免影响一代寿命。

（3）装料。应选用最好的炉料作为开炉引料，按照计算的配料表进行合理的开炉装料。

开炉充填炉料应分段加入。以焦炭填充炉缸，净焦集中在下部，其次是一定的空焦，然后是一定比例的空焦与正常料交替装入，最后是正常料。

（4）点火。可用700~750℃的热风开炉点火。点火热风温度越高越好。若没有热风，可事先在点火的地方放一些易燃物，用红热的铁棍伸进风口点火。不论采用哪种点火方式，点火前均应关闭炉顶装料系统，打开炉顶放散阀，并切断与煤气系统的联通。煤气成分接近正常、煤气压力达到要求压力时即可接通除尘系统。第一次铁水出完后就算开炉完毕。

3.2.2 停炉

高炉停炉分为大修停炉和中修停炉。大修停炉主要是因为炉缸炉底侵蚀严重，无法继续生产。当炉缸炉底良好，而其他部位损坏或炉腹以上砖衬侵蚀严重，则需要停炉中修。二者的主要区别是：中修停炉不放炉缸残铁，大修停炉必须放净炉缸残铁。停炉要做到安全、出净渣铁、便于拆除和检修。停炉方法主要有充填法和空料线喷水停炉法两种。

充填法要点是在决定高炉停炉时停止上矿石，当料线下降时用其他物质充填所空出的料线空间。用于填充的物质有石灰石、碎焦等，也有的用高炉炉渣填充。此法比较安全，但停炉后要清除充填物，浪费大量人力物力。

空料线喷水法是在停炉开始时停止装料，待料面下降上部空间扩大时，从炉顶喷水。当料面到达风口平面或其上1~2m时停止送风，继续喷水。待炉缸内红焦全部熄灭后，开始修理。此法可大大缩短修炉时间，但要注意安全。

3.2.3 休风

高炉生产过程中因临时检修或计划检修，而需要短期或者长时间停止送风，叫做休风。休风时间超过8h的称为长期休风，8h以内的称为短期休风。

高炉休风和复风操作中最重要的是防止煤气爆炸。无论长期休风还是短期休风都要将高炉本体与煤气管道完全切断。为预防爆炸性混合气体的生成，在休风期应把高炉炉顶与煤气管道完全切断，同时在休风期应向高炉炉顶及煤气管道内通入蒸汽，以保持炉顶及管道内的正压，可防止空气渗入并可冲淡煤气中 CO 和 H_2的浓度，减少爆炸的可能性。

对于长期休风的高炉，应在停风前（对于大高炉，风压降到 1.05~1.1kPa）关闭炉顶蒸汽，打开大钟；用红焦或烧着的木材与油布点燃炉顶煤气，并维持火焰不灭，然后停风堵严风口，在继续通蒸汽的情况下，使煤气管道与大气相通，靠自然抽力驱净煤气。

高炉恢复送风时，也要注意煤气安全。复风前，上述各部位都要通入蒸汽，待炉顶煤气有足够压力时，再按操作程序接通煤气系统。

另外，对于长期休风超过 10 天的高炉，休风期间为防止空气进入炉内，炉子要严格密封进行封炉操作，为再开炉具有充足的炉温，炉况顺行和迅速恢复到正常生产水平创造条件。封炉操作主要根据封炉时间长短确定封炉料的组成，封炉时间越长，焦炭负荷应越轻。

3.2.4 高炉基本操作制度

高炉操作的基本任务是选择好合理的操作制度，控制煤气流分布合理，充分利用热能和化学能。操作制度要根据炉型特点、设备条件、原料条件、冶炼生铁品种及优质低耗指标要求制定工作准则。只有选择好合理操作制度，控制好煤气流，才能实现炉况稳定顺行，充分利用热能和化学能。高炉基本操作制度包括：炉缸热制度、送风制度、造渣制度和装料制度等。

3.2.4.1 炉缸热制度

炉缸热制度指的是炉缸所具有的平均温度水平，其参数有两个：其一是铁水温度，一般为 1350~1500℃，又称物理热，炉渣温度比铁水温度高 50~100℃；其二是生铁含硅量，含硅量的多少可以作为炉温高低的标志，又称化学热，硅含量愈高，则炉温愈高。

合理的炉缸热制度要根据高炉具体的冶炼特点及冶炼生铁品种确定。影响炉缸热制度波动的因素很多，炉缸热制度主要用调剂焦炭负荷为控制手段，辅以高风温和富氧率。

3.2.4.2 送风制度

送风制度指在一定冶炼条件下，确定适宜的鼓风量、鼓风质量和进风状态，它是实现煤气合理分布的基础，是保证炉料顺行，炉温稳定的必要条件。送风制度可通过风量、风温、鼓风湿度以及风口面积和长度、富氧率、喷吹燃料量等来调节。合理的送风制度应达到：煤气流分布合理，热量充足，煤气利用好，炉况顺行，炉缸工作均匀，铁水合格；有利于炉型和设备的维护要求。

3.2.4.3 造渣制度

造渣制度是指按原燃料条件和生铁的成分要求，选择适宜的炉渣成分和碱度范围。造渣制度要根据原燃料条件（主要是含硫量）和生铁成分的要求，主要是 $w[Mn]$、$w[Si]$ 和 $w[S]$，选择合理的炉渣成分和碱度。选定造渣制度应力求使炉渣具有良好的冶炼性能，即流动性良好，脱硫能力强，有利于稳定炉温和形成稳定渣皮，以保护炉衬。

3.2.4.4 装料制度

装料制度指炉料的装入方法。包括装料顺序、批重大小、料线高低和布料制度，对无钟炉顶还包括溜槽倾角等。

（1）批重。指装入高炉的每批料的质量。每批料中矿石的质量称为矿批，焦炭的质量称为焦批。矿石和焦炭的质量比称为焦炭负荷，也即单位质量的焦炭所负担的矿石量。如图3-14所示，可见批重大小对煤气流的影响，矿批小时，矿料落在炉墙附近较多，分布不到中心或矿层太薄，因而边缘透气性差，气流少。批重大，压制中心气流；批重小，压制边缘气流。

（2）料线。从大料钟打开位置的下沿到料面的距离称为料线。高料线即指这段距离短；低料线则指这段距离长。提高料线，炉料堆尖逐渐离开炉墙，将促使边缘气流发展；降低料线，堆尖逐渐向炉墙移近，将促使中心气流发展。料线一般不能低于碰撞点，如图3-15所示。

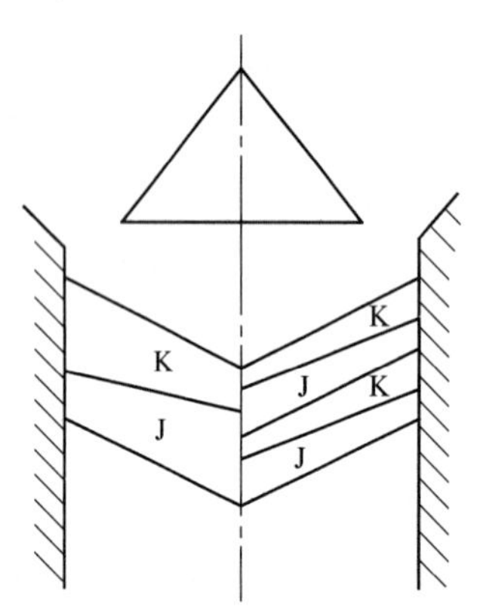

图3-14 批重大小对布料的影响
K—矿石；J—焦炭

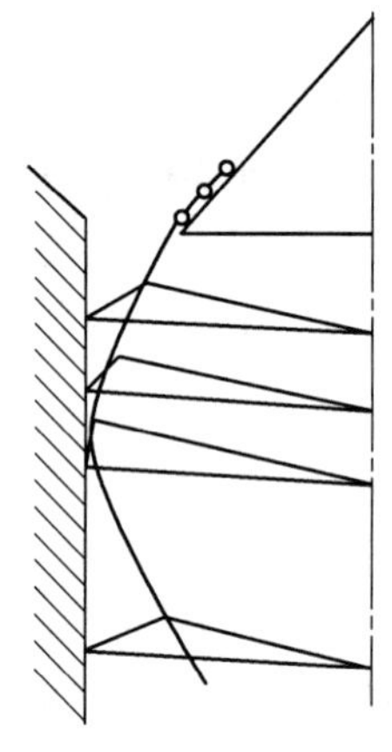

图3-15 料线高低对布料的影响

（3）装料顺序。指的是矿石和炉料的装入顺序。先矿石后焦炭的装入顺序称为正装。先焦炭后矿石的装入顺序称为倒装。正装时边缘矿石多，加重边缘。而倒装则是中心矿石多加重中心。此外，还有同装与分装。同装是矿石和焦炭一次入炉，分装是矿石和焦炭分两次入炉。就加重边缘而言分装比同装缓和。

边缘负荷由重到轻的装入顺序是：正同装（KJ↓）→正分装（K↓J↓）→倒分装（J↓K↓）→倒同装（JK↓）（K——矿石；J——焦炭）。

以上四种基本操作制度相互联系相互制约，按调剂的部位可分为上部调剂和下部调剂。上部调剂主要是通过调节装料制度来调节煤气流的合理分布，充分利用煤气能量；下部调剂主要是通过调节送风制度来改变煤气流的原始分布，达到活跃炉缸，高炉顺行的目的。下部调剂比上部调剂生效快，生产中应采取以下部调剂为基础，上下部调剂相结合的操作方针。

3.2.5 炉况判断

正确判断炉况是对炉况进行调节和处理的前提，高炉炉况判断通常有直接观察法和间接观察法。

3.2.5.1 直接观察法

直接观察法是指通过看风口，看渣、看铁和看料速和料尺工作状态来判断炉况。

（1）看风口。是唯一能看到高炉内冶炼情况的地方，当高炉顺行时，风口明亮，活跃，各风口亮度一样。当炉热时风口耀眼夺目；炉凉时风口红暗，风口发黑并有挂渣现象，说明炉凉已经十分严重。高炉难行时，风口前焦炭活跃性较差，悬料时风口前焦炭停滞不动。

（2）看出渣。炉热时渣温高，流动性好表面光亮有火焰。渣样断口呈灰白石头状，则炉温高碱度高。若渣流动性差，发红，渣样呈玻璃状或黑色，则炉温低，碱度低。

（3）看出铁。出铁时铁沟内火花与含硅量多少直接有关。火花低、小、多则硅低；火花高、大、疏则硅高。铁水表面白亮，无“油”，说明炉温高硫低。铁样凝固较快，并且断口呈灰色，则硅高；铁样凝固较慢，且断口呈白色，则硅低，炉温低。

（4）看下料。观察料速主要是看料速的快慢和均衡程度。料速均匀表现在下料顺畅，料批稳定，两料尺速度一致（相差不超过 0.2m）。当炉温由凉转热时料速由快到慢。反之，料速增快，则预示炉温由热转凉。料尺停止不动，则表示悬料。料尺突然塌陷很深是崩料的象征。两料尺下降速度不均匀，则是偏料的象征。

3.2.5.2 间接观察法

间接观察法主要是利用压力表、流量表、温度表、料速表等热工仪表来测量风量、风温、风压及炉内不同部位的煤气压力、温度、成分等，间接判断炉况。

（1）热风压力表。热风压力表能反应料柱透气性好坏。炉况正常时风压波动范围小；悬料时风压大增；崩料、管道行程时风压大降。炉况热行时，风压缓慢上升，冷行时，风压逐渐下降。

（2）炉顶煤气压力表。炉况正常时，煤气压力波动不大。悬料时，煤气压力大大降低。管道行程或崩料时煤气压力大增。

（3）冷风流量计。炉况正常时，风量波动范围不大。悬料时，风量自动减少。管道行程时风量自动增加。炉况向凉时，风量增加；炉况向热时，风量减少。

（4）炉顶煤气温度计。炉顶煤气温度高时，说明炉内热能利用不良。管道行程和悬料或难行初期，炉顶温度也会升高。

（5）炉顶煤气成分。通过 CO_2 分布曲线研究，CO_2 分布多的地方矿石分布较多，煤气流量较少，反之，CO_2 分布少的地方，焦炭分布较多，煤气流量较多。正常情况下，炉喉 CO_2 分布曲线是中心高于边缘。图 3-16 为我国高炉煤气分布曲线图。

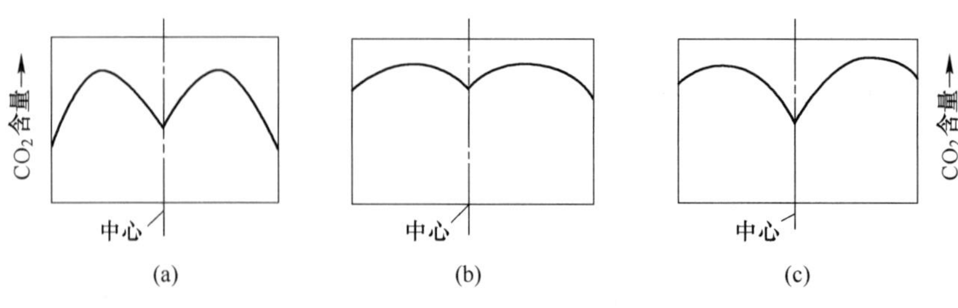

图 3-16　高炉煤气分布曲线

(a) 双峰式；(b) 平峰式；(c) 中心开放式

3.2.6　炉况处理

3.2.6.1　正常炉况的特征

正常炉况的特征是：

(1) 热制度稳定。炉温波动在规定范围之内，前后两炉铁的 [Si] 含量在波动范围，各个风口均匀活跃，风口明亮，无生降，不挂渣。

(2) 造渣制度稳定。渣温充足，流动性好。放渣顺畅，流过渣沟不结壳，上下渣及各渣口碱度及渣温均匀。

(3) 炉缸工作均匀活跃。煤气流分布合理，炉喉、炉身、炉腰各部位温度正常，稳定。

(4) 送风制度稳定。风压、风量曲线稳定而且对应；热风温度稳定，波动小。

(5) 下料速度均匀。料尺无停滞和陷落现象，两料尺相差较小。

(6) 冷却水温差符合规定。炉体各部位冷却水温差在规定范围之内。

3.2.6.2　炉况失常处理

炉况失常的表现有煤气分布失常、热制度失常和炉料分布失常。

(1) 煤气流分布失常。煤气流分布失常表现为边缘气流过分发展和中心气流过分发展，炉料偏行，管道行程等。产生煤气流失常的主要原因是装料制度和送风制度不合理，或者是原燃料的质量和设备因素。判断煤气流失常的主要手段是炉喉 CO_2 分布曲线，如图 3-17、图 3-18 所示。

处理方法是先进行上部调剂，调剂装料制度。例如可通过提高正装比例，压制边缘气流过分发展；提高倒装比例压制中心气流；加大批重处理管道行程等。在上部调剂成效不好时可采取缩小风口直径压制边缘气流过分发展；扩大风口直径压制中心气流过分发展等。应当注意，换风口时需要先进行倒流休风操作。

(2) 热制度失常。热制度失常表现为炉热、炉凉等。炉热时，易引起 ΔP 增加，造成炉料不能顺利下降，悬料的结果；炉凉时，会导致生铁出格、风口灌渣、恶性悬料甚至使炉缸冻结等。处理炉温失常可通过调节风量、风温、鼓风湿度、喷吹量、焦炭负荷等方法处理。

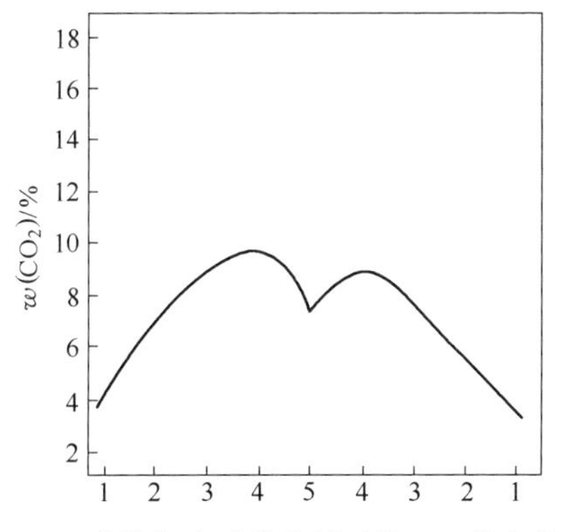

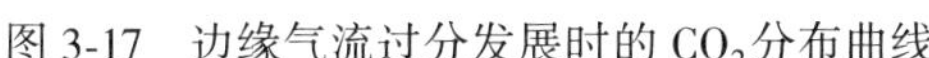
图 3-17　边缘气流过分发展时的 CO_2 分布曲线

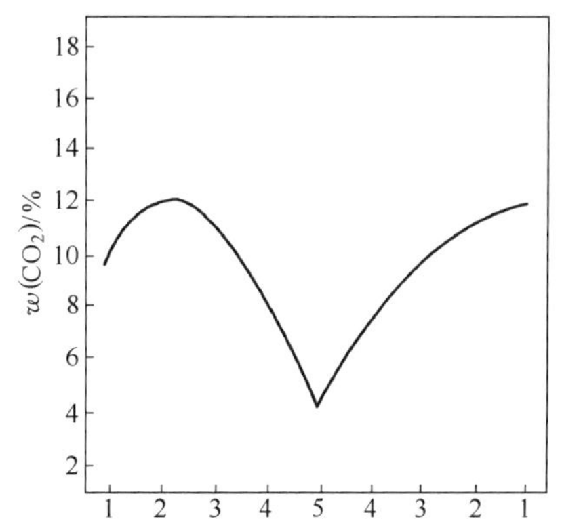

图 3-18　中心气流过分发展时的 CO_2 分布曲线

（3）炉缸冻结。炉缸温度降到渣铁不能从渣口、铁口自由流出的程度，称为炉缸冻结。

处理炉缸冻结的主要措施有：首先大量减风 20%~30%，尽量让渣铁流出，同时勤放渣铁；尽量保持较多的风口能正常工作，至少要使靠近渣铁口的风口畅通；立即大量加净焦，视炉况加 10~20 批左右并减轻焦炭负荷；停止喷吹，相应减轻焦炭负荷；减少熔剂使渣碱度维持低水平；避免在冻结期间坐料或休风换设备，免得炉况进一步恶化；炉缸严重冻结、铁口打不开时，可将渣口三、二套取下，砌上耐火砖，由渣口出铁；如渣口也冻结时，应将渣口与风口用氧气烧通，并扩大烧开容积，填上新焦，用渣口上的 1~2 个风口送风，从渣口出铁；当炉温转热时，应首先恢复渣铁口工作，同时根据炉况恢复风口工作，以后再恢复风量、负荷及喷吹物。

（4）高炉结瘤。炉瘤由已熔化物质再度凝结，并粘附于炉墙上，逐渐长大而成。高炉结瘤的特征是炉况经常不顺，难行、崩料、悬料频繁、经常偏料、不能维持正常风量，煤气分布不稳定，生铁含硫高，焦比上升。处理措施主要有两种：一是洗瘤法，用洗炉料形成易熔化炉渣冲洗炉瘤（适用于下部炉瘤），洗炉料有均热炉渣、萤石等；或采用发展边缘的装料制度，用边缘气流来冲刷炉瘤（适用于上部炉瘤），其措施是改变装料制度，用全倒装。二是炸瘤法，其要点是降低料面使炉瘤完全暴露；休风，从炉顶观察炉瘤位置；在结瘤部位炉墙上开孔，放入炸药，自上而下分段炸瘤。

（5）其他炉况。低料线、偏料、崩料、悬料等。

1）低料线：不能按时上料，以致探料尺较正常规定料线低 0.5m 以上时称为低料线。它会使矿石不能进行正常的预热和还原，导致煤气分布紊乱，炉凉和不顺，必须及时处理。

2）偏料：小高炉两料尺差值为 300mm，大高炉两料尺差值为 500mm 时，称为偏料。偏料主要表现是风压升高且不稳，炉顶温度各点差值较大，铁水含［S］升高，渣流动性变差等，可采取料面低一侧换用小风口，减少进风量，或用布料器将炉料布到料面低的一侧，也可用挡板纠正料面高度，可减轻偏料程度。

3）崩料：炉料突然下降，其他计量仪器显示有相应反应的现象称为崩料。炉料连续多次突然下降称为连续崩料。多发生于高炉难行或停滞之后。炉内出现崩料现象，要根据具体情况酌情采取减小风量、降低风温、适当减轻焦炭负荷等调剂手段调节。

4）悬料：一般指炉料不能下降，时间超过20min，是高炉由顺行转为难行的标志。处理悬料时要从降低煤气流产生的浮力和增加炉料的有效重力同时入手，风量与料柱透气性相适应，使炉料下降力大于所受到煤气浮力。同时要查明原因区别对待，果断处理，方法妥当。

3.2.7 炉前操作与热风炉操作

炉前操作的主要任务是通过渣口和铁口及时将生成的渣铁出净；维护好铁口、渣口和砂口及炉前机械设备（开口机、泥炮、堵渣机和炉前吊车），保证高炉生产正常进行。

3.2.7.1 炉前操作指标

炉前操作指标主要有：

（1）出铁正点率。指的是正点出铁次数与总出铁次数的百分比。生产过程中应按照规定时间打开铁口，以保证冶炼过程的顺利进行。

（2）铁量差。指理论出铁量与实际出铁量的差值。该差值不应大于10%~15%。

（3）铁口深度合格率。指铁口深度合格次数与总出铁次数的百分比，是衡量铁口维护好坏的重要指标。

（4）上渣率。指从渣口放出的炉渣占全部渣量的比值，一般在70%以上。现代大多高炉已不设置渣口，无上渣率而言。

3.2.7.2 出铁操作

出铁前要准备好铁水罐、渣罐、出铁口要烘干，把主沟及扒渣器清理好并烘干，准备好开口机、堵铁口泥炮等，以确保出铁操作的顺利进行。出铁操作包括按时打开铁口，注意铁流变化，及时控制流速，控制铁罐、渣罐装入量，出净渣铁，及时堵口等，精心维护，精心操作，处理好出铁过程中常见事故。

（1）铁水跑大流。表现为打开铁口后，或出铁一段时间后，铁流急速增加，渣铁越过沟槽，漫上炉台，有时流到铁轨上。可采取适量减风，以减弱铁流流势等途径来处理。

（2）退炮时渣铁流跟出。往往在铁口浅而渣铁又未出净情况下产生。可采取堵上铁口后先不退炮，待下次渣铁罐到位后再退炮，同时炮膛内留有部分炮泥的方法来防止。

（3）炉缸烧穿。主要原因是铁口长期过浅。必须注意维护好铁口，保持铁口正常深度。

（4）潮铁口出铁。指铁口内有潮泥而又没烘干就出铁。在钻铁口时如发现有潮泥要及时认真处理，烘干后再出铁，以免发生事故。

（5）铁口泥套事故。铁口泥套破损未及时修复，使得打泥时跑泥或打不进去，造成事故。铁口泥套破损时堵口，高炉应减风，保证铁口封住，出完铁后应及时修补好泥套。

（6）铁流过小事故。主要是由于开铁口时没钻到红点，而铁口泥包有裂缝，铁水从裂缝中流出，铁流又细又小。可采用闷炮操作处理。

3.2.7.3 热风炉操作

热风炉操作的任务是稳定的向高炉提供热风，为高炉降低焦比，强化冶炼创造条件。

热风炉工作分为燃烧期和送风期。每座高炉至少配置两座热风炉，一般配置三座，大型高炉以四座为宜。

3.2.8　高炉操作计算机控制

高炉冶炼工艺过程复杂，炉况瞬息万变，因此对于炉况信息应当及时把握，以便对操作工艺进行及时调节。计算机的使用可为高炉生产自动控制提供了有效、快速、高效的保障。高炉计算机控制系统概况如图 3-19 所示。

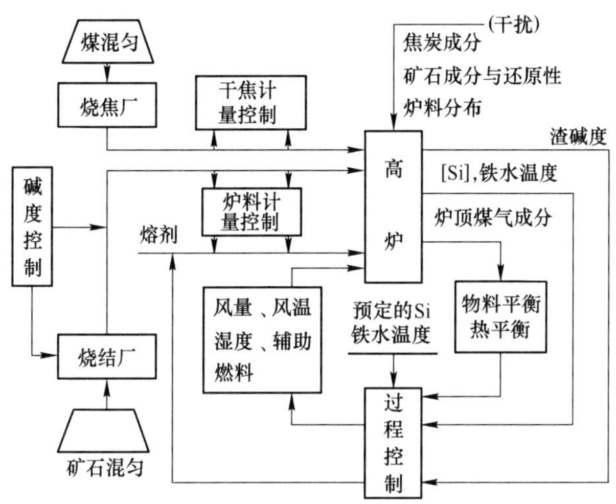

图 3-19　高炉自动控制系统图

高炉计算机控制系统可实现对高炉冶炼的前馈控制和反馈控制。其中，前馈控制可实现的控制过程包括对炼焦、烧结、球团原料的混匀及配料准确性的控制，入炉原燃料称量的控制，对入炉焦炭采用中子或红外线测水来减小入炉焦炭量的波动，矿石称量采取与微电脑相结合，对称量误差通过微电脑给予补正。如图 3-20 和图 3-21 所示。

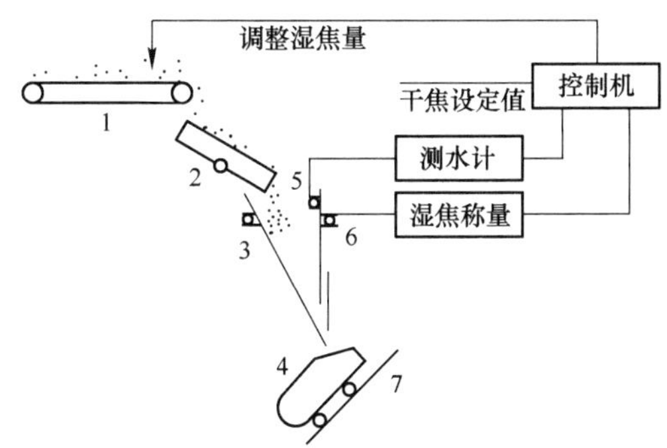

图 3-20　焦炭计量控制示意图

1—皮带机；2—焦炭筛；3—料斗；4—料车；5—中子源；6—电子秤；7—斜桥

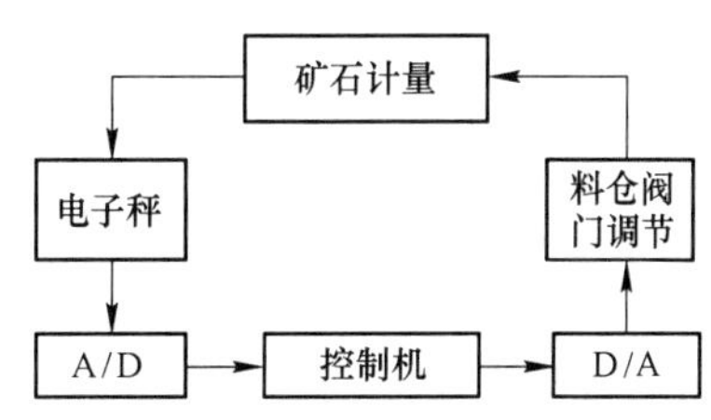

图 3-21　矿石计量控制流程

反馈控制可通过高炉炉况反馈信息，以便及时调整输入参数，消除波动。

高炉操作中，炉况判断和调节的计算机控制正在不断的发展和完善。图 3-22 所示为日本川崎公司开发的人机对话（GO-STOP）炉况诊断系统，利用高炉各部位测温，测压装置以及煤气自动分析所提供的信息来判断炉内煤气分布，并与设定的煤气流进行比较，决定调节装料制度或调节变径喉口、溜槽角度等取得合理的煤气流分布图。它可消除操作者因经验不足和水平差异或操作不一致造成的炉况波动。其基本思想是炉凉是炉况的严重失常，引起炉凉的主要原因是炉料下降不顺，炉缸温度下降，出渣、出铁不平衡（见图 3-23）。

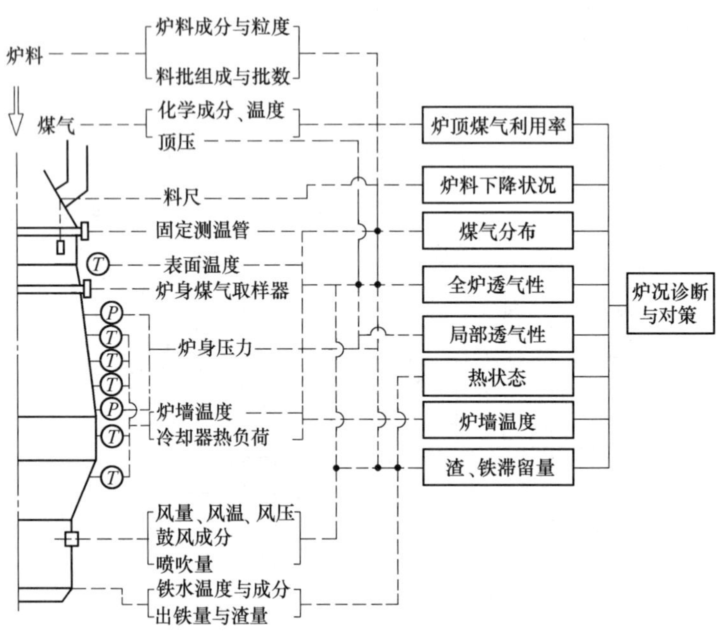

图 3-22　高炉炉况自动诊断系统

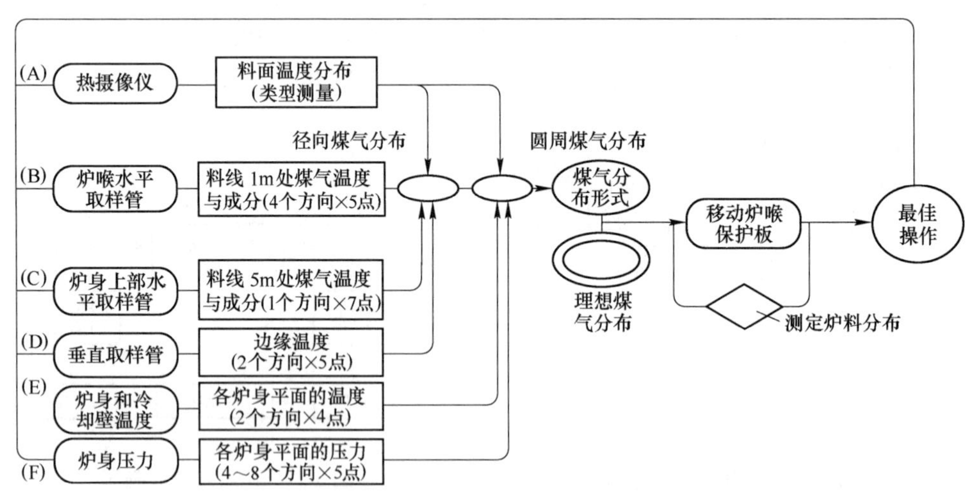

图 3-23　煤气分布测量与控制系统

总之，计算机的使用为高炉冶炼自动化提供了更多的及时有效的参考信息和快速调节炉况的技术手段，为高炉冶炼技术经济指标的进一步提高将发挥越来越大的作用。

复习思考题

3-1 简要说明高炉冶炼工艺过程。

3-2 高炉冶炼过程中，炉内状况如何？

3-3 高炉内碳酸盐分解的危害有哪些？

3-4 绘制 Fe-O-C、Fe-O-H 体系中的平衡相组成图。

3-5 简要说明含铁原料的还原过程。

3-6 简要说明炉渣的形成过程，并指出炉渣的基本作用。

3-7 降低生铁含硫量的措施大体有哪些？

3-8 高炉强化冶炼的目的是什么，主要措施有哪些？

3-9 长期休风和短期休风的区别？

3-10 高炉基本操作制度有哪些？

3-11 炉况的直接判断法和间接判断法的参考依据主要有哪些方面？

3-12 炉前操作的主要任务有哪些？

4　炼 铁 设 备

高炉炼铁设备由一整套复合连续设备系统构成，除了有主体设备高炉本体外，还有上料设备、送风设备、喷吹设备、煤气处理设备、渣铁处理设备等附属设备。

4.1　高 炉 本 体

主要包括高炉炉基、炉壳、炉衬、冷却设备及框架、炉顶装料设备等。

4.1.1　高炉炉型

高炉炉型指高炉工作空间的几何形状。高炉炉型由炉喉、炉身、炉腰、炉腹、炉缸五部分组成，如图4-1所示。其中炉缸部位布置有铁口、渣口和风口，数目依据炉容、炉缸直径、冶炼强度等有所差别。我国宝钢1号高炉4063m^{3}设置36个风口，4个铁口，无渣口。

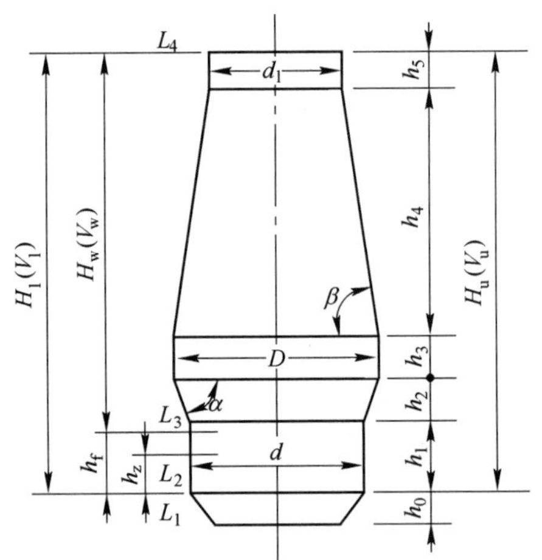

图4-1　高炉炉型尺寸表示法

d—炉缸直径；D—炉腰直径；d_1—炉喉直径；h_f—铁口中心线至风口中心线距离；
h_z—铁口中心线至渣口中心线距离；V_1—高炉内容积，m^3；V_w—高炉工作容积，m^3；
V_u—高炉有效容积，m^3；H_u—高炉有效高度；h_1—炉缸高度；h_2—炉腹高度；
h_3—炉腰高度；h_4—炉身高度；h_5—炉喉高度；h_0—死铁层高度；
α—炉腹角；β—炉身角；L_1—铁口中心线；L_2—渣口中心线；L_3—风口中心线；
L_4—大钟下降位置底面以下1000mm（日）或915mm（美）的水平面（单位：直径、高度、距离均为mm）

4.1.2　高炉炉衬与高炉冷却

由耐火材料砌筑的高炉内部工作空间，一般由陶瓷质材料（包括黏土质和高铝质）

和炭质材料（炭砖、炭捣体、石墨砖等）砌筑。

高炉冷却设备担负着降低炉衬温度，形成渣皮保护炉衬、保护炉壳及各种钢结构、支撑部分砖衬等重要作用。所以要选择好合理的冷却设备和冷却制度。

高炉冷却方法有自然冷却和强迫冷却两种。介质分为水、空气和汽水混合物三种。

高炉冷却设备按结构分为外部喷水冷却装置和冷却水箱、风冷或水冷炉底及风口和渣口冷却。

(1) 外部喷水冷却装置。利用环形喷水管及其他形式通过炉壳冷却炉衬。我国小型高炉炉身和炉腹多采用喷水冷却，国外也有大型高炉炉身和炉缸用炭砖结构配以炉壳喷水冷却。

(2) 内部冷却装置。冷却元件在炉壳与炉衬之间或炉衬中以加强砖衬冷却效果。包括插入式冷却装置和冷却壁。

插入式冷却装置（卧式冷却器）包括支梁式水箱、扁水箱和冷却板等，其装置如图4-2~图4-4所示，均埋设在砖衬内。其优点是冷却强度大，缺点是为点式冷却。

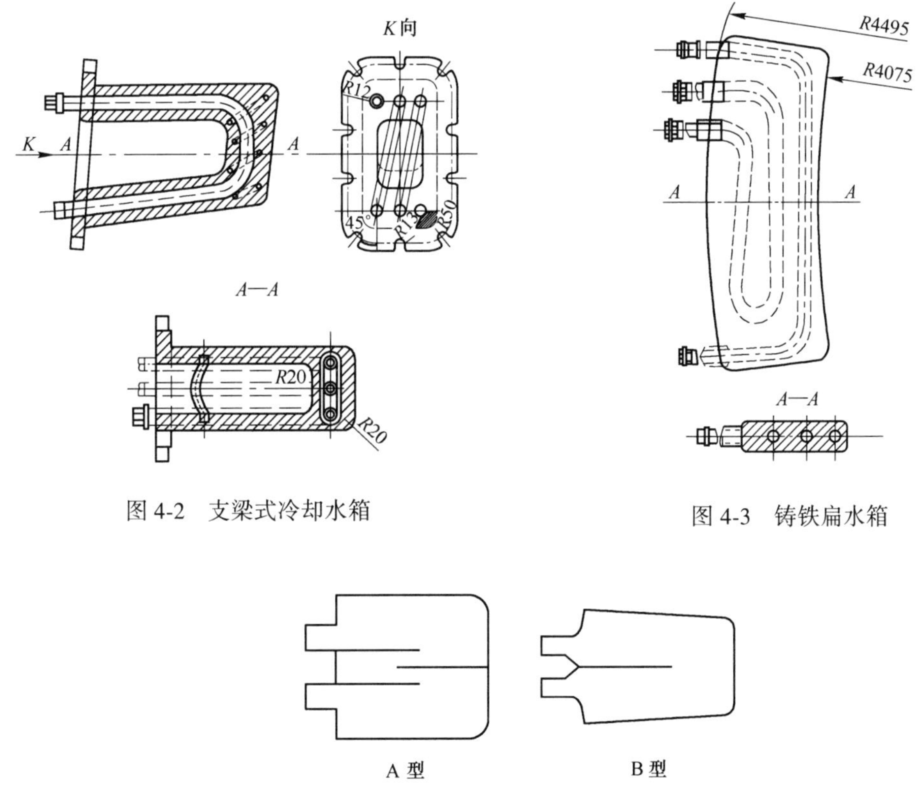

图4-2 支梁式冷却水箱

图4-3 铸铁扁水箱

图4-4 冷却板

冷却壁（立式冷却器）有光面和镶砖两种，如图4-5、图4-6所示。光面冷却壁用于炉底和炉缸；镶砖冷却壁用于炉腹，也有用于炉腰和炉身下部的。

(3) 风冷和水冷炉底。图4-7、图4-8所示为我国常见的炉底冷却结构，水冷炉底比风冷炉底的冷却强度大，耗电较低，炉底厚度可进一步减薄，采用者逐渐增加。

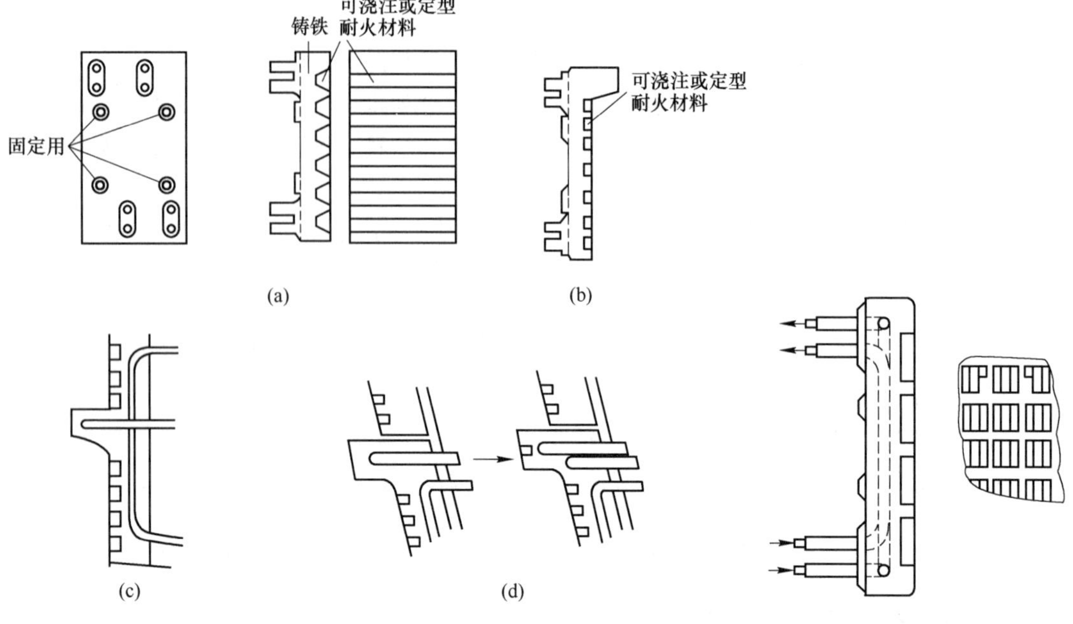

图 4-5　冷却壁

（a）曲形铸铁冷却壁；（b）Γ 形冷却壁；
（c）鼻形冷却壁；（d）单管-双管 Γ 形冷却壁

图 4-6　框式镶砖冷却壁示意图

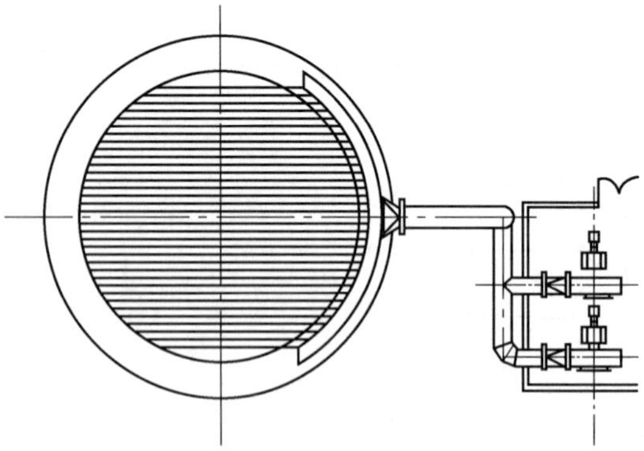

图 4-7　2000m^3高炉风冷炉底结构

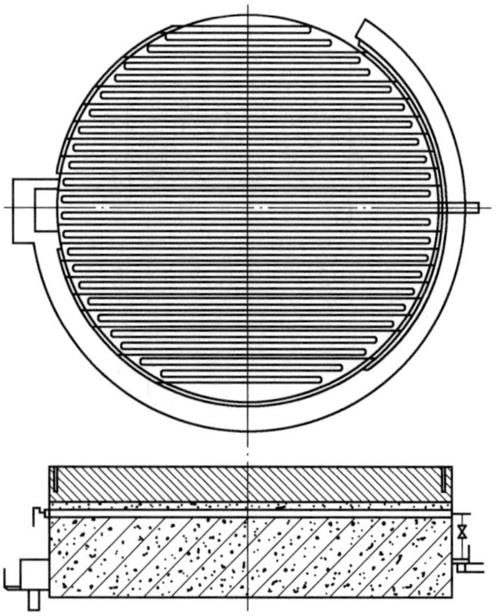

图 4-8　2516m^3高炉水冷炉底结构

（4）风口冷却。如图 4-9 所示，风口一般由大、中、小三个水套组成。中小套常用紫铜铸成空腔式结构，大套一般用铸铁做成，内部铸有蛇型管。三个套都通水冷却。

（5）渣口冷却。如图 4-10 所示，渣口用青铜或紫铜铸成空腔式水套，渣口二套也是青铜铸成的中空水套，渣口三套和大套是铸有螺旋形水管的铸铁水冷套。

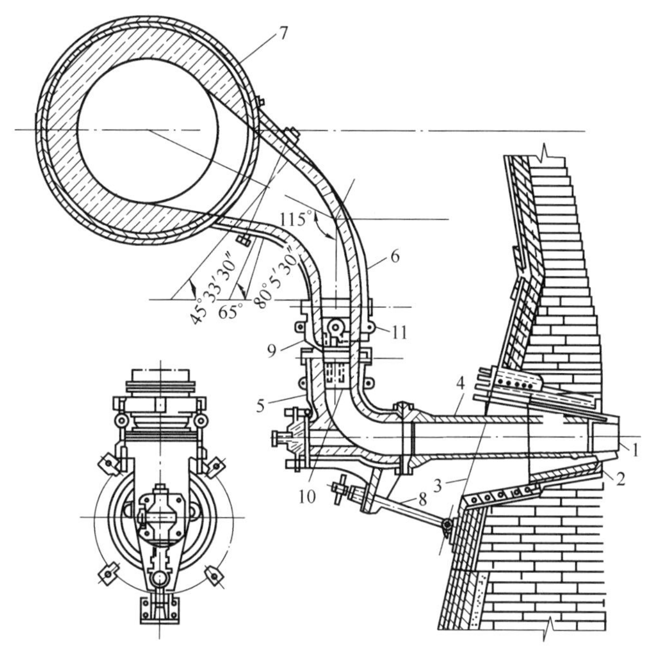

图 4-9 风口装置

1—风口；2—风口二套；3—风口大套；4—直吹管；5—弯管；6—鹅颈管；7—热风围管；8—拉杆；9—吊环；10—销子；11—套环

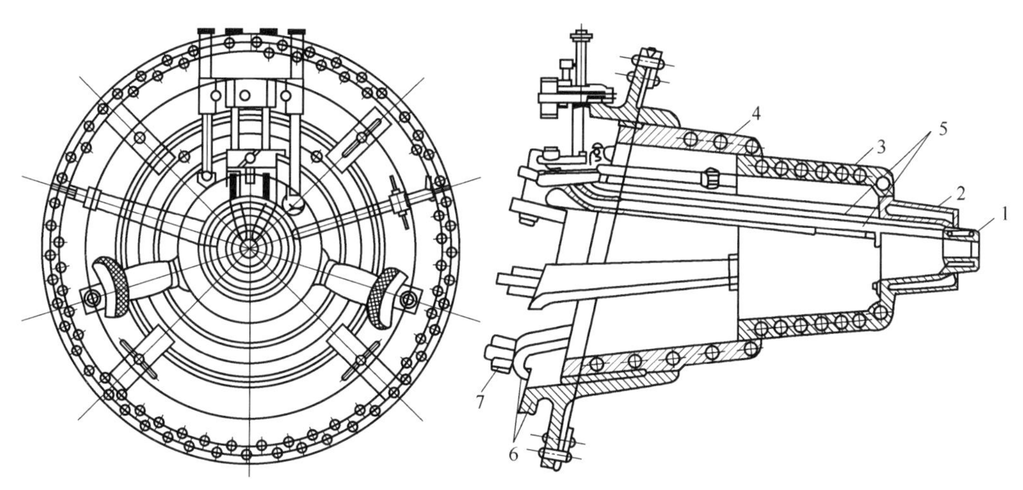

图 4-10 渣口装置

1—小套；2—二套；3—三套；4—大套；5—冷却水管；6—压杆；7—楔子

我国高炉炉缸部分的长寿技术已基本过关，而炉身下部、炉腹、炉腰部分寿命短已成为薄弱环节。近年来，我国大型高炉在关键部位积极采用铜冷却壁（已有近 20 个企业采用近 3000 块铜冷却壁），这些高炉的寿命将会大于 15 年。

4.1.3　高炉基础与高炉金属结构

高炉基础（如图4-11所示）是将所承受的静负荷、动负荷和热负荷等均匀的传给地层，并与地层承载应力相适应，由耐热混凝土基墩和钢筋混凝土基座两部分组成。

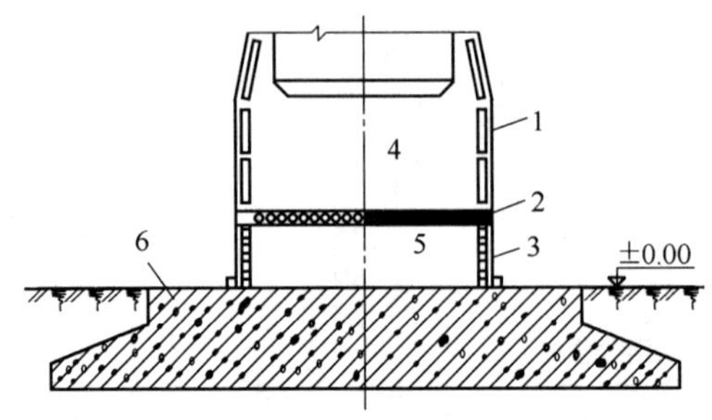

图4-11　高炉基础

1—冷却壁；2—风冷管；3—耐火砖；4—炉底砖；5—耐热混凝土基墩；6—钢筋混凝土基座

高炉炉体金属结构形式如图4-12所示，包括：炉缸、炉身和炉顶支柱或框架，炉腰支圈，炉壳，各层平台，走梯，过桥炉顶框架，安装大梁。此外还有斜桥、热风炉炉壳、各种管道除尘器等。

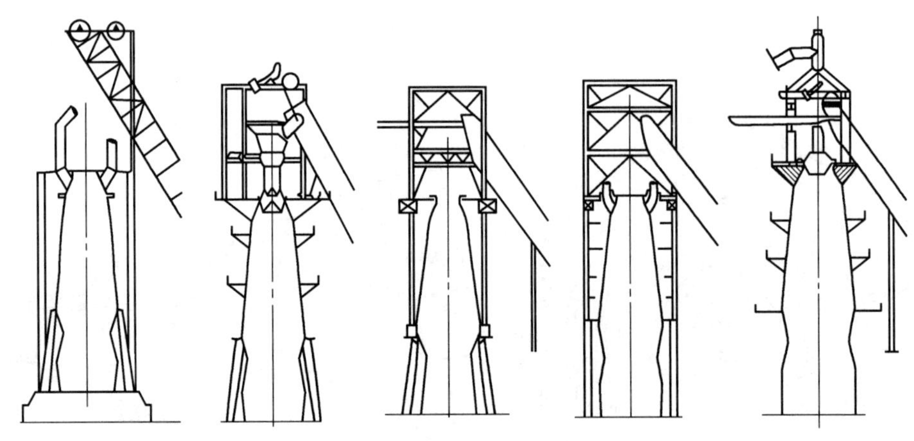

图4-12　高炉炉体不同钢结构

4.1.4　炉顶装料设备

按炉顶装料结构分为双钟式、钟阀式和无钟炉顶等几大类。

双钟式炉顶装料设备目前使用较多的是马基式炉顶，如图4-13所示。

无钟炉顶装料设备（如图4-14所示），卢森堡PW公司设计，首先在德国蒂森厂建成，并投入运行。无钟炉顶装料设备可实现：定点布料，环形布料，扇形布料，螺旋布料。目前，大型高炉采用的无料钟炉顶大体有并罐、三罐和串罐等形式。在1984年相继

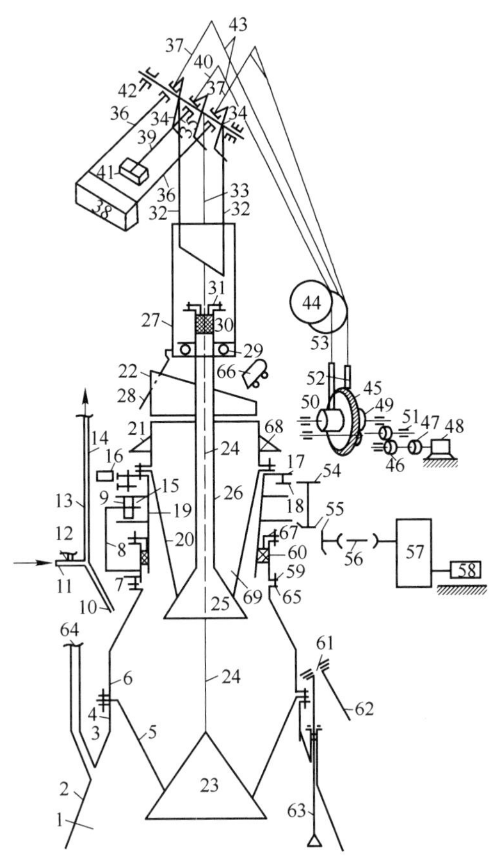

图 4-13 马基式炉顶装料设备示意图

1—炉喉；2—炉壳；3—煤气上升管；4—炉顶支圈；5—大钟料斗；6—煤气封罩；7—支托环；8—托架；9—支托辊；10—均压放散管；11—均压煤气管；12—大钟均压阀；13—小钟均压放散管；14—小钟均压放散阀；15—外料斗法兰（上有环形轨道）；16—水平挡辊；17—外料斗上法兰；18—大齿圈；19—外料斗；20—小钟料斗；21—小钟料斗上段；22—受料漏斗；23—大料钟；24—大钟拉杆；25—小料钟；26—小钟拉杆；27—小料钟吊架；28—防扭杆；29—止推轴承（平球架）；30—大小料钟拉杆之间的密封填料；31—填料压盖；32—大钟吊杆；33—小钟吊杆；34—大钟吊杆导向器；35—小钟吊杆导向器；36—大钟平衡杆长壁；37—大钟平衡短臂；38—大钟平衡重锤；39—小钟平衡杆长臂；40—小钟平衡杆短臂；41—小钟平衡重；42，51—轴承；43—钢丝绳；44—小料钟导向滑轮；45—料钟卷扬机大齿轮；46—传动齿轮；47—联轴器；48，58—电动机；49—大钟卷筒；50—小钟卷筒；52—板式关节链条；53—大料钟导向滑轮；54—齿轮；55—锥齿轮；56—万向联轴节；57—减速销；59—连接螺栓；60—装料器密封填料；61—探尺导向滑轮；62—通探尺卷扬机的钢丝绳；63—探尺；64—通煤气放散阀；65—煤气封罩上法兰；66—料车；67—填料压盖；68—防尘罩；69—布料器

投产几座串罐式无钟炉顶高炉，包括我国梅山和鞍钢高炉，其中有代表性的如图 4-15 所示。因专利权问题，1000m^3 容积以上高炉大多数在使用 PW 公司的无料钟炉顶设备。但是，首钢、包钢、攀钢等高炉也应用了其他类型的无料钟炉顶设备。

4.1.5 探料装置与均压装置

探料装置的种类主要有料面仪、放射性同位素探料和激光探料等，目前应用较多的是机械探料装置（如图 4-16 所示）。

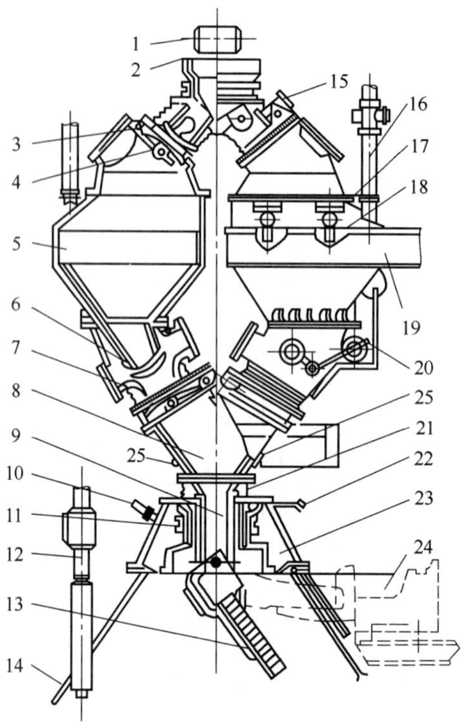

图 4-14　无钟炉顶装料设备

1—皮带运输机；2—受料漏斗；3—上闸门；4—上密封阀；5—料仓；6—下闸门；7—下密封阀；8—叉形管；9—中心喉管；10—冷却气体充入管；11—传动齿轮机构；12—探尺；13—旋转溜槽；14—炉喉煤气封盖；15—闸门传动液压缸；16—均压或放散管；17—料仓支撑轮；18—电子秤压头；19—支撑架；20—下部闸门传动机构；21—波纹管；22—测温热电偶；23—气密箱；24—更换溜槽小车；25—消声器

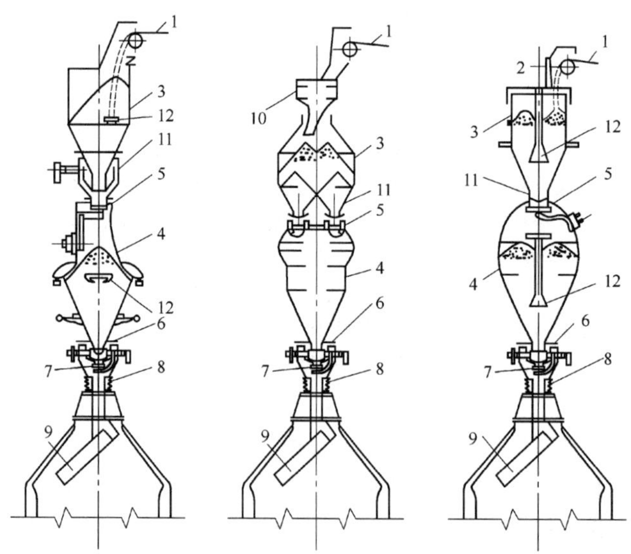

图 4-15　几种串罐无钟炉顶装料设备

1—上料皮带；2—挡料板；3—上部料罐；4—称量料罐；5—上密封阀；6—料流调节阀；7—下密封阀；8—中心喉管；9—旋转溜槽；10—旋转布料器；11—挡料闸；12—导料器

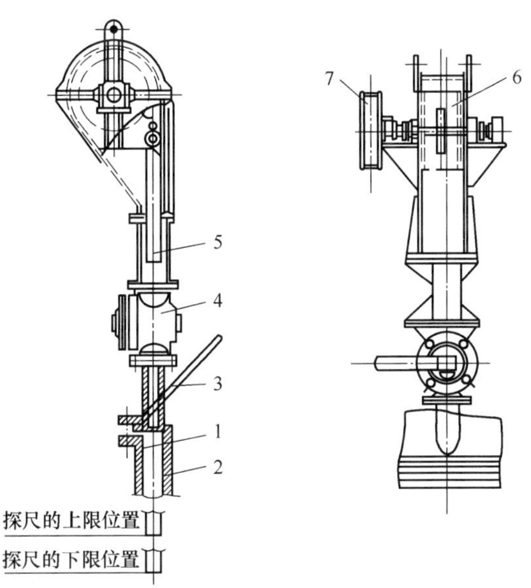

图 4-16 用于高压操作的探料尺（链式）

1—炉喉的支撑环；2—大钟料斗；3—煤气封罩；4—旋塞阀；5—重锤（在上面的位置）；6—链条的卷筒；7—通到卷扬机上的钢绳的卷筒

现代大中型高炉都实行高压操作，炉顶煤气对双钟、钟阀或无料钟炉顶的钟和阀产生很大的托力，开启它们之前必须在料钟和密封阀的上下充入（或放出）高压煤气（或氮气），进行均压，其布置如图 4-17、图 4-18 所示。

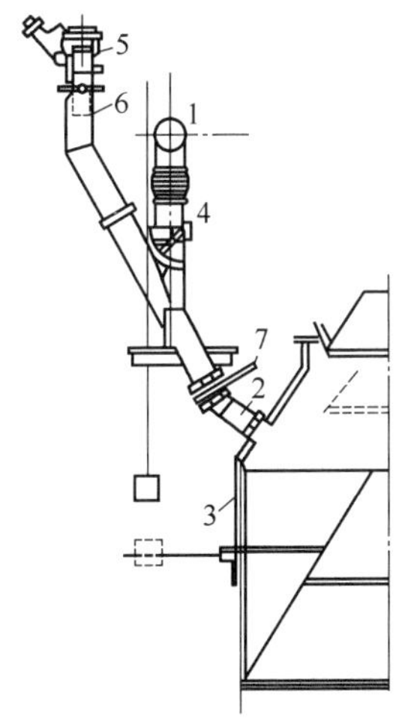

图 4-17 炉顶均压系统的布置图

1—送半净煤气到大钟均压阀的煤气管；2—管道；3—装料器；4—大钟均压阀；5—小钟均压阀；6—把煤气放到大气去的垂直管；7—闸板阀

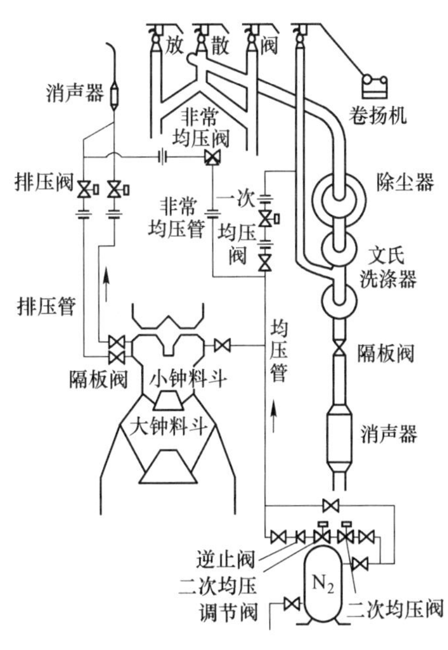

图 4-18 大型高炉均压系统

4.2 附属设备

4.2.1 原料供应系统

原料供应系统包括贮矿场、贮矿槽、称量车、料车坑、料车、斜桥及卷扬机设备等。贮矿场，主要担负原料的堆存、取料和混匀。贮矿槽，是供料设备的核心。一般贮矿槽不少于10个，最多可达30个；焦槽一般有2个。槽下供料主要有两种方法，即称量车和带式运输机（图4-19）。料车坑（图4-20）为料车式高炉在贮矿槽下面斜桥下端向料车供料的场所。上料机，我国过去采用斜桥卷扬机上料，如图4-21所示，根据容器又分为料车式和料罐式两种。随着炉容的大型化，广泛采用皮带运输机向高炉炉顶上料，如图4-22所示。

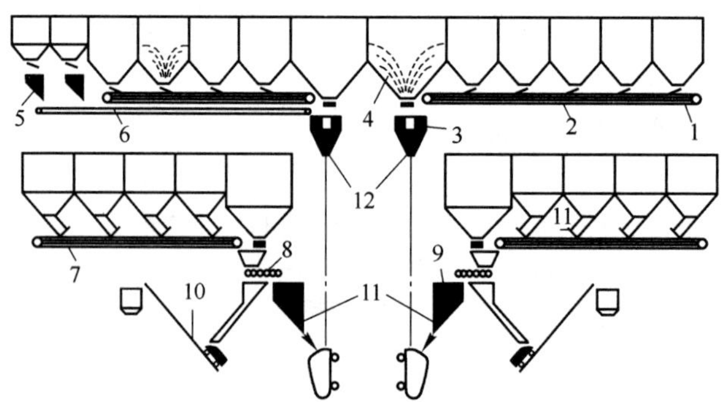

图 4-19　用带式运输机的沟下运料系统

1—板式给矿机；2—板式运输机（热矿）；3—矿石称量漏斗；4—主矿槽；5—石灰石称量漏斗；6—石灰石皮带机；7—焦炭皮带机；8—焦筛；9，11—焦炭称量漏斗；10—碎焦卷扬；12—矿石称量漏斗

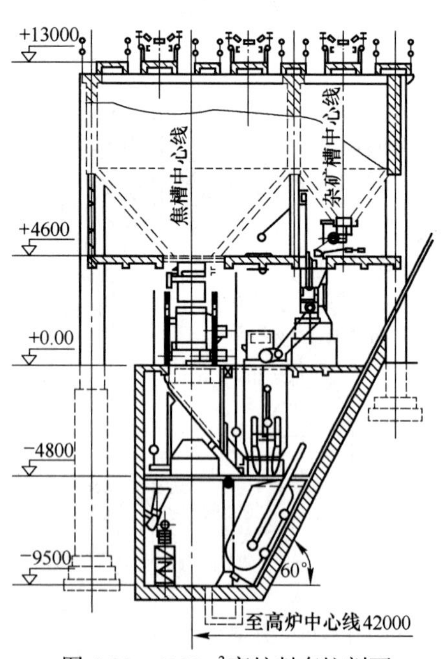

图 4-20　1000m³高炉料车坑剖面

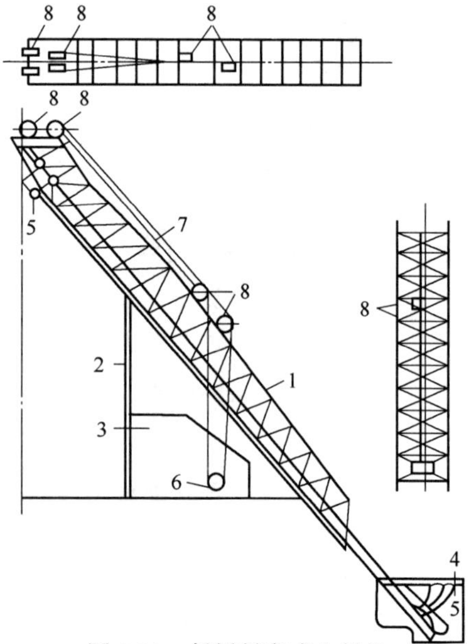

图 4-21　斜桥料车式上料机

1—斜桥（其上铺轨道）；2—支柱；3—料车卷扬机室；4—料车坑；5—料车；6—卷扬机；7—钢绳；8—导向轮

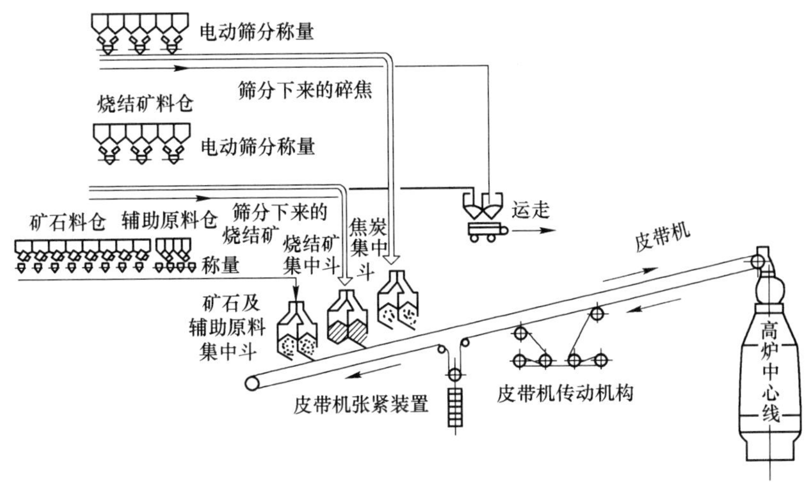

图 4-22 高炉皮带机上料流程示意图

4.2.2 送风系统

高炉送风系统包括鼓风机、冷风管路、热风炉、热风管路以及管路上的各种阀门等。

(1) 鼓风机。鼓风机常用的类型有轴流式（如图 4-23 所示）和离心式（如图 4-24 所示）。

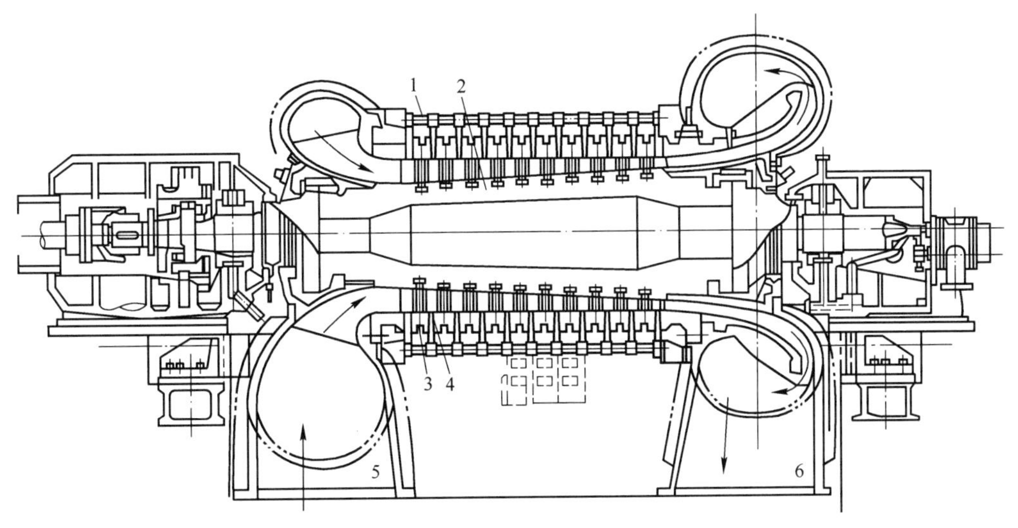

图 4-23 轴流式鼓风机

1—机壳；2—转子；3—工作叶片；4—导流静叶；5—吸气管口；6—排气管口

(2) 热风炉。现代热风炉是一种蓄热式换热器。目前风温水平为 1000~1200℃，高的为 1250~1350℃，最高可达 1450~1550℃。热风供给的热量占炉内消耗的总热量的四分之一左右。

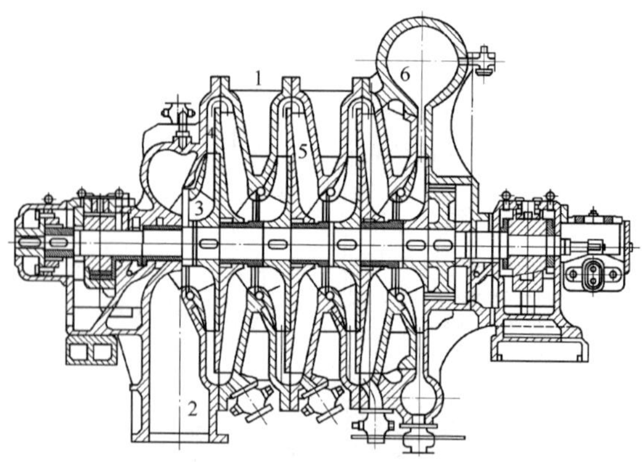

图 4-24　四级离心式高炉鼓风机

1—机壳；2—进气口；3—工作叶轮；4—扩散器；5—固定的导向叶片；6—出气口

蓄热式热风炉的工作周期分为燃烧期和送风期。其工作过程是：

燃气燃烧（热量传递）→蓄热室格子砖（热量传递）→

冷风（接受热量）→转化为热风→供给高炉

蓄热式热风炉主要有内燃式热风炉(图 4-25)、外燃式热风炉(图 4-26)和顶燃式热风炉(图 4-27)。

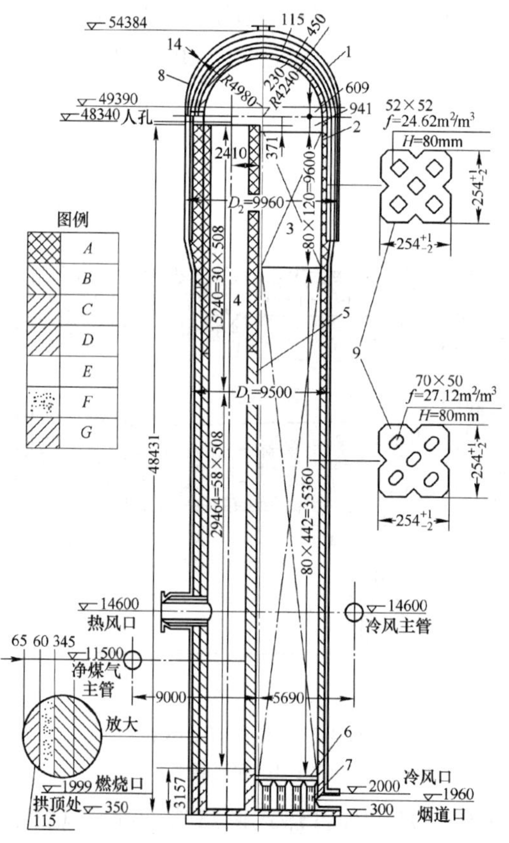

图 4-25　内燃式热风炉剖面图

1—炉壳；2—大墙；3—蓄热室；4—燃烧室；5—隔墙；6—炉箅；7—支柱；8—炉顶；9—格子砖；
A—磷酸-焦宝石耐火砖；B—矾土-焦宝石耐火砖；C—高铝砖；D—黏土砖(RN)-38；
E—轻质黏土砖；F—水渣硅藻土；G—硅藻土砖

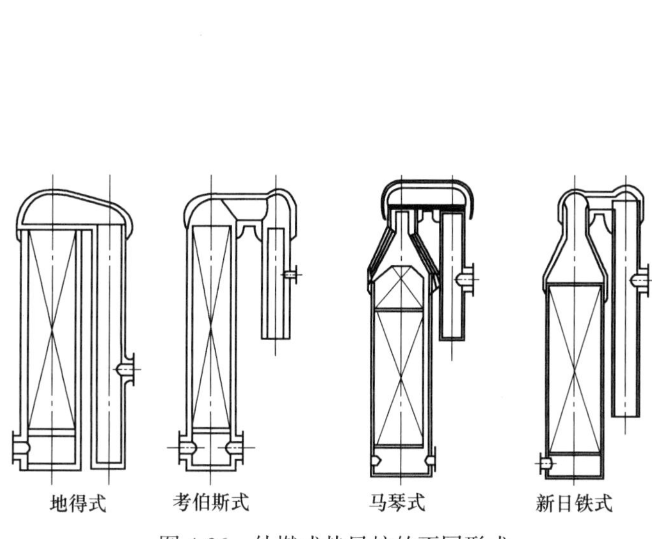

图 4-26 外燃式热风炉的不同形式

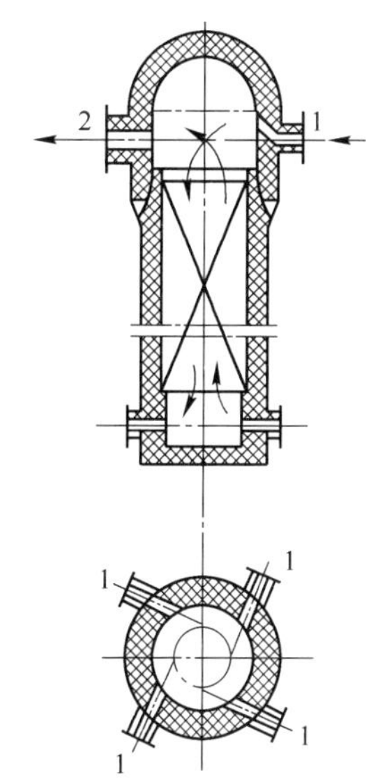

图 4-27 顶燃式热风炉结构形式

1—燃烧口；2—热风出口

4.2.3 喷吹设备

高炉喷吹主要有固体燃料、液体燃料、气体燃料，可单独喷吹也可混合喷吹。我国高炉以喷煤为主，其工艺流程一般包括煤粉的制备与煤粉的喷吹。

煤粉制备比较典型的流程如图 4-28 所示。粉煤的输送：一类采用仓式泵，如图 4-29 所示；另一类采用螺旋泵，如图 4-30 所示。

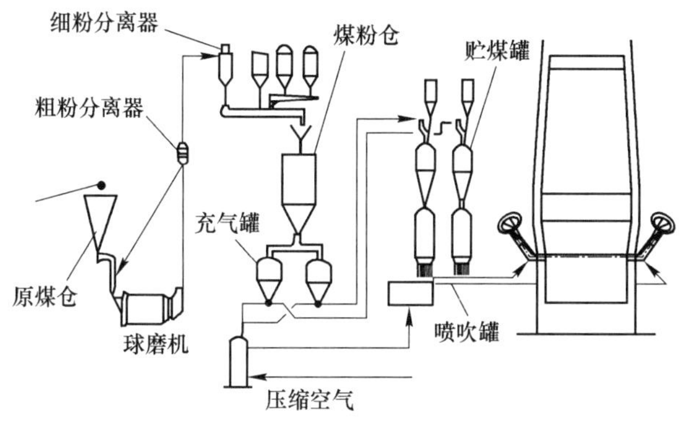

图 4-28 高炉喷煤工艺流程

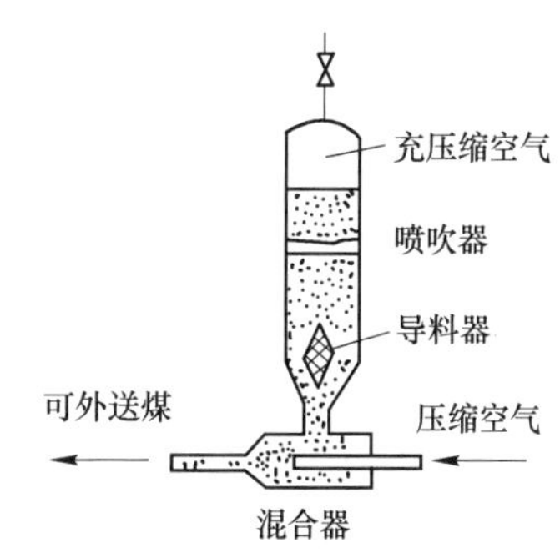

图 4-29 喷吹煤粉的仓式泵

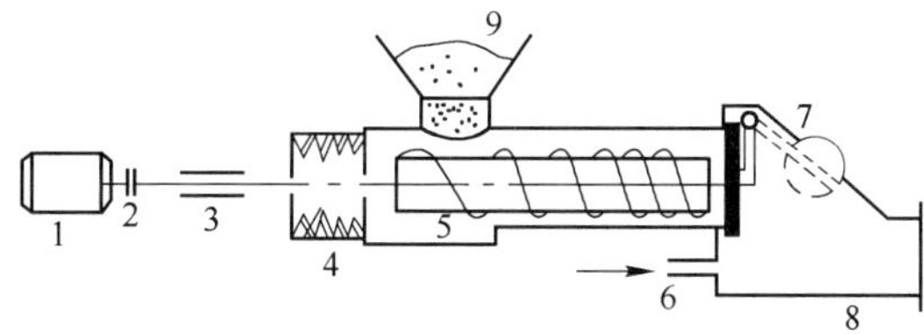

图 4-30 螺旋泵构造示意图

1—电动机；2—联轴节；3—轴承座；4—密封装置；5—螺旋杆；
6—压缩空气入口；7—单向阀；8—混合室；9—煤粉仓

煤粉的喷吹，按喷吹罐工作压力可分为常压喷吹和高压喷吹。常压喷吹中小高炉常用。我国高压喷吹设备大致有双罐重叠双系列式和三罐重叠单系列式两种形式，如图4-31、图4-32所示。

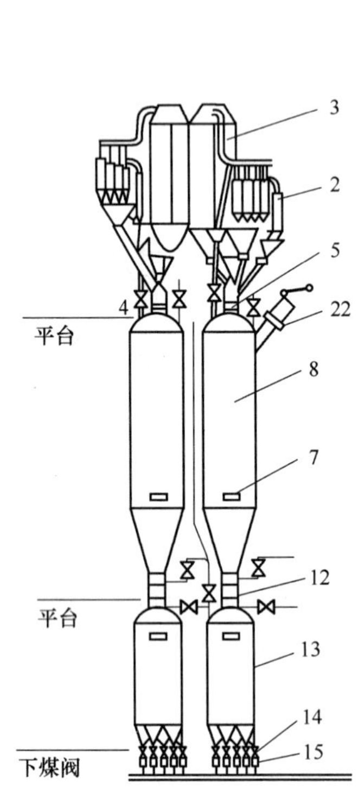

图4-31 双罐重叠双系列

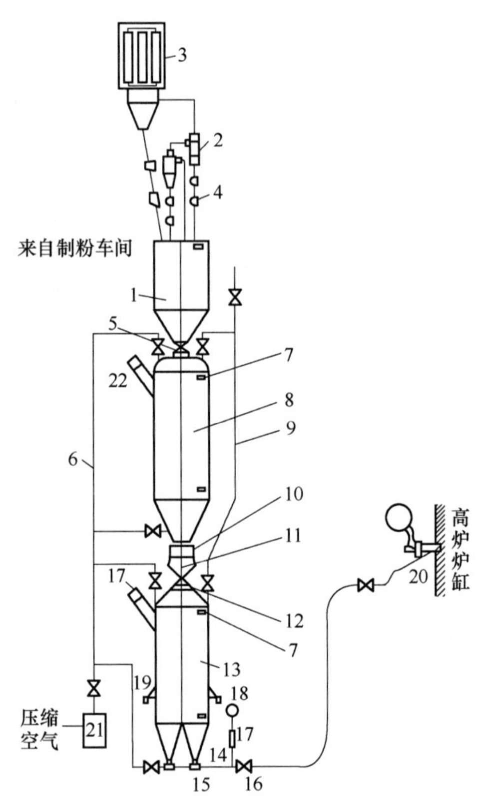

图4-32 三罐重叠单系列

1—收集罐；2—旋风分离器；3—布袋收尘器；4—锁气器；5—上钟阀；6—充气管；
7—同位素料面测定装置；8—贮煤罐；9—均压放散管；10—蝶形阀；11—软连接；
12—下钟阀；13—喷吹罐；14—旋塞阀；15—混合器；16—自动切断阀；17—引压器；
18—电接点压力计；19—电子秤承重元件；20—喷枪；21—脱水器；22—爆破膜及重锤阀

4.2.4 煤气处理系统设备

高炉煤气的回收除尘系统包括炉顶煤气上升管、下降管、煤气遮断阀或水封、除尘器、脱水器。高压操作高炉还有高压阀组等。常用的除尘设备分三类：

（1）粗除尘设备。一般尘粒粒度在100~60μm及其以上的颗粒除尘设备称为粗除尘设备。常用的有重力除尘（图4-33）、旋风除尘（图4-34）等。

（2）半精除尘设备。粒度在60~20μm的颗粒除尘设备称为半精除尘设备。常用洗涤塔（图4-35）、一级文氏管（图4-36）、一次布袋除尘等。

（3）精除尘设备。粒度小于20μm的颗粒除尘设备称为精除尘设备。常见的有静电除尘器（图4-37）和布袋除尘器（图4-38）。

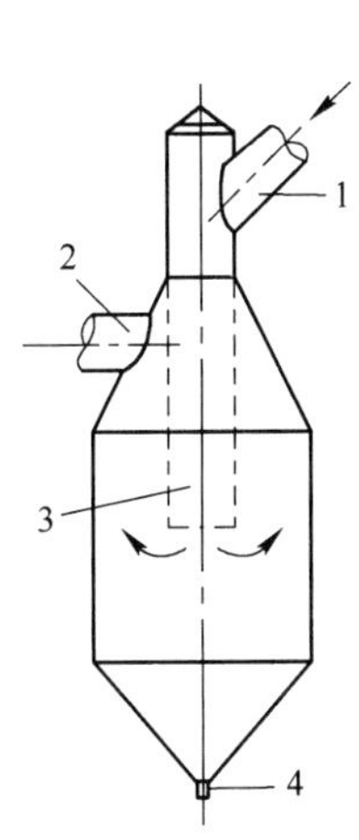

图 4-33 重力除尘器

1—煤气下降管；2—塔前管；
3—中心导入管；4—清灰口

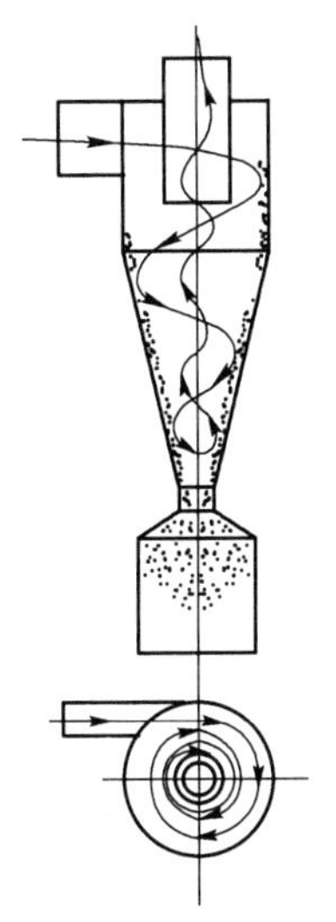

图 4-34 旋风除尘器

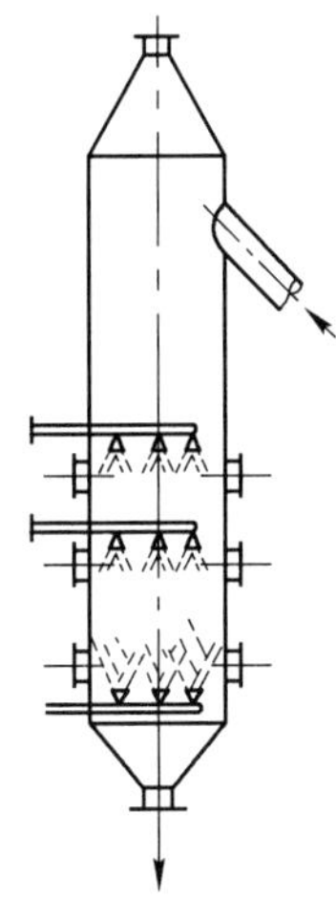

图 4-35 洗涤塔

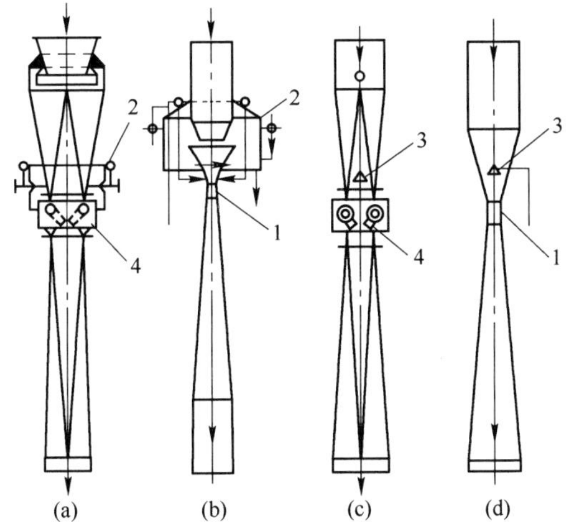

图 4-36 文氏管的类型

(a) 溢流调径文氏管；(b) 溢流定径文氏管；
(c) 调径文氏管；(d) 定径文氏管
1—文氏管喉口部；2—溢流水箱；3—喷水嘴；4—调径机构

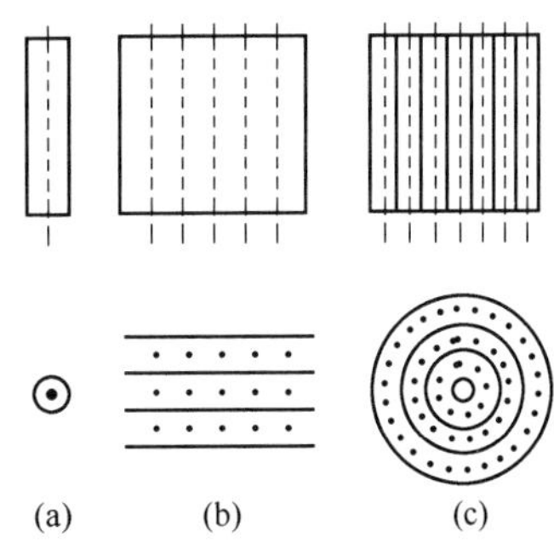

图 4-37 静电除尘器结构形式

(a) 管式（单管）；
(b) 板式；(c) 套筒式

除尘工艺主要有湿法除尘和干法除尘两种。

4.2.4.1 湿法除尘

湿法除尘如图 4-39 所示，为我国采用较多的工艺流程：

荒煤气→重力除尘器→洗涤塔（半精除尘）→文氏管（精除尘）→脱水器→高压阀组→净煤气

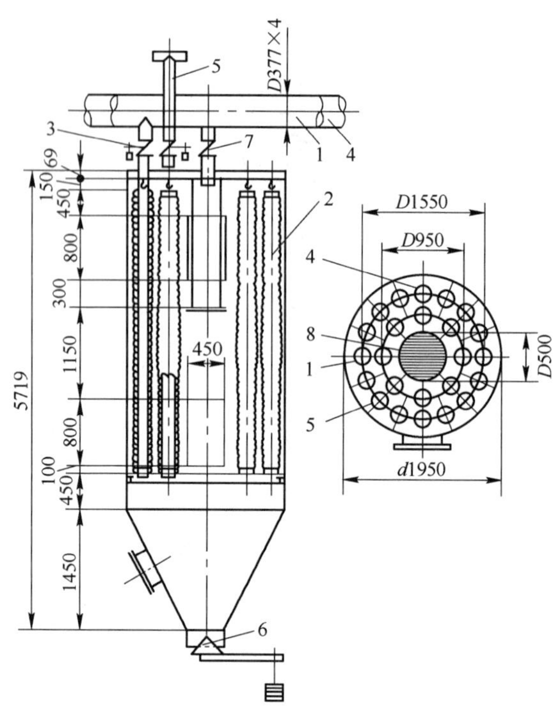

图 4-38　布袋除尘器

1—脏煤气管；2—滤袋；3—电动密闭蝶阀；4—净煤气管；5—放散管；6—放灰阀；7—密闭蝶阀；8—操作平台

4.2.4.2　干法除尘

干法除尘系统如图 4-40 所示，为我国中小高炉采用较多的工艺流程：

荒煤气→重力除尘器→布袋除尘→压力控制→净煤气

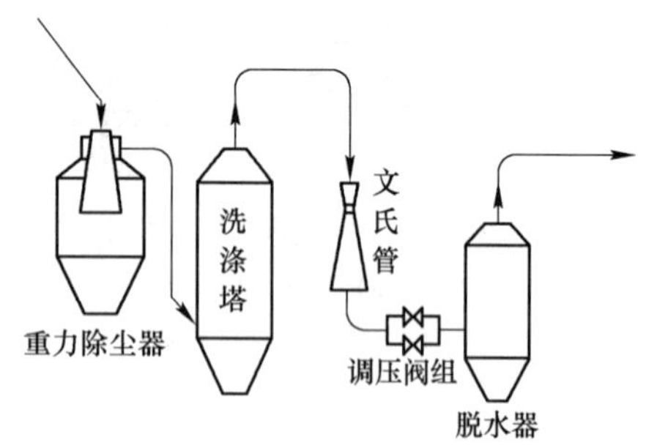

图 4-39　湿法除尘系统

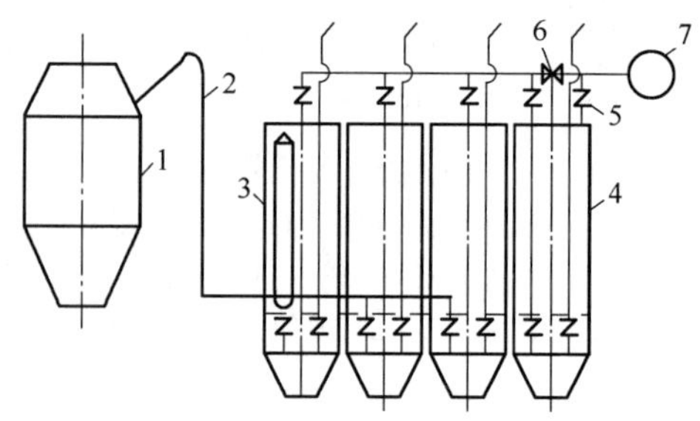

图 4-40　高炉煤气干法除尘系统

1—重力除尘器；2—脏煤气管；3——次布袋除尘器；4—二次布袋除尘器；5—蝶阀；6—闸阀；7—净热煤气管道

干法除尘尽管一次投资较多，但生产运行中可充分利用高炉煤气能量，又能提高煤气质量，减少污染，节省大量的水等优点，为全国广泛提倡的除尘方法。

此外，利用煤气压力能和热能发电的高炉炉顶余压发电技术（TRT）迅速推广。

4.2.5 渣铁处理系统

高炉渣铁处理系统主要包括炉前工作平台，出铁场，渣、铁沟，开口机，泥炮，堵渣机，铸铁机，炉渣处理设备，铁水罐等。

风口平台及出铁场如图 4-41 所示。出铁场一般比风口平台低约 1.5m。由铁口到砂口（撇渣器或渣铁分离器）的一段为主沟（如图 4-42 所示）。

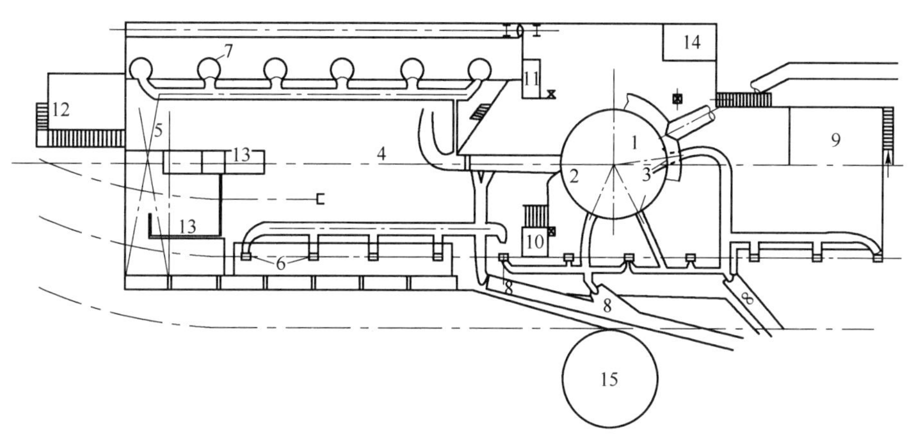

图 4-41 风口平台及出铁场布置图（2025m³ 高炉）

1—高炉；2—铁口；3—渣口；4—出铁场；5—炉前吊车；6—渣罐；7—铁水罐；8—水力冲渣沟；9—高炉计器室；10—炉前仓库；11—电炮操作室；12—炉前工休息室；13—辅助材料仓；14—放散阀卷扬；15—除尘器

开口机：按照动作原理可分为钻孔式、冲击式和冲钻式三种。我国目前以钻孔式为主。常用的电钻式开口机旋转机构如图 4-43 所示。

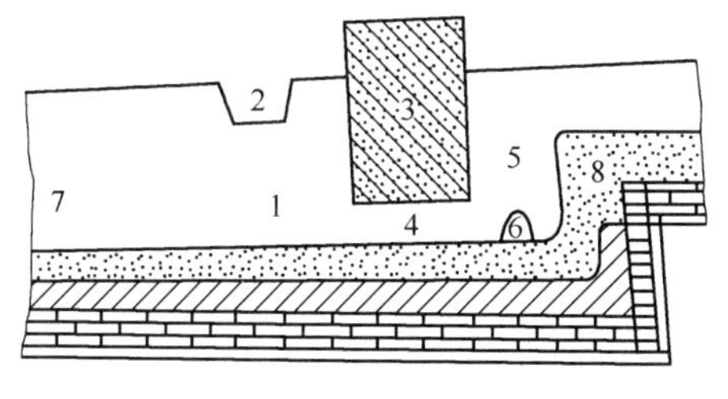

图 4-42 撇渣器结构

1—前沟槽；2—砂坝；3—大闸；4—过道眼；5—小井；6—残铁眼；7—主沟；8—沟头

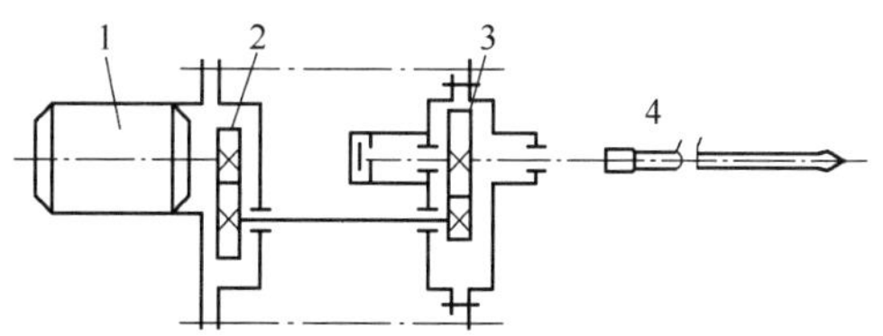

图 4-43 钻杆旋转机构

1—电动机；2，3—齿轮减速器；4—钻杆

泥炮：高炉堵铁口泥炮有电动泥炮和液压泥炮两种形式，如图 4-44 所示。

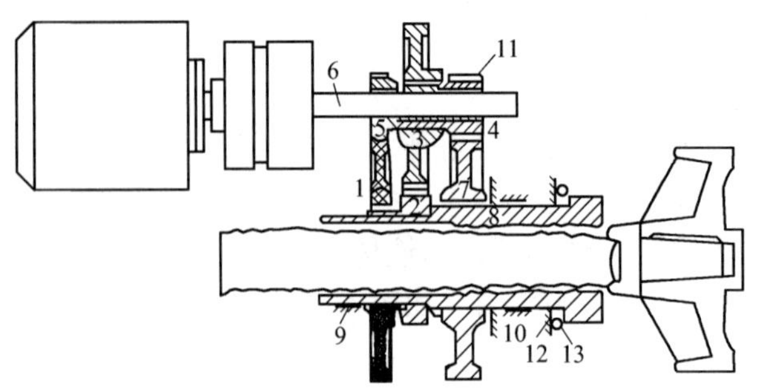

图 4-44　电动泥炮打泥机构

1~4—齿轮；5—小齿轮；6—主动轴；7—大齿轮；8—大铜螺母；9，10—钢套；11—铜套；12—止推轴台；13—止推轴承

复习思考题

4-1 高炉冶炼的主体设备有哪些？

4-2 简要绘制高炉炉型图，并标明各段名称。

4-3 简要说明高炉基础的构成。

4-4 说明无钟炉顶装料设备的优缺点及可以实现的布料方式。

4-5 高炉附属设备大体有哪些？

4-6 原料供应系统大体由哪些设备组成？

4-7 热风炉的结构形式有哪些？

4-8 喷煤设备的大体种类有哪些？

4-9 各列举一种常用的干法除尘和湿法除尘工艺方法。

5 炼铁技术进步与发展

当今世界，科学技术发展日新月异，以信息化为引导的工业革命在冶金工业中也取得了可喜的成绩。冶金工业正向着高效、节能、环保、紧凑等优化方向发展。

5.1 炼铁技术的进步

5.1.1 高炉冶炼低硅生铁

高炉冶炼低硅生铁，可使焦比降低，炉缸热贮备减少，炉缸实际煤气体积减少，压差降低，有利于顺行，可为增加产量创造条件。世界各国在冶炼低硅生铁方面取得了很大的进展和突破。以我国为例，宝钢、鞍钢、邯钢等企业的大高炉生铁含硅在 0.2%左右，青钢、通钢等企业中小高炉生铁含硅在 0.4%左右。生铁含硅每降低 0.1%，可降低焦比 4~5kg/t。而减少入炉硅含量，抑制硅的还原反应，稳定原燃料成分，提高烧结矿和球团矿的碱度及 MgO 含量保持炉缸活跃，适当提高炉渣碱度，提高风温和富氧鼓风，提高炉顶压力，喷吹燃料和执行标准化操作等是降低生铁含硅量的有效途径。

5.1.2 少渣冶炼技术

高炉生产中总是希望炉渣越少越好，但没有炉渣是不可能的也是不可行的，随着精料技术的发展，一批高炉的入炉矿品位在 59%以上，甚至在 60%以上，渣铁比在 300kg/t 以下。高炉少渣冶炼技术的发展对软熔带变化、喷煤机理、强化冶炼、出渣铁制度等炼铁学理论均有许多促进作用。

5.1.3 高炉强化冶炼

高炉强化冶炼技术不断发展，操作水平不断进步，主要体现在：熟料使用率的增加（80%~100%），风温的不断提高（1300~1400℃），高压操作（250~300kPa），渣量不断减少（150~300kg/t），喷吹量不断提高（煤比 180~200kg/t），焦比大幅度降低（240~300kg/t）。

5.1.4 炼铁生产技术的发展方向

炼铁系统的能耗占钢铁工业总能耗的 70%左右。因此，炼铁系统应当承担节能降耗、降低成本的重任。为此，应重点解决以下问题：

（1）深入贯彻精料方针，实现原燃料质量好，成分稳定。

（2）努力提高风温，解决好影响风温提高的各项技术环节。

（3）解决好影响提高喷煤比的关键技术问题。

（4）缩小炼铁企业之间技术水平的差距，推广一批实用、先进的炼铁技术。

（5）搞好炼铁系统的环保工作，减少对环境的污染，实现清洁生产。

5.2 高炉装备水平的进步

炼铁装备向大型化、自动化、高效化、长寿化、节能降耗、环保方向发展是钢铁工业发展的总体趋势。同时，一些炼铁企业已开始对环保治理方面的投入，向清洁炼铁方向发展。

5.2.1 炉容大型化

炉容大型化，表现为容积超过 4000m^3 的大容积高炉数目不断增加，产量不断提高。同时 5000m^3 高炉比 1000m^3 高炉投资单位炉容成本降低 3%～23%。目前，世界上容积最大的高炉是我国江苏沙钢集团有限公司的 5860m^3 高炉，日产生铁超过 13000 吨，也是国内装备最先进的高炉。

5.2.2 设备向自动化、高效化、长寿化方向发展

（1）新型炉顶装料设备的应用，以高炉炉料的自动称量、装料顺序的自动控制为代表的技术设备应用，为实现快速布料，增加效率，强化冶炼创造了条件。

（2）热风炉提高风温技术的不断改进和自动控制，为节省燃料，保持送风温度、风量、风压稳定，发挥热风炉能力和提高热风炉寿命创造了条件。

（3）高炉炉顶煤气自动分析系统的应用，包括分析器、信息处理系统，在输出组分模拟信号的同时也可直观显示色谱或带谱图。通过工业气相色谱分析仪对高炉煤气取样进行自动分析，可实现对高炉炉顶荒煤气的连续自动分析，为判断炉况提供了重要信息，为高炉调剂提供了更为科学的参考数据。

（4）高炉料面上径向煤气温度分布测定系统（高炉十字测温系统）的不断完善，可连续测定高炉炉喉径向煤气温度分布，并可通过计算机显示终端，显示出温度分布曲线及各点的温度数值，同时进行存贮及输出打印，可实现准确地掌握料面上煤气温度分布，对正确地判断高炉炉况和高炉操作有着至关重要的作用，为判断炉喉煤气流分布，以调整炉顶布料和改善高炉能量利用，提供了可靠的信息手段。

（5）高炉炉顶摄像仪的应用，通过安装在炉喉密封盖上的摄像头，把炉喉内部的工作情况成像并通过工业电视显示在高炉操作者面前，操作者可以清晰直观地看到炉内煤气流分布、料面状况以及炉喉内部各设备的工作状况，实现高炉操作可视化。

（6）其他自动检测和自动控制设备的应用，包括料面形状测量，软熔带位置测量，料速测量，风口前检测，设备诊断，焦炭水分测量，煤粉喷吹量测量，铁水温度测量，以及铁水液面监测仪等设备的应用，使高炉工作状态更为直观，为工长操作高炉提供了一个直观画面，增加更多的信息源，为高炉生产自动化提供了更多的技术手段。

（7）高炉操作专家系统的应用，为高炉炼铁自动化起到了积极促进作用。目前正在

对高炉检测的数据准确性、及时性、稳定性进行进一步完善和改进，使高炉专家系统充分发挥出更好的作用。如日本新日铁开发的“ALIS”高炉操作专家系统，规则达700多条，实际命中率可达到99.5%。

（8）高炉长寿技术取得新进展。随着炼铁技术的进步，新型耐火材料的不断应用和发展，炉型的不断趋于合理化，高炉长寿的主要矛盾已从炉缸转移至炉腹、炉腰软熔带部位。国内外成熟经验是这部分采用铜冷却壁、软水密闭循环冷却，这样可实现高炉一代炉役大于15年。

5.3　非高炉冶炼技术的不断进步

传统的炼铁流程由焦化、烧结、高炉工序组成，投资大，流程长，能耗高，尤其是炼焦煤已告短缺，且炼焦排放出大量的有害气体，造成温室效应，严格的排放标准出台后焦化工序将要被淘汰。因此开发用烟煤或天然气作还原剂，不用高炉，将铁矿石还原成海绵铁的直接还原法以及生产成铁水的熔融还原法成为一种发展的主要方向。

5.3.1　直接还原法

直接还原法是将铁矿石在低于熔化温度下还原成铁的生产过程，其产品也叫直接还原铁或称为固态海绵铁，可作为废钢的替代品。目前直接还原法的种类很多，但按照所用还原剂种类可分为两大类：气体还原剂法和固体还原剂法。按炉型可分为四大类型：竖炉法、固定床法、回转窑法和流化床法。其主要方法有：属于固定床法的希尔法（HYL）如图5-1所示，米德莱克斯法（Midrex）如图5-2所示，费尔法（Fior）即流化床法如图5-3所示，固体还原剂直接还原法（回转窑法），图5-4为其一种流程等。

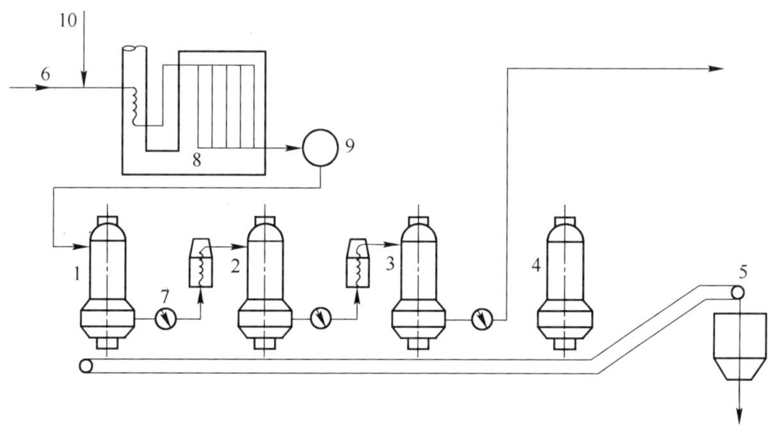

图5-1　HYL法生产流程

1—冷却罐；2—预还原罐；3—终还原罐；4—装料及排料；5—直接还原铁；6—天然气；7—脱水器；8—煤气转化；9—冷却塔；10—水蒸气

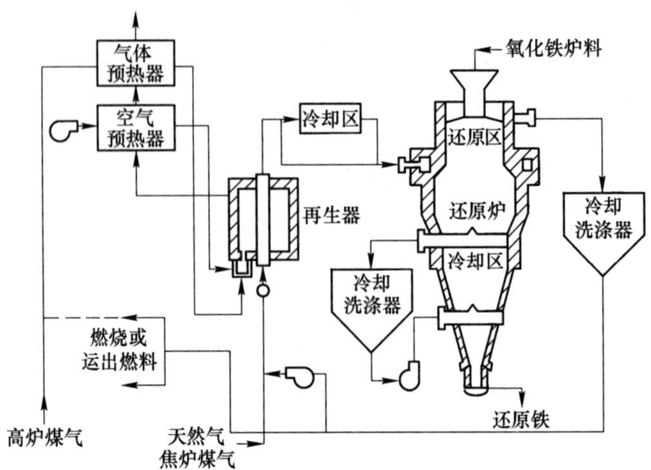

图 5-2　Midrex 法流程

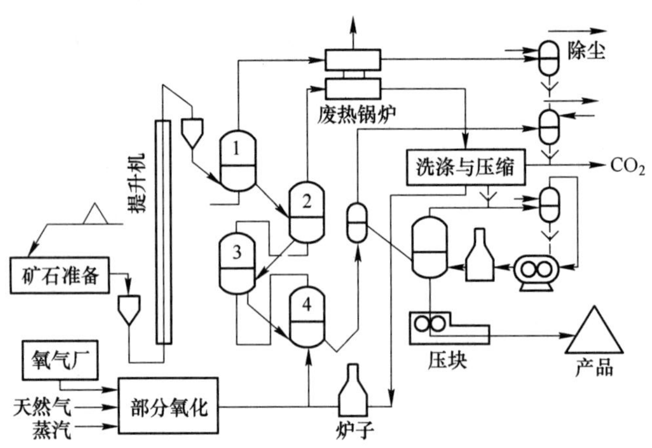

图 5-3　Fior 法生产流程

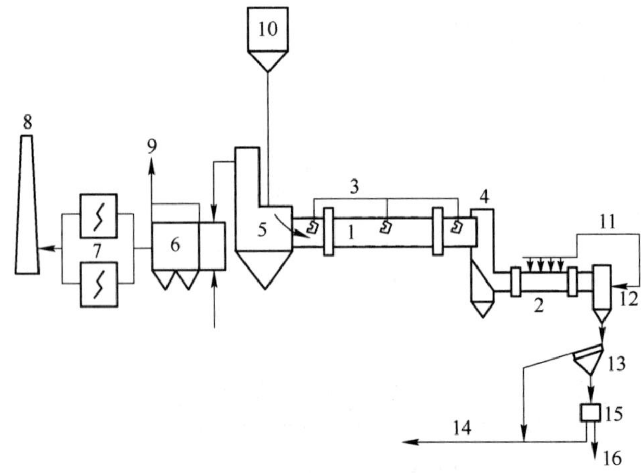

图 5-4　SL-RN 法生产流程

1—回转窑；2—冷却回转筒；3—二次风；4—窑头；5—窑尾；6—废热锅炉；7—静电除尘；8—烟囱；9—过热蒸汽；10—给料；11—间接冷却水；12—直接冷却水；13—磁选；14—直接还原铁；15—筛分；16—废料

5.3.2 熔融还原法

熔融还原法是铁矿石在高于渣铁熔化温度下的炼铁生产过程，它仅是把高炉过程在另外一个不用焦炭的反应器中完成，是一种全新的炼铁工艺（图 5-5、图 5-6），可以直接用非炼焦煤、天然块矿和球团作为原燃料，生产出高炉品级的铁水，并适合于各种炼钢用途，省却了传统的高炉炼铁生产流程的炼焦和烧结，不仅大大减少了对环境的污染，而且节约了世界各国越来越短缺的焦煤资源，是我国和世界各国炼铁工艺的发展方向。

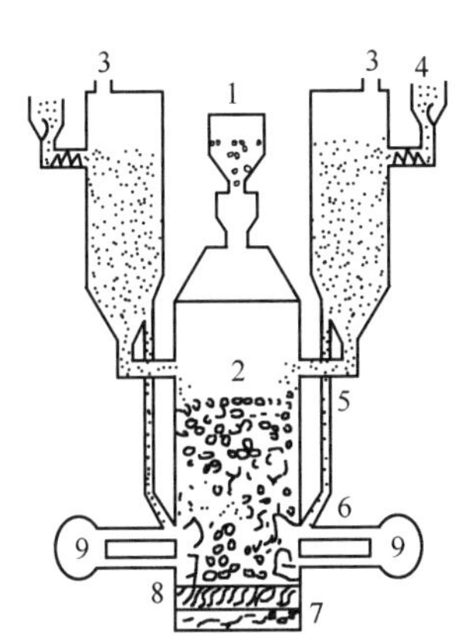

图 5-5 川崎的熔融还原法

1—低质焦炭；2—还原炉；3—预还原反应器；4—精矿粉；5—预还原矿导管；6—终还原反应风口；7—铁水；8—炉渣；9—氧、热风及粉煤

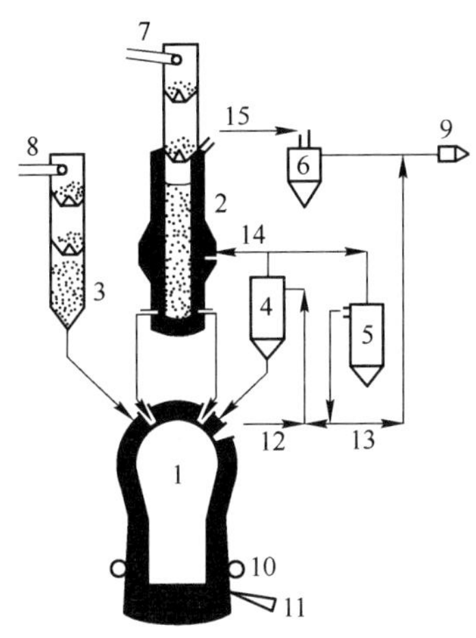

图 5-6 K-R 法工艺流程

1—熔融气化炉；2—还原竖炉；3—煤仓；4—热旋风除尘器；5—煤气冷却器；6—炉顶煤气冷却器；7—铁矿石；8—煤及石灰；9—外供煤气；10—氧；11—铁水及炉渣；12—原煤气；13—冷却气；14—还原气；15—炉顶气

到目前为止，提出的熔融还原方法种类达 90 多种，开发的有 36 种之多，按预还原方式分有竖炉法、液化床法、热旋分离法；按终还原方式分有熔融气化炉、铁浴反应炉。其中以日本的 DIOS 法，澳大利亚 Hismelt 法，俄罗斯的 PFV 法及美国的 AISI 直接炼钢法具有独到之处。而其中投入到工业化生产的有奥钢联和德国科尔夫公司开发的 COREX 法。目前世界上只有少数几个国家采用 COREX 熔融还原炼铁工艺，印度有两座 C2000 型炼铁炉，韩国和南非各有一座 C2000 型炼铁炉，每座炼铁炉年产 100 万吨生铁。宝钢集团浦钢规划建造两座 COREX C3000 型炼铁炉，每座炉年产生铁 150 万吨。

韩国浦项厂在 COREX 法的基础上，创造出新型的炼铁技术 FINEX 法，并于 2003 年 5 月正式投产，向全粉铁矿，真正非焦方向努力，以提高原料适应能力，降低炼铁的成本。此外，澳大利亚 HISMELT 工艺向大于 30 万吨/年的工业规模发展，在全世界（尤其在中国）引起了关注。如正在设计的能力≥150 万吨/年的 FINEX 炉和≥100 万吨/年的 HISMELT 生产线能在今后几年顺利投产，并在生产效率、能耗、成本上显示出竞争力，将对钢铁工艺优化与环境负荷减轻产生重大影响。

5.3.3　等离子技术的应用

等离子冶炼的工作原理是将工作气体通过等离子发生器的电弧，使之电离，成为等离子体。而以此种等离子体具有的极高温度（3700~4700℃，甚至更高）作为热源应用于炼铁过程的技术，可应用于直接还原和熔融还原领域，将极大地加速其物理化学过程，有效地提高生产率。伴随着钢铁企业新建和改造中大量采用先进前沿技术和新型能源的不断开发应用，炼铁工业正朝着紧凑流程技术装备方向发展，一些企业在新厂建设中已定位于熔融还原—冶炼—薄带连铸这一全新的流程，期望以最省投资、最低成本，生产最优的产品，提高企业市场竞争能力。这种创新的超前意识，对今后钢铁工业的发展，具有重大意义。

复习思考题

5-1 高炉冶炼低硅生铁的意义有哪些？

5-2 非高炉冶炼的方法通常有哪些？

第2篇

炼钢生产

钢是现代工业中应用最广、用量最大和综合性能最好的金属材料，因此人们认为钢是一切工业的基础。

钢和生铁都是铁基合金，都含有碳、硅、锰、磷、硫等元素。其主要区别如下：

项　目	钢	生　铁
碳含量（质量分数）	≤2%，一般 0.04%～1.7%	>2%，一般 2.5%～4.3%
硅、锰、磷、硫含量	较少	较多
熔点	1450～1530℃	1100～1150℃
力学性能	强度高，塑性、韧性好	硬而脆，耐磨性好
可锻性	好	差
焊接性	好	差
热处理性能	好	差
铸造性	好	更好

钢和生铁最根本的区别是含碳量不同，钢中含碳量低于 2%，生铁含碳量高于 2%。含碳量的变化引起铁碳合金质的变化。钢的综合性能，特别是力学性能（抗拉强度、韧性、塑性）比生铁好得多，从而用途也比生铁广泛得多。因此，除约占生铁总量 10%的铸造生铁用于生产铸件外，绝大多数生铁都要进一步冶炼成钢，以满足国民经济各部门的需要。

钢是由生铁冶炼而成的，炼钢的基本任务可归纳如下：

（1）脱碳。在高温熔融状态下进行氧化熔炼，把生铁中的碳氧化降低到所炼钢号的规定范围内，是炼钢过程中的一项主要任务。

（2）脱硫和脱磷。把生铁中的有害杂质硫和磷降低到所炼钢号的规格范围内。

（3）去除钢中气体和非金属夹杂物。把熔炼过程中进入钢中的有害气体、非金属夹杂物以及反应产生的非金属相去除。

（4）脱氧及合金化。把氧化熔炼过程中生成的对钢质量有害的过量的氧从钢液中排除掉；同时加入合金元素，将钢液中各种合金元素的含量调整到所炼钢号的规格范围内。

（5）升温。铁水温度一般仅有 1300℃左右，而出钢温度应达到 1600℃以上，所以炼钢是一个升温的过程。

（6）浇注。将炼好的合格钢液浇注成一定尺寸和形状的钢锭或钢坯，以便下一步轧制成材。浇注采用模铸或连续铸钢，现在一般采用连续铸钢。

目前世界各国采用的炼钢方法主要是氧气转炉炼钢法和电弧炉炼钢法。

（1）氧气转炉炼钢法。氧气转炉炼钢法的主要形式是氧气顶吹转炉炼钢法，国外称LD转炉，是20世纪50年代产生和发展起来的炼钢技术。冶炼时炉子保持不动，但在装料和出钢时可以前后转动。氧气顶吹转炉的形状如圆筒，外部是用钢板制成的炉壳，里面砌有耐火砖。转炉炼钢的原料是铁水和废钢。冶炼时，用一支从顶部插入炉内的水冷喷枪将高压（0.8~1.2MPa）、高纯度（99.5%以上）的氧气高速吹向熔池，氧化去除铁水中的硅、锰、碳等元素，并通过造渣进行脱磷、脱硫。同时，利用元素氧化放出的热量，熔化废钢，加热熔池。当钢水的温度和化学成分符合要求时，即可出钢。整个冶炼过程分成了补炉、装料、吹炼和出钢四个阶段。

氧气顶吹转炉吹炼速度快，生产率及热效率高，钢水质量好，因此成为目前世界上最主要的炼钢方法。

1978年，法国钢铁研究院（IRSID）在氧气顶吹转炉上进行了底吹惰性气体搅拌的实验，并获得成功。由于转炉复合吹炼兼有顶吹和底吹转炉炼钢的优点，促进了金属与渣、气体间的平衡，吹炼过程平稳，渣中氧化铁含量少，减少了金属和铁合金的消耗，加之改造容易，因此该方法在各国得到了迅速推广。目前我国大中型转炉都采用了复吹技术。

（2）电弧炉炼钢法。电弧炉炼钢法起源于1899年的法国，它是将电能作为热源的炼钢方法。电弧炉可全部用废钢作金属原料。为提高钢的质量，可加入一定比例的直接还原铁或生铁；为降低电耗，有条件的情况下也可直接兑入铁水。电弧炉炼钢法的特点是热效率较高，温度容易控制，炉内气氛可以调整。它是冶炼优质合金钢的主要方法。

电弧炉按所用的炉衬分为酸性和碱性两种，目前主要用碱性电弧炉。

电弧炉炼钢随着各国电力工业的发展和废钢的增多而得到发展。20世纪60年代发展起来的高功率（400~700kV·A/t）和超高功率（700~1000kV·A/t）电炉，熔化速度快、产量高，电耗及电极消耗低。目前大型电弧炉通常都采用高功率、超高功率供电系统，水冷炉壁、助熔技术、自动化操作、偏心炉底出钢等技术，并与炉外精炼、连铸配合。这使电炉炼钢的品种增加，质量提高，电耗降低，生产率大幅度提高。一些大功率电弧炉已大量用于冶炼碳素钢。

传统的电炉炼钢法是废钢装入以后，主要经过熔化、氧化、还原三个阶段后出钢。由于炉外精炼技术的出现，使电弧炉变成了熔化、脱磷的容器（称初炼炉），冶炼过程发生了较大的变化，冶炼时间大幅减少。

现代冶金工艺流程主要有两种：

高炉—氧气转炉—炉外精炼—连续铸钢

废钢—电弧炉—炉外精炼—连续铸钢

炉外精炼是指从初炼炉（电弧炉或转炉）出来的钢水，在另一冶金容器中进行精炼。精炼的任务是去气、脱硫、脱氧、合金化、排除夹杂物、调节和均匀钢液温度和化学成分等。精炼的手段有真空、吹氩、搅拌、加热、喷粉微调合金等。它可以提高钢的质量，缩短初炼炉的冶炼时间，降低成本。

炉外精炼的发展可以追溯到1933年Perrin用高碱度合成渣，炉外脱硫和20世纪50年代的钢水真空处理技术，随着高真空、大抽速蒸汽喷射泵的问世，1956~1959年研究成功DH法和RH法。20世纪60年代研究成功VAD炉、VOD炉和AOD炉。70年代以来又有了LF法、CLU法和钢包喷粉与喂丝技术。到80年代又相继出现RH-OB法、CAS

(CAS-OB)、IR-UT等新技术。现在，各种不同功能的炉外精炼处理方法，或单独或组合起来，在冶金生产中发挥着十分重要的作用。

炼钢生产的主要技术经济指标有：

(1) 年产量：炼钢产量是用合格钢产量来表示，即万吨/年，或吨/月、吨/日。

炼钢废品是从出钢开始考核，其中包括从出钢到浇注整个过程的跑钢、漏钢、混号铸坯及连铸各种因素造成的断流损失，以及轧后废品、用户退回的废品。炼钢必需的合理损失不计入废品，如连铸的切头、切尾、开浇摆槽损失、中包浇余钢水、氧化铁皮等损耗在规定范围之内均属于合理损失。

(2) 小时产钢量：

$$\text{小时产钢量}(t/h)=\frac{\text{平均炉产钢水量}(t)\times\text{良坯}(\text{锭})\text{收得率}(\%)}{\text{炉役期平均冶炼时间}(h)}$$

(3) 作业率：

$$\text{作业率}=\frac{\text{年工作时间}(d)}{\text{日历时间}(d)}\times 100\%$$

(4) 利用系数：转炉利用系数指每公称吨位的容量每昼夜所生产的合格钢坯量。

$$\text{转炉利用系数}(t/(t\cdot d))=\frac{\text{合格钢产量}(t)}{\text{转炉公称容量}(t)\times\text{日历时间}(d)}$$

电炉利用系数指每千伏安变压器容量每昼夜所生产的合格钢坯量。

$$\text{电炉利用系数}(t/(1000kV\cdot A\cdot d))=\frac{\text{合格钢坯}(\text{锭})\text{量}(t)}{\text{日历天数}(d)\times\text{变压器容量}(kV\cdot A)/1000}$$

(5) 平均冶炼周期：平均冶炼周期指冶炼一炉钢所需要的时间。

$$\text{平均冶炼周期}(min/\text{炉})=\frac{\text{炼钢作业总时间}(min)}{\text{出钢总炉数}(\text{炉})}$$

(6) 炉龄：炉衬寿命也称炉龄，指炼钢炉新砌内衬后，从开始炼钢起直到更换炉衬止，一个炉役所炼钢的炉数。

$$\text{炉龄}(\text{炉})=\frac{\text{炼钢总炉数}(\text{炉})}{\text{炉衬更换次数}}$$

(7) 按计划出钢率：

$$\text{按计划出钢率}=\frac{\text{按计划出钢炉数}(\text{炉})}{\text{出钢总炉数}(\text{炉})}\times 100\%$$

(8) 钢坯（锭）合格率：

$$\text{钢坯}(\text{锭})\text{合格率}=\frac{\text{合格钢坯}(\text{锭})\text{量}(t)}{\text{全部钢坯}(\text{锭})\text{量}(t)}\times 100\%$$

(9) 钢坯（锭）收得率：

$$\text{钢坯}(\text{锭})\text{收得率}=\frac{\text{合格钢坯}(\text{锭})\text{量}(t)}{\text{金属炉料总量}(t)}\times 100\%$$

(10) 产品成本：

$$\text{产品成本}(\text{元}/t)=\frac{\text{各种费用综合}(\text{元})}{\text{合格钢坯}(\text{锭})\text{量}(t)}$$

(11) 原材料消耗：

$$某种原材料消耗(kg/t) = \frac{某种原材料用量(kg)}{合格钢坯(锭)量(t)}$$

（12）电耗：

$$电耗\ (kW \cdot h/t) = \frac{炼钢用电总量(kW \cdot h)}{合格钢坯(锭)量(t)}$$

（13）品种完成率：

$$品种完成率 = \frac{完成品种}{计划品种} \times 100\%$$

（14）（高）合金比：

$$(高)合金比 = \frac{合格的(高)合金钢坯(锭)量(t)}{全部合格钢锭量(t)} \times 100\%$$

复习思考题

Ⅱ-1 钢和生铁的主要区别有哪些？

Ⅱ-2 炼钢的基本任务有哪些？

Ⅱ-3 现代炼钢方法有哪些？

6 炼钢基本原理

6.1 炼 钢 熔 渣

6.1.1 熔渣的来源、组成与作用

6.1.1.1 熔渣的来源

熔渣又称炉渣，主要来源有：

(1) 含铁原料中的部分元素如 Si、Mn、P、Fe 等氧化生成的氧化物，如 SiO_2、MnO、P_2O_5、FeO 等；

(2) 加入的氧化剂和造渣材料，如铁矿石、烧结矿、石灰、萤石和氧化铁皮等；

(3) 被侵蚀的炉衬耐火材料；

(4) 各种原材料带入的泥沙和铁锈等。

6.1.1.2 熔渣的组成

化学分析表明，炼钢炉渣的主要成分是：CaO、SiO_2、MnO、MgO、FeO、Fe_2O_3、Al_2O_3、P_2O_5、CaS 等，这些物质在渣中以多种形式存在，除了上面所说的简单分子化合物外，还有复杂的复合化合物，如 $2FeO \cdot SiO_2$、$2CaO \cdot SiO_2$、$4CaO \cdot P_2O_5$ 等。

6.1.1.3 熔渣的作用

炼钢过程中，熔渣的主要作用可归纳为如下几点：

(1) 氧化或还原钢液，并去除钢中的有害元素如 S、P、O 等；

(2) 覆盖钢液，减少散热和防止吸收 H、N 等气体；

(3) 吸收钢液中的非金属夹杂物；

(4) 防止炉衬过分侵蚀。

由此可以看出，要想炼好钢，必须造好渣，炼钢过程就是炼渣过程。

6.1.2 熔渣的化学性质

熔渣的化学性质主要指熔渣的碱度、氧化性和还原性。

为了准确描述反应物和产物所处的环境，规定用“[ ]”表示物质在金属液中，“( )”表示在渣液中，“{ }”表示在气相中。

6.1.2.1 熔渣的碱度

炉渣中常见的氧化物按其化学性质有酸性、中性和碱性之分，酸性氧化物的酸性由强

到弱的顺序是 SiO_2、P_2O_5，中性氧化物是 Al_2O_3、Fe_2O_3、Cr_2O_3，碱性氧化物的碱性由弱到强的顺序是 FeO、MnO、MgO、CaO。

碱度是指熔渣中的碱性组元量之总和与酸性组元量之总和的比值，用“B”来表示。

碱度是判断熔渣碱性强弱的指标，是影响渣、钢反应的重要因素。

由于熔渣中的 CaO 和 SiO_2 的数量最多，约为渣量的 60%以上，所以通常炉渣碱度表示为：

$$B = \frac{w(\mathrm{CaO})}{w(\mathrm{SiO_2})}$$

若渣中含磷量较高，则表示为：

$$B = \frac{w(\mathrm{CaO})}{w(\mathrm{SiO_2}) + w(\mathrm{P_2O_5})}$$

根据碱度高低，炉渣可分为三类：

（1）$B<1$，酸性渣；

（2）$B=1$，中性渣；

（3）$B>1$，碱性渣。

6.1.2.2　熔渣的氧化性

炉渣的氧化性是指熔渣氧化金属熔池中杂质元素的能力。

FeO 能同时存在于炉渣和钢液中，并在渣-钢之间建立一种平衡（FeO）══［FeO］，所以认为渣中的氧通过 FeO 传递到钢液中。

$$(\mathrm{FeO}) = [\mathrm{FeO}]$$

$$L_\mathrm{O} = \frac{w(\mathrm{FeO})}{w[\mathrm{FeO}]}$$

在一定温度下，L_O 为一常数，称为氧在熔渣和金属液中的分配系数。因此，渣中 FeO 含量的高低可代表炉渣所具备的氧化能力的大小，渣中 FeO 的含量越高，炉渣氧化性越强。另外，炉渣碱度对炉渣的氧化性影响也很大。当渣中 FeO 的含量相同，炉渣碱度约等于 2 时，炉渣氧化性最强。

渣中 FeO 的含量多少对造渣过程影响也很大。渣中 FeO 的含量过低时，造渣困难，炉渣的反应能力低；渣中 FeO 的含量过高时，转炉易造成喷溅，增加金属损失和炉衬侵蚀。因此，渣中氧化铁的含量应适当，在转炉冶炼过程中，一般控制在 10%～20%范围。

6.1.2.3　熔渣的还原性

熔渣的还原性是指炉渣从金属熔池中夺取氧的能力。

在碱性电弧炉还原期操作中，要求炉渣具有高碱度、低氧化铁、好的流动性，以达到钢液脱氧、脱硫和减少合金元素烧损的目的。炉外精炼造渣也往往如此。

6.1.3　熔渣的物理性质

6.1.3.1　熔渣的黏度

黏度表示炉渣内部相对运动时各层之间的内摩擦力的大小。黏度与流动性正好相反，黏度低则流动性好。

冶炼时，若熔渣黏度过大，质点在熔渣中的移动缓慢，不利于钢、渣之间快速反应；但若黏度过小，又会加剧炉衬的侵蚀。所以在炼钢时希望炉渣黏度适当。

影响熔渣黏度的主要因素是熔渣成分、温度及未熔质点。凡能降低熔渣熔点的成分，均可以改变熔渣的流动性，降低渣的黏度；熔池温度越高，渣的黏度越小，流动性越好；渣中未熔质点越多，渣的黏度越大。实际操作中，熔渣黏度主要靠控制渣中的 FeO 含量、碱度及加入萤石的方法进行调节。

6.1.3.2 熔渣的密度

密度是熔渣的重要性质之一，它影响着液滴和介质间的相对运动速度，也决定了熔渣所占的体积。液态熔渣的密度比钢液密度小得多，一般只有 $3000kg/m^3$。

6.2 铁、硅、锰的氧化

6.2.1 熔池内氧的来源

熔池内氧的来源主要有三个方面：

第一，向熔池吹入氧气。它是炼钢过程最主要的供氧方式。氧气顶吹转炉炼钢，通过炉口上方插入的水冷氧枪吹入高压纯氧。电炉通过炉门口吹氧管（或氧枪）、炉壁氧枪向熔池供氧。

第二，向熔池中加入铁矿石和氧化铁皮。铁矿石的主要成分是 Fe_2O_3（赤铁矿）和 Fe_3O_4（磁铁矿），氧化铁皮的主要成分是 FeO。

第三，炉气向熔池供氧。

6.2.2 铁的氧化和杂质元素的氧化方式

6.2.2.1 铁的氧化

铁和氧的亲和力小于硅、锰、磷，但由于金属液中铁的浓度最大（质量分数为 90%），所以铁最先被氧化。

$$[Fe] + \frac{1}{2}\{O_2\} = (FeO)$$

$$2(FeO) + \frac{1}{2}\{O_2\} = (Fe_2O_3)$$

6.2.2.2 杂质氧化方式

炼钢熔池中除铁以外的各种元素的氧化方式有两种：直接氧化和间接氧化。

直接氧化是指气相中的氧与熔池中的除铁以外的各种元素直接发生氧化反应。如：

$$[Mn] + \frac{1}{2}\{O_2\} = (MnO)$$

间接氧化是指氧首先和铁发生反应，生成（FeO），然后（FeO）扩散并溶解于钢中，钢中其他元素与溶解的氧发生氧化反应。如：

$$[C] + (FeO) = \{CO\} + [Fe]$$

或

$$[C] + [O] = \{CO\}$$

各种元素的氧化以间接氧化为主。

6.2.3 硅的氧化

6.2.3.1 硅的氧化反应

在碱性炼钢法中，硅的氧化对成渣过程和炉衬的侵蚀有重要的影响。

直接氧化：

$$[Si] + \{O_2\} = (SiO_2) \quad 放热$$

间接氧化：

$$[Si] + 2(FeO) = (SiO_2) + 2[Fe] \quad 放热$$

硅的氧化产物 SiO_2 只溶于炉渣，不溶于钢液。

6.2.3.2 硅氧化反应的主要特点

硅氧化反应的特点如下：

（1）由于硅与氧的亲和力很强，所以在冶炼初期，钢中的硅就能基本氧化完毕。由于硅的氧化产物 SiO_2 在碱性渣中完全与碱性氧化物如 CaO 结合，无法被还原出来，氧化很完全。

（2）硅的氧化是一个强放热反应，低温有利于反应迅速进行。硅是转炉吹炼过程中重要的发热元素，但硅高会增加渣量，增大热损失。

6.2.4 锰的氧化

6.2.4.1 锰硅的氧化反应

直接氧化：

$$[Mn] + \frac{1}{2}\{O_2\} = (MnO) \quad 放热$$

间接氧化：

$$[Mn] + (FeO) = (MnO) + [Fe] \quad 放热$$

锰的氧化产物只溶于炉渣，不溶于钢液。

6.2.4.2 锰氧化反应的主要特点

锰氧化反应的特点如下：

（1）锰与氧的亲和力很强，并且锰的氧化是强放热反应，故锰的氧化也是在冶炼初期进行；

（2）由于锰的氧化产物 MnO 是碱性氧化物，故碱性渣不利于锰的氧化，锰的氧化在碱性渣的条件下不像硅的氧化那样完全；

（3）当温度升高后，锰的氧化反应会逆向进行，发生锰的还原，即发生“回锰现象”，使钢中“余锰”增加。

6.3 碳的氧化

6.3.1 碳氧反应的意义

碳氧反应是炼钢过程中最重要的一个反应。一方面，把钢液中的碳含量降到了所炼钢种的规定范围内；另一方面，碳氧反应产生的大量 CO 气泡从熔池中逸出时，引起熔池的剧烈沸腾，强烈地搅拌了钢液，对炼钢过程起到了极为重要的作用：

（1）加速熔池内各种物理化学反应的进行；

（2）强化传热过程；

（3）CO 气泡的上浮有利于钢中气体［H］、［N］和非金属夹杂物的去除；

（4）促进钢液和熔渣的温度以及成分的均匀，并大大加速成渣过程；

（5）大量的 CO 气泡通过渣层，有利于形成泡沫渣。

6.3.2 碳的氧化反应

6.3.2.1 氧气流股与金属液间的 C-O 反应

在氧气炼钢中，金属中一少部分碳可以受到直接氧化：

$$[C]+\frac{1}{2}\{O_2\}=\!=\!=\{CO\},\ \Delta_r H_m^{\ominus}=+136000J$$

该反应放出大量的热，是转炉炼钢的重要热源。在氧射流的冲击区及电炉炼钢采用吹氧管插入钢液吹氧脱碳时，氧气流股直接作用于钢液，均会发生此类反应。脱碳示意图分别示于图 6-1 和图 6-2。流股中的气体氧与钢液中的碳原子直接接触，反应生成气体产物一氧化碳，脱碳速度受供氧强度的直接影响，供氧强度越大，脱碳速度越快。

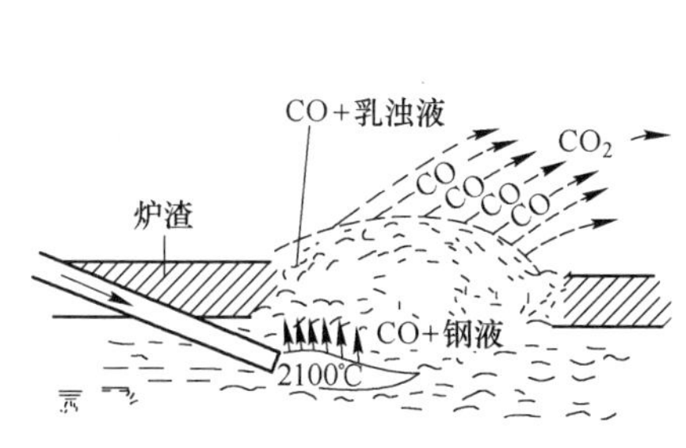

图 6-1 熔池吹氧示意图（或氧脱碳操作）

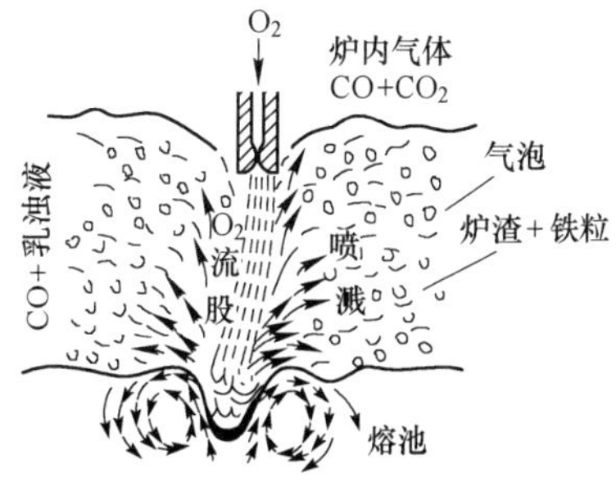

图 6-2 氧气顶吹转炉氧射流与熔池相互作用示意图

6.3.2.2　金属熔池内部的C-O反应

金属熔池中大部分的碳是同溶解在金属中的氧相作用而被间接氧化的。

$$[C] + [O] = \{CO\}$$

该反应是微弱放热反应，温度降低有利于反应的进行。在转炉和电炉炼钢吹氧脱碳时，气体氧会使熔池内的铁原子大量氧化成（FeO），或由加入矿石或氧化铁皮在钢-渣界面上还原形成（FeO），然后（FeO）扩散并溶解于钢中，钢中［C］与溶解的［O］发生作用。

6.3.2.3　金属液与渣液界面的C-O反应

当渣中（FeO）含量较高时，渣中的（FeO）一方面会向钢液中扩散，发生第二类反应，另一方面也会直接发生界面反应：

$$[C] + (FeO) = \{CO\} + [Fe]$$

6.4　脱　　磷

在大多数情况下，磷对钢的质量影响是有害的。钢中磷含量的增加，使钢的塑性和韧性降低，特别是低温冲击韧性降低，即“冷脆”。

6.4.1　脱磷的基本反应和基本条件

脱磷的基本反应为：

$$2[P] + 5(FeO) + 4(CaO) = (4CaO \cdot P_2O_5) + 5[Fe] \quad 放热$$

或

$$2[P] + 5(FeO) + 3(CaO) = (3CaO \cdot P_2O_5) + 5[Fe] \quad 放热$$

综合脱磷反应式可以得到脱磷的基本条件为：

（1）炉渣碱度适当高（B=2.5~3.0最好）；

（2）渣中的氧化铁适当高（15%~20%）；

（3）适当的低温（1450~1500℃）；

（4）大渣量，电炉炼钢采用自动流渣、放旧渣造新渣的方法；

（5）炉渣流动性好。

6.4.2　回磷

磷从炉渣中重新返回钢液的现象称为“回磷”。一般认为回磷现象的产生与以下因素有关：钢液温度过高，脱氧剂的加入使渣中（FeO）大大降低，脱氧产物和耐火材料中SiO_2的溶入使炉渣碱度降低等。

生产中抑制回磷现象的常用方法是：出钢前向炉内加入石灰使终渣变稠；挡渣出钢；出钢过程中向钢包中加入石灰粉稠化钢包中的渣，保持碱度，减弱渣的反应能力；控制出钢温度不要太高等。

6.5　脱　　硫

硫是钢中的有害元素，主要使钢在进行热加工时产生裂纹甚至断裂，即“热脆”。钢中硫含量高时，还使钢的横向机械性能和焊接性能下降。

6.5.1 脱硫的基本反应和基本条件

脱硫的基本反应为：

$$[FeS] + (CaO) = (CaS) + (FeO) \quad 吸热$$

综合脱硫反应式可以得到脱硫的基本条件为：

（1）炉渣碱度适当高（B=3.0~3.5 最好）。

（2）渣中的氧化铁低。渣中的氧化铁低对脱硫有利；但氧气转炉为改善炉渣流动性，促进石灰快速成渣，形成高碱度炉渣，使用（FeO）（含量 15%~20%）炉渣也能脱硫，但效果远不如碱性的还原渣。

（3）炉渣流动性好。常向渣中加入萤石或提高炉渣中（FeO）含量，可提高炉渣的流动性。

（4）高温。高温有利于提高炉渣流动性，有利于脱硫反应快速进行。

（5）大渣量。

6.5.2 气化去硫与钢液中元素去硫

转炉炼钢有 10%~40%的硫是以气体状态去除的，但硫必须从钢液中进入炉渣，其反应如下：

$$3(Fe_2O_3) + (CaS) = (CaO) + 6(FeO) + \{SO_2\}$$

$$\frac{3}{2}\{O_2\} + (CaS) = (CaO) + \{SO_2\}$$

在充分发挥炉渣脱硫的基础上，向钢液中加入某些元素可以进一步脱硫。元素脱硫能力由强到弱的次序为：Ca—Ce—Zr—Ti—Mn。

6.6 脱氧及合金化

在熔炼或出钢过程中，向钢液中加入一种或几种与氧亲和力比铁强的元素，使钢中氧含量减少的操作，称为脱氧。通常在脱氧的同时，使钢中的硅锰及其他合金元素的含量达到成品钢的规格要求，完成合金化的任务。

6.6.1 脱氧的目的和任务

各种炼钢方法，都是采用氧化法去除钢中的各种杂质元素，所以在氧化后期，钢中溶解了过量的氧。这些多余的氧在钢液凝固时将逐渐从钢液中析出，形成夹杂或气泡，严重影响钢的质量，具体表现为：

（1）严重影响钢的力学性能。

（2）大量气泡的产生将影响正常的浇注操作和破坏钢锭（坯）的合理结构。

（3）钢中的氧加重硫的热脆。

钢液脱氧的目的在于降低钢中的氧含量。为了做到这一点，第一步要降低钢中溶解的氧，即把氧转变成难溶于钢液的氧化物（如 MnO、SiO_2 等）；第二步将脱氧产物排除钢液之外。

6.6.2　各种元素的脱氧能力

6.6.2.1　对脱氧元素的要求

炼钢时对脱氧元素的要求是：

(1) 脱氧元素与氧的亲和力大于铁与氧的亲和力；

(2) 脱氧元素在钢中的溶解度非常低；

(3) 脱氧产物的密度远小于钢液的密度；

(4) 脱氧产物熔点较低，在钢液中呈液态或与钢液间的界面张力特别大，便于聚集长大，迅速上浮到渣中；

(5) 未与氧结合的脱氧元素对钢的性能无不良影响。

6.6.2.2　元素的脱氧能力

元素的脱氧能力是指在一定温度下，与一定浓度的脱氧元素相平衡的钢中的氧含量。这个氧含量越低，这种元素的脱氧能力越强。在1600℃时，元素脱氧能力由强到弱的顺序是：Ca—Mg—Al—Ti—B—C—Si—P—V—Mn—Cr。

6.6.2.3　常用的脱氧剂

目前炼钢生产中常用的块状脱氧剂有锰铁、硅铁、铝、硅锰铝、复合脱氧剂等，常用的粉状脱氧剂有碳粉、碳化硅粉、硅铁粉、硅钙粉、电石等。

6.6.3　脱氧方法

6.6.3.1　沉淀脱氧

沉淀脱氧是把块状脱氧剂直接加入钢液中而脱氧。其特点是操作简便，速度快，但来不及上浮的脱氧产物留在钢中，污染了钢液。

$$[O] + [Me] = (MeO)$$

式中，Me为脱氧元素；MeO为脱氧产物。

6.6.3.2　扩散脱氧

又叫炉渣脱氧，它是把粉状脱氧剂撒在渣面上，形成还原渣间接使钢液脱氧。其特点是不污染钢液，但速度较慢。

$$[Mn] + (FeO) = (MnO) + [Fe]$$

$$[FeO] = (FeO)$$

6.6.3.3　喷粉脱氧

钢液的喷粉脱氧是将特制的脱氧粉剂利用喷射冶金装置，并以惰性气体为载体喷射到钢液中去，进行直接脱氧。由于喷吹条件下脱氧粉剂比表面积大，再加上氩气的搅拌作用，改善了脱氧动力学条件，脱氧速度很快。

6.7 钢中的气体

6.7.1 钢中气体对钢性能的影响

钢中氢的存在，会造成皮下气泡，促进缩孔、疏松，而且会产生“氢脆”、“白点”、石板断口和“氢腐蚀”等危害。

钢中氮的存在，会使钢产生蓝脆、时效硬化等危害。但它也可以作为合金元素加入，细化钢的晶粒，增加奥氏体不锈钢的稳定性。

6.7.2 钢中气体的来源与减少钢中气体的基本途径

钢中的氢来自原材料、耐火材料中的水分、炉气中的水蒸气和金属料中的铁锈等。

钢中的氮来自铁水、氧气和炉气。

减少钢中气体含量，一是减少钢液吸收气体，二是增加排出去的气体。

6.7.2.1 减少钢液吸气的措施

(1) 原材料要烘烤干燥，金属料中的铁锈要少。

(2) 钢包要烘烤，钢液流经的地方要烘干和密封保护。

(3) 冶炼过程中，钢液温度不宜过高，因为氮和氢在钢中的溶解度随温度的升高而增大，同时尽量减少钢液裸露的时间。

(4) 提高氧气纯度。

6.7.2.2 增加钢液排气的措施

(1) 氧化熔炼过程中，钢液要进行良好的沸腾去气。

(2) 采用钢液吹氩、真空处理和真空浇注降低钢中的气体含量。

6.8 钢中的非金属夹杂物

钢中的非金属夹杂物是指在冶炼或浇注过程中产生于或混入钢液中，而在其后热加工过程中分散在钢中的非金属物质。

6.8.1 钢中非金属夹杂物的来源与分类

钢中非金属夹杂物的来源主要是：

(1) 与生铁、废钢等一起入炉的非金属物质。

(2) 从冶炼到浇注的整个过程中，卷入钢液的耐火材料。

(3) 脱氧过程中产生的脱氧产物。

(4) 乳化的渣滴。

钢中的非金属夹杂物按其化学组成分类：

(1) 氧化物夹杂，如 FeO、$2FeO \cdot SiO_2$ 等。

（2）硫化物夹杂，如 FeS、MnS、CaS 等。

（3）氮化物夹杂，如 AlN、TiN 等。

按夹杂物来源分类：

（1）外来夹杂物。主要是冶炼或浇注过程中进入钢液的耐火材料和熔渣滞留于钢液中而造成的。

（2）内生夹杂物。这类夹杂物是在脱氧和凝固过程中生成的各种反应产物。

6.8.2　非金属夹杂物对钢性能的影响

钢中的非金属夹杂物的存在，破坏了钢的基体的连续性，使钢的塑性、韧性和疲劳强度降低，还使钢的冷、热加工性能降低。

但某些场合，夹杂物也能起到好的作用。如细小的 Al_2O_3 夹杂能细化晶粒，硫化物夹杂能改善钢的切削性能。

6.8.3　降低钢中非金属夹杂物的途径

（1）最大限度地减少外来夹杂物，如提高原材料的纯洁度、提高耐火材料的质量、钢液在浇注前镇静等。

（2）采用正确的脱氧、脱硫操作，使反应产物易于上浮排除。

（3）减少、防止钢液的二次氧化，如向裸露的钢液表面加保护渣、惰性气体保护浇注、真空浇注等。

（4）促进钢中夹杂物的上浮排出，如氧化熔炼中进行良好的沸腾、钢液吹氩、真空处理等。

复习思考题

6-1 熔渣的来源有哪些，其作用是什么？

6-2 熔渣的主要性质有哪些？

6-3 硅和锰氧化的主要特点是什么？

6-4 碳氧反应的意义有哪些？

6-5 磷、硫去除的基本条件是什么？

6-6 脱氧的目的和任务是什么，常用的脱氧方法有哪几种？

6-7 对脱氧元素的要求有哪些，常用的脱氧剂有哪些？

6-8 钢中气体的危害是什么，怎样减少钢中气体？

6-9 钢中非金属夹杂物的主要危害有哪些，降低钢中非金属夹杂物的途径有哪些？

7 氧气转炉炼钢

7.1 炼钢原料

原料的质量和供应条件直接影响炼钢的技术经济指标。原料的质量不单指化学成分和物理性质符合技术要求，而且连续供应的原料的化学成分和物理性质应保持稳定。

炼钢原料可以分为金属料和非金属料。

7.1.1 金属料

炼钢用的金属料主要有铁水、废钢、生铁和铁合金。

7.1.1.1 铁水

铁水是转炉炼钢的主要的金属料，一般占转炉金属料的70%以上。铁水的物理热和化学热是转炉炼钢的基本热源。转炉炼钢对铁水有如下要求：

（1）温度。温度是铁水带入炉内物理热多少的标志，铁水的物理热约占转炉热收入的50%。铁水温度过低，将造成炉内热量不足，影响熔池升温速度和元素的氧化过程，不利于化渣和去除杂质，还容易导致喷溅。要求入炉铁水温度大于1250℃，且要稳定。

（2）硅。铁水中硅的氧化能放出大量的热量，生成的SiO_2是渣中主要的酸性成分，是影响炉渣碱度和石灰消耗量的主要因素。铁水含硅量高，则转炉可以多加废钢，但含硅过高，会使石灰消耗量和渣量增大，易产生喷溅并加剧对炉衬的侵蚀，影响石灰的熔化，从而影响脱磷、脱硫。如果铁水含硅过低，石灰溶解困难且渣量少，也不利于脱磷、脱硫。通常，转炉铁水含硅量以0.3%~0.8%为宜。

（3）锰。锰是钢中的有益元素，可以促进初期渣早化，改善炉渣流动性，利于脱硫和提高炉衬寿命。因我国锰矿资源不多，对铁水含锰量未作强行规定，一般铁水中含锰0.20%~0.40%。

（4）磷。磷是强发热元素，但一般讲磷是有害元素，并且高炉冶炼中无法去除磷。因此只能要求铁水中的磷含量稳定，且铁水磷含量越低越好。

（5）硫。硫是钢中的有害元素。炼钢过程虽然可以去硫，但会降低生产效率，增加原材料消耗。因此希望铁水硫含量越低越好，一般要求铁水含硫量小于0.04%。

7.1.1.2 废钢

废钢是电弧炉炼钢的最主要金属料，其用量约占金属料的70%~90%。氧气转炉炼钢由于热量富余，可以加入10%~30%的废钢作冷却剂。

废钢来源有两种，本厂返回钢和外购废钢。后者来源复杂，质量差异较大，为保证冶炼正常进行和钢的质量，需要严格的管理和适当的加工。

炼钢对废钢的要求是：不同性质的废钢应分类存放，以免混杂，避免贵重元素损失和造成熔炼废品。废钢入炉前，应仔细检查，严禁混入封闭容器、爆炸物和毒品；严防混入钢中成分限制的元素和铅、锌、铜等有色金属；入炉废钢应干燥、少锈，无泥沙、油污、耐火材料和炉渣；废钢应有合适的尺寸和单重，轻薄料应打包或压块使用，重型废钢应加工处理，以便顺利装料并保证在吹炼期全部熔化。

7.1.1.3 生铁

电弧炉冶炼中使用生铁，一是由于废钢来源不足，用以代替废钢；二是为了提高炉料中的配碳量。当铁水不足时，可用生铁作为辅助金属料。

7.1.1.4 铁合金

铁合金是脱氧及合金化的材料。用于钢液脱氧的铁合金称为脱氧剂，常用的有锰铁、硅铁、硅锰合金、硅钙合金等；用于调整钢液成分的铁合金称为合金剂，常用的有锰铁、硅铁、铬铁、钨铁、钒铁、钼铁、钛铁、镍铁等。

炼钢对铁合金的要求是：成分必须符合标准规定，以免造成冶炼操作失误；必须按照成分严格分类保管，避免混杂；应该纯净，不得混有其他夹杂物；铁合金块度要合适，以减少其烧损和保证其全部熔化，使钢液成分均匀；铁合金使用之前应烘烤，以减少进入钢中的气体量。

7.1.2 非金属料

炼钢用的非金属料主要有造渣材料、氧化剂和增碳剂。

7.1.2.1 造渣材料

造渣材料主要有石灰、萤石和白云石。

（1）石灰。石灰是炼钢的主要造渣材料，由石灰石煅烧而成。其来源广、价廉，有相当强的脱磷和脱硫能力，不危害炉衬。

炼钢对石灰的要求是：CaO 含量高，SiO_2 和 S 的含量低；石灰容易吸水粉化，变成 $Ca(OH)_2$ 而失效，所以应尽量使用新烧石灰；应具有合适的块度，以 5~40mm 为宜；石灰活性好，冶炼过程中熔化快、成渣早、渣量少、反应能力强。

（2）萤石。萤石是炼钢过程中普遍采用的熔剂，其主要成分为 CaF_2，熔点很低（约900℃）。造渣加入萤石可以加速石灰的溶解，改善炉渣的流动性，但大量使用会造成转炉喷溅，加剧对炉衬的侵蚀。由于转炉炼钢采用碱性氧化渣，可以通过高枪位操作或加矿石提高渣中 FeO 含量，促进石灰成渣。目前转炉炼钢已较少采用加萤石化渣，萤石主要用于钢包精炼炉造还原渣时化渣。

炼钢用萤石含 CaF_2 要高，含 SiO_2 和 S 等杂质要低，要有合适的块度，并且要清洁干燥。

（3）白云石。白云石的主要成分是 $CaCO_3 \cdot MgCO_3$，其熔点比石灰低。配加部分白云石造渣，增加造渣料中的 MgO 含量，不仅可以减少炉衬中的 MgO 向炉渣中转移，而且还能加速石灰熔化，促进前期化渣，减少萤石用量和稠化终渣，减轻炉渣对炉衬的侵蚀，延长炉衬寿命。

7.1.2.2 氧化剂

炼钢用的氧化剂主要有氧气、铁矿石和氧化铁皮。

（1）氧气。炼钢过程中，一切元素的氧化都是直接或间接与氧作用的结果，氧气是各种炼钢方法中氧的主要来源。

吹氧炼钢时成品钢中的氮含量与氧气的纯度有关，氧气纯度低时，会显著增加钢中的氮的含量，使钢的质量下降。因此，对氧气的主要要求是：氧气的纯度应达到或超过99.5%，氧压稳定。

（2）铁矿石。铁矿石的主要成分是 Fe_2O_3 或 Fe_3O_4，是电炉炼钢的辅助氧化剂。由于铁矿石分解吸热，所以它又用做冷却剂。要求其含铁量高，杂质少，块度适宜。

（3）氧化铁皮。氧化铁皮也称铁磷，主要成分是 FeO，是钢锭（坯）加热和轧制中产生的。它能提高炉渣的 FeO 含量，降低熔渣的熔点，改善炉渣的流动性。氧化铁皮也可作为冷却剂。炼钢要求氧化铁皮不含油污和水分，使用前烘烤，保持干燥。

7.1.2.3 增碳剂

在冶炼中用于钢液增碳的材料叫增碳剂。常用的增碳剂有电极块、焦炭粉和生铁，焦炭粉也常用作还原剂。炼钢要求增碳剂的固定碳含量要高，灰分、挥发分和硫含量要低，并且要干燥、干净，粒度适中。

7.2 氧气顶吹转炉炼钢

7.2.1 冶炼方法

钢的冶炼工艺，主要有单渣法、双渣法和留渣法。下面以单渣法为例说明一炉钢的冶炼工艺过程。

7.2.1.1 单渣法吹炼工艺及特点

单渣法就是在一炉钢的吹炼过程中从开吹到终点中间不倒渣的操作。其优点是操作简单，易于实现自动控制，熔炼时间短，金属收得率高；其缺点是脱磷脱硫能力差。

通常将冶炼相邻两炉的时间间隔称做一个冶炼周期，一般为 35~45min。单渣法的冶炼周期由补炉、装料、吹炼和出钢四个阶段组成。

（1）补炉期。上一炉出钢完毕，根据炉况，加入调渣剂调整炉渣成分，并进行溅渣护炉（必要时补炉），倒完残余炉渣，堵好出钢口，以便组织装料，继续炼钢。

（2）装料期。一般先装入废钢，之后再兑入铁水。

（3）吹炼期。根据吹炼期金属成分、炉渣成分和熔池温度的变化规律，吹炼期又可分为吹炼前期、吹炼中期和吹炼后期。

1）吹炼前期：也称硅锰氧化期。摇正炉体，降枪供氧的同时加入大部分渣料（石灰、白云石、矿石）。吹炼前期的任务是早化渣，多去磷，均匀升温。这样不仅对去除 P、S 有利，同时又可减少熔渣对炉衬的侵蚀。为此，开吹必须有一个合适的枪位（氧枪喷头出口到平静熔池面的距离），以加速第一批渣料的熔化，及早形成具有一定碱度、一定 FeO 含量和 MgO 含量并有适当流动性和正常泡沫化的初期渣。

当 Si、Mn 氧化基本结束，第一批渣料基本化好，碳焰初起时，加入第二批渣料。第二批渣料可以一次加入，也可以分小批多次加入。

2）吹炼中期：也称碳的氧化期，由于碳激烈氧化，渣中 FeO 含量往往较低，容易出现熔渣“返干”现象（即炉渣中 FeO 含量过低，有一部分高熔点微粒析出而使炉渣变得黏稠）。在这个阶段内主要是控制碳氧反应均衡地进行，在脱碳的同时继续去除 P 和 S。操作的关键仍然是合适的枪位。这样不仅对熔池有良好的搅拌，又能保持渣中一定的 FeO 含量，并且还可以避免熔渣严重的“返干”和喷溅。

3）吹炼后期：也称拉碳期，此时金属含碳量大大降低，脱碳反应减弱，火焰变短而明亮。最后根据火焰状况、供氧数量和吹炼时间等因素，按所炼钢种的成分和温度要求，确定吹炼终点，并提枪停止供氧（称为拉碳），倒炉，进行测温取样。根据分析结果决定出钢或补吹时间。当钢水成分（主要是碳、硫、磷的含量）和温度合格后，便可以出钢。

每炉钢的纯吹炼（吹氧）时间为 12~22min。

（4）出钢期。出钢时，倒下炉子，打开出钢口，并进行挡渣出钢（以免回磷），将钢水放入钢包。当钢水流出总量的四分之一时，向钢包内加入铁合金进行脱氧和合金化。

钢水放完运走钢水包后，至此即为一炉钢的冶炼过程，即一个冶炼周期。

7.2.1.2 双渣法吹炼工艺及特点

双渣法是指在吹炼过程中倒一次渣，然后重加渣料二次造渣。其关键是选择合适的倒渣的时机，一般在渣中含磷量高、含铁量低时倒渣最好。此法的优点是脱磷、脱硫效率高，能避免大渣量引起的喷溅。

7.2.1.3 留渣法吹炼工艺及特点

留渣法是指将上一炉的终渣留一部分在炉内。由于终渣碱度高、氧化铁含量高、温度高，有助于吹炼前期渣的形成，有利于前期脱磷、脱硫，并改善全程化渣，同时还可以减少石灰用量。兑铁水前，应先加一批石灰稠化所留炉渣，而且兑铁水时要缓慢进行，以防发生爆发式碳氧反应而引起严重喷溅。留渣法又可以分为单渣留渣法和双渣留渣法。

7.2.2 氧气顶吹转炉的氧射流

高压（0.80~1.2MPa）氧气在熔池上方经氧枪喷头喷出后，获得高速（超音速）射流，并与金属熔池发生直接作用。炼钢过程中的主要物理、化学变化即在此作用中进行。

7.2.2.1 氧气顶吹转炉的氧射流

超声速的氧射流从喷头喷出后，与周围静止的气体介质接触。由于射流具有湍流特性，射流边界上的质点可以反向运动到边界以外的介质中去，把自己的动量传给周围介质的质点并且带动其前进，使气体流量和射流面积逐渐增大，而流速却逐渐变小；且边缘速度比中心速度降低得快，使射流边界形成一个锥形体。以上为自由射流的运动基本规律，而氧射流在转炉炉膛内，受热温度会迅速升高，受到以 CO 为主的反向流和喷溅的冲击作用，其衰减规律是十分复杂的，但仍可用自由射流的规律来分析。

7.2.2.2 氧射流与熔池之间的作用

（1）形成冲击区。氧射流与熔池液面接触时，金属与熔渣被氧气流股挤开，冲出一个凹坑，形成了冲击区。

冲击深度是指氧射流在熔池冲击出来的凹坑的最低面与静止熔池面之间的距离。冲击面积是指氧射流与熔池的接触面积即凹坑面上沿的面积。

射流的动能越大，对熔池的冲击力越强，形成的冲击深度越大，冲击面积越小，对熔池的搅拌作用越强烈，对吹炼反应越有利，反应速度越快。

当枪位低（喷头离液面近）或氧压较高时（如图 7-1（a）所示），射流对熔池的冲击力较强，冲击深度较大，冲击面积较小，对熔池的搅拌作用较强，此为硬吹。此时对脱碳反应速度较快，但渣中氧化铁含量较低，对化渣不利。

当枪位高或氧压较低时（如图 7-1（b）所示），射流对熔池的冲击力较弱，冲击深度较小，冲击面积较大，对熔池的搅拌作用较弱，叫软吹。此时金属液的氧化速度变慢，脱碳反应速度降低，但渣中氧化铁含量较高，有利化渣。

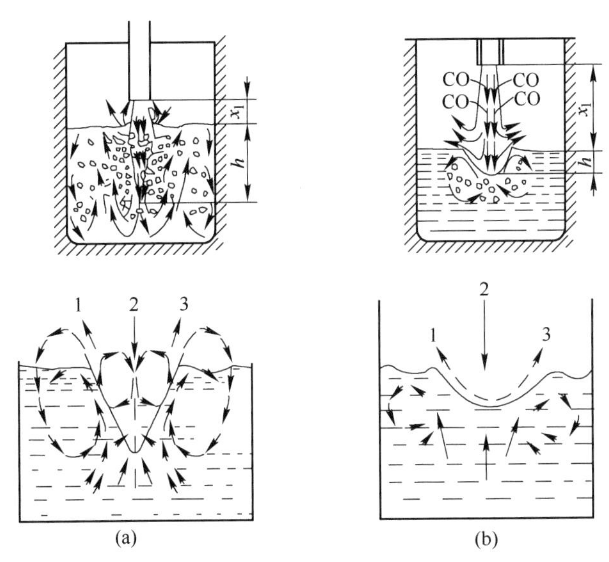

图 7-1 氧气流股与熔池作用示意图
1，3—反射流股；2—向下主流股

（2）形成许多小液滴。由于超声速射流对熔体的冲击和破碎，产生大量细小的金属液滴和渣滴，并且相互掺混。由于小液滴的比表面积很大，大大增加了金属和氧、金属和熔渣的反应界面，使它们之间的各种反应快速进行。这是氧气顶吹转炉冶炼速度快的一个重要原因。

7.2.3 转炉炼钢的五大制度

转炉冶炼通常采用的五大制度是装入制度、供氧制度、造渣制度、温度制度、终点控制及脱氧合金化制度。这五大制度执行得好坏，对冶炼过程控制、钢种质量、炉衬寿命都有很大影响。

7.2.3.1　装入制度

装入制度是指确定转炉合理的装入量、废钢比和装料操作三方面的内容。

装入量是指铁水和废钢的装入总量。它是决定转炉产量、炉龄及其他技术经济指标的重要因素之一。若装入量过小时，产量下降，同时因熔池过浅，容易使炉底受冲击损坏；反之，会使熔池搅拌不好，成渣慢而且喷溅严重，延长冶炼时间。

废钢的加入量占金属料装入量的百分比称为废钢比。国内各厂因生产条件、管理水平及冶炼品种等不同，废钢比大多波动在 10%~30%之间。具体的废钢比数值可根据本厂的实际情况通过热平衡计算求得。从节能和合理利用废钢的方面考虑，应尽量提高废钢比。

确定装入量时，必须考虑转炉要有合适的炉容比（转炉内自由空间的容积与金属装入量的比）、合适的熔池深度和与浇注工艺相配合。

国内外转炉的装入制度有三种：定量装入、定深装入和分阶段定量装入。定量装入，生产组织简单，操作稳定，大型转炉采用此法较为有利；定深装入，有利于发挥转炉的生产能力，但装入量变化频繁，生产组织困难；分阶段定量装入，则吸取前两者的长处，是常用的装料方法。

为减轻废钢对炉衬的冲击，装料顺序一般是先兑铁水、后加废钢，炉役后期尤其如此。兑铁水时，应炉内无渣（否则加石灰）且先慢后快，以防引起剧烈的碳氧反应将铁水溅出炉外而酿成事故。目前国内普遍采用溅渣护炉技术，因而多为先加废钢后再兑铁水，可避免兑铁喷溅。

7.2.3.2　供氧制度

供氧制度就是使氧气流股最合理地供给熔池，创造良好的物理化学反应条件。供氧制度的内容包括确定合理的喷头结构、供氧强度、氧压和枪位。

目前存在的氧枪喷头类型很多，按喷孔形状可分为拉瓦尔型、直筒型、螺旋型等；按喷头孔数又可分为单孔喷头、多孔喷头和介于两者之间所谓单三式的或直筒形三孔喷头。我国 120t 以上中、大型转炉采用四孔、五孔拉瓦尔喷头。

供氧强度是指单位时间内每吨金属的供氧量，目前多数转炉控制在 2.5~4.0m^3/(t · min)，少数转炉控制在 4.0m^3/(t · min) 以上。

氧气的压力是转炉炼钢中供氧操作的一个重要参数。对于同一氧枪来说，提高氧气压力可增加供氧强度而缩短冶炼时间。大容量转炉喷头前的氧压为 0.8~1.1MPa。

转炉炼钢中的枪位，通常定义为氧枪喷头至平静熔池液面的距离。枪位的高低是转炉吹炼过程中的一个重要参数，它不仅与熔池内钢液环流运动的强弱有直接关系，而且对转炉内的传氧情况有重大影响。供氧操作多采用恒氧压变枪位操作。

7.2.3.3　造渣制度

造渣制度就是确定合适的造渣方法、渣料的加入数量和时间，以及如何快速成渣。提高石灰成渣速度，即石灰溶解速度，是转炉造渣的关键。影响石灰溶解速度的因素很多，主要有石灰质量、溶池温度、炉渣氧化性等。

据研究，吹炼初期由于 Si、Mn 和 Fe 的大量氧化，石灰溶解较快，初期渣的主要矿物相为含 FeO、MnO 很高的钙镁橄榄石 2（FeO、MnO、MgO、CaO）· SiO_2，熔点较低。随着冶炼时间的延长，石灰溶解量增加，渣中氧化铁量下降，CaO 逐渐取代钙镁橄榄石中的其他的碱性氧化物，在石灰表面形成高熔点（2403K）的硅酸二钙（2CaO · SiO_2），在石灰表面形成坚硬致密的外壳，阻碍熔渣向石灰内部的连续渗入，从而影响石灰溶解。在冶炼末期，随熔池温度的升高和渣中氧化铁含量的增加，硅酸二钙层被破坏，石灰溶解速度又加快。

显然，加速石灰溶解的关键首先是避免形成硅酸二钙壳层，当其形成后，应设法迅速破坏掉，以保证熔渣组分不断地向石灰表面和内部渗透。提高成渣速度的途径是：

（1）提高造渣材料的质量，使用块度合适的活性石灰。这种石灰气孔率高，比表面积大，可以加快石灰的渣化。

（2）适当改变助熔剂的成分，增加 MnO、CaF_2 和少量 MgO，都有利于石灰的渣化。

（3）适当提高开吹温度，分批加入冷却剂矿石，有利于前期炉温的提高，利于前期成渣。

（4）使用温度较高、硅含量合适的铁水。

（5）采用合适的枪位，既能促进石灰渣化，又可避免喷溅。

（6）采用合成渣料，可以促进熔渣的快速形成。

7.2.3.4 温度制度

温度控制主要是指过程温度控制和终点温度控制。它对炉内化学反应的方向和速度、冶炼操作、浇注操作及钢的质量都有重要影响。为加速废钢熔化、提高成渣速度和杂质的去除速度，减少喷溅，提高炉龄及保证顺利浇注和提高钢的质量，必须控制好吹炼过程升温速度和终点温度（出钢温度）。出钢温度一般比钢的熔点高 70~120℃。

由于转炉炼钢热量有富余，为了控制过程和终点温度，必须向炉内加入冷却剂。常用的冷却剂有废钢、铁矿石和氧化铁皮等，它们可以单独使用，也可以搭配使用。冷却剂的加入量主要按熔池富余热量和冷却剂的冷却效果来计算，对炼钢车间来说，这只能作一次性计算，主要还是靠经验数据作简单计算。冷却剂数量确定后，废钢在开吹前加入炉内，铁矿石和氧化铁皮多在冶炼过程中分批加入。

7.2.3.5 终点控制、脱氧及出钢

终点控制主要指终点的温度及化学成分的控制。由于磷、硫的去除通常比脱碳复杂，因此总是尽可能提前让磷、硫达到钢号规格要求。这样终点的控制简化为钢水碳含量和温度的控制。终点控制法有拉碳法和增碳法，前者是当钢水碳含量和温度符合所炼钢种的要求时，即可停止吹炼，即“拉碳”；后者是把碳吹到 0.05%~0.06%时停吹，然后按钢种规格在钢包内增碳。

转炉炼钢通常在出钢期间进行钢液的脱氧和合金化，一般在钢水流出总量的 1/4 时开始向钢液中加入铁合金，至流出钢液总量的 3/4 时全部加完。

7.2.4 氧气顶吹转炉的计算机控制和自动控制方法

氧气顶吹转炉炼钢的冶炼周期短，高温冶炼过程极为复杂，需要控制和调节的参数很多；加之炉子容量不断增大，单凭技术人员的经验来控制冶炼过程，已不能适应生产发展的需要，现在已普遍应用计算机对转炉冶炼过程进行控制。转炉控制技术的发展经历了静态控制、动态控制和全自动吹炼三个阶段。

7.2.4.1 静态控制

在吹炼开始前，确定物料平衡和热平衡的基础关系公式（可根据理论计算或统计分析或两者综合计算所获得的关系式）。根据公式用计算机进行装料计算，然后按计算结果进行装料和吹炼。吹炼中及终点前，要借助人工经验控制。这种控制方法称为静态控制。

7.2.4.2 动态控制

在吹炼前与静态控制一样先做装料计算。在吹炼过程中根据检测仪器测出的钢液温度和含碳量，造渣情况等连续变化的信息，对终点进行预测和判断，从而调整和控制吹炼参数，使之达到规定的目标，这种控制方法称之为动态控制。

与静态控制相比，动态控制具有更大的适应性和准确性，可实现最佳控制。动态控制的关键在于在吹炼过程中快速、正确、连续地获得熔池的各参数，尤其是熔池的温度和碳含量这两个参数更为重要。

动态控制通常采用两种方法：

（1）动态副枪控制技术：在吹炼接近终点时（供氧量的85%左右），插入副枪测定熔池碳含量和温度，矫正静态模型的计算误差并计算达到终点所需要的供氧量和冷却剂加入量。

（2）炉气分析动态控制技术：通过连续检测炉口逸出的炉气成分，计算熔池动态脱碳速度和硅、锰、磷的氧化速度，进行动态连续矫正，提高控制精度和命中率。

7.2.4.3 全自动吹炼

采用动态控制技术基本解决了转炉终点的控制问题，但也存在以下缺点：

（1）不能对造渣过程进行有效监测和控制，不能降低转炉喷溅率。

（2）不能对终点的磷、硫进行准确控制，因而磷、硫不合格造成“后吹”。

（3）不能实现计算机对整个冶炼过程进行闭环在线控制。

全自动转炉吹炼技术，弥补了动态控制的上述缺点。全自动转炉吹炼技术通常包括以下控制模型：

（1）静态模型。确定吹炼方案，保证基本的命中率。

（2）吹炼控制模型。利用炉气成分信息，校对吹炼误差，全程预报金属熔池成分和炉渣成分变化。

（3）造渣控制模型。利用炉渣检测信息，动态调整顶枪枪位和造渣工艺，避免吹炼过程“喷溅”和“返干”。

（4）终点控制模型。通过终点副枪或炉气成分分析校正，精确控制终点，保证命中率。

（5）采用人工智能技术，提高模型的自适应和自学习能力。

7.2.5　氧气顶吹转炉炼钢的特点

氧气顶吹转炉炼钢的优点是：熔炼速度快，生产率高；不需要外来热源；品种多、质量好；热效率高、产品成本低；基建投资少、建设速度快；有利于开展综合利用和实现自动化。

氧气顶吹转炉炼钢的缺点是：吹损大、金属收得率低；相对于顶底复合吹炼的转炉，氧气流股对熔池的搅拌强度还不够，熔池具有不均匀性，供氧强度和生产率进一步受限。

7.3　顶底复合吹炼转炉炼钢

7.3.1　顶底复合吹炼法的种类

顶底复合吹炼，就是在顶吹 O_2 的同时从底部吹入少量气体，以增加金属熔池和炉渣的搅拌，并控制熔池内气相中的 CO 分压，克服了顶吹转炉搅拌能力不足的弱点，使炉内反应接近平衡，铁损失减少，同时又保留了顶吹法容易控制造渣过程的优点，具有比顶吹转炉更好的技术经济指标。

国外从 20 世纪 70 年代中后期开始研究此项工艺，其中大多数已于 1980 年投入生产。我国首钢和鞍钢钢铁研究所，分别于 1980 年和 1981 年开始进行复吹的试验研究，并于 1983 年分别在首钢 30t 转炉和鞍钢 150t 转炉推广应用。

按底部供气的种类不同，可将顶底复合吹炼法分为三大类：

（1）加强搅拌型。顶吹氧气、底吹惰性气体（Ar）或中性气体（N_2）或弱氧化性气体（CO_2）。此法除底部全程供气和顶吹枪位适当提高外，冶炼工艺制度基本与顶吹法相同。底部供气强度一般在 $0.3m^3/(t \cdot min)$ 以下。吹炼过程中，钢、渣成分的变化趋势也与顶吹法基本相同。

（2）强化冶炼型。顶吹氧，底吹氧或氧和熔剂，5%～40%的氧由炉底吹入熔池，其余的由顶枪吹入。

（3）增加废钢型。顶底吹氧，喷吹燃料。

7.3.2　顶底复合吹炼法的主要冶金特征

与顶吹转炉相比，顶底复合吹炼主要有以下一些冶金特征：

（1）熔池内金属液的温度和化学成分比较均匀。由于增加了底部供气，加强了对熔池的搅拌能力，搅拌强度增大，使熔池内成分和温度的不均匀性得到了改善。

（2）由于搅拌能力增强，使钢、渣反应进一步接近平衡。所以，减少了钢和渣的过氧化现象，提高了钢液中的残锰量，降低了钢液中的磷、硫含量，减少了喷溅。

（3）底部吹入惰性气体时，熔池中气泡的 CO 分压降低，有利于碳含量较小时脱碳反应的进行，在冶炼低碳或超低碳钢种时，不致使钢水过氧化。

（4）通过改变顶枪枪位和顶底吹制度，可以控制化渣，有利于充分发挥炉渣的作用。

顶底复合吹炼具有顶吹法和底吹法的优点，具有更好的冶金效果和经济效益。

（1）更好的冶金效果。吹炼过程平稳，基本上没有喷溅，降低了喷溅损失，又由于炉渣的氧化性降低，减少了金属的氧化损失，提高了金属收得率（比顶吹法高0.5%~1.5%），也降低了吨钢氧气消耗，从而降低了熔炼成本。由于搅拌强度增大，供氧强度提高，冶炼时间缩短，炉子生产率提高。当供氧强度（标态）为$6m^3/(t \cdot min)$时，纯吹氧时间缩短到10min；可以冶炼从极低碳钢到高碳钢的广泛钢种；炉子的可控性好，终点碳和温度同时命中率高于顶吹法。

（2）更好的经济效益。熔炼成本降低，生产率提高和利润增加。

7.4 氧气顶吹转炉炼钢设备

氧气顶吹转炉的生产能力大，冶炼周期短，出钢出渣频繁，车间运输量大，设备容易发生干扰和破坏。因此，合理地选择设备与工艺流程，是保证转炉正常生产的必要条件。

现代转炉炼钢车间由转炉、供氧、上料、除尘回收、出钢出渣、铁水和废钢的供应及铸锭（连铸）等作业系统和工艺设备所组成。此外，还包括机电设备、仪表、控制、车间运输等部分。图7-2为某氧气转炉炼钢生产工艺流程示意图。

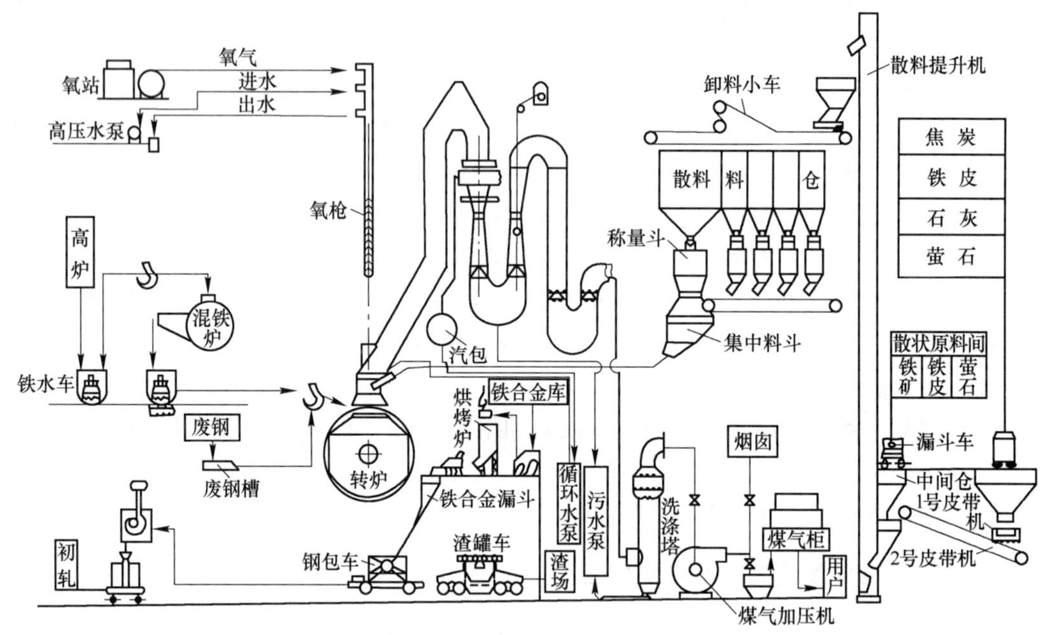

图7-2 氧气顶吹转炉炼钢生产工艺流程示意图

7.4.1 转炉及倾动设备

氧气顶吹转炉总体结构如图7-3所示。它由炉体、支撑装置及倾动机构组成。

7.4.1.1 转炉炉体

转炉炉体由炉壳和炉衬组成。

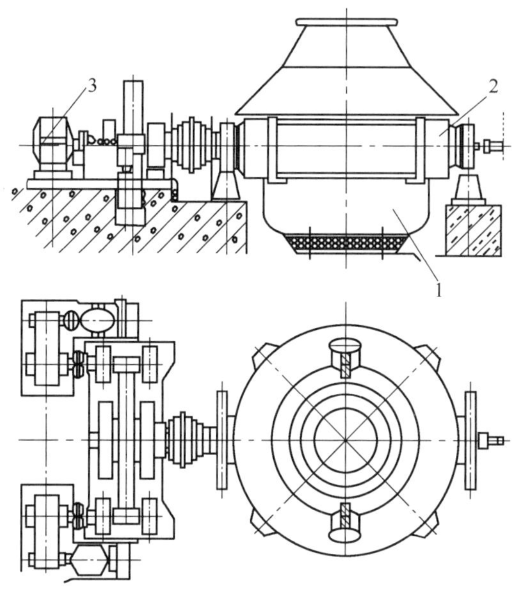

图 7-3　氧气顶吹转炉总体结构

1—炉体；2—支撑装置；3—倾动机构

（1）炉壳。炉壳主要由三部分组成：锥形炉帽、圆柱形炉身和炉底。各部分用钢板成型后，再焊成整体。炉壳钢板厚度按炉容量靠经验确定。目前普遍采用通入循环水强制冷却的水冷炉口，这样既可减少炉口变形，又易于炉口结渣的清除。炉身是整个炉子的承载部分，皆采用圆柱形。出钢口通常设置在炉帽和炉身耐火炉衬的交界处。炉底有截锥型和球型两种。截锥型炉底制造和砌砖都较为简便，但其强度不如球型底好，故只适用于中小型转炉。球型炉底的优缺点与截锥型相反，故为大型转炉采用。炉帽、炉身和炉底三段的联结有三种方式：死炉帽活炉底、活炉帽死炉底和整体炉壳。

（2）炉衬。炉衬由绝热层、永久层、工作层三部分组成。转炉炉型是指转炉炉膛的几何形状，即用耐火材料砌成的炉衬内型。合理的炉型能适应吹炼过程中炉内金属、炉渣、炉气和氧气的运动规律，有利于加速炉内物理化学反应，减少喷溅和延长炉衬寿命。转炉炉型大体上可以分为筒球型、锥球型和截锥型三种，分别示于图 7-4（a）～（c）。

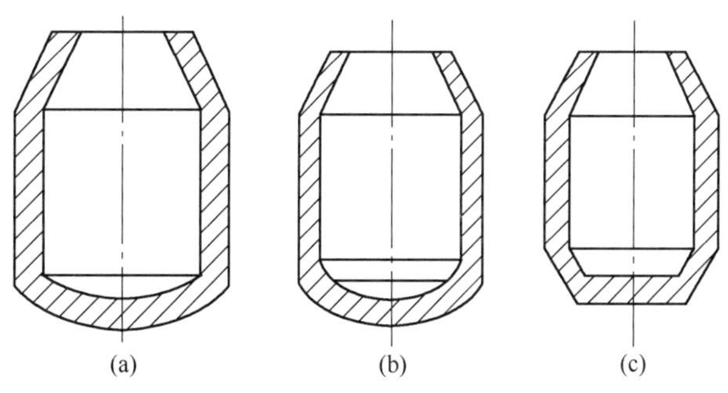

图 7-4　氧气顶吹转炉炉型

（a）筒球型；（b）锥球型；（c）截锥型

7.4.1.2　支撑装置

支撑装置的作用是支撑转炉炉体及其附件的全部重量，传递倾动机构传递给转炉的倾动力矩。它包括托圈、耳轴、耳轴轴承座等。

小型转炉托圈一般做成整体的（钢板焊接或铸件）。大、中型转炉的托圈考虑到机械加工和运输的方便，一般采用分段制造，然后再用螺栓连接成整体。

托圈与耳轴联接，并通过耳轴坐落在轴承座上，转炉则坐落在托圈上。炉体与托圈之间用若干组斜块和卡板槽连接，二者之间可以相对滑动。托圈与炉壳之间留有一定空隙，使二者受热膨胀不受限制。耳轴与托圈的联接分为法兰盘螺栓联接、焊接、热装联接三种方式。

耳轴一般做成空心轴，里面通水冷却。冷却水经过耳轴、托圈、直到炉口水箱。水冷耳轴的好处是可以带走耳轴及轴承上的热量，避免耳轴受热而变形。

7.4.1.3　倾动机构

倾动机构的作用是倾动炉体，以满足兑铁水、加废钢、取样、出钢出渣等操作的要求。该机构能使转炉正反转 360°，并能在启动、旋转和制动时保持平稳，能准确地停在要求的位置上，安全可靠。倾动机构由电动机、制动装置、减速器、齿轮和轴承等组成。按照设备布置位置，倾动机构类型有落地式、半悬挂式、悬挂式和液压传动等方式。

7.4.2　供氧设备

供氧设备主要由供氧系统、氧枪及其升降装置和换枪装置等组成。

7.4.2.1　供氧系统

氧气转炉炼钢车间的供氧系统，一般由制氧机、加压机、中间储气罐、输氧管、控制闸阀，测量仪表及喷枪等主要设备组成。

7.4.2.2　氧枪

氧枪也叫吹氧管或喷枪，担负着向熔池吹氧的任务，由喷头、枪身和尾部结构组成，如图 7-5 所示。

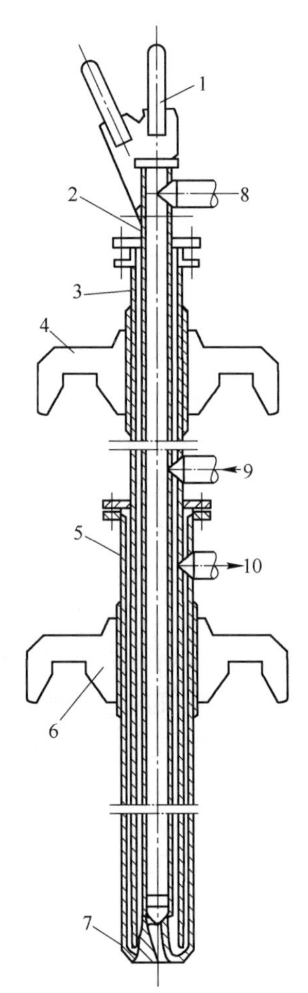

图 7-5　氧枪基本结构简图

1—吊环；2—中心管；3—中层管；4—上托管；5—外层管；6—下托管；7—喷头；8—氧气管；9—进水口；10—出水口

喷头采用导热性好的紫铜或纯铜经锻造和切削加工而成，也有用压力浇注成型的。喷头与枪身外管焊接，与中心管用螺纹或焊接方式连接。喷头内通高压水强制冷却。为使喷头在远离熔池面工作也能获得应有的搅拌作用，以提高氧枪寿命，所用喷头均制成拉瓦尔型，为超音速喷头（一般马赫数为 1.8~2.2）。

早期采用的是单孔喷头。随着炉容量的大型化和供氧强度的提高，逐渐发展为多孔喷头，有三孔、四孔、五孔的拉瓦尔型喷头，如图 7-6 所示。

枪身由三层无缝钢管套装而成，中心管通氧气，冷却水由中心管与中层管间的间隙进入，经由中层管与外层管间的间隙上升而排出。

尾部结构指氧气及冷却水的连接管头（法兰、高压软管等）以及把持氧枪的装置、吊环等。

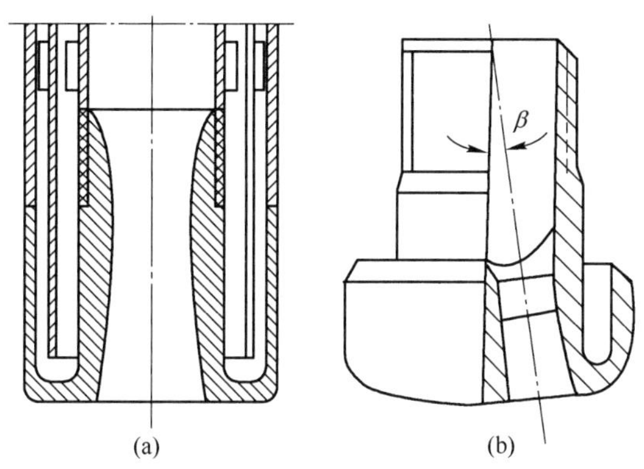

图 7-6 氧枪喷头类型

（a）单孔拉瓦尔型喷头；（b）三孔拉瓦尔型喷头

7.4.2.3 氧枪升降装置

氧枪在吹炼过程中需要频繁升降，因此，要求其升降机构应有合适的升降速度，并可变速，且升降平稳、位置准确、安全可靠。安全连锁装置能在出现异常情况时自动提枪。此外，还设有换枪装置，以保证快速换枪。

7.4.3 供料设备与烟气处理设备

供料设备指供应铁水、废钢、铁合金和散装材料等使用的设备。

7.4.3.1 铁水和废钢供应设备

铁水供应设备主要有铁水罐车、混铁炉及铁水罐。混铁炉是铁水的中间贮存设备，用来调节高炉与转炉之间铁水供求的不一致性，同时可均匀铁水的成分和温度。混铁车间有运送和贮存铁水两种作用。为了减少铁水倒罐造成的热量损失，现在经常使用一罐到底的铁水供应方式（指用特殊的铁水包承载铁水完成运输全过程的技术）。

废钢装入主要用桥式吊车吊挂废钢槽向转炉倒入。

7.4.3.2 散装材料供应设备

散装材料主要指炼钢过程中加入的造渣材料和冷却剂等。每隔一定时间，用胶带运输机将各种散料分别从低位料仓运送到高位料仓内。将需要加入炉内的散料分别通过每个高位料仓下面的振动给料器、称量漏斗和汇集胶带运输机送到汇集漏斗，然后沿着溜槽加入到转炉内。

7.4.3.3　铁合金供应设备

铁合金的供应一般与散装料共用一套上料系统，然后从炉顶料仓下料，经旋转溜槽加入钢包。也有采用自成系统胶带运输机上料的。

7.4.3.4　烟气处理设备

转炉烟气的处理主要有燃烧法和未燃法两种。

燃烧法是指炉气离开炉口进入烟罩时，使其与大量空气相遇，使炉气中的CO全部燃烧。利用过剩的空气和水冷烟道对烟气冷却，经除尘设备除尘后排入大气。

未燃法是指炉气离开炉口进入烟罩时，利用一个活动烟罩将炉口与烟罩之间的缝隙缩小，并采取其他措施控制空气的渗入，使炉气中的CO只有少量（一般为8%～10%）燃烧成CO_2，而绝大部分不燃烧，然后经过冷却和除尘，加以回收。由于此法可回收大量煤气和部分热量，故近年来国内外采用较多。

烟气处理系统由气体收集与输导、降温与除尘、抽引与排放三部分组成。除尘的方式有洗涤除尘器、过滤除尘器和静电除尘器等。通常，把烟气进入一级净化设备立即与水相遇的方法叫做湿法除尘；把烟气进入次级净化设备才与水相遇的处理方法称做干湿结合法，把烟气完全不与水相遇的净化方法称做全干法。

复习思考题

7-1 转炉炼钢对铁水的要求是什么？
7-2 常用的造渣材料有哪些，炼钢对石灰的要求是什么？
7-3 简述单渣法吹炼工艺过程。
7-4 试叙述转炉炼钢的五大操作制度。
7-5 什么是顶底复合吹炼，其主要冶金特征是什么？
7-6 氧气顶吹转炉的构造如何？
7-7 氧枪的结构有什么特点？

8 电 炉 炼 钢

常用冶金电炉有电弧炉、感应炉、电渣炉等，目前世界上95%以上的电炉钢是电弧炉尤其是碱性电弧炉炼钢的。

8.1 碱性电弧炉冶炼工艺

8.1.1 冶炼工艺分类

碱性电弧炉炼钢，按冶炼工艺分为一次冶炼工艺和二次冶炼工艺。凡是炼钢过程的基本任务均在炉内完成的，称为一次炼钢工艺，或一次炼钢法；而炉内只完成熔化和氧化任务，其余冶炼任务在炉外精炼设备中完成的，称为二次冶炼工艺或二次炼钢法。

二次炼钢工艺能够做到大幅度的高产、优质、低耗，现已广泛采用。二次炼钢工艺脱胎于一次炼钢工艺，其初炼是一次炼钢工艺的前半部分操作，精炼是一次炼钢工艺的后半部分操作的任务。一次炼钢工艺，又可以分为氧化法、不氧化法和返回吹氧法。

(1) 氧化法。冶炼过程中向钢液吹氧，有氧化期。因氧化法原料适应性强，是电弧炉常用的生产方法。

(2) 不氧化法。不氧化法是指用部分返回废钢作炉料，在冶炼过程中没有氧化期，主要过程是重熔，炉料熔清后经过还原、调整成分和温度后即可出钢。因无氧化期，不氧化法对原料的成分、清洁度、干燥情况、磷含量等要求甚严，但能充分回收原料中的合金元素。

(3) 返回吹氧法。返回吹氧法以返回废钢作原料，为了提高钢的质量，需吹氧降碳，强化沸腾，加速升温、去气和去夹杂。

8.1.2 碱性电弧炉氧化法冶炼生产

碱性电弧炉炼钢的原料与氧气转炉炼钢的原料基本相同，要求也基本一致。

碱性电弧炉氧化法冶炼过程分为补炉、装料、熔化期、氧化期、还原期和出钢六个阶段，其中最为主要且时间较长的是熔化、氧化和还原三步，故又称三段式炼钢法或三期式炼钢法。

8.1.2.1 补炉

冶炼过程中，炉衬在高温下不断受到化学侵蚀和机械冲刷，每炼一炉钢后，炉衬都遭到不同程度的损坏。所以每炉出钢后，都要及时补炉。这是保证冶炼正常进行和延长炉衬寿命的重要措施。

补炉的任务是在上炉出钢完毕后，迅速扒净残钢残渣，检查炉衬侵蚀情况，对损坏处立即进行修补。

补炉的原则是：高温、快补、薄补，便于利用出钢后的高温和余热，将补炉材料烧结。一般认为，如果炉内温度降到1000℃以下，补炉材料烧结不好，补炉效果较差。

补炉所用的材料为镁砂或白云石，它们的烧结温度分别为1600℃和1540℃。黏结剂为沥青和焦油。

补炉的方法有人工投补和机械补炉，小炉子多采用人工投补和贴补，大中型炉子采用补炉机喷补。操作中做到损坏严重的地方重点施补。

8.1.2.2　装料

装料对冶炼时间，特别是熔化时间、合金元素的烧损及炉衬的寿命都有很大影响。因此装料应做到：防止错装、快速装料、炉料密实、布料合理并尽可能一次装完。

（1）防止错装。即严格按照配料单所配钢种，核对炉料化学成分、料重和炉料种类等，确定无误后方可装料，这点对合金钢的冶炼尤为重要。

（2）快速装料。目前大多数采用炉顶装料。炉盖移开后，炉膛温度从1500℃左右迅速降低到800℃左右，因此，必须快速加料并且尽可能一次加完，避免大量散热。

（3）炉料密实。做到大、中、小料块合理搭配，保证有较大的堆密度，减少装料次数，缩短冶炼时间，降低电耗。通常把质量小于10kg的料块叫小料，10~50kg的叫中料，大于50kg而小于炉料总重1/50的叫大料。搭配时，大块料约占总装入量的40%，中料45%，小料15%，堆密度以3.0~4.0t/m^{3}为最佳。

（4）布料合理。目的是使炉料能最大限度地吸收电弧热，减少对炉衬的辐射和合金元素的挥发。一般布料顺序是：先在炉底均匀铺一层石灰，石灰量约为料重的1%~2%，以保护炉底和提前造渣。石灰上面装小料，重量约为小料总量的一半，也起保护炉底的作用。小料上的电弧高温区装大料和难熔料，以加速其熔化。大料间空隙填充小料，靠近炉墙及大料上面装入全部中料，最上面则装其余小料。镍、铬等铁合金不应装在电极下方；钨铁、钼铁等不易氧化而且难熔，可放在高温区，但不宜放在电极下面；增碳用焦炭或碎电极块应装在石灰上面或底层小料上面，以控制碳的回收率；最后在电极下面放一些碎焦以便起弧。

8.1.2.3　熔化期

从通电开始到炉料完全熔化为止称为熔化期。熔化期约占全部冶炼时间的一半，电耗占全部电耗的60%~70%，因此，缩短熔化期，对提高生产率和降低电耗具有非常重要的意义。

熔化期的任务是将固体炉料熔化为钢液，并且将钢液加热到所需温度，及时造好渣和去除一部分磷。

按照熔化和电极升降的情况，可将熔化过程分为起弧、穿井、电极回升和熔清四个阶段。炉料熔化过程如图8-1所示。

（1）起弧。起弧即装入冷料后开始通电。开始通电时，电极下降触及到炉料，使变压器二次侧发生短路，在强大的短路电流的作用下，电极与炉料间的空气被电离，形成电弧，同时发出强烈的光和热。起弧阶段的特点是电压和电流不稳定，波动大，并发出很大

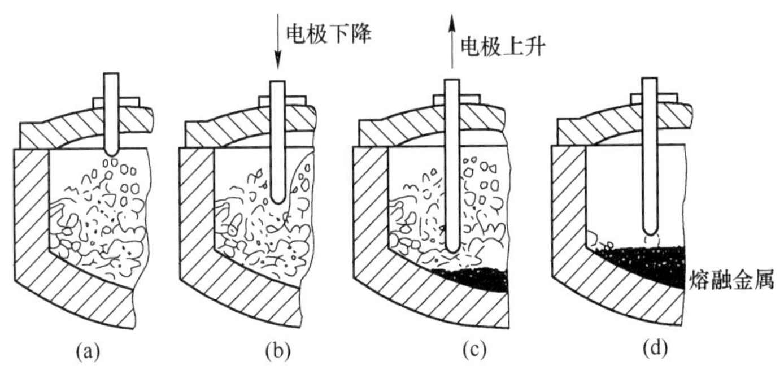

图 8-1 炉料熔化过程示意图
（a）起弧；（b）穿井；（c）电极回升；（d）熔清

的轰鸣声。起弧阶段时间较短，5~10min。

（2）穿井。随着电极下面炉料的熔化，电极不断向下移动，逐渐在炉料中间三根电极下面形成三个“洞”，即穿了一个“井”，直到电极下面的固体炉料全部熔化完，熔化的炉料便在炉底形成了一个浅的熔池，熔池表面上同时形成一层渣，它有稳定电弧、保温和防止钢液吸气的作用。

（3）电极回升。随着熔池和渣层的形成，电流趋于平稳。这一阶段的主要任务是熔化电极周围的炉料，随着炉料的熔化，熔池面逐渐上升，电极也相应上升。

（4）熔清（熔毕）。主要是熔化远离电弧的低温区的炉料。由于电弧是“点”热源，炉膛内温度分布不均，炉门附近、出钢口两侧、炉坡等处的炉料熔化较慢，因此，应及时将这些地方的冷料推入熔池，加速熔化。

在熔化期，金属料直接暴露在电弧下，而电弧区温度高达3000~6000℃，远远超过金属的沸点，所以会发生部分金属的挥发，除此之外，还存在元素的氧化损失，钢液吸气等。

加速熔化的措施主要有：提高变压器的输入功率，吹氧助熔，燃料-氧气助熔；炉外废钢预热等。

8.1.2.4 氧化期

氧化期的任务是：进一步去磷，使其低于成品规格；脱碳，以调整碳含量；利用脱碳过程产生的强烈沸腾，充分去除钢中的气体和夹杂；提高和均匀钢液温度，使其比出钢温度高10~20℃，为还原期做好准备。

按照氧的来源，氧化期操作分为矿石氧化、吹氧氧化和矿氧综合氧化三种，氧化方法不同，熔池的脱碳速度也不同。

（1）矿石氧化。即向熔池加入铁矿石氧化。

$$Fe_2O_3 = 2(FeO) + \frac{1}{2}O_2$$

$$(FeO) + [C] = [Fe] + \{CO\}$$

因为都是吸热反应，所以只有在高温下加矿石，才有利于脱碳反应进行，并且矿石要分批加入，一次加入量不能过多，否则将造成熔池大沸腾，同时要加入适量的萤石调整炉渣黏度。因此，矿石脱碳应做到：高温、薄渣、分批加矿、均匀激烈的沸腾。

（2）吹氧氧化。氧气直接吹入钢中，提高了脱碳反应的速度；其次，吹氧脱碳为放热反应，有利于熔池升温，并且吹入的氧气参与搅拌熔池。所以，脱碳主要采用这种方法。

直接氧化　　$2[C] + O_2 = 2\{CO\}$

间接氧化　　$2[Fe] + O_2 = 2(FeO)$

$$(FeO) + [C] = [Fe] + \{CO\}$$

（3）矿氧综合氧化。矿石氧化和吹氧氧化结合进行，可以先加矿后吹氧或在脱磷任务不重时矿氧并用。

8.1.2.5　还原期

还原期为碱性电弧炉所特有。采用炉外精炼后，还原期的任务转到了精炼炉中。

还原期的任务是：脱氧，脱硫，根据钢种要求调整钢液成分和温度。

（1）脱氧。还原期最主要的操作是造还原渣，对钢液进行炉渣脱氧。常用的还原渣有白渣和电石渣两种。

1）白渣下脱氧：扒除氧化渣后，加锰铁、硅铁、硅锰合金等预脱氧，同时加入稀薄渣料（石灰和萤石）造稀薄渣。稀薄渣形成后加入碳粉、硅铁粉造白渣，粉状脱氧剂脱氧分3~4批加入，随着渣中氧化物的还原减少渣子变白。同时根据渣况追加适量的石灰、萤石，以控制好炉渣的碱度和流动性。炉内的还原反应为：

$$(FeO) + [C] = [Fe] + \{CO\}$$

$$2(FeO) + [Si] = 2[Fe] + (SiO_2)$$

2）电石渣下脱氧：生产中得到电石渣的方法有两种，一是将碳粉加入炉中造电石渣；二是直接加入电石形成电石渣。

用碳粉造电石渣，是在稀薄渣形成后，向渣面上加入碳粉和少量石灰、萤石，然后紧闭炉门并封好电极孔，输入较大功率。此时炉内发生如下反应：

$$(CaO) + 3C = (CaC_2) + \{CO\}$$

经10~12min，从炉门及电极孔冒出大量黑烟时，表示电石渣已形成。

电石渣比白渣具有更强的脱氧、脱硫能力，能将渣中的FeO、MnO等还原。

$$3(FeO) + (CaC_2) = (CaO) + 3[Fe] + 2\{CO\}$$

$$3(MnO) + (CaC_2) = (CaO) + 3[Mn] + 2\{CO\}$$

$$3(SiO_2) + 2(CaC_2) = 2(CaO) + 3[Si] + 4\{CO\}$$

直接加电石造电石渣是在稀薄渣形成后，向渣面加入电石和少量碳粉，这样可以不花时间和电力在炉内形成电石渣。

由于电石渣易和钢水粘附，因此，出钢前必须将其转变为白渣。方法是打开炉门放入空气或加石灰稀释。

（2）脱硫。还原期在脱氧的同时也进行脱硫。由于还原期炉内温度高，且脱氧的结果是渣中的FeO含量很低（小于1%），炉渣碱度也高，脱硫的几个主要条件均已具备，所以，还原期是脱硫的最好时期，这也是碱性电弧炉炼钢的优点之一。

（3）钢液合金化。调整钢液成分的过程称为合金化，即根据钢种的化学成分规格，向钢液中加入计算数量的铁合金料或纯金属，使钢液凝固后钢的化学成分达到钢号规格要求。

合金化不是在还原期才开始进行，而是根据各种合金元素的特性分别在装料、熔化、氧化和还原期进行，有的在出钢时加在钢包中。操作上应保证加入的合金迅速熔化，在钢液中均匀分布，合金元素的烧损少，收得率高而且稳定，铁合金带入的杂质和气体能被充分去除。

(4) 温度控制。还原期必须控制好钢水的温度，使脱氧、脱硫能顺利地进行，脱氧产物及其他的非金属夹杂物能从钢液中分离，出钢后能顺利浇注。一般出钢温度比钢的熔点高100~140℃，由于还原期加入的各种材料都会使钢水降温，所以温度控制实际上是保持钢液温度或使钢液温度缓慢下降到出钢温度。

(5) 终脱氧和出钢。当钢液脱氧良好，成分和温度合格，熔渣流动性良好时，即可进行终脱氧操作。常用的终脱氧剂为铝，在出钢前2~3min用铁棒插入钢液。

电弧炉出钢方法有两种：先出钢后出渣或者钢渣混出。当熔渣流动性好，碱度高，氧化铁低时，采用钢渣混出。钢渣混出时大大增加了钢与渣的接触面积，可强化脱氧、脱硫，从而缩短炉内还原时间，因此使用较为广泛。

8.2 电弧炉主要设备

碱性电弧炉的主要设备包括炉体、机械设备和电气设备。

8.2.1 电弧炉炉体结构

现代电弧炉炉体由金属构件和耐火材料砌筑成的炉衬两部分构成，炉体是电炉的最主要装置，用来熔化炉料和进行各种冶金反应。而炉体金属构件又包括炉壳及水冷炉壁、水冷炉盖及电极密封圈、水冷炉门及开启机构、偏心炉底出钢箱及出钢口开启机构等。电弧炉炉体的基本构造如图8-2所示。

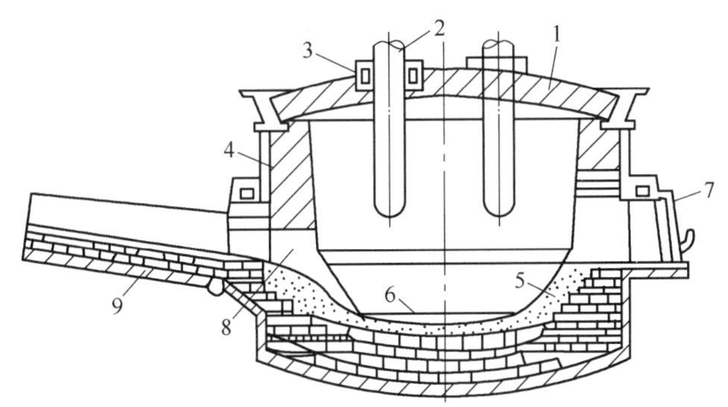

图8-2 电弧炉炉体结构图

1—炉盖；2—电极；3—水冷圈；4—炉墙；5—炉坡；6—炉底；7—炉门；8—出钢口；9—出钢槽

8.2.1.1 炉壳

炉壳即炉体的外壳，包括圆筒形炉身、加固圈和炉底三部分。炉壳除了承受炉衬、钢、渣的重量和自重外，还受到高温和炉衬膨胀的作用，因此要求炉壳应具有足够的强度。炉壳厚度随炉子容量和炉壳直径变化，一般用厚度为12~30min的钢板焊接而成。

炉壳受热容易变形，特别是炉役后期炉衬变得很薄时。为保证炉壳有足够的强度，在炉壳上部焊接加固圈，在炉壳外部焊接垂直和水平的加强筋。

炉底底部结构有平底形、截锥形和球形三种，如图8-3所示。

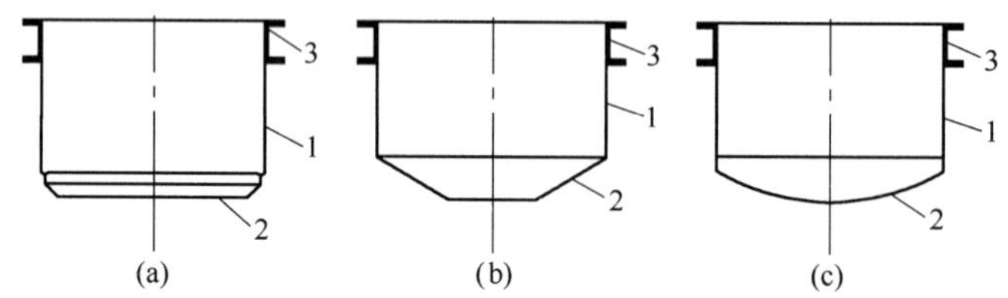

图8-3　炉底底部的形状

（a）平底形；（b）圆锥形；（c）球形

1—圆筒形炉身；2—炉壳底；3—加固圈

炉壳内砌耐火材料。炉底自下而上由绝热层（石棉板、硅藻土砖）、砌砖层（黏土砖、镁砖）和打结层（镁砂）三部分构成。炉壁由外向内由绝热层和工作层构成，工作层的砌筑有碱性砖或机制小砖砌筑、大块镁砂砖装配和炉内整体打结等多种。

8.2.1.2　炉盖圈与电极密封圈

炉盖圈用钢板或型钢焊成，一般采用水冷。炉盖圈的外径应与炉壳外径相仿或稍大些，使炉盖支承在炉壳上。

电极密封圈国外有采用气封式的，结构与环形水箱式相近，气体通过密封圈内壁均匀分布的小孔喷射出来，以冷却电极并防止热气流溢出。金属全水冷炉盖的电极密封圈，为了防止电极与金属炉盖导电起弧，一般采用弧形高铝大块砖密封，也可采用高温耐火水泥捣打成圆形制作电极密封圈。

8.2.1.3　炉门

炉门由金属门框、炉门和炉门升降机构组成。炉门框起保护炉门附近的炉衬和加强炉壳的作用，一般用钢板焊成或采用铸钢件，内部通水冷却。炉门结构严密，升降平稳灵活，升降机构牢固可靠。

中小电弧炉只有一个炉门，位于出钢口对面。大于40t的电弧炉，为了便于操作，常增设一个侧门，两炉门位置成90°，炉门尺寸的大小，应便于观察、修补炉底和炉坡。

对炉门结构的要求是：结构严密，升降平稳灵活，升降机构牢固可靠。

8.2.1.4　出钢槽

出钢口正对炉门，位于液面上方。出钢槽用钢板焊成，内砌耐火材料。为避免冶炼时钢液由出钢口溢出，出钢槽应向上倾斜8°~12°。

8.2.1.5　偏心炉底出钢

偏心炉底出钢法（EBT），是目前应用最广泛的电炉出钢方法。它是将传统电炉的出钢槽改成出钢箱，出钢口在出钢箱底部垂直向下。出钢口下部设有出钢口开闭机构；出钢箱顶部中央设有塞盖，以便出钢口填料与维护。

8.2.2 电弧炉主要机械设备

电弧炉主要机械设备包括电极升降机构、炉体倾动机构和装料机构。

8.2.2.1 电极升降机构

电极升降机构用以调节电极的上升和下降。要求其工作平稳可靠，启动灵活迅速。

电极升降机构由电极夹持器、横臂、立柱组成。电极夹持器作为电极的支架把电极夹住。同时将电流输送到电极上。由于电极夹持器夹头长时间在高温下工作，必须坚固耐用，并有足够的夹紧力。国内多采用弹簧式夹持器，如图 8-4 所示。

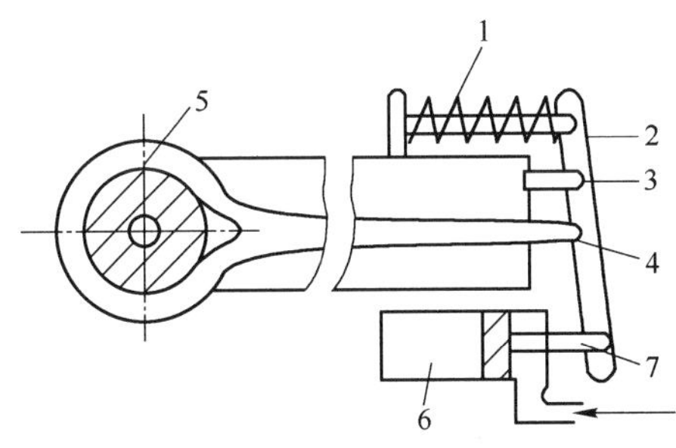

图 8-4 弹簧式夹持器构造

1—弹簧；2—杠杆；3—支点；4—夹持器；5—电极；6—气缸；7—活塞杆

电极升降机构有液压传动和钢丝绳传动两种。液压传动启动和制动快、控制灵敏，升降迅速，其结构如图 8-5 所示。钢丝绳传动升降机构有升降车式和活动支柱式两种类型。如图 8-6 所示。

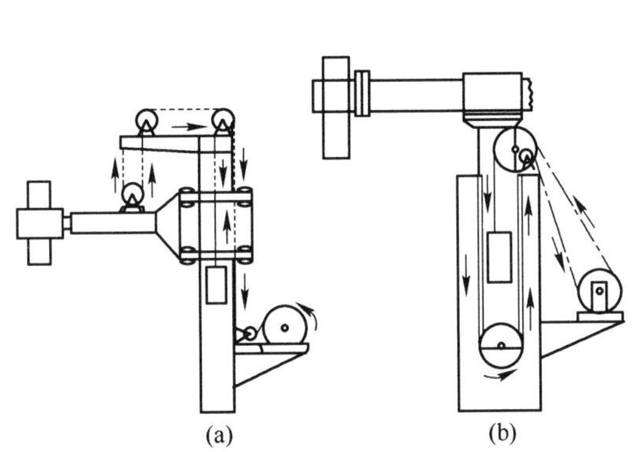

图 8-5 液压传动电极升降机构类型

（a）固定立柱式；（b）活动立柱式

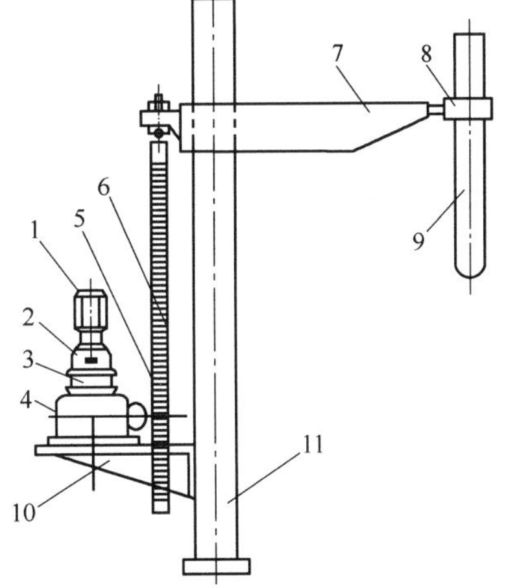

图 8-6 钢丝绳传动电极升降机构

1—电动机；2—转差离合器；3—电磁制动器（抱闸）；4—齿轮减速箱；5—齿轮；6—齿条；7—横臂；8—电极夹持器；9—电极；10—支架；11—立柱

8.2.2.2 炉体倾动机构

电弧炉炼钢时，要求炉体能够向出钢口方向倾动 40°~45°，向炉门方向倾动 10°~15°，这些动作由倾动机构来完成。倾动机构分侧倾（图 8-7）和底倾（图 8-8）两类，我国电炉已多改用液压传动底倾方式。

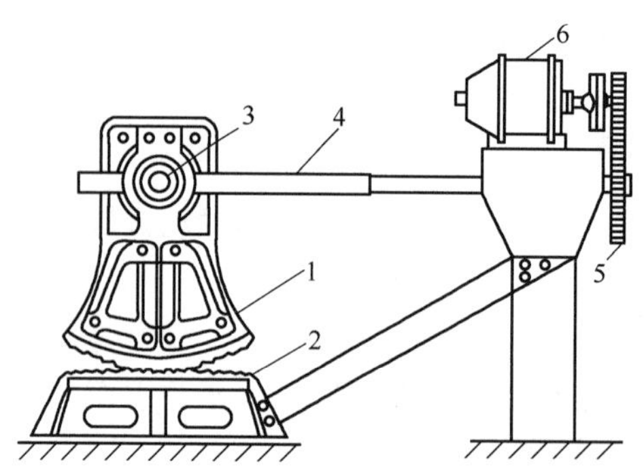

图 8-7 侧倾式倾动机构

1—弧形齿轮；2—水平齿条；3—螺帽；4—螺杆；5—齿轮；6—电动机

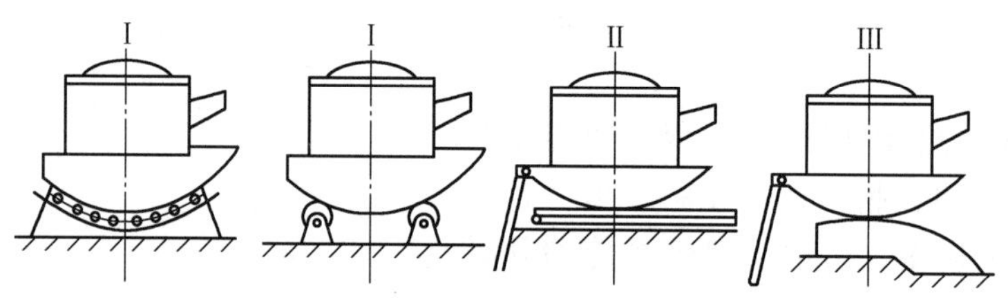

图 8-8 底部倾动机构简图

8.2.2.3 装料机构

目前，绝大多数电弧炉都采用料筐炉顶装料。炉顶装料可缩短冶炼时间，减少炉子热损失，有利于合理布料，降低劳动强度。

料筐顶装方式有三种：炉盖旋转式、炉盖开出式和炉身开出式。

（1）炉盖旋转式。装料时先将电极和炉盖抬起，然后是炉盖和固定支柱一起绕垂直回转轴向一边转动 80°~100°，装料完毕再将它们旋转回原位置，放下炉盖并盖紧。如图 8-9 所示。

（2）炉盖开出式。首先抬起炉盖并吊在吊架上，然后炉盖同吊架一起开向出钢槽一边。

（3）炉身开出式。装料时，电极升高、炉盖抬起后，炉身沿轨道向炉门方向开出。

8.2.3 电弧炉主要电气设备

电弧炉炼钢的热源是以电弧的形式由电能转换而来。这种能量的转换是由电弧炉的一系列电气设备来完成的。

8.2.3.1 电弧炉主电路图

电弧炉使用的是三相交流电源，较低的工作电压和较高的工作电流。电弧炉的主电路系统是将电网电源的高压通过炉用变压器降低到工作电压并获得大电流。由高压电源到电弧炉之间的主电路图如图 8-10 所示。

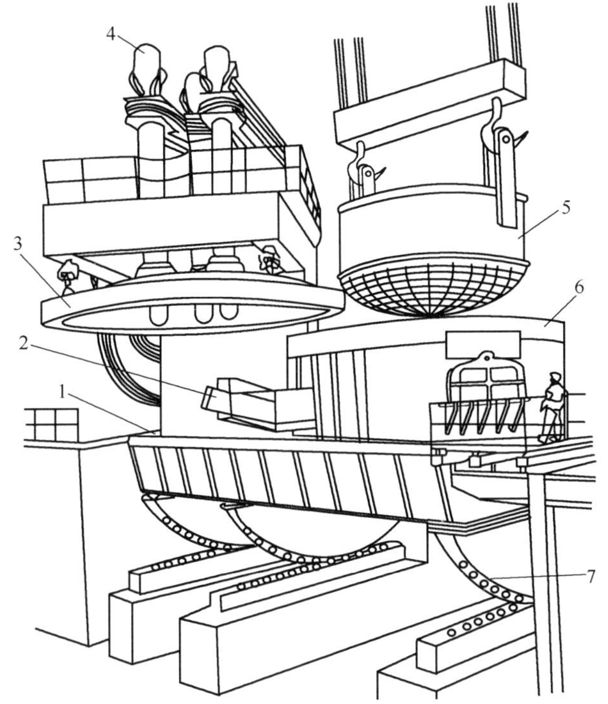

图 8-9 炉盖旋转式炼钢电弧炉的装料情况

1—电弧炉平台；2—出钢槽；3—炉盖；4—石墨电极；
5—装料筐；6—炉体；7—倾炉摇架

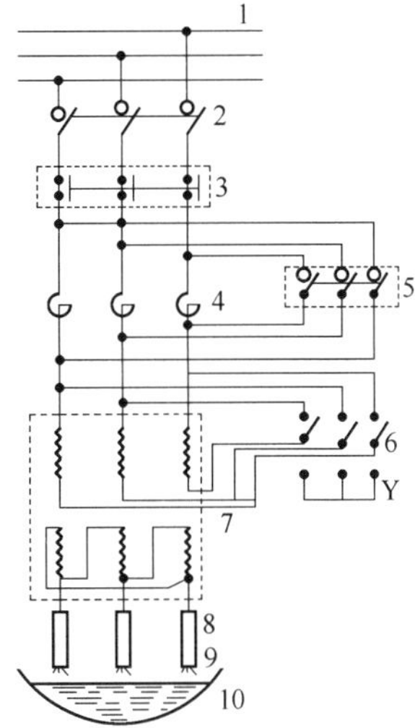

图 8-10 电弧炉主电路简图

1—高压电缆；2—隔离开关；
3—高压断路器；4—电抗器；
5—电抗器短路开关；6—电压转换开关；
7—电炉变压器；8—电极；9—电弧；10—金属

8.2.3.2 炉用变压器

电弧炉变压器是一种专用变压器，具有以下特点：

(1) 变压比大，一次电压很高而二次电压又较低（100~400V）；

(2) 二次电流很大，可达数千乃至数万安培；

(3) 根据冶炼工艺的需要，副边电压可调；

(4) 过载能力很大（20%~30%）。

8.2.3.3 电抗器

电抗器串联在变压器的高压侧，其作用是限制断路电流和稳定电弧。

电抗器的工作原理是：当主回路电流值增大时，电抗器线圈中便产生一感生电流，其方向与主回路中原电流方向相反；反之，则电抗产生的感生电流方向与原电流方向相同，从而限制原电流的剧烈波动。电抗器是无功负载，消耗电能，当电弧稳定时应切断它与电路的连接。

8.2.3.4 隔离开关和断路器

隔离开关用有明显断开点的刀形开关，供设备检修时切断高压电源用，无熄弧装置，因此必须在断路器断开的情况下操作。断路器是具有熄弧装置的安全操作开关，当电弧电流过大时，断路器会自动跳闸，切断电源。断路器种类很多，以前主要用油开关，近年来已逐渐为真空或电磁式空气断路器取代。

8.2.3.5　短网

短网指从变压器副边引出线到电弧炉的电极这一段线路，这段线路长 10~20m，导体截面很粗，电流很大（几千到几万安培）。短网中要通过强大的电流，故需水冷。

8.2.3.6　电极

电极是将电流引入到炉内的导体，要求其耐高温、导电性好、化学稳定性好、不含危害钢质量的杂质并具有足够的强度。过去主要使用碳素电极，现在已普通使用石墨电极。

复习思考题

8-1 什么是氧化法、不氧化法和返回吹氧法？

8-2 碱性电弧炉氧化法熔炼过程中各期的主要任务是什么？

8-3 电弧炉的主要机械设备有哪些？

8-4 电弧炉的主要电气设备有哪些？

9 炉外精炼

炉外精炼就是将炼钢的部分任务移到钢包或其他专用容器中进行，以获得更好的技术经济指标的操作过程。这样就把炼钢过程分为了初炼和精炼两个步骤。初炼的主要任务是熔化、脱磷、脱碳和主合金化。精炼的主要任务是脱碳、脱氧、脱硫、去气、去夹杂、调整温度和化学成分等。精炼的主要手段有渣洗、真空处理、吹氩搅拌、电磁搅拌、吹氧、电弧加热、喷粉等。

炉外精炼可以大幅度地提高钢的质量，缩短冶炼时间，简化工艺流程，降低产品成本。

9.1 DH法和RH法

9.1.1 DH法

DH法也称真空提升脱气法，它是在钢液冶炼完毕后，再进行脱气的一种方法。

9.1.1.1 DH法的工作原理

DH法的脱气是靠真空脱气室与外界大气的压差以及钢包和脱气室之间的相对运动将钢液经过吸嘴分批送入脱气室进行处理。如此反复操作多次，每次处理的钢液量通常为钢包容量的1/10。

9.1.1.2 DH法的主要设备及精炼效果

DH真空处理装置示意于图9-1。这种装置主要由真空脱气室、加热装置、合金加入装置以及抽气用的真空系统组成。

DH法能脱碳、脱氧、脱氢、减少氧化物夹杂，还能微调成分，使钢的质量有很大提高。它还能生产在大气中不能生产的超低碳钢。

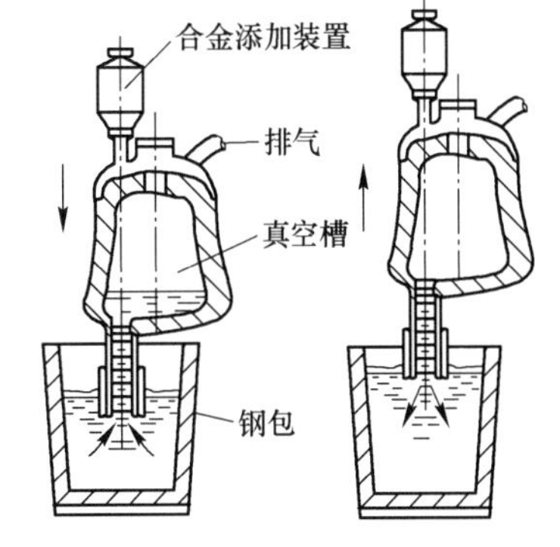

图9-1 DH真空脱气法装置

9.1.2 RH法

RH法也称真空循环脱气法。1972年，新日铁室兰厂根据VOD生产不锈钢的原理，开发了RH-OB真空吹氧技术。1986年，日本原川崎钢铁公司（现已和NKK重组为JEE公司）在传统的RH基础上，成功地开发了RH顶吹氧（RH KTB）技术，将RH技术的发展推向一个新阶段。1992年，日本新日铁广烟厂在日本原川崎公司开发RH-KTB精炼技术之后，为降低初炼炉的出钢温度以及脱碳的需要，开发了多功能喷嘴的RH顶吹氧技术

（RH-MFB）。

9.1.2.1　RH法的工作原理

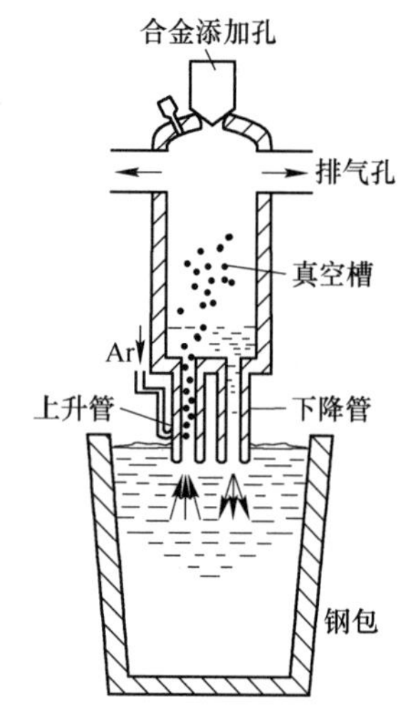

图9-2　RH法真空脱气原理

RH法的设备和DH法的基本相同，只是在脱气室的下部设有两个开口管，即钢液上升管和钢液下降管，如图9-2所示。处理钢液时现将两管浸入钢包内的钢液中，将真空室排气，钢液在真空室内上升直到压差高度，这时向上升管中吹入氩气，则上升管内的钢液由于含有氩气泡而密度减少，而继续上升。与此同时，真空室内液面升高，下降管内压力增大，为恢复平衡，钢液沿下降管下降。这样，钢液便在重力、真空和吹氩三个因素的作用下不断进入真空室内。钢液进入真空室时，流速很高，Ar气泡在真空之中膨胀，使钢液喷溅成极细小的液滴，因而大大增加了钢液和真空的接触面积，使钢液充分脱气。如此周而复始，最终获得纯度高、温度和成分都很均匀的钢液。

9.1.2.2　RH法的主要设备

RH法的主要设备：脱气室、旋转升降机构、加料装置、预热装置、惰性气体和反应气体输送系统，真空形成系统，除尘系统和检测仪表等。

9.1.2.3　RH法和DH法的处理效果

一般情况下，钢液经RH法和DH法处理后可取得如下效果：

（1）脱氢。钢中氢含量可降低到$2\times10^{-4}\%$以下。对于脱氧钢，脱氢率约为65%；对于未脱氧钢，脱氢率可达70%。

（2）脱氧。处理未脱氧的超低碳钢，氧含量由$(2\sim5)\times10^{-2}\%$降低到$(0.8\sim3)\times10^{-2}\%$；处理各种镇静钢，氧含量可以由$(0.6\sim2.5)\times10^{-2}\%$降低到$(0.2\sim0.6)\times10^{-2}\%$。

（3）脱氮。真空脱氮的效果不明显。

9.2　ASEA-SKF法和LF法

9.2.1　ASEA-SKF法

ASEA-SKF法是将加热、搅拌、真空等综合在一起的一种炉外精炼法，它是钢液真空处理进一步发展的结果。

9.2.1.1　ASEA-SKF法的工艺流程

钢液从初炼炉出钢，倒入钢包中，将钢包炉吊入搅拌器内，除掉初炼炉渣，加造渣料换新渣，电弧加热，待新渣化好与钢液温度合适后，盖上真空盖进行真空脱气处理，钢包炉自从吊入搅拌器内就开始了对钢液的电磁搅拌。真空脱气后，通过斜槽漏斗加入合金调整钢液成分，最后将钢液加热到合适的温度，然后将钢包吊出，直接浇注。整个精炼时间一般在 1.5~3.0h 之间完成。

该法的特点是将炼钢过程分为两步：由初炼炉（如电炉、转炉）熔化钢铁料，调整含碳量和温度；然后在钢包炉内，在电磁搅拌的条件下，进行电弧加热、真空脱气、除渣和造新渣、脱硫、真空脱氧和脱碳、调整成分与温度，最后吊出钢包进行浇注。

9.2.1.2 ASEA-SKF 法的主要设备

ASEA-SKF 炉由以下几个部分组成：

（1）钢包。由非磁性材料制成，有滑动水口，可直接用于浇注。

（2）电磁感应搅拌器。使钢水产生搅拌作用。

（3）真空炉顶及电气设备。

（4）其他辅助设备。如钢包移动装置，原料加入装置和集尘装置等。

钢包精炼炉装置可以分为固定式钢包精炼炉和移动式钢包精炼炉两类。感应搅拌器固定，真空炉顶和电弧炉顶摆动的为固定式钢包精炼炉，反之为移动式钢包精炼炉。如图 9-3 所示。

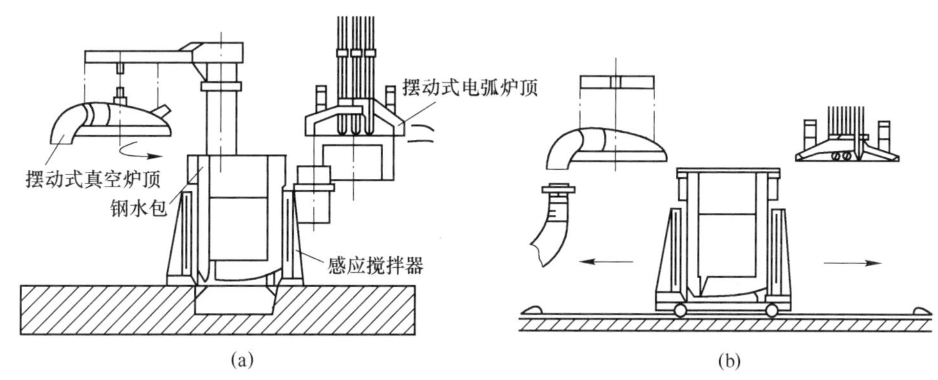

图 9-3 ASEA-SKF 精炼炉示意图

（a）固定式钢水包炉（精炼炉）；（b）移动式钢水包炉（精炼炉）

9.2.1.3 ASEA-SKF 法的精炼效果

ASEA-SKF 法的精炼效果如下：

（1）脱气。实践表明，该法的脱氧、脱氢效果基本上和 DH 法、RH 法相同，而在脱氮方面的效果比较差；

（2）脱硫和去夹杂物。由于造渣容易，再加上强有力的搅拌，该法的脱硫能力和去夹杂物的能力都很强。因此钢液十分洁净，从而使钢的力学性能大大提高。

（3）钢液成分和温度控制。钢液成分稳定而均匀，诸多元素都能精确地控制在要求范围内，合金收得率几乎为 100%，钢液温度能精确控制。

9.2.2 LF 法

LF 精炼法是日本于 1971 年研制成功的。当时的 LF 炉没有真空设备，加热时，电弧是发生在钢包内钢液面上的炉渣中，即所谓的埋弧精炼；处理时添加合成渣，用氩气搅拌钢液在非真空还原性气氛下精炼。后来对 LF 炉进行了改进，增加了真空抽气设备，可以在真空下精炼，在非真空下加热。为区别起见，把有真空设备的炉外精炼称为 LFV 法。

LFV 炉通常采用钢包车移动式三工位（扒渣、加热、除气）操作，有的 LFV 法还设有喷粉工位，如图 9-4 所示。

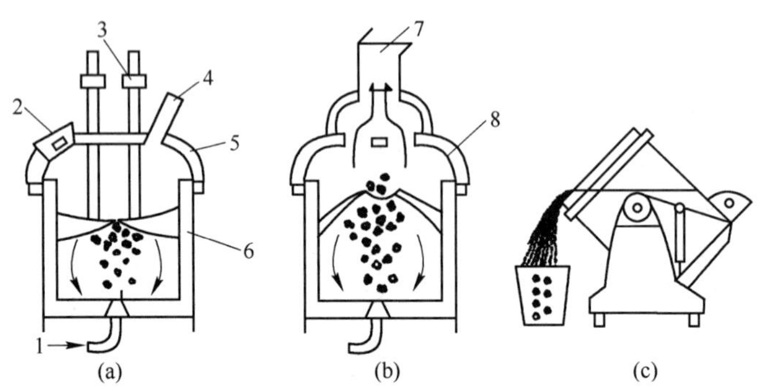

图 9-4　LFV 钢包炉基本功能示意图

（a）加热工位；（b）脱气工位；（c）除渣工位

1—吹氩；2—取样测温孔；3—电弧加热系统；4—加料口；

5—加热用炉盖；6—钢包；7—抽气管道；8—真空炉盖

（炉盖上有加料口、取样测温孔、吹氧孔及氧枪、窥视孔等）

LF 钢包精炼炉可供初炼炉（电弧炉、中频炉、AOD 炉、转炉）钢水精炼、保温之用，是满足优质钢、特种钢生产和连铸、连轧的重要冶金设备，可对钢液实施升温、脱氧、脱硫、合金化、测温取样、均匀钢液成分和温度，提高质量（纯净度）。具体功能包括：

（1）电弧加热升温；

（2）钢水成分微调；

（3）脱硫、脱氧、去气、去除夹杂物；

（4）均匀钢水成分和温度；

（5）改变夹杂物的形态；

（6）作为转炉、连铸的缓冲设备，保证转炉、连铸匹配生产，实现多炉连浇。

这种工艺的优点是：能精确地控制钢水化学成分和温度，降低夹杂物含量，合金元素收得率高。LF 炉由于其冶金功能齐全、结构简单、操作方便、投资少等优点，已经成为我国洁净钢的主要炉外精炼方法之一，在炉外精炼中占主导地位。

9.3　VOD 法和 AOD 法

9.3.1　VOD 法

通常，在电弧炉内采用以吹氧工艺冶炼超低碳不锈钢是非常困难的。因为随着脱碳反应的进行，钢液中的铬被大量氧化。升高熔池温度可以实现去碳保铬，但耐火材料损坏严重，而且即使在 1800℃以上，铬的收得率最高也不超过 90%。同时，还必须大量使用昂贵的微碳铬铁和金属铬，导致电弧炉生产率低和成本高。为此，德国的某公司依据真空下的脱碳理论，于 1967 年发明了 VOD 法解决了这个问题。

VOD 法是“真空吹氧脱碳”的英文缩写，该法是在真空减压条件下，顶吹氧气脱碳，并通过包底吹氩促进钢水的循环运动。这充分改善了碳氧反应条件，使碳氧反应非常容易进行，从而实现“脱碳保铬”。

VOD 法设备主要有钢包、真空罐、吹氧装置、加料装置、真空泵等（图 9-5）。

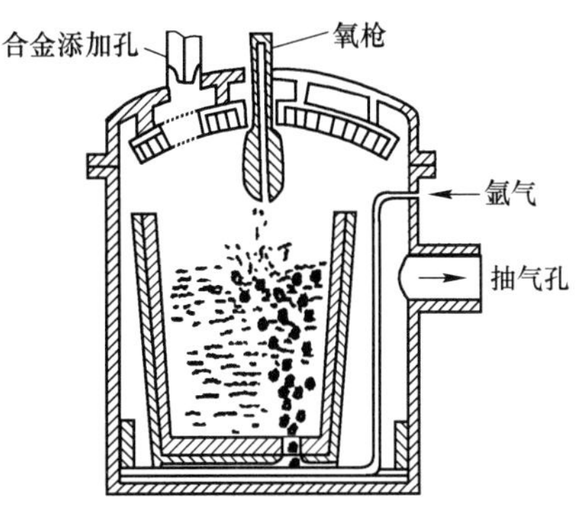

图 9-5 VOD 法示意图

9.3.1.1 VOD 法的精炼工艺

VOD 法是首先在电弧炉或转炉中熔化钢铁料并进行吹氧降碳，使钢液中的碳含量降低到 0.4%~0.5%（过高，延长冶炼时间；过低，会降低铬的回收率），除硅外其他成分调整到规定值。待炉温合适后出钢，出钢时应尽量避免钢渣流入钢包。然后将装有钢水的钢包吊到真空室，这时边吹 Ar 搅拌便抽真空，随着熔池上面的压力降低，溶解在钢液内的碳氧开始反应，产生激烈的沸腾，待钢液平静后，开始吹氧精炼，此时熔池面上的渣量少些为宜。

随着碳浓度的降低，真空度应逐渐上升。脱碳完了之后，仍继续吹氩搅拌，并进行脱氧操作，调整成分和温度后，从真空室内吊走钢包，送去浇注。

这种方法没有加热装置，但由于处理过程中的氧化放热，会使钢液温度略有上升。

9.3.1.2 VOD 法的主要特点

VOD 法主要有以下特点：

（1）有很好的脱碳能力，在冶炼不锈钢时，很容易把碳的含量降低到 0.02%~0.08%，而铬几乎不氧化，因此可以使用廉价的高碳铬铁，来降低钢的成本。

（2）由于真空处理和氩气搅拌，使其有非常良好的去气、去夹杂能力，可生产出非常洁净的钢。

（3）通用性强，它不仅适用于冶炼不锈钢，也可对各种特殊钢进行真空精炼，或真空脱气处理。

（4）由于吹氧法使钢液喷溅严重，和其他精炼方法相比，VOD 法的钢包寿命较低。

（5）由于没有外来热源，故 VOD 法不能准确地控制钢液温度。

9.3.2 AOD 法

AOD 法是美国的一家公司于 1968 年发明的。由于其优点很多，一面世便得到了广泛的应用和发展。

9.3.2.1 AOD 法的精炼原理

AOD 炉精炼的基本原理与 VOD 的真空下脱碳原理相似，后者是利用真空使脱碳反应产物 CO 分压降低，而前者是利用氩气稀释方法使 CO 分压降低，而不需要设置真空设备。

9.3.2.2 炉子结构

AOD 炉主要由炉体、倾动设备、氩氧枪、气路系统和除尘设备等组成，如图 9-6 所示。

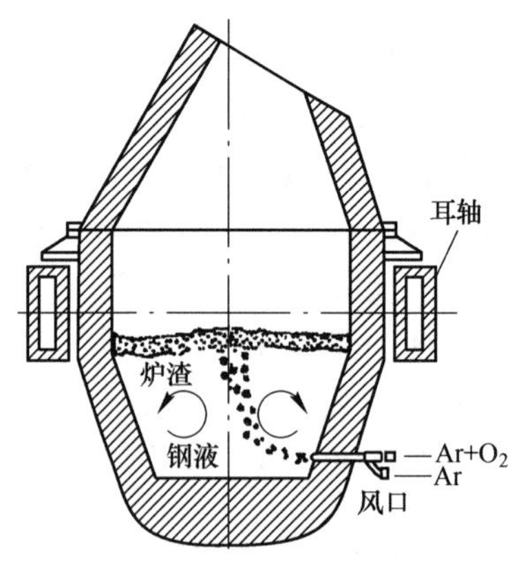

图 9-6 AOD 法炉体示意图

氩氧枪采用气体冷却，具有双层套管结构，内管通氩氧混合气体，外层吹氩气，这种炉子不能直接用来浇注。

9.3.2.3 操作工艺

通常初炼炉为电炉，在电炉中进行熔化、升温、还原、调整成分和温度。出钢成分为[C] = 0.6%，出钢温度为 1650℃。然后将钢液倒入 AOD 炉吹氧脱碳和调整铬、镍成分。吹炼过程大致分为四期：第一期 O_2 : Ar = 3 : 1，停吹时[C] = 0.2%；第二期 O_2 : Ar = 2 : 1，停吹时[C] = 0.1%；第三期 O_2 : Ar = 1 : 2，停吹时含碳量为要求的限度；第四期吹氩搅拌 2 ~ 3min，同时进行脱氧、脱硫，最终调整成分和温度，然后出钢。

9.3.2.4 AOD 法的精炼特点

AOD 法精炼有以下特点：

(1) 能顺利冶炼低碳和超低碳不锈钢，铬在吹炼过程中很少烧损。

(2) 脱硫十分有效，这是强烈的氩气搅拌和高碱度还原渣作用的结果。

(3) 脱碳结束时钢中的氧含量比电弧炉低得多（但略高于 VOD 炉），可以大大节省脱氧剂，并减少了钢中的非金属夹杂物的含量。

9.4 其他炉外精炼法

9.4.1 钢包吹氩法

钢包吹氩是目前应用最广泛的一种简易炉外精炼方法。吹氩的方式基本上分为两种，一种是使用氩枪，另一种是使用透气砖。采用底部透气砖吹氩搅拌比较方便，可以随时吹氩，一般都采用底部吹氩的方法。钢包吹氩可以均匀钢液的温度、成分、降低非金属夹杂物含量，改善钢液的流动性。大气下钢液吹氩处理具有设备简单、操作容易、效果明显等优点。大气下吹氩时，其流量受到一定的限制。为了进一步提高钢液质量，人们在钢包上加盖吹氩处理以减少大气的氧化作用，从而出现了各种密封或带盖吹氩处理钢液的工艺。

9.4.2 喷射冶金及合金元素特殊添加法

9.4.2.1 钢包喷射冶金

钢包喷射冶金就是用氩气作载体，向钢水喷吹合金粉末或精炼粉末，以达到调整钢的成分、脱硫、去除夹杂物和改变夹杂物形态等目的，它是一种快速精炼手段。

9.4.2.2 喂线技术（WF法）

喂线技术是将合金芯线通过喂线机，用每分钟80~300m的速度插入钢液中，以达到脱氧、脱硫、合金微调和控制夹杂物形态的目的。

9.4.3 合成渣洗

合成渣洗是在出钢之前将合成渣加入钢包内，通过钢流对合成渣的冲击搅拌，降低钢中的硫、氧、非金属夹杂物含量，进一步提高钢水质量的方法。

合成渣必须具有较高的碱度、低氧化铁、低熔点和良好的流动性。

在渣洗过程中，钢中的硫与渣中的CaO作用生成CaS而脱硫，夹杂物与乳化的渣滴碰撞被渣滴吸收随渣滴上浮而被排除。为了提高精炼效果，应同时吹氩搅拌，增大钢渣界面积，并促进渣滴从钢水中上浮排除，提高洁净度。

复习思考题

9-1 为什么要进行炉外精炼，炉外精炼常用的手段有哪些？
9-2 VOD法主要特点是什么？
9-3 AOD法吹炼工艺过程是怎样的？

10 连续铸钢

连续铸钢（简称连铸）是将钢水经过连铸机直接浇注成具有一定断面形状尺寸钢坯的工艺过程。钢水不断地通过水冷结晶器，凝成坯壳后从结晶器下方出口连续拉出，经喷水冷却，全部凝固后切割成坯料。

近年来，连铸生产自动化技术迅速发展，在技术先进的钢厂已经开始实现对钢水成分、温度、结晶器钢液面、铸速、二次水冷却、铸坯质量热检查、定尺切割等用计算机进行全面自动控制，然后热送连轧生产。

10.1 钢的结晶与凝固结构

10.1.1 钢的结晶过程

钢的凝固过程就是完成钢从液态向固态的转变，这个转变过程就是钢的结晶过程。连铸坯凝固的过程是热量传递的过程，其特点是强制传热，快速冷凝。这种转变不能任其发展，而是按工艺、质量的要求加以适当地控制，以使铸坯达到规定尺寸、质量和结构。

无论是合金还是纯金属，结晶都需要两个条件：

（1）一定的过冷度，此为热力学条件；

（2）必要的核心，此为动力学条件。

10.1.1.1 结晶的热力学条件

当金属处于熔化温度时，液相与固相处于平衡状态。排出或供给热量，平衡可向不同方向移动。当排出热量时，液相金属转变为固相。反之，固相金属可转变为液相。根据热力学的最小自由焓原理，过程能自发地从自由焓高的状态向较低的状态进行。

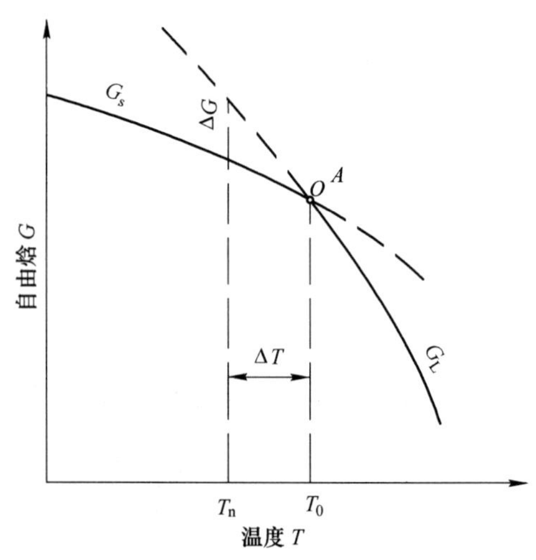

图 10-1 固-液两相自由焓与温度的关系

图 10-1 为液、固相自由焓 G_L 和 G_s 与温度的函数关系。由于钢液冷凝过程为非平衡过程，所以要完成从液态到固态的转变即结晶，首先需要 $\Delta G=G_s-G_L<0$，ΔG 对应的 ΔT 为过冷度。具有一定的过冷度是金属结晶的必要条件，也是结晶的热力学条件。冷却速度越快，ΔG 数值越大，就越容易结晶。

10.1.1.2 结晶的动力学条件

金属结晶的动力学条件是形成晶核和晶核长大。

液体的结晶必须有核心。形核有均质形核和非均质形核之分。液态金属中的原子集团在足够的过冷度条件下，变成规则排列，并稳定下来而成为晶核，这一过程即为均质形核，纯金属的结晶只能靠均质形核。在金属液相中已存在的固相质点和表面不光滑的器壁均可作为形成核心的“依托”而发展成初始晶核，此种形核过程称为非均质形核。钢液内部含有熔点不同的杂质，因此钢液的结晶主要为非均质形核。

钢液形成晶核后即迅速长大。开始长大时具有与金属晶体结构相同的规则外形，随后由于传热的不稳定，使晶粒向传热最快的方向优先生长，于是形成树枝晶，见图 10-2。

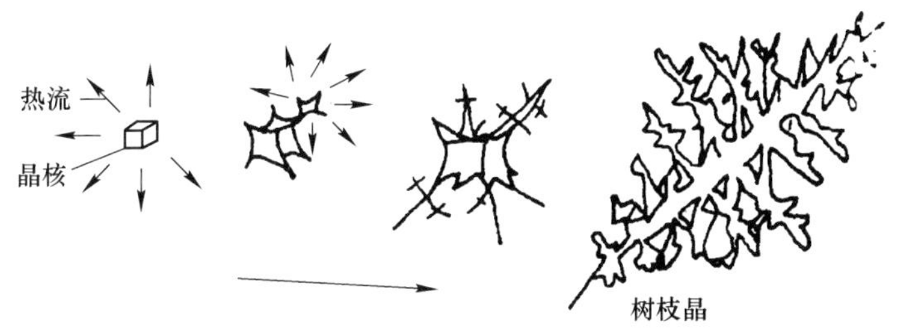

图 10-2 树枝状晶体形成过程示意图

人们希望钢液在结晶过程中形成细晶粒组织，这就要求在形核数量和晶粒长大速度上加以控制。另外，通过人为地加入异质晶核的办法来增加晶核数量也可以得到细晶粒组织。

10.1.2 连铸坯的凝固

10.1.2.1 连铸坯的凝固特征

连铸坯具有以下凝固特征：

（1）连铸坯的冷却过程为强制冷却过程。从结晶器到二冷却区甚至冷床，均为强制冷却，冷却强度大。同时，铸坯的冷却可控性强，通过改变冷却制度，在一定程度上可以控制铸坯的结构。

（2）连铸坯边下行，边传热，边凝固，因而形成了很长的液相穴。液相穴内液体的流动对坯壳的生长和夹杂物的上浮有一定的影响。

（3）连铸坯的凝固是分阶段的凝固过程。

（4）由于连铸坯不断向下运动，所以铸坯的每一部分通过铸机时，外界条件完全相同，因此除头尾之外，铸坯长度方向上的结构均匀一致。

钢水在结晶器内初生坯壳的形成过程是比较复杂的。钢水在结晶器内坯壳及气隙的形成过程，经历了以下几个阶段：

首先，钢水注入结晶器后，在钢水表面张力的作用下，钢水与结晶器铜壁一接触就形成一个半径很小的弯月面。在弯月面根部，由于冷却速度很快（100℃/s），初生坯壳很快形成。由于表面张力作用，钢液面具有弹性薄膜性能，能抵抗剪切力。随着结晶器的振动，向弯月面下输送钢水而形成新的固体坯壳，见图 10-3（a）。

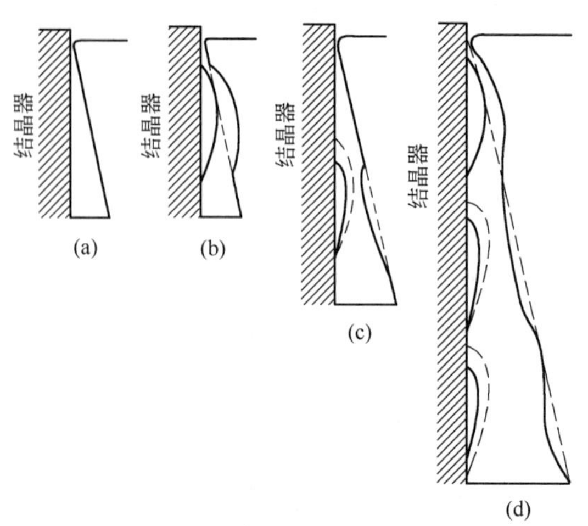

图 10-3　结晶器坯壳形成示意图

（a）形成坯壳；（b）平衡状态；（c）形成皱纹与凹陷；（d）坯壳出结晶器

其次，已凝固的高温坯壳由于发生 δ→γ 相变而引起收缩，牵引坯壳向内弯曲脱开铜壁，气隙开始形成，但不稳定；因为气隙的热阻很大，脱离铜壁的坯壳因得不到足够的冷却而开始回热，坯壳强度降低，在钢水静压力作用下坯壳又贴向钢板，见图 10-3（b）；上述过程反复进行几次，直至坯壳能抵抗钢水静压力而不再贴紧铜壁，这时稳定的气隙形成。

然后，随着坯壳的下降，形成气隙区的坯壳表面开始回热，坯壳温度升高，强度降低，钢水静压力使坯壳变形，形成皱纹或凹陷，见图 10-3（c）。同时由于气隙的形成，使热传导减慢，凝固速度降低，坯壳局部收缩会造成局部组织的粗化，产生了明显的裂纹敏感性。

上述过程反复进行，直到坯壳出结晶器，见图 10-3（d）。

10. 1. 2. 2　连铸坯的凝固结构

连铸坯的结构可分为下列三个结构带（见图 10-4）：

（1）细小等轴晶带。钢液注入结晶器以后，受到结晶器壁的急剧冷却，围绕结晶器的周边形成了细小的等轴晶带。此晶带厚度一般为 2~5mm。如果浇注温度高，细小等轴晶带的厚度减薄；浇注温度低，细小等轴晶带的厚度增加。

（2）柱状晶带。在已形成的细小等轴晶带的基础上一些在散热方向具有优先生长方位的晶体继续长大。如果在结晶前沿液相中成分过冷度很大，则晶体向树枝状发展，从而形成了大体上平行于散热方向的树枝晶集合组织（柱状晶）。当铸坯中心形成等轴晶带，阻止了柱状晶的

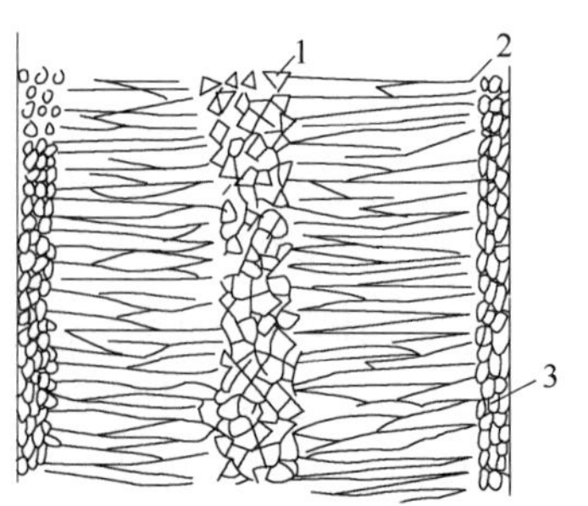

图 10-4　连铸坯结构示意图

1—中心等轴晶带；2—柱状晶带；3—细小等轴晶带

成长时，柱状晶停止生长。另外弧形连铸机的铸坯，其凝固结构是不对称的，由于重力作用晶粒下沉，抑制了外弧一侧柱状晶的生长，所以内弧一侧柱状晶比外弧一侧的要长。铸坯的内裂往往集中在内弧一侧。

（3）中心等轴晶带。随凝固前沿的推移，凝固层和凝固前沿的温度梯度逐渐减小，两相区宽度逐渐增大，铸坯心部钢液温度降至液相线后，心部结晶开始。中心等轴晶带由粗大无规则排列的等轴晶组成，中心区有可见的不致密的疏松和缩孔，并伴随着元素的偏析。

从钢的性能角度看，希望得到等轴晶的凝固结构。等轴晶组织致密；强度、塑性、韧性较高，加工性能良好；成分、结构均匀，无明显的方向异性。而柱状晶的过分发展影响加工性能和力学性能。因此除了某些特殊用途的钢如电工钢、汽轮机叶片等为改善导磁性、耐磨耐腐蚀性能而要求柱状晶结构外，对绝大多数钢种都应尽量控制柱状晶的发展，扩大等轴晶宽度。

连铸钢液的凝固应达到：正确的凝固结构；合金元素分布均匀，偏析小；最大限度地排出气体和夹杂物；表面、内部质量良好；钢水收得率要高。

可采取的具体工艺技术措施有：

（1）电磁搅拌技术。电磁搅拌技术（EMS）是利用外加磁场使铸坯内部产生电磁力，对铸坯内部液体实施搅拌，过热液体绕树枝晶生长前沿流动，使枝晶根部熔化，流动的钢液将枝晶带走成为核心；另外，机械力的作用也可折断正在长大的树枝晶，增加等轴晶晶核。

（2）加速凝固工艺。向结晶器加入微型冷却剂以消除或降低钢液过热度，加速凝固。

（3）加入形核剂。向结晶器加入固体形核剂，增加晶核以扩大等轴晶宽度。

在实际的连铸生产中，通过减少钢液过热度，添加稀土元素处理等也可有效增加等轴晶率，抑制柱状晶的发展，且工艺简单，操作方便。

10.1.3 连铸坯冷却过程中的相变和应力

10.1.3.1 相变

钢在结晶冷却过程中，发生体积收缩和线收缩。在铸坯完全凝固以后继续降温，其内部将发生相变，并伴随体积变化。体积的变化导致应力的产生，相变过程也存在类似形核及核长大的特征，故也称为“二次结晶”。

相变的结果取决于钢的成分和冷却条件。

10.1.3.2 凝固及降温过程中的应力

铸坯在凝固及冷却过程中主要受热应力、组织应力和机械应力的作用。

（1）热应力。铸坯表面与内部温度不均、收缩不一而产生的应力是热应力。最初，铸坯表面层温度低，心部温度高，因而表面对中心产生压应力；反过来心部的阻碍作用使表面又受到拉应力。因此，表面裂纹是在凝固前期产生的，从位置上看，主要是在二次冷却区之前及二次冷却区。铸坯离开二冷区后，在空气中冷却，表面温度回升，表面与心部温度逐渐趋于一致。但心部的温降速度要超过表面，因而此时心部的收缩要大于表面，铸坯心部受拉应力，表面受压应力，因此心部裂纹往往是在铸坯将要完全凝固以后发生的。

其热应力分布如图10-5所示，热应力的大小主要取决于线收缩量的大小。

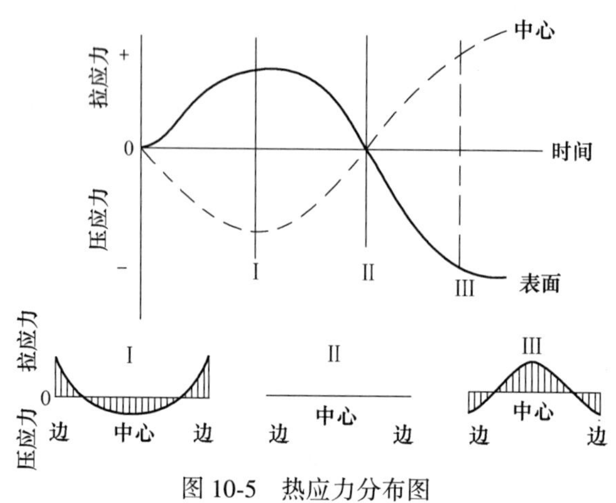

图10-5 热应力分布图

(2) 组织应力。组织应力也称相变应力，是由于体积发生变化而产生的应力。组织应力因相变的不同而具有一定的复杂性，如图10-6所示。

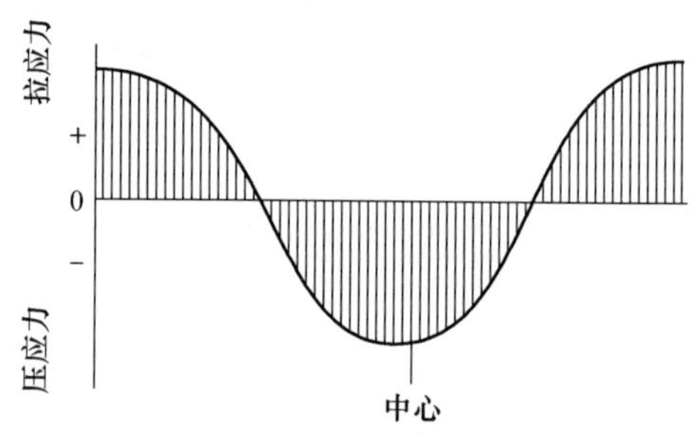

图10-6 铸坯表面相变完成后继续冷却时组织应力分布图

影响组织应力的因素首先是温度。冷却速度快，造成铸坯内外温差大，体积变化的阻力也越大，组织应力相应也大。同时，组织应力还取决于钢的成分，不同钢种产生的组织应力有很大差别。

(3) 机械应力。机械应力是铸坯在下行和弯曲、矫直过程中受到的应力。弧形连铸机的铸坯在下行时，受到矫直应力的作用，矫直时铸坯内弧面受到拉应力，外弧面受到压应力。弯曲应力、矫直应力的大小取决于铸坯的厚度和弯曲（矫直）时的变形量。铸坯断面大，弯曲（或矫直）点少，连铸机曲率半径小，则弯曲（或矫直）应力大；反之，弯曲（或矫直）应力则小些。另外，设备对弧不准，辊缝不合理、铸坯鼓肚等均会使铸坯受到机械应力的作用。

10.1.3.3 应力的消除

铸坯产生裂纹的根本原因是应力集中。当铸坯所承受的拉应力超过该部位钢的强度极限和塑性允许的范围时，就会产生裂纹。在三种应力中，热应力、组织应力无疑起了关键作用，机械应力则加大了裂纹产生的可能性。

铸坯的表面裂纹增加了钢坯精整的工作量，影响铸坯的热送和直接轧制，严重时会使铸坯报废；而中心裂纹会降低钢材的性能，还可能给钢材留下隐患，因此必须设法减少由于应力造成的裂纹，具体措施有：

(1) 采用合理的配水和合适的冷却制度，以使铸坯的表面温度避开高温下的脆性区间；冷却要均匀，防止铸坯表面回热。

（2）对于某些合金钢、裂纹敏感性强的钢种，可采用干式冷却或干式冷却和喷水冷却结合使用。干式冷却可使铸坯表面、心部温度趋于一致，大大减少热应力的产生。

（3）合理调节和控制钢液的成分，降低钢中有害元素的含量，可确保减少铸坯的热裂倾向性。

（4）出拉矫机的铸坯可根据不同钢种采用不同的缓冷方式。如可采用空冷、坑冷等。

10.2 弧形连铸机设备

连铸机是机械化程度高、连续性强的生产设备，主要由钢包、中间包、结晶器、结晶器振动装置、二次冷却和铸坯导向装置、拉坯矫直装置、切割装置、出坯装置等部分组成。弧形连铸机是连铸生产中使用最多的一种机型。本节以弧形连铸机为例，介绍连铸机的主要设备。弧形连铸机主体设备如图 10-7 所示。

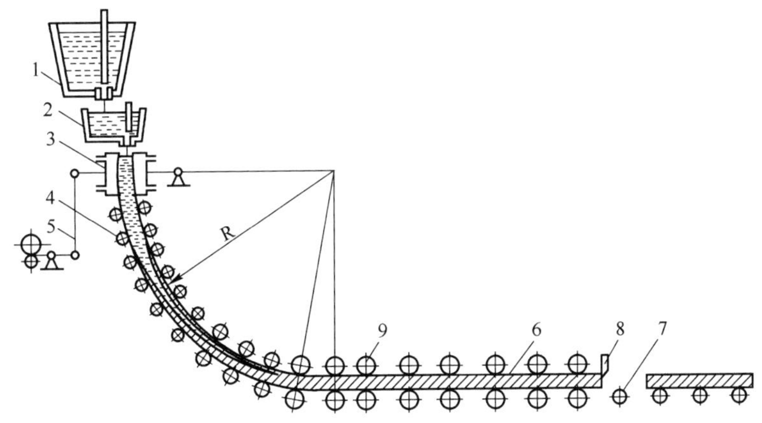

图 10-7 弧形连铸机示意图

1—钢包；2—中间包；3—结晶器；4—二次冷却装置；5—振动装置；6—铸坯；7—运输辊道；8—切割设备；9—拉坯矫直机

10.2.1 钢包和钢包回转台

钢包是用于盛接钢液并进行浇注的设备，也是钢液炉外精炼的容器。

连铸用钢包其外壳一般由锅炉钢板焊接而成，外壳腰部焊有加强箍和加强筋，耳轴对称地安装在加强箍上；内衬一般由保温层、永久层和工作层组成。钢包结构如图 10-8 所示。注流控制机构包括滑动水口及长水口。钢包通过滑动水口开启、关闭来调节钢液注流；长水口用于钢包与中间包之间保护注流不被二次氧化，同时也避免了注流的飞溅以及敞开浇注的卷渣问题。

目前，承托钢包的方式主要是钢包回转台。在钢包回转台转臂上，能够同时承放两个钢包，一个用于浇注，另一个处于待浇状态，同时完成钢水的异跨运输。钢包回转台缩短了换包时间，有利于实现多炉连浇。钢包回转台结构如图 10-9 所示。

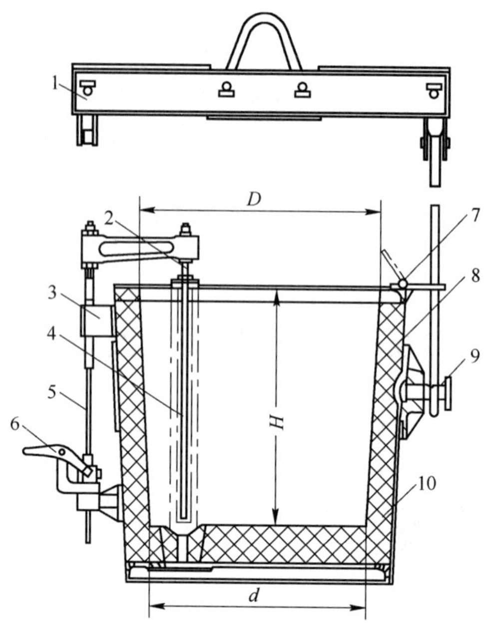

图 10-8 钢包结构

1—龙门钩；2—叉形接头；3—导向装置；4—塞杆铁心；5—滑杆；6—把柄；7—保险挡铁；8—外壳；9—耳轴；10—内衬

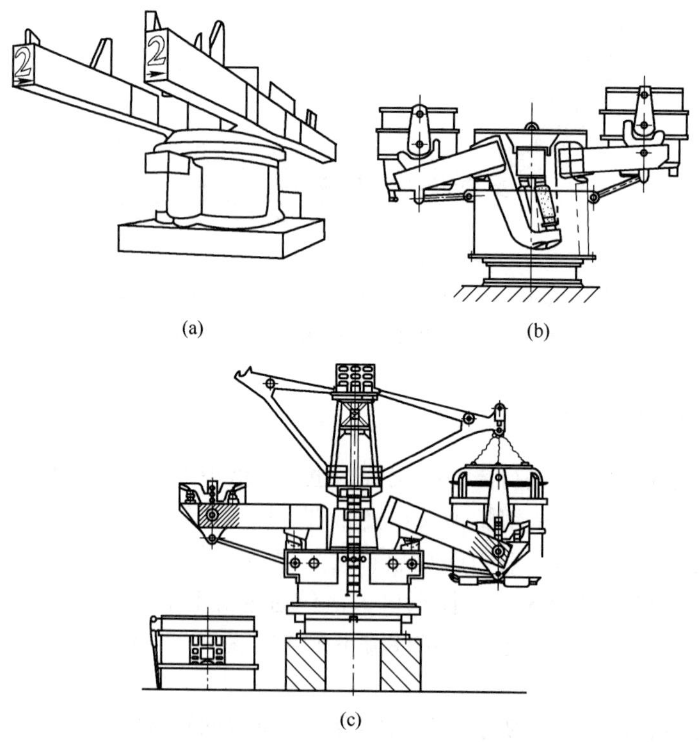

图 10-9 钢包回转台

（a）直臂式；（b）双臂单独升降式；（c）带钢水包加盖功能

10.2.2 中间包及中间包车

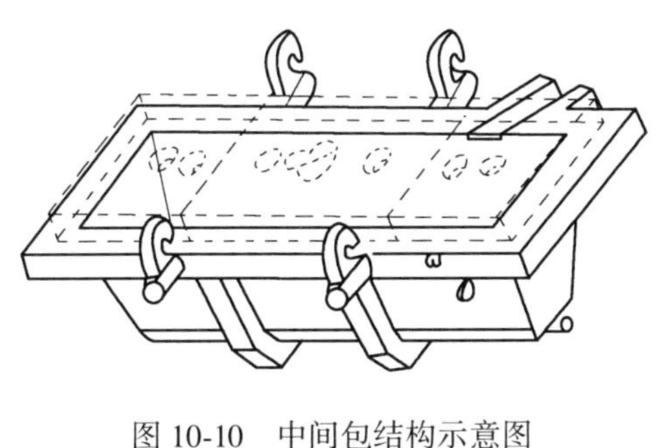

图 10-10 中间包结构示意图

中间包又叫中间罐，是位于钢包与结晶器之间用于浇注的设备。中间包具有减压、稳流、去夹杂、贮钢、分流和中间包冶金等重要作用。中间包外壳为钢板，内衬为耐火材料。中间包容量一般是钢包容量的 20%～40%。浇注过程中，钢水在中间包内应停留 8～10min 才能起到上浮夹杂物和稳定注流的作用，为此，中间包有向大容量和深熔池方向发展的趋势。图 10-10 所示为中间包结构示意图。

中间包车是用来支承、运输、更换中间包的设备。小车的结构要有利于浇注、捞渣和烧氧等操作，同时还须具有横移和升降调节装置。

10.2.3 结晶器及其振动装置

结晶器是连铸机非常重要的部件，被称为连铸机的心脏。结晶器的作用是使钢液快速凝固成具有一定厚度的坯壳，形成所需要断面形状和大小的铸坯。结晶器为夹层，内壁用紫铜或黄铜制作，夹层空隙通冷却水，如图 10-11 所示。结晶器壁上大下小，锥度约 0.4%～0.8%。结晶器长度一般为 700～900mm。结晶器横断面的形状和尺寸就是连铸坯所要求的断面形状和尺寸。整个结晶器安装在一个能做上下往复振动的框架上（结晶器振动装置），以减轻拉坯阻力，避免凝壳与结晶器粘连。

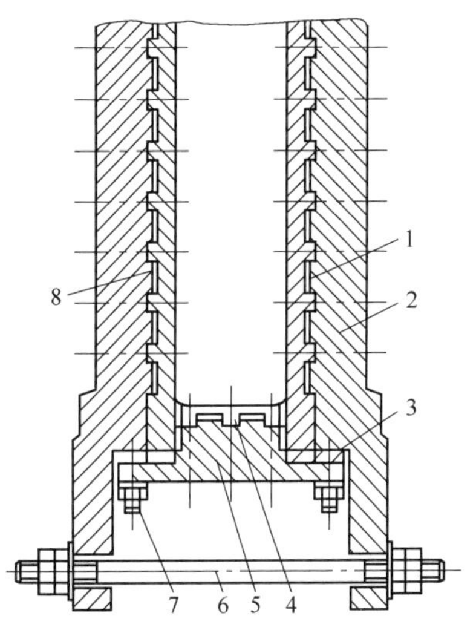

图 10-11 组合式结晶器

1—外弧内壁；2—外弧外壁；3—调节垫块；4—侧弧外壁；5—滑杆；6—双头螺栓；7—螺栓；8—内弧内壁

结晶器振动在连铸过程中扮演非常重要的角色。结晶器的上下往复运行，实际上起到了“脱模”的作用。结晶器振动装置的上下振动，周期性地改变着液面与结晶器壁的相对位置，有利于润滑油和保护渣向结晶器与坯壳间渗漏，因而改善了润滑条件，减少了拉坯摩擦阻力和粘连的可能，使连铸生产得以顺行。根据结晶器振动的运动轨迹，可将振动方式分为非正弦振动和正弦振动两大类。

10.2.4 二次冷却装置

铸坯出结晶器后，坯壳厚度近 10～25mm，而中心仍为高温钢液。为了使铸坯继续凝固，从结晶器下口到拉矫机之间设置喷水冷却区，称为二次冷却区。其主要作用为：

（1）直接喷水冷却铸坯，使铸坯加速凝固；

（2）通过夹辊和侧导辊，对带有液芯的铸坯起支撑作用，防止并限制铸坯发生鼓肚、变形和漏钢事故；

（3）对引锭杆起导向和支撑作用；

（4）对带直结晶器的直弧形连铸机，完成对铸坯的顶弯作用。

对二冷系统的要求是：冷却效率高，传热快；均匀冷却，表面温度均匀；支撑导向部件有足够的强度和刚度，各段对中准确，能够实现快速更换。

10.2.5　拉坯矫直设备

因铸坯需要外力将其拉出，故所有的连铸机都装有拉坯机。拉坯机实际上是具有驱动力的辊子，也叫拉坯辊。弧形连铸机的铸坯需矫直后水平拉出，因而早期的连铸机的拉坯辊与矫直辊装在一起，称为拉坯矫直机。拉坯矫直装置的作用是拉出铸坯并将其矫直，拉坯速度就是由它来控制的。在开浇前，拉矫机还要把引锭头送入结晶器底部，开浇后把铸坯引出。拉矫辊的数量视铸坯断面大小而定，小断面铸坯的为4~6个辊子，大型方坯和板坯的多达12辊、32辊。

10.2.6　引锭装置

引锭装置是结晶器的“活底”，开浇前，用它堵住结晶器下口；浇注开始后，结晶器内的钢液与引锭头凝结在一起；通过拉矫机的牵引，铸坯随引锭杆连续地从结晶器下口拉出，直到铸坯通过拉矫机，与引锭杆脱钩为止。如图10-12所示，铸机进入正常拉坯状态，引锭杆运至存放处，留待下次浇注时使用。

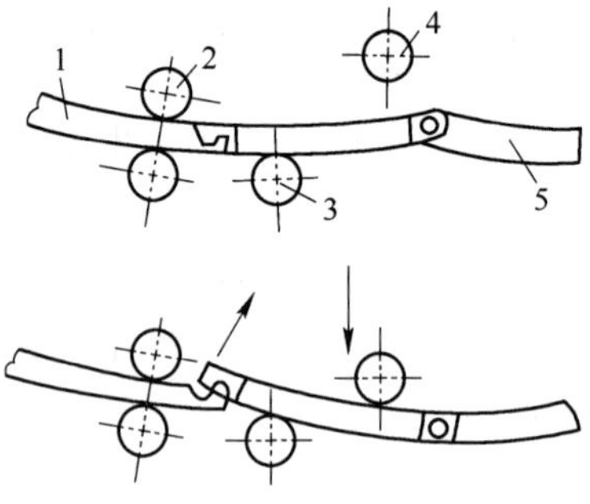

图10-12　拉矫机脱锭示意图
1—铸坯；2—拉辊；3—下矫直辊；4—上矫直辊，5—长节距引锭杆

10.2.7　铸坯切割装置

连铸坯需按照轧钢机的要求切割成定尺或倍尺长度。铸坯是在连续运行中完成切割的，因此切割装置必须与铸坯同步运动。切割方式有火焰切割和机械剪切两种。火焰切割的特点是设备轻，不受断面限制，切口齐，有金属损耗；机械剪切较火焰切割操作简单，金属损失少，生产成本低，但设备复杂，投资大，且只能剪切较小断面的铸坯。

10.2.8　辊道及后步工序设备

在连铸生产中，辊道是输送铸坯、连接各工序的主要设备。

连铸机的后步工序是指铸坯热切后的热送、冷却、精整、出坯等工序。后步工序中的设备主要与铸坯切断以后的工艺流程、车间布置、所浇钢种、铸坯断面及对其质量要求等有关。

对于现代化大型板坯生产来说，除了输送辊道，铸坯横移设备和各种专用吊具外，还应有板坯冷却装置、板坯自动清理装置、翻板机和垛板机等。此外，如打号机、去毛刺机、自动称量装置等都是连铸机后步工序的必备设备。

10.2.9 弧形连铸机的几个重要参数

10.2.9.1 台数、机数、流数

凡是共用一个钢包，浇注1流或多流铸坯的1套连铸设备，称为1台连铸机。凡具有独立传动系统和独立工作系统，当它机出现故障，本机仍能照常工作的一组连铸设备，称之为1个机组。1台连铸机可以由1个机组或多个机组组成。1台连铸机能同时浇注铸坯的总根数称之为连铸机的流数。1台连铸机有1个机组，又只能浇注1根铸坯，称为1机1流；若1台连铸机有多个机组，又同时能够浇注多根铸坯，称其为多机多流。

10.2.9.2 拉坯速度

拉坯速度是指每分钟从结晶器中拉出的铸坯长度（m/min）。拉坯速度越快，则连铸机的生产能力也越大。但要确保铸坯不被拉漏，因此应合理选择拉坯速度。限制拉坯速度的因素主要是铸坯出结晶器下口坯壳的安全厚度；对于小断面铸坯，坯壳安全厚度为8~10mm；大断面板坯，坯壳厚度应≥15mm。

10.2.9.3 铸坯断面

铸坯的断面尺寸是确定连铸机的依据。铸坯断面包括形状和尺寸两项，它必须与轧机相配合。目前以方坯、矩形坯和板坯生产为主。铸坯断面尺寸、拉坯速度和铸机流数三者相配合，应能保证一包钢水能在允许的时间内浇完。

10.2.9.4 液相深度和冶金长度

铸坯的液相深度是指从结晶器液面开始到铸坯中心液相凝固终了的长度，也称为液心长度。铸坯厚度越大、拉坯越快、冷却强度越弱，则液心长度越长，要求铸机的长度也越长。根据最大拉速确定的液相深度为冶金长度。冶金长度是连铸机的重要结构参数，决定着连铸机的生产能力，也决定了铸机半径和高度。

10.2.9.5 铸机的圆弧半径

连铸机的圆弧半径是指二冷区的外弧半径（m）。它是决定连铸机总高度和二冷区长度的重要参数。可用经验公式确定基本圆弧半径，也是连铸机最小圆弧半径：

$$R \geqslant cD$$

式中，R 为连铸机圆弧半径；D 为铸坯厚度；c 为系数。

小方坯 R 取 30~40，大方坯铸机取 30~50，板坯铸机取 40~50。国外，普通钢取 33~35，优质钢取 42~45。

10.3 连铸操作工艺

连续铸钢生产与传统模铸相比，具有降低能量消耗、节省工序、缩短流程、提高金属收得率、生产过程机械化和自动化程度高、产品质量高等许多优点。目前，连铸生产中主要以弧形连铸机生产板坯和方坯为主。

弧形连铸机的生产工艺过程如下：

把引锭头送入结晶器后，将结晶器壁与引锭头之间的缝隙填塞紧密。调好中间包水口位置，并与结晶器对中，即可将钢包内的钢水注入中间包。当中间包内的钢液达到一定高度时，打开中间包水口将钢液注入结晶器。钢水受到结晶器壁的强烈冷却，冷凝形成坯壳，待坯壳达到一定厚度之后启动拉矫机，夹持引锭杆将铸坯从结晶器中缓缓拉出，与此同时，开动结晶器振动装置。铸坯经过二冷区经喷水冷却，使液心全部凝固。铸坯进入拉矫机矫直后，脱去引锭装置，再由切割机将铸坯切成定尺长度，然后由运输辊道运出。

10.3.1　钢液的准备

提供合乎连铸要求的钢液，既可保证连铸工艺操作的顺行，又可确保铸坯的质量。为此，钢液应满足以下要求：应具有合适的温度、稳定的成分，并尽可能降低夹杂物含量，保持钢液的洁净度和良好的可浇性。

10.3.1.1　浇注温度的控制

浇注温度是指中间包内钢水的温度，是连铸工艺的基本参数之一。注温偏低，钢液发黏，夹杂物不易上浮，不仅影响铸坯质量，甚至会引起中间包水口冻结，被迫中断浇注。注温过高，会加强钢液的二次氧化和耐火材料的冲刷侵蚀，增加钢中夹杂物，还会助长铸坯菱变、鼓肚、裂纹、中心偏析和疏松等多种缺陷的发生；同时还可能引发水口失控，或由于坯壳过薄而造成漏钢事故。因此，合适的浇注温度是浇注顺行的前提，也是获得良好铸坯质量的基础。要保证浇注温度稳定在一个较窄的范围内，从控制出钢温度到钢包开浇及中间包管理，整个过程的各个工序的管理和控制是十分重要的。为此，有三点需要特别强调：

（1）加强对钢包的管理，保证红包受钢。

（2）出钢后吹氩搅拌，保证钢水温度均匀。

（3）对造成温度波动的原因加以分析，制定切实可行的操作。

10.3.1.2　钢水成分的控制

钢水的成分应符合钢种规格要求，但符合规格要求的钢液不一定完全适合连铸工艺的要求。因而须根据连铸工艺的特点及铸坯质量的要求，对连铸用钢液成分严格控制。其主要控制原则是：

首先，成分稳定性。必须把钢水成分控制在较窄的范围内，使多炉连浇时各炉次钢水成分的相对稳定，保证铸坯性能均匀一致。如碳是钢中基本的也是对组织影响最大的元素，多炉连浇时，各炉次和包次之间钢水含碳量的差别要求小于 0.02%。

其次，抗裂纹敏感性。对钢中影响热裂纹倾向性的元素如铜、锡、铅、砷等加以严格控制，尽可能避开各种成分的裂纹敏感区，减少容易引起裂纹敏感的有害元素含量或加入第三元素消除其危害。

最后，钢水的可浇注性。钢水的流动性是钢水可浇注性的实际反映。从连铸的操作角度来评定，钢水的可浇性主要表现在整个浇注期间水口不堵塞，不冻结。从提高钢水的可浇性出发，要求尽量提高 $w[\mathrm{Mn}]/w[\mathrm{Si}]$ 以改善钢水的流动性。严格控制硅、锰含量，必须经过炉外精炼的成分微调措施才能达到要求。

10.3.1.3 钢水洁净度的控制

钢水的洁净度主要是指钢中非金属夹杂物的数量、形态、分布。由于夹杂物的存在，不仅会影响钢液的可浇性，连铸操作难以进行；而且夹杂物还破坏了钢基体的连续性、致密性，危害钢的质量。因此，为了确保最终产品质量，要尽量降低钢中非金属夹杂物的含量。实际生产操作中，脱氧控制、少渣或无渣出钢和炉外精炼等技术是提高钢水洁净度的有效措施。

10.3.2 浇注前的准备及连铸操作

10.3.2.1 浇注前的准备

（1）钢包的准备。钢包开浇之前清理包内的残钢残渣，保证包内干净；安装和检查滑动水口；钢包坐到回转台上后开浇之前安装长水口，长水口与钢包水口接缝要密封。

（2）中间包的准备。中间包工作层有耐火涂层、绝热板组装和耐火砖砌筑等形式，当前使用耐火涂层和绝热板者居多。中间包水口的选择应根据所浇注铸坯类型确定。以前对于多流小方坯连铸机，使用定径水口敞开式浇注；现在，浇注小方坯、大方坯和板坯时，均采用塞棒、浸入式水口加保护渣浇注。水口的安装要严格遵守操作规程。

（3）结晶器的准备。结晶器是钢液凝固成型的重要设备。铸坯在出结晶器下口时，应具有均匀的一定厚度的坯壳，以免拉漏。结晶器的检查准备工作主要包括：检查结晶器内腔铜管及铜板表面有无严重损伤；结晶器振动装置是否正常；润滑油在结晶器内壁是否分布合理；结晶器下口足辊是否转动等。

（4）二冷区的准备。二冷区的任务是支撑、引导和拉动铸坯运行，并喷水冷却，使铸坯在矫直或切割前完全凝固。为此，应确保二冷区的水质符合要求，供水系统工作正常；喷嘴齐全，喷淋畅通，喷淋水量合适。

（5）拉矫装置的准备。拉矫装置承担拉动和矫直铸坯，以及输送引锭杆的任务。在启动拉矫机之前应检查气压或液压系统；确认引锭头尺寸与所浇注铸坯断面尺寸是否一致，锭头无严重变形、清洁无油脂等。

（6）切割装置及其他设备的准备。检查火焰切割装置或剪切机械运行是否正常，并校验割枪；启动各组辊道、升降挡板、横移机、翻钢机、推钢机、冷床等设备，应运行正常。

（7）其他准备工作。准备好开浇及浇注过程所用材料及工具，如保护渣、覆盖剂、捞渣工具、氧气管、取样器等，并放到应放的位置；主控室内对各参数，如各段冷却水、事故水、电气、液压、切割机等，进行确认。

10.3.2.2 浇注操作

对于浇注用设备和钢水均确认合格，符合浇注要求后，就可以进行开浇。这里主要介绍钢包开浇、中间包开浇及连铸机的启动等操作。

（1）钢包开浇。钢包开浇就是指把钢包内的钢水注入中间包的浇注。当钢包到达回转台时，立即停止中间包烘烤，并关闭塞棒或滑板，将中间包小车由烘烤位开到浇注位，下降中间包，直到浸入式水口达到结晶器内的设定位置。须特别指出的是，从停止中间包烘烤到钢包开浇的间隔时间，要控制得尽量短，否则会由于浸入式水口的耐火材料降温过大导致开浇困难。

钢包开浇的步骤如下：首先，将钢包旋转到浇注位，下降钢包，安装保护管；然后，打开钢包滑动水口，钢水流入中间包；最后，按规定数量向中间包液面投放保护渣。另外，对于连铸生产浇注不同类型铸坯，具体的钢包开浇操作也有所不同。

（2）中间包开浇。中间包开浇是指把中间包内的钢水注入结晶器的浇注。通常，当注入中间包钢液达到1/2高度时，中间包可以开浇。

（3）连铸机的启动。拉矫机构的起步就是连铸机的启动。从钢液注入结晶器开始，到拉矫机构的启动为起步时间。小方坯的起步时间在20~35s，大方坯是35~50s，板坯在1min左右；对于多流连铸机来说，各流开浇时间不同，所以起步时间也有差异。

起步拉速约为0.3m/min，保持30s以上；缓慢增加拉速，1min以后达到正常拉速的50%；2min后达到正常拉速的90%；再根据中间包内钢液温度设定拉速。中间包开浇5min后，在离钢包注流最远的水口处测量钢液温度，根据钢液温度调整拉速。当拉速与注温达到相应值时，即可转入正常浇注。

10.3.2.3　拉坯速度的控制

正确控制拉速是确保顺利浇注，充分发挥连铸机生产能力，改善铸坯质量的关键因素之一。拉速的提高受钢水凝固速度的限制，特别是结晶器一次冷却的限制，若拉速太快，会使结晶器出口坯壳太薄，容易产生拉漏事故。

浇注的钢种、铸坯的断面、中间包容量和液面高度、钢液温度等因素，均会影响拉坯速度。在生产中，浇注的钢种和铸坯断面确定后，拉速应随浇注温度而调节。

10.4　中间包冶金与保护浇注

10.4.1　中间包冶金

传统的中间包只起到储存，分配钢水和稳定注流的作用，随着连铸对钢的质量要求日益提高，人们把中间包作为钢包与结晶器之间的一个精炼反应器，以进一步改善钢的质量。在现代连铸的应用和发展过程中，中间包的作用显得越来越重要，其内涵也被不断扩大，从而形成一个独特的领域——中间包冶金。

10.4.1.1　中间包冶金功能

随着对钢质量要求的日益提高，人们开发应用了许多精炼技术以净化钢液；但是较洁净的钢液注入中间包后，有可能重新被污染。为保持钢水质量，可以将在钢包中进行的精炼措施移植到中间包内，使其成为一个冶金反应器，进一步净化钢液。为此提出了中间包冶金的概念，如图10-13所示。

中间包作为精炼容器时，可以完成一些附加的冶金功能：

（1）最大限度地消除钢水中夹杂物的污染，如杜绝钢水二次氧化和钢包下渣等。

（2）促进钢中夹杂物的上浮分离。如改善钢液流动形态，延长钢液在中间包内停留时间等。

（3）防止中间包表面覆盖渣卷入钢液，防止包内钢液旋涡和表面波的生成。

（4）采用附加的冶金工艺，完成精炼功能，如夹杂物形态控制、钢水成分微调、钢水温度的精确控制等。

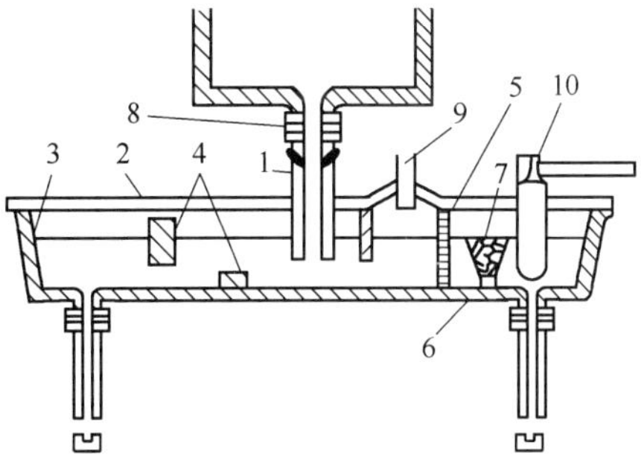

图 10-13 中间包提高钢水洁净度的方法

1—长水口+吹氩气；2—封盖；3—中间包内衬；4—挡墙和坝；5—过滤器；6—吹氩气搅拌；7—覆盖渣；8—渣子探测器；9—加热装置；10—塞棒

10.4.1.2 中间包加挡墙和坝

中间包内钢液的流动状况，直接影响着钢中夹杂物上浮和注流在结晶器内的流动。为了充分有效利用中间包容积，促进夹杂物上浮，采取的措施是在中间包内加挡墙和坝。其目的：一是消除中间包底部区域的死区；二是改善钢水流动的轨迹，使钢流沿钢渣界面流动，缩短夹杂物上浮距离，有利于渣子的吸收。

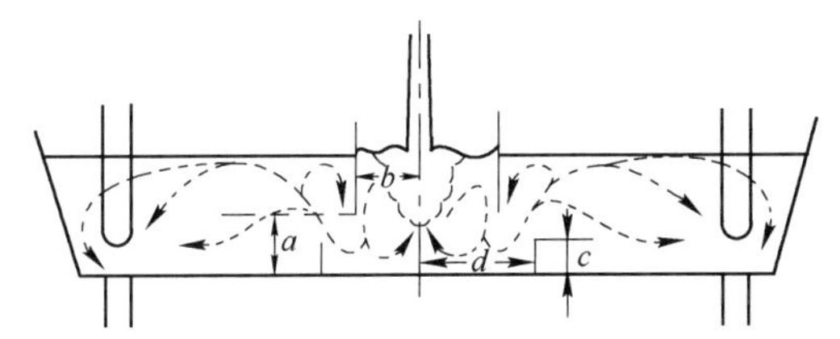

图 10-14 中间包挡墙和坝联合使用时钢液流动示意图

挡墙和坝的联合使用，实现了钢液的控制流动，减少了死区，比单用挡墙时钢液平均停留时间增加了 2 倍，比没用挡墙时增加了 4 倍，促进了夹杂物从钢液中分离。挡墙和坝联合使用时，钢液流动模式见图 10-14。

实际生产中，中间包采用了挡墙和坝以后，大大改善了铸坯表面质量。如在其他工艺条件一定时，中间包只用挡墙比不用挡墙时，铸坯表面夹杂物由 2. 7%降到 2. 1%；挡墙和坝联合使用后，夹杂物由 2. 1%降至 0. 3%，大大提高了钢的洁净度。

10.4.1.3 中间包精炼技术

中间包精炼技术主要有：

（1）中间包吹氩。在中间包底部通过透气砖吹入氩气或其他惰性气体，以达到：一，增加搅拌，促进夹杂物上浮；二，改善中间包内钢液的流动状况。

（2）夹杂物形态控制。由于中间包熔池浅，钢水停留时间有限，为确保元素的充分吸收，生产中广泛采用了喂线法。即在中间包内喂入硅钙、钡硅钙的包芯线，可改善夹杂物的形态，使高熔点的串状三氧化二铝变为低熔点的球形铝酸钙，以改善钢水流动性，防止三氧化二铝在水口部位的聚集而使水口堵塞。为增加包芯线穿越钢水的停留时间，采用螺旋式喂线技术，如图 10-15 所示。

10.4.1.4 中间包加热技术

浇注过程中钢液温度的稳定，尤其是中间包内钢液温度的稳定，是连铸工艺顺行和获得良好铸坯质量的基础。而实际浇注过程中，中间包钢液温度是处于不稳定状态的。为此，在开浇初期、换钢包和浇注末期，中间包采用加热技术，以补偿温度的降低，则可使中间包钢液温度始终保持在目标温度值。

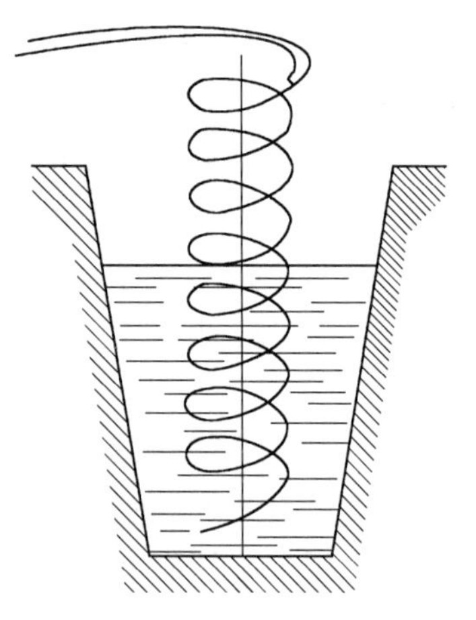

图 10-15 螺旋式喂线技术

中间包加热方式有电磁感应加热、等离子加热等。图 10-16 为日本千叶厂在弧形连铸机 7 吨中间包上采用的工频 1070kW 沟型电磁感应加热器。图 10-17 为意大利特尼工厂三流小方坯连铸机中间包安装的等离子加热器。

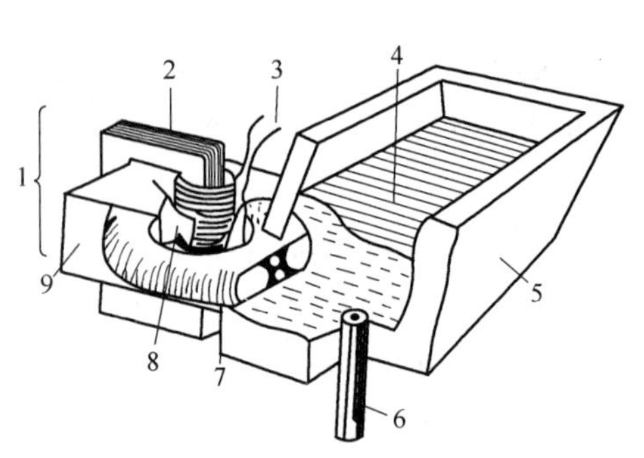

图 10-16 电磁感应加热示意图

1—感应器；2—铁芯；3—线圈；4—钢液；5—中间包；6—浸入式水口；7—沟槽；8—冷却水套；9—耐火材料

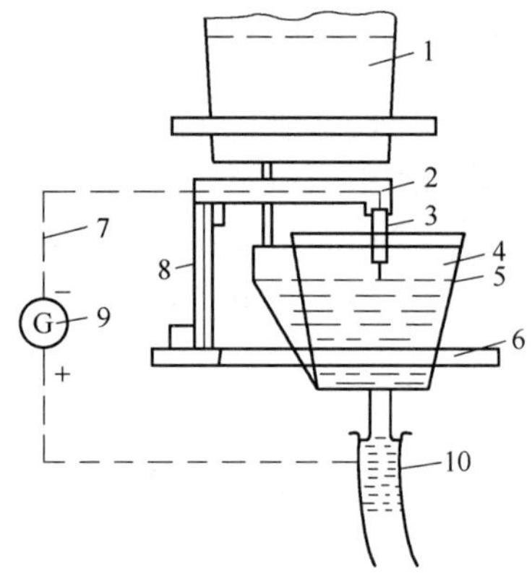

图 10-17 等离子体加热器示意图

1—钢包；2—水冷臂；3—等离子枪；4—中间包；5—熔池液面；6—中间包小车；7—电缆；8—支柱；9—电源；10—结晶器

10.4.2 保护浇注

连铸过程中，从钢包→中间包→结晶器采用全程保护浇注（也叫无氧化浇注），是防止钢液二次氧化的有效措施，如图 10-18 所示。

10.4.2.1 钢包到中间包的注流保护

钢包到中间包的保护浇注采用钢包长水口浇注，即用一个长的耐火套管与钢包滑动水口的下水口密封连接（也有在连接处通入氩气密封，防止空气吸入），耐火套管的下部浸入中间包钢液中（液面以下 100mm 左右），使钢包到中间包的注流处于密封状态，改善中间包内钢液流动状态，大大减轻卷渣现象，可有效地防止二次氧化，如图 10-19 所示。

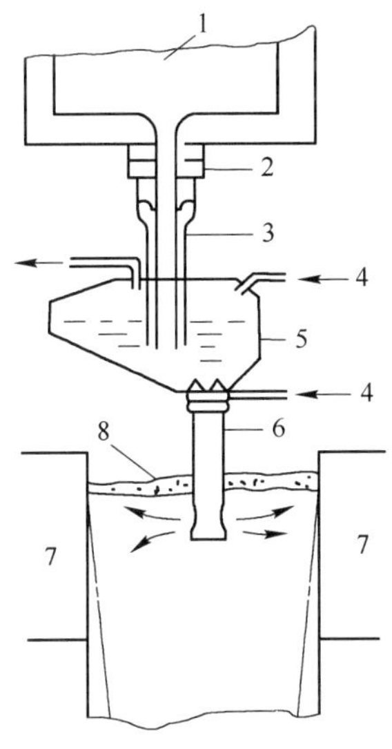

图 10-18 无氧化浇注示意图

1—钢包；2—滑动水口；3—长水口；4—氩气；5—中间包；6—浸入式水口；7—结晶器；8—保护渣

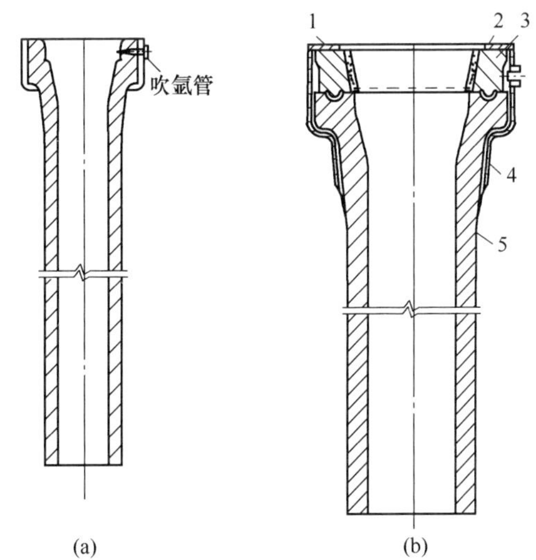

图 10-19 带吹氩装置的长水口结构示意图

(a) 带沟槽吹氩长水口；(b) 带弥散透气环吹氩长水口

1—钢压环；2—纤维环；3—透气环；4—铁套；5—本体

10.4.2.2 中间包到结晶器的注流保护

中间包到结晶器钢流保护方式与铸坯断面大小有关，通常采用浸入式水口和保护渣浇注方式，如图 10-18 所示。

浸入式水口和结晶器液面使用保护渣保护，使钢水完全密封。浸入式水口安装在中间包底部，同中间包连接后插入结晶器内。其作用主要有：

(1) 防止钢流二次氧化和钢水飞溅。

(2) 调整钢水流股方向，促进夹杂物上浮。

(3) 防止保护渣卷入铸坯中。

(4) 改善钢流在结晶器内运动状态，有利于形成均匀的坯壳。

10.4.3 保护渣

连铸工艺普遍应用了浸入式水口加保护渣的保护浇注技术。这对于改善铸坯质量，推动连铸技术的发展起了重要作用。结晶器目前用的固体保护渣有两种类型：发热型保护渣和绝热型保护渣，当前普遍应用绝热型保护渣。

10.4.3.1 保护渣的功能

(1) 绝热保温。向结晶器液面加固体保护渣覆盖其表面，减少了钢液表面的热损失。

(2) 防止钢液的二次氧化。保护渣均匀地覆盖在结晶器钢液表面，阻止了空气与钢液的直接接触，有效地避免了钢液的二次氧化。

(3) 吸收非金属夹杂物。净化钢液加入的保护渣在钢液面上形成一层液渣，能有效地吸附和溶解从钢液中上浮的夹杂物，达到清洁钢液的作用。

(4) 在铸坯凝固坯壳与结晶器内壁间形成润滑渣膜。在结晶器的弯月面处有保护渣的液渣存在，由于结晶器的振动和结晶器壁与坯壳间气隙的毛细管作用，将液渣吸入，并填充于气隙之中，形成渣膜。在结晶器壁与坯壳之间起着良好的润滑作用，防止了铸坯与结晶器壁的粘连；减少了拉坯的阻力。

(5) 改善了结晶器与坯壳间的传热。在结晶器内，由于钢液凝固形成的凝固收缩，铸坯凝固壳脱离结晶器壁产生气隙，保护渣形成的渣膜，减少了气隙的热阻，明显改善了结晶器的传热，使坯壳得以均匀生长。

10.4.3.2　保护渣的结构

覆盖在钢液面上的保护渣是三层结构，即液渣层（也称熔渣层）、烧结层（也称过渡层）、粉渣层（在最上层，也称原渣层），如图10-20所示。

液渣层不断被消耗，烧结层下降并受热熔化形成液渣，与烧结层相邻的原渣又形成烧结层。因此生产中要连续、均匀地补充添加新的保护渣，以保持原渣层的厚度在25mm左右。若结晶器液面为自动控制状态，原渣层还可适当厚些。在保护渣总厚度不变的情况下，各层厚度处于动平衡状态，达到生产上要求的层状结构。

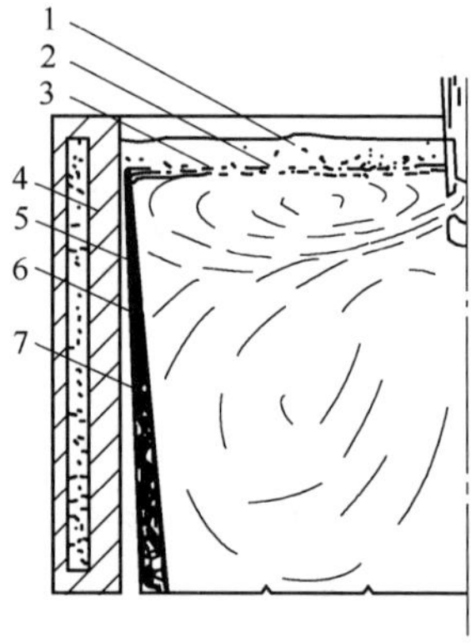

图10-20　保护渣结构示意图

1—粉渣层；2—烧结层；3—液渣层；4—结晶器；5—凝固坯壳；6—渣膜；7—渣皮

10.4.4　中间包用保护渣及覆盖剂

随着生产无缺陷铸坯的需要，对中间包用保护渣和覆盖剂的研究和应用，越来越受到人们的重视。

中间包用保护渣和覆盖剂的工艺功能是：隔热保温，减少钢液的散热损失；隔离空气，减少钢液的二次氧化；吸收由钢液中上浮的夹杂物。根据中间包使用的内衬材质，中间包保护渣也可分为酸性保护渣和碱性保护渣。根据超低碳钢的要求，中间包保护渣还可以分为无碳和有碳保护渣。

目前，国内中间包覆盖剂用得最多的是碳化稻壳。碳化稻壳是稻壳经充分碳化处理后的产品。碳化稻壳具有排列整齐互不相同的蜂窝状组织结构，每一个蜂窝都是由以 SiO_2 为骨架的植物纤维组成。因此，碳化稻壳具有密度小，热导率低的特点，从保温性能来说，碳化稻壳是很好的保温剂。碳化稻壳中灰分的主要成分是 SiO_2，并含有39%~50%的固定碳，也能很好地防止二次氧化。但是，对低碳和超低碳的钢种，它有增碳的可能性。所以，浇铸低碳或超低碳钢时，中间包覆盖渣一般采用低碳的矿物混合渣。

10.5　连铸坯质量

最终产品质量决定于所供给的铸坯质量。连铸坯存在的缺陷在允许的范围以内，叫做合格产品。连铸坯质量包括以下几个方面：

(1) 铸坯洁净度（夹杂物数量、形态、分布、气体等）。

(2) 铸坯表面缺陷（裂纹、夹渣、气孔等）。

(3) 铸坯内部缺陷（裂纹、偏析、夹杂等）。

(4) 铸坯外观形状(形状、尺寸)。

铸坯质量控制示意图如图10-21所示。

10.5.1 连铸坯的洁净度

连铸坯的洁净度是指钢中夹杂物的含量、形态和分布。这主要取决于钢液的原始状态，即进入结晶器之前是否“干净”；当然钢液在传递过程也会被污染。因此，提高钢的洁净度就应在钢液进入结晶器之前，从各个工序着手尽量减少对钢液的污染，并最大限度地促使夹杂物从钢液中排除。为此，可采取无渣或少渣出钢(转炉采用挡渣出钢、电炉采用偏心炉底出钢)、钢包精炼、无氧化浇注、中间包冶金、吹氩搅拌等措施，来提高钢水的洁净度。

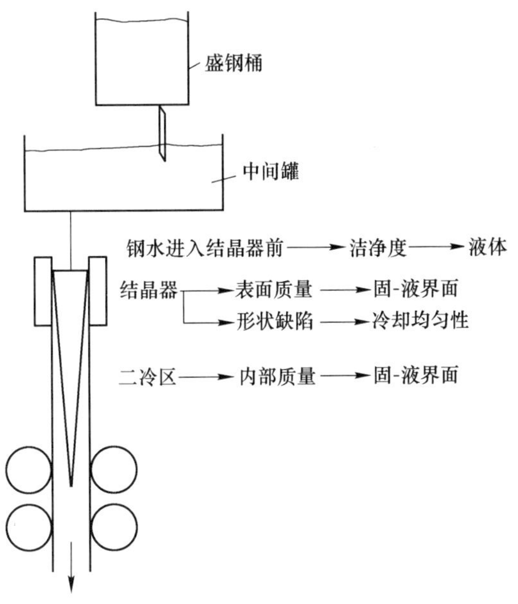

图10-21 铸坯质量控制示意图

10.5.2 连铸坯表面缺陷和内部缺陷

铸坯表面缺陷，主要是指夹渣、裂纹等。连铸坯表面质量的好坏决定了铸坯在热加工之前是否需要精整，也是影响金属收得率和成本的重要因素，还是铸坯热送和直接轧制的前提条件。连铸坯表面缺陷形成的原因较为复杂，但总体来讲，主要是受结晶器内钢液凝固所控制。连铸坯表面缺陷如图10-22所示。

连铸坯的内部缺陷，是指连铸坯是否具有正确的凝固结构，以及裂纹、偏析、疏松等缺陷的程度。二冷区冷却水的合理分配、支撑系统的严格对中，是保证铸坯质量的关键。铸坯的内部缺陷如图10-23所示。

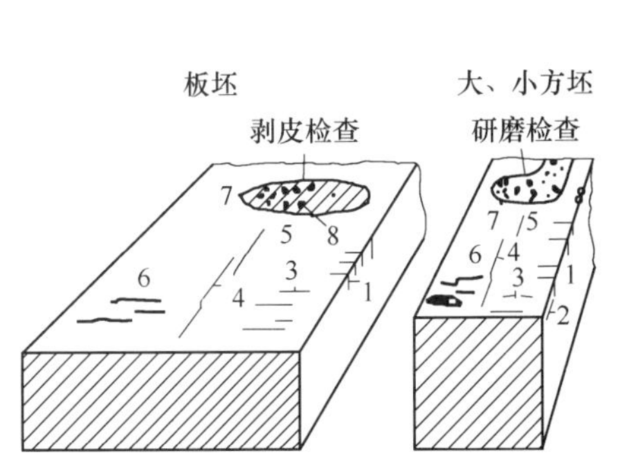

图10-22 连铸坯表面缺陷示意图
1—角部横向裂纹；2—角部纵向裂纹；
3—表面横向裂纹；4—宽面纵向裂纹；
5—星状裂纹；6—振动痕迹；
7—气孔；8—大型夹杂物

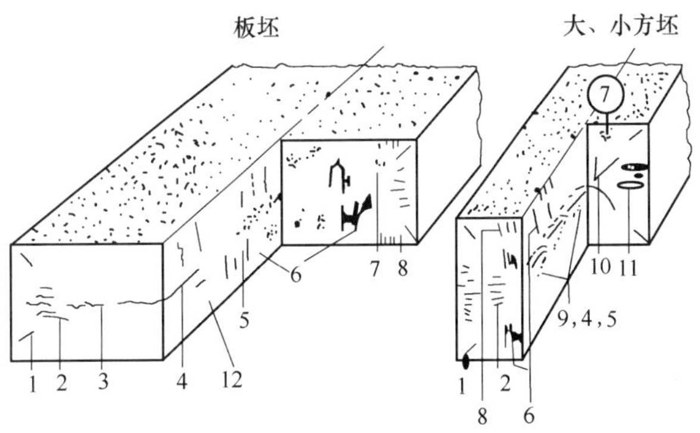

图10-23 铸坯内部缺陷示意图
1—内部角裂；2—侧面中间裂纹；3—中心线裂纹；
4—中心线偏析；5—疏松；6—中间裂纹；7—非金属夹杂物；
8—皮下鬼线；9—缩孔；10—中心星状裂纹对角线裂纹；
11—针孔；12—半宏观偏析

10.5.3　连铸坯形状缺陷

连铸坯的外观形状是指连铸坯的形状是否规矩，尺寸误差是否符合规定要求。它与结晶器内腔尺寸和表面状态及冷却的均匀性有关。主要有以下几种形式：

（1）鼓肚变形。带液心的铸坯在运行过程中，两支撑辊之间，高温坯壳在钢液静压力作用下，发生鼓胀成凸面的现象，称为鼓肚变形，如图10-24所示。铸坯宽面中心凸起的厚度与边缘厚度之差叫鼓肚量，用以衡量铸坯鼓肚变形程度。鼓肚量的大小与钢液静压力、夹辊间距、冷却强度等因素有密切关系。

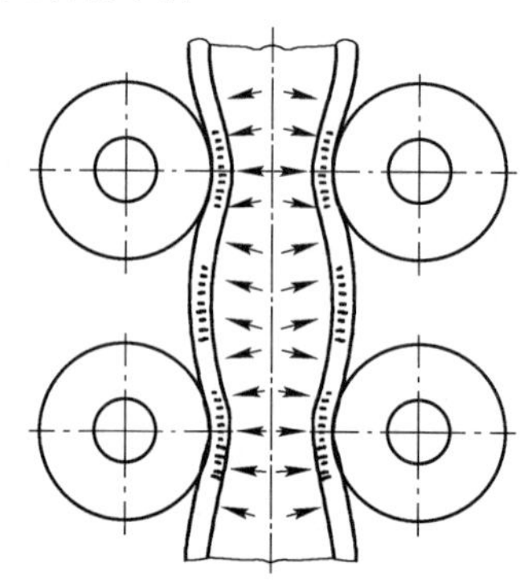

图10-24　铸坯鼓肚变形示意图

（2）菱形变形。菱形变形也叫脱方，是指铸坯的一对角小于90°，另一对角大于90°。它是大、小方坯常有的缺陷。

铸坯发生菱形变形主要是由于结晶器四壁冷却不均匀，因而形成的坯壳厚度不均匀，引起收缩的不均匀，这一系列的不均匀导致了铸坯的菱形变形。引起结晶器冷却不均匀的因素较多，如冷却水质的好坏、流速的大小、进出水温度差、结晶器的几何形状和锥度等都影响结晶器冷却的均匀性。

（3）圆柱坯变形。指圆坯变形成椭圆形或不规则多边形。圆坯直径越大，变成椭圆的倾向越严重。根据形成以上现象的原因可采取：及时更换变形的结晶器，连铸机严格对弧，二冷区均匀冷却，也可适当降低拉速，以增加坯壳强度，避免变形。

复习思考题

10-1 简述连铸生产工艺过程及其优越性（与模铸相比）？

10-2 简述液相深度、拉坯速度的含义？

10-3 弧形连铸机有哪些主要设备？

10-4 铸坯凝固结构有哪些内容？实际生产过程中是如何控制的？

10-5 连铸对钢水的要求主要表现在哪些方面？

10-6 中间包向结晶器的浇注方法有哪些？

10-7 何谓中间包冶金？中间包冶金的功能有哪些？

10-8 结晶器的作用是什么？连铸生产对结晶器有哪些要求？

10-9 何谓保护浇注，保护渣的功能有哪些？

10-10 连铸坯的质量评价标准有哪些？

11　炼钢新工艺新技术

11.1　转炉炼钢新工艺新技术

11.1.1　铁水预处理

铁水预处理指铁水进入炼钢炉之前所进行的某种处理，可分为普通铁水和特殊铁水预处理。普通铁水预处理有单一脱硫、脱硅、脱磷和同时脱磷脱硫等；特殊铁水预处理有脱铬、提钒、提铌和提钨等。

最常见的铁水预处理是铁水预脱硫，脱硫剂中的有效成分与铁水中的硫作用，生成稳定的化合物而进入渣相，达到使铁水脱硫的目的。常用的脱硫剂主要有钙、镁、稀土金属以及苏打、镁焦、石灰、电石等。铁水脱硫方法主要有如下两种：

(1) 机械搅拌法。该法是用搅拌器沉入铁水内部旋转，在铁水中央部位形成锥形漩涡，使脱硫剂与铁水充分混合。常用的 KR 法如图 11-1 所示。

(2) 喷吹法。以干燥的空气或惰性气体为载流，将脱硫剂与气体混合吹入铁水中，同时也搅动了铁水，可以在混铁车或铁水包内处理。其结构如图 11-2 所示。

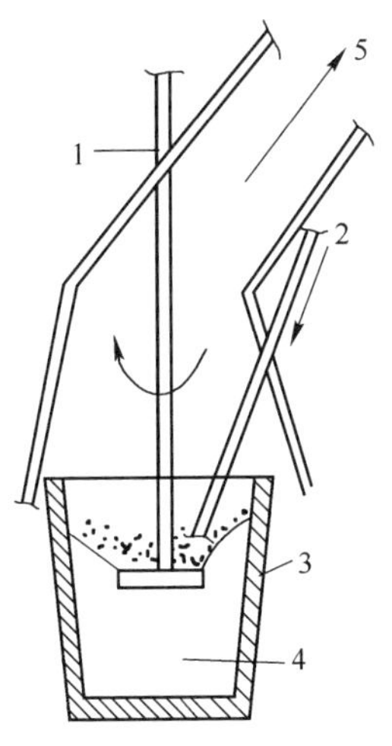

图 11-1　KR 法脱硫装置示意图

1—搅拌器；2—脱硫剂输入；3—铁水包；4—铁水；5—排烟烟道

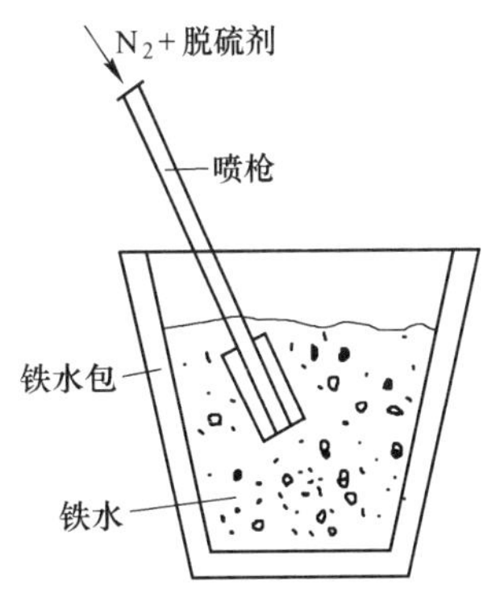

图 11-2　喷吹法脱硫装置示意图

11.1.2　转炉负能炼钢

转炉负能炼钢就是在转炉既炼出了钢，又没有额外消耗能量，反而输出或提供富裕能量的一项工艺技术。

衡量这项技术的标准是转炉炼钢的工序能耗。炼钢工序能耗包括消耗和回收能量两个方面：消耗有物料、电、水、气等，累计按热值折算为吨钢消耗掉的标准煤；回收有转炉煤气和蒸汽，也累计按热值折算为吨钢消耗掉的标准煤。所以，在炼钢过程中，若出现回收的能量超过消耗的能量时，就是负能炼钢。

炼炉在吹炼过程中，产生大量的烟气。这种烟气温度高达1260℃左右，CO含量60%~80%，具有很高的显热和潜热，吨钢热量总和超过1046MJ。因此，回收这部分能量是转炉炼钢节能潜力最大的环节。不少技术先进的转炉，吨钢可以回收煤气100m^3以上，可以大部分地抵消或超额抵消转炉炼钢耗能，实现零能耗或负能炼钢。

11.1.3 转炉溅渣护炉技术

转炉溅渣护炉技术是美国LTV公司1991年开发的一项新技术，是在转炉出钢后留下部分终渣，将炉渣黏度和氧化镁含量调整到适当范围，用氧枪喷吹氮气，其炉渣溅到炉壁内衬上，达到补炉的目的。该方法具有炉龄长、生产率高、节省耐火材料、操作简便等优点。LTV公司某厂的转炉炉龄，由溅渣护炉前的8000次提高到之后的15658次。补炉材料由1.2kg/t降低到0.37kg/t，炉子作业率由78%提高到97%，年停产检修时间仅有11天。

转炉溅渣护炉采用氮气作为喷吹动力。高速氮气射流冲击炉渣，可使炉壁形成渣层，如图11-3所示。

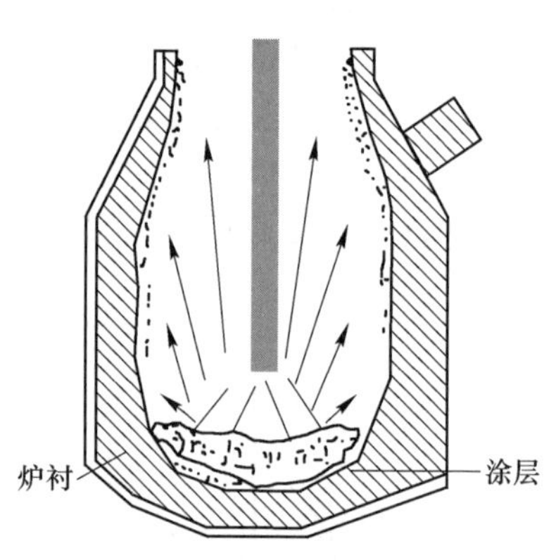

图11-3 转炉溅渣示意图

溅渣护炉的炉渣应有合适的黏度，炉渣过稀或过稠都不利于挂渣。渣中的固相物质在溅渣层中起着“骨架”作用，并且具有较高的耐火度，其组成为MgO、CaO与FeO形成的固溶体，也有由添加物形成的或渣中析出的MgO、$3CaO \cdot SiO_2$、$2CaO \cdot SiO_2$等高熔点物质；渣中液相起着黏结剂作用。炉渣被溅到炉衬表面并被氮气冷却而凝固，形成挂渣层。炉渣的快速凝结增加了挂渣层的致密性。

我国1994年开始立项开发溅渣护炉技术，并于1996年11月确定为国家重点科技开发项目。通过研究和实践，国内各钢厂已广泛应用了溅渣护炉技术，并取得了明显的效果。

11.2 电炉炼钢新工艺新技术

11.2.1 电炉容量大型化

由于大炉子的热效率高，可使每吨钢的电耗减少，同时，也使吨钢的平均设备投资大大降低，钢的成本下降，劳动生产率提高。如一个容量320吨的炉子与一个容量1.5吨的小炉子相比，生产率相差100倍以上。在某些特殊条件下，要求大量优质钢水时，只有采用大容量电弧炉才能满足要求。所以世界上许多国家采用大容量电弧炉。2005 年我国钢铁产业发展新政策要求新建电炉容量必须不小于 70 吨。

11.2.2 超高功率电弧炉

超高功率电弧炉是指吨钢变压器功率超过 700kV · A/t。其主要优点是：大大缩短了熔化时间，提高了劳动生产率；改善了热效率，进一步降低了电耗；适用大电流短电弧，热量集中，电弧稳定，对电网的影响小等。配套设备和相关技术有水冷炉壁、水冷炉盖技术以及长弧泡沫技术。

为解决高温电弧对炉壁热点和炉盖的严重辐射，20 世纪 70 年代初，日本首先研制成功并采用了水冷炉壁和水冷炉盖。该技术已经成熟，世界各国相继采用。使用水冷炉壁技术，可使炉壁的使用寿命达到 2000 炉以上，降低耐火材料消耗 60% 以上，生产率提高 8%~10%，电极消耗降低 0.5kg/t，生产成本降低 5%~10%，而使用水冷炉盖可使炉盖寿命达到 4000 次。

为了充分利用变压器功率进行长弧高功率因数操作，又开发了长弧泡沫渣冶炼技术。所谓泡沫渣，就是在不断增加渣量的条件下，通过喷入的碳粉与钢中的氧及渣中的氧化铁反应，产生大量的 CO 气体。渣的泡沫化，可实施埋弧操作，电弧热可以高效地通过熔渣传入钢液中，实现高电压、低电流的长弧操作，降低电耗、电极消耗以及炉壁耐火材料消耗，提高操作的稳定性。

11.2.3 电弧炉偏心炉底出钢

1979 年德国首先将传统的 50t 超高功率电弧炉改为中心炉底出钢，后又将其改为更完善的偏心炉底出钢。偏心炉底出钢的最大优点是将出钢口移到炉壳外边（见图 11-4），便于维修与检修。偏心炉底出钢与超高功率匹配，近年来推广很快，特别是对于无渣出钢的电弧炉，其优越性尤其明显，主要为：

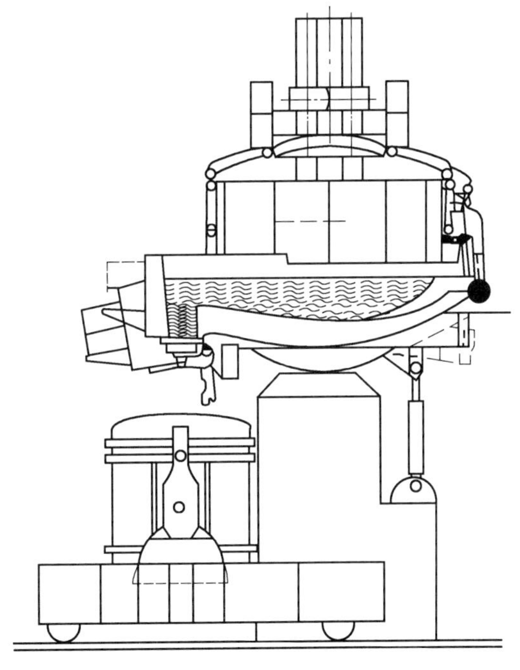

图 11-4 偏心炉底出钢示意图

(1) 炉内能保留 98%以上的钢渣，有利于下一步炉料的熔化和脱磷，生产率可提高 15%左右。

(2) 出钢时，电炉倾动角度小于 15°（传统电炉为 40°~45°），允许炉体水冷炉壁面积加大，吨钢耐火材料消耗可降低 25%；短网长度较短，阻抗降低 8%左右。

(3) 出钢时，钢液垂直下降，呈圆柱形流入钢包，缩短与空气接触的路径，钢液的温降减少，出钢温度可降低 25~30℃，相应节电 20~25kW · h/t，并使钢液的二次氧化减少。

（4）偏心炉底出钢有利于钢液洁净度的提高，夹杂物含量减少，钢液脱硫效率提高，并能防止钢液回磷。

（5）出钢时间短，60t 电弧炉的出钢时间仅为 80s 左右。

11.2.4 电弧炉底吹搅拌技术

在电炉安装喷嘴或透气砖，将气体（惰性气体、氧气或天然气等）吹入炼钢熔池，加强钢液的搅拌，提高电弧炉冷区热量的传递速率，促进熔池温度和成分的均匀化，加快炉内反应进行速度。

11.2.5 电弧炉氧燃烧嘴技术

在交流电弧炉三个冷区的炉壁上安装可伸缩氧燃烧嘴，在熔化期向熔池喷入氧气、煤粉或重油、柴油、天然气等燃料，使冷区的温度尽快提高，促进了炉料的同步熔化和熔池温度的均匀化。由于电弧炉熔化期占全部冶炼时间的 65%以上，其电能消耗占全部冶炼电耗的 70%左右，因此使用氧燃烧嘴后，可以缩短熔化期，改善电弧炉的冶炼指标。

11.2.6 强化供氧技术

近代电弧炉炼钢大量使用氧气，有的甚至达到 $45m^3/t$，冶炼周期可缩短至 40～60min。现代电弧炉炼钢过程中，水冷超声速氧枪已广泛地用于助熔、脱碳和炉内供氧操作中。近年来电炉炼钢出现了一种新氧枪即集束射流氧枪。与超声速氧枪相比，集束射流氧枪具有氧气射流长度大、吸入空气少、射流发散小、衰减慢和射流冲击力大等优点。

11.2.7 直流电弧炉

1982 年，世界上第一台用于实际生产的直流电弧炉在德国投产，其结构的特点是只有 1 根炉顶石墨电极和炉底电极。直流电没有集肤效应和邻近效应，因此在石墨电极和导电体截面中，电流的分布是均匀的，从而可以减少这些部件的尺寸和重量。全部电流都要通过炉顶中心的单电极，为此须采用电流密度大的超高功率石墨电极。

直流电弧炉的主要优点是：石墨电极消耗大幅度降低；电压波动和闪变小，对前级电网的冲击小；只需一套电极系统，可使用与三相交流电弧炉同直径的石墨电极；缩短冶炼时间，可降低熔炼单位电耗 5%～10%；噪声水平可降低 10～15dB；耐火材料消耗可降低 30%；金属熔池始终存在强烈的循环搅拌。

11.3 连续铸钢新工艺新技术

11.3.1 高效连铸

高效连铸通常定义为五高：即整个连铸坯生产过程是高拉速、高质量、高效率、高作业率、高温铸坯。另外，高经济效益、高自动控制也提上了日程。

高效连铸技术是一项系统的整体技术，实现高效连铸需要工艺、设备、生产组织和管理、物流管理、生产操作以及与之配套的炼钢车间各个环节的协调与统一。

11.3.2 近终形连铸

连铸坯的断面形状接近于其轧制出产品断面形状的连铸技术称为近终形连铸。近年来，近终形连铸技术在带材特别是异型材生产方面发展较为突出，在其他形状的钢材生产中也不断发展。它主要包括薄板坯连铸、薄带连铸、异型坯连铸。

薄板坯连铸连轧工艺是指钢液经连续地铸成板坯后，为了充分利用铸坯余热及时送入轧机轧制成（板）材的新工艺。主要有以下三种组合方式：

（1）连铸-离线热装轧制。连铸-离线热装轧制指连铸与轧制不在同一作业中心线上，铸坯出连铸机先经切断后，热送（600~800℃）加热炉均热，再进行轧制。这种组合方式多用于多流连铸共轧机的场合。

（2）连铸-直接轧制。连铸-直接轧制指连铸坯出连铸机并经切断后，不经正式加热或略经均温及边角补热即直接进行轧制，是与连铸基本上同生产周期而不同步的轧制。

（3）连铸-在线同步轧制。连铸-在线同步轧制指连铸与轧制在同一作业中心线上，铸出连铸坯后，不经切断即直接进行与注速（即拉速）同步的轧制。即一台连铸机与一套轧机相匹配，炼钢车间与轧钢车间合二为一。

薄带连铸是直接浇铸厚度15mm以下的薄带坯，不再经热轧而直接冷轧成带材。

11.3.3 电磁搅拌技术

电磁搅拌器激发的交变磁场渗透到铸坯的钢水内，在其中感应产生电流，该感应电流与当地磁场相互作用产生电磁力，从而能推动钢水运动。根据安装位置不同，搅拌器可分为三种类型：

（1）结晶器电磁搅拌器（M-EMS），安装在连铸机的结晶器区，搅拌器跨于结晶器和足辊的也可以归入此类。

（2）二冷区电磁搅拌器（S-EMS），安装在连铸机的二冷段，包括足辊下搅拌器（IEMS）。

（3）凝固末端电磁搅拌器（F-EMS），安装在靠近连铸机凝固末端处。

合适的搅拌能够降低结晶器内钢液的过热度，改善凝固条件，促使夹杂物和气泡的聚集上浮，折断正在成长的柱状晶末端枝晶。这些都有利于提高连铸坯的内外质量。

11.3.4 轻压下技术

轻压下技术是在收缩辊缝技术的基础上发展而来的，通过在连铸坯液芯末端附近施加适当压力，产生一定的压下量来补偿铸坯的凝固收缩量。一方面可以消除或减少铸坯收缩形成的内部空隙，防止晶间富集溶质元素的钢液向铸坯中心横向流动；另一方面，轻压下所产生的挤压作用还可以促进液芯中溶质元素富集的钢液沿拉坯方向反向流动，使溶质元素在钢液中重新分配，从而使铸坯的凝固组织更加均匀致密，起到改善中心偏析和减少中心疏松的作用。

复习思考题

11-1　炼钢新工艺新技术主要有哪些？

11-2　什么是溅渣护炉技术，有什么优点？

11-3　什么是超高功率电弧炉，其优点是什么？

11-4　什么是高效连铸？

11-5　什么是近终形连铸？

第3篇

有色金属冶金

有色金属的冶金通常分为轻金属冶金、重金属冶金、贵金属冶金和稀有金属冶金四大类。

从19世纪开始，从金属的概念中分离出轻金属。所谓的轻金属，通常指密度小于$4500kg/m^3$的金属，一般指铝、镁、铍、碱金属和碱土金属。轻金属同氧、卤族元素、硫和碳的化合物都非常稳定，都是电负性很强的元素。轻金属性能优越，用途广泛，可以与其他金属构成合金，在工业上得到广泛应用。

重金属冶金是国民经济中重要的基础工业。目前，我国铜、铅、锌的产量都居世界首位。另外，重金属的矿物大多是多金属共生矿，而且主要是以硫化矿的形态存在，所以从重金属矿物原料中回收硫，是重金属冶金工业的一项重要任务。除硫以外，重金属矿物原料中还伴生有多种稀散金属和贵金属，所以重金属冶金工厂也是生产稀散金属和贵金属的工厂，可以提供20多种金属及其化工产品。

重金属的冶炼根据矿物原料和各金属本身特性不同，可以采用火法冶金、湿法冶金以及电化冶金等方法。另外几乎所有的重金属生产都是首先生产出粗金属，然后再进行精炼。精炼的方法有火法精炼和电解精炼。

无论是轻金属冶金还是重金属冶金，其发展的前景都很大。但冶金行业是能耗大户，也是污染较重的行业，冶金行业今后的发展是向低能耗、低污染、自动化控制方向发展。

12 铝 冶 金

铝是银白色的金属。纯度为99.99%的精铝，熔点为660.24℃，沸点为2500℃。铝具有良好的延性和展性，可以拉成铝线，压成铝板和铝箔。铝的化学活性很强。在空气中铝的表面会生成一层连续而致密的氧化铝薄膜，这层薄膜可防止铝继续被氧化，起到保护的作用，这就是铝具有良好的抗腐蚀能力的原因。

氧化铝是一种白色粉末，分子式为Al_2O_3，是典型的两性氧化物。其熔点为2050℃，真密度为3.5～3.6g/cm^3。无水氧化铝具有四种同素异构体：α-Al_2O_3，β-Al_2O_3，γ-Al_2O_3，δ-Al_2O_3。其中α-Al_2O_3和γ-Al_2O_3对于氧化铝生产和铝电解具有重要的意义。工业氧化铝中通常含有99%的氧化铝。

氢氧化铝在自然界中的结晶化合物有三种：三水铝石（$Al_2O_3 \cdot 3H_2O$）或$Al(OH)_3$；一水软铝石（γ-$Al_2O_3 \cdot H_2O$）；一水硬铝石（α-$Al_2O_3 \cdot H_2O$）。氢氧化铝是典型的两性化合物，可溶于无机酸和碱性溶液中。

由于铝具有密度小，导热性、导电性、抗腐蚀性良好等突出优点，又能与很多金属形成优质铝基轻质铝合金，所以铝在现代工业技术上应用极为广泛。铝的应用形式有：纯铝、高纯铝和铝合金。

纯铝在电气工业上用作高压输电线，电缆壳，导电板以及各种电工制品。

高纯铝具有特殊良好的性能，广泛应用于低温电工技术和其他重要领域。

铝合金在交通运输以及军事工业上用作汽车、装甲车、坦克、飞机以及舰艇的部件。

此外，铝合金还用于建筑工业，轻工业中用纯铝和铝合金制作包装品、生活用品和家具。

氧化铝主要用于电解铝工业，随着科技的发展，非冶金用氧化铝得到迅速发展，特别是在电子、石油、化工、耐火材料、陶瓷等部门。目前非冶金用氧化铝的使用量已占氧化铝总量的10%以上，现仅非冶金用氧化铝的品种可达200多种。

12.1 氧化铝的生产

铝在地壳中的含量约为8.8%，地壳中的含铝矿物约有250种，但炼铝最主要的矿石资源只有铝土矿，世界上95%以上的氧化铝是用铝土矿生产的。铝土矿中主要的含铝矿物为三水铝石（$Al_2O_3 \cdot 3H_2O$）、一水软铝石（γ-$Al_2O_3 \cdot H_2O$）和一水硬铝石（α-$Al_2O_3 \cdot H_2O$），因此，按矿物的存在形态不同，铝土矿可划分为三水铝石型铝土矿、一水软铝石型铝土矿、一水硬铝石型铝土矿和混合型铝土矿等多种类型。

铝土矿中含Al_2O_3量一般为40%～70%。对于氧化铝生产来说，衡量铝土矿质量标准还有铝硅比（矿石中全部Al_2O_3含量与SiO_2质量比），目前工业生产上要求铝土矿的铝硅比不低于3～3.5。除铝土矿外，可用于氧化铝生产的其他原料还有：明矾石

$(Na, K)_2SO_4 \cdot Al(SO_4)_2 \cdot 4Al(OH)_2$、霞石 $(Na, K)_2O \cdot Al_2O_3 \cdot SiO_2$、高岭土 $Al_2O_3 \cdot 2SiO_2 \cdot 2H_2O$ 等。

氧化铝的生产方法大致可分为碱法、酸法、酸碱联合法和电热法，但在工业上得到应用的只有碱法。

碱法是用碱（工业烧碱 NaOH 或纯碱 Na_2CO_3）处理铝土矿，使矿石中的氧化铝变为可溶的铝酸钠，而矿石中的铁、钛等杂质和绝大部分的硅则成为不溶解的化合物。将不溶解的残渣（称作赤泥）与溶液分离，经洗涤后弃去或综合处理利用。将净化的铝酸钠溶液（称作精液）进行分解以析出氢氧化铝，经分离洗涤和煅烧后，得到产品氧化铝。分解母液则循环使用处理铝土矿。

碱法生产氧化铝有拜耳法、烧结法和拜耳—烧结联合法等多种流程。

12.1.1　拜耳法生产氧化铝

拜耳法是一个完整的循环生产过程，可由下述基本反应方程式说明：

$$Al_2O_3\ (1 \text{或} 3) \cdot H_2O + 2NaOH \rightleftharpoons 2NaAl(OH)_4 + aq$$

主要生产工序包括：铝土矿原料准备、高压溶出、压煮矿浆的稀释、赤泥分离洗涤、晶种分解、氢氧化铝分离洗涤、煅烧、母液蒸发和苛化。

12.1.1.1　铝土矿原料准备

该工序主要包括矿石的破碎和细磨。铝土矿的破碎和细磨是为了保证下一个工序能得到必须粒度的原料。从矿山开采的铝土矿有直径达 40~50mm 的大块，通常用颚式破碎机或锤式破碎机进行粗碎，破碎至原矿块度的 1/5~1/10；然后再用圆锥破碎机进行中碎，破碎至原矿块度的 1/30 左右；细磨铝土矿是为了使原料形成化学反应所必需的表面，一般采用球磨机进行湿磨。

12.1.1.2　铝土矿矿浆预脱硅

经过湿磨的铝土矿矿浆需经过预热、再加热到溶出需要的温度，以进行溶出反应。在预热过程中铝土矿所含的易于与碱液作用的硅矿物在常压下即开始与碱液反应而进入溶液，使溶液中的氧化硅迅速增加，然后又成为溶解度很小的水合铝硅酸钠（俗称钠硅渣）从溶液中析出，在预热器表面形成结垢。为防止在矿浆加热过程中，由于硅渣析出产生结垢，近年来工业上采取“预脱硅”措施，即在矿浆进入预热器之前，将矿浆在 95℃ 以上保持 6~8h，使进入溶液中的氧化硅先行脱除。

12.1.1.3　铝土矿的溶出

铝土矿的溶出通常是在高于溶液常压沸点的温度下，用苛性碱溶液处理的化学反应过程，所以也叫高压高温溶出反应。

（1）对于三水铝石型铝土矿：

$$Al(OH)_3 + NaOH \longrightarrow NaAl(OH)_4$$

（2）对于一水软铝石型铝土矿：

$$AlOOH + NaOH + H_2O \longrightarrow Na(OH)_4$$

（3）对于一水硬铝石型铝土矿：

$$AlOOH+NaOH+Ca(OH)_2+H_2O \longrightarrow Na(OH)_4+Ca(OH)_2$$

铝土矿中以赤铁矿形式存在的氧化铁，在溶出时不与苛性碱反应，且对溶出过程本身不起作用，但铝土矿中的 Fe^{2+}化合物是有害杂质，会恶化赤泥的沉降分离。

铝土矿中 TiO_2主要以锐钛矿和金红石存在，溶出时锐钛矿和金红石易与 NaOH 反应生成钛酸钠。

铝土矿中的硫主要来自黄铁矿，溶出时硫以硫化钠（Na_2S）形式进入溶液，逐渐被空气氧化而生成硫酸钠（Na_2SO_4），造成苛性碱的损失。母液蒸发时多余的 Na_2SO_4还会结晶析出，使溶液中的硫含量保持一定浓度。

铝土矿中的碳酸盐（主要为 $CaCO_3$、$MgCO_3$、$FeCO_3$）在溶出过程中和溶液反应生成 Na_2CO_3，消耗了苛性碱。由于 Na_2CO_3的积累，会引起母液蒸发的困难。

铝土矿中有机物在溶出过程中大部分溶解成为腐植酸钠。腐植酸钠不断被氧化而分解成草酸钠和碳酸钠。溶液中的草酸钠在加入种子分解过程中易吸附于种子表面，妨碍氢氧化铝结晶析出。

铝土矿中的镓、磷、钒等都属于微量元素。镓是铝的同族元素，在自然界中与铝共生，它是氧化铝生产中最有价值的副产品。V_2O_5在溶出过程中大部分溶解生成钒酸钠，可用母液冷却的方法使钒盐分离，作为一种副产品，用作含钒产品的原料。磷在溶出时以 Na_3PO_4进入溶液，如有石灰存在，Na_3PO_4将以磷酸钙 $Ca_3(PO_4)_2$形式析出，并进入赤泥。

由以上所述可见，拜耳法溶出铝土矿的结果是：得到含有某些数量的碳酸盐、硫酸盐、硅、镓、磷、钒、有机物等杂质的铝酸钠溶液，即所谓的工业铝酸钠溶液；固体残渣（赤泥）则主要含有氧化铁、水合铝硅酸钠、水合铝硅酸钙和水合钛酸钙等。

管道溶出技术是氧化铝生产比较先进的技术，它是使高温溶出料浆流经夹层套管的外层，将在内管反向流动的原矿浆加热后，再进一步加热实现溶出。

12.1.1.4 赤泥的分离与洗涤

赤泥的分离与洗涤的目的是：

（1）从铝土矿溶出料浆中得到纯净的铝酸钠溶液。

（2）尽可能减少由赤泥以附着碱液形式带走的 Na_2O 和 Al_2O_3 的损失。

赤泥的分离与洗涤过程一般包括下述步骤：

（1）赤泥料浆稀释。溶出料浆在分离赤泥之前须用赤泥洗液予以稀释，以降低料浆溶液的黏度，提高分离效率；降低溶液的浓度，使之适合加晶种分解的要求；随着溶液浓度的降低可进一步促进溶液的继续脱硅，减少氧化硅含量。

（2）沉降分离。稀释后的赤泥料浆送入沉降槽，分离出大部分溶液。

（3）赤泥反向洗涤。将分离沉降槽的底流（浓稠赤泥料浆）进行多次反向沉降洗涤，使赤泥附液损失控制在工艺要求限度之内。

（4）溢流控制过滤。将分离沉降槽溢流用叶滤机进行控制过滤，使滤液中浮游物含量不超过工艺要求的限度。

12.1.1.5 铝酸钠溶液晶种分解

生产中对拜耳法铝酸钠溶液加晶种分解的工艺要求是：

（1）得到较高的氧化铝产出率或分解率。

（2）产物氢氧化铝晶体应有适宜的粒度分布和机械强度。

从过饱和的铝酸钠溶液中结晶析出氢氧化铝，可用下式表示：

$$Al(OH)_4^- + x\,Al(OH)_3 \longrightarrow (x+1)\,Al(OH)_4 + OH^-$$

在铝酸钠溶液加晶种分解过程中，析出的氢氧化铝晶体可有如下的形成机理：次生成核，结晶成核，晶粒附聚，晶粒破裂。

（1）次生成核。次生成核是指在加有晶种的过饱和铝酸钠溶液中产生新晶核的过程。次生成核所产生的新晶核则称为次生晶核。在原始溶液过饱和度高和加入的晶种表面积小的条件下，用电镜观察可以看到，首先是晶种表面变得粗糙，长成向外突的细小晶体，在颗粒相互碰撞以及流体剪切作用下，这些细小晶体脱离母晶而落入溶液中，成为新晶核。铝酸钠溶液晶种分解过程中的次生晶核是产生大量细粒氢氧化铝的主要原因之一。

（2）附聚。在适当条件下，一些细小的晶种颗粒（特别是20μm以下的），由于相对运动而碰撞并黏结成为一个较大的颗粒，同时伴随有颗粒数目的减少。附聚现象包括以下两个阶段：

1）细小晶粒互相碰撞，产生由两个或两个以上原始颗粒组成的松弛的絮团；

2）该絮团被从铝酸钠溶液中析出的氢氧化铝“充填空隙”，将各个晶粒黏结在一起，形成较为牢固的附聚物。

附聚过程仅发生在分解过程中的前6~8h。附聚物颗粒再进一步结晶生长，可以得到机械强度较大的粗颗粒氢氧化铝。晶体的长大与晶粒的附聚导致氢氧化铝结晶变粗。

（3）破裂和磨损。在加晶种分解过程中，氢氧化铝颗粒的破裂和磨损产生的细颗粒都可称为“机械成核”。当搅拌强烈时，粗颗粒会发生破裂，而当搅拌强度不大，但颗粒强度小时，则会出现颗粒的磨损。砂状氧化铝的强度决定于氢氧化铝强度及组成多晶集合体的晶粒大小。

高浓度铝酸钠溶液的分解方法有两大类：一类是晶种不分级，粗细晶种同时加入的方法，称一段法，其工艺较为简单。另一类是将晶种分成粗细两种，细晶种先加入高温区附聚，粗晶种后加入晶体长大，称二段法。世界上生产砂状氧化铝的技术有两大流派：一是以美国和加拿大铝业公司为首的低碱浓度、低α_k、砂状分解技术；二是以法铝和瑞铝为首的高碱浓度、较高α_k条件下的生产砂状氧化铝分解技术。

晶种分解设备系统包括：分解原液冷却，分解槽及氢氧化铝的分离和洗涤。

（1）分解原液冷却。经控制过滤后的铝酸钠溶液（95℃）进行冷却，使之成为具有规定分解初温的过饱和溶液。近代冷却设备有板式热交换器和闪速蒸发器等。

（2）分解设备。现代晶种分解槽为单体容积1000~3000m^3的大型设备，有风力搅拌和机械搅拌两种形式的分解槽。

12.1.1.6　氢氧化铝分离和洗涤

氢氧化铝产品粒度较大，过滤性能和可洗性能良好，故选用过滤分离和洗涤，可用不同的流程和设备。有的工厂用旋流器、弧型筛或分级器将氢氧化铝分级，细粒部分用作晶种，粗粒部分做产品。细粒部分按分级的粒级分别作为附聚用晶种和生长用晶种。分离洗涤用的过滤设备有三种：转鼓过滤机，适用于细粒氢氧化铝的洗涤；立盘式过滤机，只能用于分离，不能同时进行洗涤；平盘过滤机，最适用于粗颗粒氢氧化铝分离洗涤。

12.1.1.7 氢氧化铝的煅烧

铝酸钠溶液加晶种分解所得的氢氧化铝结晶是多晶集合体，通常含有12%～14%的附着水。这种氢氧化铝在煅烧过程中将发生附着水的蒸发、氢氧化铝结构水的脱水及相变。从三水铝石经加热脱水到转变为 $\alpha\text{-}Al_2O_3$ 之前，要经过一系列的中间相，其转变过程与原始氢氧化铝的粒度和加热条件有关。

微粒的氢氧化铝（$<10\mu m$）在空气中加热时，于130℃开始脱水，并按下列过程转变为 $\alpha\text{-}Al_2O_3$：

$$\text{三水铝石}\xrightarrow{130^{\circ}C}\chi\text{-}Al_2O_3\xrightarrow{\sim 800^{\circ}C}\kappa\text{-}Al_2O_3\xrightarrow{\sim 1100^{\circ}C}\alpha\text{-}Al_2O_3$$

较粗粒度的氢氧化铝则在150℃以上生成 $\chi\text{-}Al_2O_3$ 和一水软铝石的混合物，随温度的提高，各按不同的过程转变：

$$\begin{array}{ccccccc}
\text{三水铝石} & \xrightarrow{150^{\circ}C} & \chi\text{-}Al_2O_3 & \xrightarrow{\sim 800^{\circ}C} & \kappa\text{-}Al_2O_3 & \xrightarrow{\sim 1100^{\circ}C} & \alpha\text{-}Al_2O_3 \\
\downarrow 200^{\circ}C & & & & & & \uparrow \sim 1100^{\circ}C \\
\text{一水软铝石} & \xrightarrow{\sim 450^{\circ}C} & \gamma\text{-}Al_2O_3 & \xrightarrow{\sim 900^{\circ}C} & \delta\text{-}Al_2O_3 & \xrightarrow{\sim 1000^{\circ}C} & \alpha\text{-}Al_2O_3
\end{array}$$

工业氢氧化铝的粒度一般都是几十微米，大颗粒氢氧化铝加热时生成一水软铝石，可能与晶体颗粒内部产生的蒸汽压有关。三水铝石脱水只能形成 $\chi\text{-}Al_2O_3$，但由于大粒结晶或大量物料使水的排出受到阻碍，出现热压条件，$\chi\text{-}Al_2O_3$ 吸收高压水蒸气而形成一水软铝石。再者，大粒结晶易受热压冲击产生裂缝，降低氧化铝磨损强度。最后完全形成 $\alpha\text{-}Al_2O_3$（刚玉）的温度为1300℃。

煅烧过程的特点是作业温度高，热耗大。以往多采用能耗和损耗高的回转窑进行煅烧。目前采用较多的是循环流态化煅烧炉和流化闪速煅烧炉。

12.1.1.8 分解母液蒸发

拜耳法的种分母液和烧结法的碳分母液一般都必须经过蒸发。蒸发的主要目的是排除流程中多余的水分，保持循环系统中的水量平衡，使母液蒸发到符合拜耳法溶出或烧结法生料浆配料所要求的浓度。

进入生产流程中的水分主要有赤泥洗水、氢氧化铝洗水、原料带入和蒸汽直接加热的冷凝水。除随弃赤泥带走以及在氢氧化铝煅烧和熟料烧结等过程排出的水分外，流程中多余水分统统由蒸发工序排出。

拜耳法种分母液蒸发还有从流程中排出碳酸钠等盐类杂质的作用。碳酸钠主要来自铝土矿中的碳酸盐，并在过程中循环积累。碳酸钠在铝酸钠溶液中的溶解度随总碱浓度的增高而急剧下降。所以当分解母液蒸发到某种浓度时，过饱和的碳酸钠即呈 $Na_2CO_3 \cdot H_2O$ 结晶析出。蒸发析出的一水碳酸钠结晶，在拜耳法中用石灰进行苛化处理，以回收苛性碱：

$$Na_2CO_3 + Ca(OH)_2 = 2NaOH + CaCO_3$$

现今氧化铝工业的蒸发设备都是采用蒸汽加热，我国多采用外加热式自然循环蒸发器，国外多采用传热系数高的膜式蒸发器。

12.1.2　烧结法生产氧化铝

在碱石灰烧结法中，将铝土矿与一定量的碳酸钠、石灰配成炉料进行烧结，使氧化硅与石灰化合成不溶于水的原硅酸钙 $2CaO \cdot SiO_2$，而氧化铝与碳酸钠化合成可溶于水的铝酸钠 $Na_2O \cdot Al_2O_3$，氧化铁与碳酸钠化合成可水解的铁酸钠 $Na_2O \cdot Fe_2O_3$。将烧结产物(通称烧结块或熟料）用水或稀碱溶液浸出，其中铝酸钠易溶于水和稀碱溶液，铁酸钠则易水解为 NaOH 和 $Fe_2O_3 \cdot H_2O$，原硅酸钙则不溶于水和稀碱溶液。这样，通过溶出，可以得到含有 $Al_2O_3 \cdot Na_2O$ 的铝酸钠溶液和含有 $Fe_2O_3 \cdot H_2O$、$2CaO \cdot SiO_2$ 的固体杂质，经过赤泥分离洗涤，得到铝酸钠溶液，再经过脱硅精制后，通入 CO_2 气体，降低铝酸钠溶液的稳定性，析出氢氧化铝晶体，此法称为碳酸化分解。碳分母液主要含有 Na_2CO_3，通过蒸发处理，可再用去配料。烧结法中碱也是循环使用的。

烧结法的主要工艺过程有：生料配制和烧结；熟料溶出和赤泥分离洗涤；粗液脱硅；碳酸化分解；氢氧化铝的分离洗涤；氢氧化铝煅烧；碳分母液蒸发。

12.1.2.1　铝土矿生料的烧结

烧结铝土矿生料的目的在于将生料中的氧化铝尽可能完全转变为铝酸钠，而氧化硅变为不溶解的原硅酸钙。目前在碱石灰烧结法中都是采用湿料烧结，即将碳分母液蒸发到一定浓度后，与铝土矿、石灰（或石灰石）和补加的碳酸钠按要求的比例配合，送入球磨机中混合磨细，再经调整成分，制成合格的生料浆进行烧结。

工业上烧结铝土矿生料浆的设备是回转窑，如图 12-1 所示。回转窑可用煤气、粉煤和液体等各种类型的燃料。因粉煤比较便宜，且灰分中的 Al_2O_3 可得到回收，故一般多采用粉煤作烧结用的燃料。

如图 12-1 所示，调整好成分的生料浆，用泥浆泵通过喷枪从窑的冷端喷入窑内。料浆在喷出时雾化成很细的细滴，与窑气很好的接触，强烈进行热交换，水分迅速蒸发，干

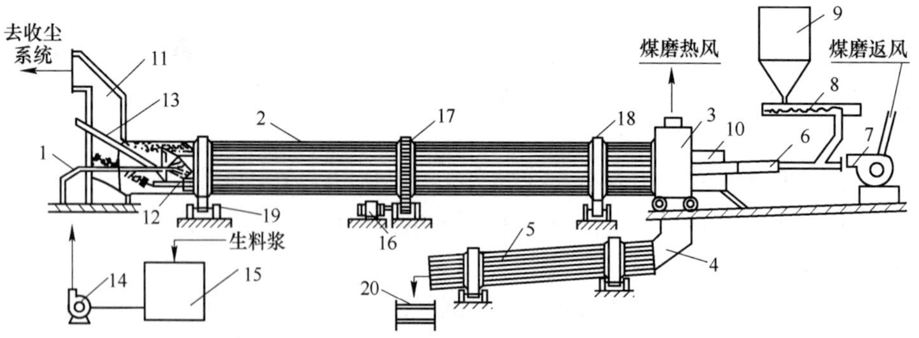

图 12-1　碱石灰铝土矿生料烧结回转窑设备系统

1—喷枪；2—窑体；3—窑头罩；4—下料口；5—冷却机；6—喷煤管；7—鼓风机；8—粉煤螺旋输运机；9—煤粉仓；10—着火室；11—窑尾罩；12—刮料板；13—返灰管；14—高压泵；15—料浆槽；16—电动机；17—大齿轮；18—滚圈；19—拖轮；20—裙式运输机

生料落在炉衬上，逐步地受热并向炉的高温带（1200～1300℃）移动，使炉料得到烧结。烧结的结果：得到主要由铝酸钠、铁酸钠和原硅酸钙组成的疏松多孔的块状炉料与含尘炉气。熟料经冷却、破碎送去溶出；炉气经过除尘净化后供给碳酸化过程，作为 CO_2 的来源。

12.1.2.2 熟料的溶出

溶出的目的是使熟料中的铝酸钠尽可能完全地进入溶液，同时尽可能避免其他成分溶解，从而获得铝酸钠溶液与不溶残渣。

溶出过程的主要反应如下：

（1）铝酸钠（$Na_2O \cdot Al_2O_3$）。铝酸钠易溶于水和稀碱溶液，形成铝酸钠溶液：

$$Na_2O \cdot Al_2O_3 + 2H_2O \longrightarrow 2Na^+ + 2Al(OH)_4^-$$

（2）铁酸钠（$Na_2O \cdot Fe_2O_3$）。铁酸钠不溶于水，在溶液中发生水解，生成 $Fe_2O_3 \cdot H_2O$ 沉淀和 NaOH：

$$Na_2O \cdot Fe_2O_3 + H_2O \longrightarrow 2NaOH + Fe_2O_3 \cdot H_2O$$

溶出过程中其他成分的行为：

钛酸钙（$CaO \cdot TiO_2$）：熟料中的钛酸钙在溶出时不发生任何反应，残留于赤泥中。

Na_2S、CaS、FeS 等二价硫化物：熟料中的 Na_2S、Na_2SO_4 在溶出时直接转入溶液，而 CaS、FeS 在溶出时部分地被 NaOH 和 Na_2CO_3 所分解，变为 Na_2SO_4 转入溶液。这样，熟料中的二价硫化物仍能部分地造成碱的损失。

在熟料溶出过程中，原硅酸钙以 $\beta\text{-}2CaO \cdot SiO_2$ 形态存在。溶出时，原硅酸钙与溶液之间会发生一系列的反应，使已进入溶液中的有用成分 Al_2O_3 与 Na_2O 进入赤泥而损失掉。因而，由原硅酸钙所引起的反应称为熟料溶出时的副反应或二次反应；由此而引起的 Al_2O_3 和 Na_2O 的损失，叫做二次反应损失。在工业溶出条件下由于这一损失，使氧化铝和氧化钠的溶出率降低。若溶出条件不好，这一损失还会更大。

在烧结法生产氧化铝中，熟料的溶出过程是在湿式球磨机中进行的。根据低铁熟料的特点开发出低苛性比二段磨料的溶出流程，此工艺大大减少了二次反应损失，将碱石灰烧结法提高到一个新的水平。二段磨料溶出特点是：利用通用的设备来实现赤泥的迅速分离，物料在一段湿磨内停留的时间只有几分钟，进入分级机后，将 50%～60%的赤泥送入二段磨继续溶出。一段分级机溢流料浆通过圆筒过滤机滤出赤泥。这样就使一段分级机溢流中的赤泥尽快地从溶液中分离出来，以减轻其中 $2CaO \cdot SiO_2$ 的分解。二段磨中的 Na_2O 浓度降低，二次反应液显著减少，加上溶液的苛性比保持在 1.25 左右，从而使 Al_2O_3 和 Na_2O 的净溶出率大大提高。

12.1.2.3 铝酸钠溶液脱硅

拜耳法中铝酸钠溶液的脱硅在高压溶出时即已发生，在铝酸钠溶液的稀释和赤泥分离的过程中脱硅作用仍在进行。自动脱硅的结果是，溶液的硅量指数 A/S（溶液中的 Al_2O_3 与 SiO_2 的质量比）一般达到 200～250，这样的溶液完全能够满足晶种分解对溶液含硅量的要求，所以无须设置专门的脱硅工序。烧结法中没有自动脱硅的可能，因为在溶出及赤泥分离过程中，虽然溶液中的氧化硅不断的转入沉淀，但赤泥中的原硅酸钙同时又不断地被碱分解，因而溶液中的硅含量始终维持较高。同时，在碳酸化分解时，要求尽可能地提高分解率，而分解率的高低又取决于溶液的硅量指数。提高分解率必须相应地提高溶液的硅量指数，才能保证产品 $Al(OH)_3$含硅量合格。为了达到90%的分解率，溶液的硅量指数必须达到400左右，因此，烧结法中铝酸钠溶液的脱硅成为了一个单独的工序。

含大量 SiO_2的铝酸钠溶液，在碳酸化分解时，SiO_2将随氢氧化铝一起析出，降低产品的纯度，因此，在碳酸化分解之前，必须对铝酸钠溶液进行专门的脱硅处理，制成精液。

目前我国碱—石灰烧结法厂，采用的二次脱硅工艺在现有的生产条件下其精液硅量指数只能达到450左右。这是由于一次脱硅产物钠硅渣未经分离便添加石灰乳进行二次脱硅所致。由于脱硅浆液中含有20g/L左右的钠硅渣，钠硅渣不分离再添加石灰进行二次脱硅时，当 SiO_2迅速被石灰化合为钙硅渣析出时，溶液中的 SiO_2浓度急剧降低，由于钠硅渣与钙硅渣溶解度相差很大，钠硅渣迅速溶解，即溶液中同时进行着脱硅和钠硅渣溶解两个过程，因而势必会影响加石灰的脱硅深度。若保证脱硅深度，氧化铝损失又很大。因此，为了进一步提高精液的硅量指数来生产砂状氧化铝，有研究提出钠硅渣分离加石灰乳脱硅工艺及三次脱硅工艺。

钠硅渣分离深度脱硅工艺是把一次脱硅所生成的含水铝硅酸钠进行分离后，硅量指数大于300的铝酸钠溶液再添加石灰乳进行深度脱硅，深度脱硅所得的二次精液的硅量指数大于1000。

三次脱硅工艺是指在烧结法中的二次脱硅的精液中再添加少量的石灰乳在反应槽内反应1~1.5h，作铝酸钠溶液的深度脱硅，可获得硅量指数达800以上的精液。

现在工业上常规采用“沉降槽+叶滤机+过滤机”三位一体的设备。也有单独使用袋滤机完成脱硅任务的。

12.1.2.4 铝酸钠溶液的碳酸化分解

碳酸化分解是以含 CO_2的炉气处理铝酸钠精液。一般认为，CO_2的作用在于中和精液中的苛性碱，使精液的苛性比降低，从而降低铝酸钠精液的稳定性，引起精液的分解。碳酸化的初期发生中和反应：

$$2NaOH + CO_2 = Na_2CO_3 + H_2O$$

当一些苛性碱转变为碳酸钠后，铝酸钠溶液的稳定性降低，发生水解反应而析出氢氧化铝：

$$2NaO \cdot Al_2O_3 + 4H_2O = 2NaOH + Al_2O_3 \cdot 3H_2O$$

由于分解时生成的苛性碱不断被 CO_2所中和，因此铝酸钠溶液有可能完全分解。

碳分过程中二氧化硅的行为很重要，因为它关系到产品氢氧化铝中 SiO_2的含量。二氧化硅在碳分过程中的行为与氢氧化铝有所不同，在碳酸化分解的初期，氢氧化铝与二氧化硅大约有相同的析出率。在此之后，氢氧化铝大量析出，而溶液中的二氧化硅含量几乎不变。当碳酸化继续深入到一定程度后，二氧化硅析出速度又急剧增加。这种现象的产生是由于碳酸化初期析出的氧化铝水合物具有极大的分散度，能吸附 SiO_2。这种吸附作用随 $Al(OH)_3$结晶长大而减弱，所以氢氧化铝继续析出时，其中 SiO_2含量还相对减少。直到分解末期，溶液中的 Al_2O_3 浓度降低，溶液中的 SiO_2达到介稳状态，因此再通入 CO_2使 $Al(OH)_3$继续析出时，SiO_2也就剧烈析出。所以，用控制分解深度的办法可得到含 SiO_2很低的、质量好的氢氧化铝；同时还可用添加晶种的办法改善氢氧化铝的粒度组成，以防止碳分初期 SiO_2 的析出。

生产上通常用净化过的含 CO_2 10%~14%的炉气，在带有链式搅拌槽的碳酸化分解槽中进行碳酸化分解（见图 12-2），温度控制在 70~80℃。由于添加晶种能显著提高产品质量，故在一些烧结法氧化铝厂中，按晶种系数 0.8~1.0 添加晶种。CO_2 气体经若干支管从槽的下部通入，并经槽顶的气液分离器排出。

碳酸化后，使碳酸钠母液与氢氧化铝分离，前者返回配料，后者经过洗涤，煅烧制成氧化铝。

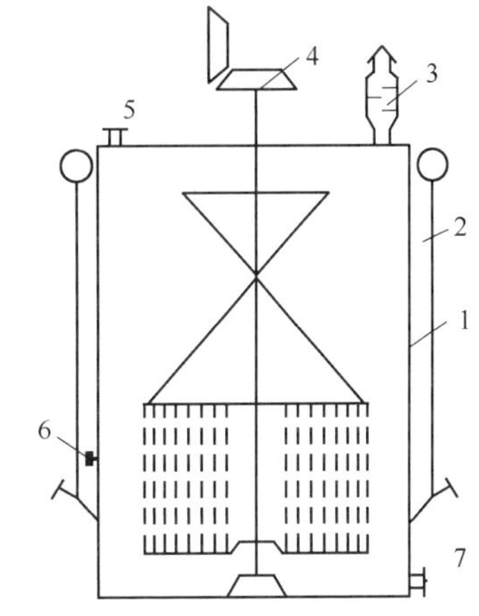

图 12-2 圆筒形平底碳分槽
1—槽体；2—进气管；3—气液分离器；4—搅拌器；5—进料管；6—取样管；7—出料管

12.1.3 化学品氧化铝生产

氧化铝除主要作为电解炼铝的原料之外，它和它的水合物在陶瓷、磨料、医药、电子、石油化工以及耐火材料等许多工业部门也得到广泛的应用。我们把这种非电解炼铝用氧化铝及其他特殊用途的氧化铝水合物统称为化学品氧化铝，或称多品种氧化铝，也称特种氧化铝等。化学品氧化铝是以工业铝酸钠溶液、工业氢氧化铝和氧化铝为原料，经过特殊加工处理制成，在晶型结构、化学纯度、外观形状、粒度组成、化学活性等物化性质上别具特色，因而具有某些特殊用途，而其主要化学成分（除去附着水、结晶水以外）仍为氧化铝。

氧化铝厂尤其是烧结法氧化铝厂具有生产化学品氧化铝的原料和工艺条件：中间产品——工业铝酸钠溶液，可作为深度加工的原料，它的有机物等杂质含量低，易得到高纯度、高白度的产品；再者，自制的高浓度二氧化碳气体，可以代替其他化工部门生产催化剂或载体，是必不可少的酸、碱或盐类等昂贵的化工原料，也不需要耐腐蚀特殊设备，投资少、成本低、见效快；此外，产出的残渣废液量不多，而且还可以返回到氧化铝大生产流程充分利用，对自然环境无污染等。因此，在氧化铝厂大力发展化学品氧化铝的生产有很大优势。

化学品氧化铝品种繁多，性能各异，无统一的命名标准。综合现有化学品氧化铝的命名或叫法，大都根据以下几个方面来命名：按产品的物理化学性质命名，如高纯氧化铝、低钠氧化铝、低铁氢氧化铝、氢氧化铝微粉、氧化铝微粉、粗粒氢氧化铝、球形和柱状活性氧化铝等；按产品主要用途命名，如牙膏级氢氧化铝、硫黄回收催化剂、加氢脱硫催化剂载体、填料氢氧化铝和电瓷用氧化铝等；按产品生产方法或制备工序命名，如碳化铝胶、高温氧化铝、低温氧化铝等；按产品矿物学名称命名，如拟薄水铝石、氢氧化铝凝胶等。上述不少品种已形成不同牌号的系列产品，随着氧化铝工业的持续发展，化学品氧化铝的生产也展现了更好的前景。

12.1.3.1 化学品氧化铝的表征特性

化学品氧化铝的品种繁多，各有表征本身物化特性的项目和指标。目前，国内外化学品氧化铝性能常用的表征项目，一是化学纯度，除主要为 Al_2O_3 含量以外，还包含其他化学杂质的含量，如 SiO_2、Fe_2O_3、Na_2O、CaO、MgO 和 H_2O 等；二是物理性能，如形状、粒度和粒度组成、比白度、pH 值、孔容和孔径分布、堆积密度、比表面积、吸湿率、机械强度等。现对常用的表征物理性质名词概念解释如下：

(1) 粒度组成。表示颗粒物料按粒度尺寸大小的分布情况，一般以各粒级百分数表示。

(2) 比白度。即以氧化镁的白色为标准，对照表示其他物质颜色的白度，以%表示。

(3) pH 值。定义为氢离子浓度的负对数（$pH=-\lg[H^+]$），用来表示溶液呈酸性或碱性的强弱程度。pH=7 为中性；pH>7 呈碱性；pH<7 呈酸性。

(4) 孔容。又称孔体积，是物质内部的微孔体积，即为单位固体物质内部空穴体积，用 mL/g 表示，是衡量物质活性大小的重要指标之一。

(5) 孔径分布。是表示孔体积按孔径尺寸大小的分布情况，是衡量物质活性大小的重要指标之一。

(6) 吸湿率。表示固体物质对水蒸气和水分的吸附能力，以%表示。

(7) 机械强度。指颗粒物料承受外力作用时的抵抗能力。

(8) 磨损率。表示颗粒物料受冲击而自身相互摩擦或撞碎成为粉末的质量与原物质总质量的比值，用%表示。

(9) 体积密度。指在自然状态下单位体积的物料的质量，以 kg/m^3 表示。

12.1.3.2　化学品氧化铝的生产方法

目前提取化学品氧化铝的生产方法较多，在选择不同的生产方法时主要考虑以下几个因素：

(1) 根据原料来源和种类不同。有的直接采用含铝矿物或铝土矿作生产原料，有的用金属铝、工业氧化铝和氢氧化铝以及工业铝酸钠溶液加工生产，也有从铝盐或铝酸盐及其他含铝副产物中提取的。

(2) 根据产品性质要求和用途不同。如化学氧化铝在化工、石油、陶瓷、磨料、造纸、塑料等工业部门广泛用于干燥、吸附、催化、填料和喷涂等方面，要求氧化铝产品在某一方面如化学纯度、晶型结构、粒度组成、颗粒形状、机械强度和活度等方面具有某种特殊性质。

(3) 根据地方工业的发展和布局需要，因地制宜发挥优势来选择生产方法。

现行氧化铝厂兼顾生产化学品氧化铝的主要生产方法有：碳酸化分解法、晶种搅拌分解法、水力离析分级和筛分法、机械粉碎或磨细法、高温或低温焙烧法以及快脱、成型、水洗方法等等。现将几种生产方法分述如下。

A　碳酸化成胶法

制造活性氧化铝成型产品时，首先都是生产出性质不同的氢氧化铝凝胶，如碳化铝凝胶，拟薄水铝石等，工业上称这一过程为成胶。

$$2NaAl(OH)_4 + CO_2 + aq = 2Al(OH)_3\downarrow + Na_2CO_3 + H_2O + aq$$

以铝酸钠溶液为原料，CO_2气体作沉淀剂的碳酸化成胶原理与烧结法氧化铝大生产中的碳酸化分解原理基本一致，不同的是前者析出结晶不完整的氢氧化铝凝胶或者 β 型氢氧化铝，后着析出结晶的普通氢氧化铝。由于控制的工艺条件不同，生产过程也略有差别。

初生的氢氧化铝凝胶是含有大量水分的胶体无定形沉淀物，具有不稳定性，在母液中迅速向具有一定晶型的氧化铝水合物方向转化。至于转化成哪一种晶型，则取决于介质种类、溶液浓度、温度、pH 值以及停留时间等条件。将新生成的氢氧化铝凝胶置于母液中，提温并保持一段时间，这一过程称为老化。老化的目的是促使成胶产物向所要求的晶型结构方向转化和增加稳定性，是分离洗涤等后续处理工序和最终产品性质及用途的需要。若在洗涤过程中自然老化，尽管晶型结构相类似，但其他性质却有较大差别。

成胶浆液的液固分离一般都采用自动板框压滤机。分离后的固体必须用蒸馏水或软化水搅拌洗涤数次，以降低其含碱量。同时洗涤也是物料进一步老化的过程，所以，在成胶产物生成以后，老化和洗涤工序也是制取氢氧化铝凝胶十分重要的环节，它将对生产的氢氧化铝凝胶及至下一步加工成的其他产品的物化性能造成影响。

B 晶种搅拌分解法

氧化铝大生产的实践证明，铝酸钠溶液添加晶种搅拌分解较碳酸化分解得到的氢氧化铝粒度小、杂质含量低。化学品氧化铝生产利用这一原理来制取细粒级或高纯度的氢氧化铝和氧化铝产品，如牙膏级氢氧化铝、微粉氢氧化铝和氧化铝、高纯氢氧化铝和氧化铝等。与氧化铝大生产采用种分法不同的是，化学品氧化铝生产是采用添加活性晶种，且在低温条件下进行的种分法。具有添加晶种量少，分解时间短和小设备高产能等特点。

C 颗粒成型法

生产活性氧化铝和氧化铝型催化剂及其载体颗粒产品时，都必须经过成型步骤，使粉末状物料变成具有一定机械强度、几何形状、尺寸大小以及使用活性等特性的颗粒，因此，选择成型方法很重要。按照用途的不同，产品颗粒可以制成粒状、圆柱形、球形(包括小球或微球)、片状等多种形状。除粒状颗粒外，其他形状的产品都是通过一定的成型方法得到的。在成型之前，粉末物料往往要先经过混合打浆，以促进物料的均匀分布，提高分散度，便于颗粒成型。同时，为了方便成型，常在粉末物料中添加少量黏结剂或润滑剂，以增加粉末的流动性和改变加压聚结性，如添加硝酸、铝溶胶等。粉末混合分为固-固混合和固-液混合两种。

一般在选择成型方法和成型机械时，首先应该考虑原料的性质、产品形状和添加剂种类等因素。目前，工业采用的成型方法主要有压缩成型法、挤出成型法、转动造粒法、喷雾成球法以及油中成型法。

压缩成型法是借助于外力作用，压缩装填在一定形状冲模中的粉状物料，使之压实、黏结和硬化而得到所要求的颗粒。产品具有形状一致、大小均匀、表面光滑、机械强度高等特点。

挤出成型法是将装入挤压机料缸内的黏结物料，通过油压活塞的推动力或螺旋输送压力的作用，使物料压缩聚结后，经过预制的多孔模板而挤出。挤出的圆柱条状靠自行断裂或以高速旋转的刃具割下，成为圆黏结状颗粒。该法生产的产品表面光滑、机械强度较高。但易弯曲，断面不整齐，适于长度要求不严的产品。

喷雾成型法是将固体粉末制成具有一定流动性的料浆，利用喷雾干燥的基本原理，通过雾化器使浆液分散为雾状液滴，在热风和载热晶种中喷涂干燥，得以成型长大，然后筛分而获得不同粒级范围的球形产品。该法生产的产品形状规则、表面光滑、机械强度较高，比其他成型产品的用途广泛得多。

12.2 铝 电 解

现代铝工业生产，主要采用冰晶石-氧化铝融盐电解法。直流电流通入电解槽，在阴极和阳极上起化学反应。电解产物：阴极上是铝液，阳极上是 CO_2和 CO 气体。铝液用真空抬包抽出，经过净化和澄清之后，浇铸成商品铝锭，其质量达到 99.59~99.80%Al。阳极气体含有少量有害的氟化物和沥青烟气，经过净化之后，废气排入大气，收回的氟化物返回电解槽。

12.2.1 铝电解用的原料

铝电解的原料是氧化铝。

氧化铝纯度是影响原铝质量的主要因素。对于电位正于铝的元素的氧化物杂质，如 SiO_2和 Fe_2O_3，都会被铝还原，还原出来的 Si 和 Fe 进入铝内，从而使铝的品位降低；而电位负于铝的元素的氧化物杂质，如 Na_2O 和 CaO，会分解冰晶石，使电解质组成发生改变并增加氟盐消耗量。P_2O_5则会降低电流效率。氧化铝中的水分是有害成分，将增加电解质中氟化物的水解而产生氟化氢损失，还会增加铝液中的氢含量。近些年，烟气净化系统已经可以解决这一问题，故对氧化铝中的灼减量可适当放宽。

我国现行氧化铝质量标准规定，一级氧化铝的杂质含量（不大于）：SiO_2 0.02%，Fe_2O_3 0.03%，Na_2O 0.05%，灼减 0.8%。

氧化铝的物理性质主要指 α-Al_2O_3 含量、真密度、体积密度、粒度、比表面、安息角及磨损系数等。氧化铝的物理性质，对于保证电解过程正常进行和提高气体净化效率，关系甚大。一般要求它具有较少的吸水性，能够较多较快地溶解在熔盐冰晶石中，加料时的飞扬损失少，并且能够严密地覆盖在阳极炭块上，防止它在空气中氧化。当氧化铝覆盖在电解质结壳上时，可起到良好的保温作用。在气体净化中，要求它具有较好的活性和足够的比表面积，从而能够有效地吸收 HF 气体。这些物理性质取决于氧化铝晶体的晶型、形状和粒度。砂状氧化铝呈球状，颗粒较粗，安息角小，其中 α-Al_2O_3 含量小于 50%，γ-Al_2O_3 含量较高，具有较大的活性，适用于在干法气体净化中用来吸附 HF 气体，以及在半连续下料的电解槽上用作原料，故目前砂状氧化铝得到迅速的发展。生产每吨铝所需的 Al_2O_3 量，从理论上计算等于 1889kg。实际上，工业氧化铝中含 $Al_2O_3$99%左右，以及在运输和加料过程中有尘散损失，所以生产每 t 铝所需的工业氧化铝量是 1920~1940kg。

电解过程对氧化铝提出下列要求：在电解质中溶解速度快；流动性好；粉尘量小；保温性能好；吸附 HF 能力强。这些都与上述诸性质有关。按照氧化铝的物理性质，可将其分为砂状、中间状和粉状三种，见表 12-1。

对电解铝来说，砂状氧化铝和粉状氧化铝都各有利弊。当前由于各国广泛采用中间下料的大型预焙阳极电解槽和干法烟气净化系统，以控制环境污染，于是要求其使用流动性好、溶解快、吸附 HF 能力强、粉尘量小的砂状氧化铝，现已成为一种发展趋势。

表 12-1 氧化铝的分类

分类特性	砂状	中间状	粉状
通过 45μm 筛网的粉料/%	<12	12~20	20~50
平均粒度/μm	80~100	50~80	50
安息角/(°)	30~35	35~40	>40
比表面积/$m^2 \cdot g^{-1}$	>35	>35	2~10
真密度/$g \cdot m^{-3}$	<3.70	<3.70	>3.90
体积密度/$g \cdot m^{-3}$	>0.85	>0.85	<0.75
α-Al_2O_3/%	25~35	40~50	80~95

铝电解用的熔剂包括冰晶石、氟化铝、氟化钙、氟化镁、氟化锂等几种。氧化铝溶解在冰晶石溶液内，构成冰晶石-氧化铝熔液。这种熔液在电解温度950℃左右能够良好的导电。它的密度大约是 2.1g/cm^3，比同一温度下铝液的密度是 2.3g/cm^{3}小 10%左右，因而能够保证铝液与电解液分层。在这种溶液里基本上不含有比铝更正电性的元素，从而能够保证电解产物铝的质量。此外，冰晶石-氧化铝溶液基本上不吸水，在电解温度下它的蒸汽压不高，因而具有较大的稳定性。

工业冰晶石是一种白色粉末，略粘手。工业氟化铝石是极细的白色粉末，不粘手，它在常压下加热时不熔化，而在高温下升华。目前铝电解工业上一般采用酸性电解质，故用氟化铝来调整电解质的 NaF/AlF_3的摩尔比。

为了改善铝电解质的性质，还采用一些添加剂，例如氟化钙、氟化镁、氟化锂等。

12.2.2 炭阳极

在铝电解过程中，高温的具有很大侵蚀性的冰晶石溶液直接同电极接触。在各种电极材料中，能够抵抗这种侵蚀性并且能良好地导电而价格又低廉的唯有炭素材料。因此目前铝工业均采用炭阳极和炭阴极。炭阳极在电解过程中参与电化学反应而连续消耗，炭阴极原则上只破损而不消耗。在炭阴极上经常有一层铝液覆盖着，这层铝液实际上就是阴极。

12.2.3 铝电解槽

铝电解槽是炼铝的主要设备。电解槽是一个钢制槽壳，内部衬以耐火砖和保温层。压型炭块嵌于槽底，充作电解槽的阴极。电流经由炭质槽底（阴极）与插入电解质中的炭质阳极通过电解质，完成电解过程。电解过程中，阳极不断消耗，同时要通过调整极距来调整电解液的温度。所以，电解槽正常操作需要经常升降阳极。因此，有悬挂和升降阳极的专门机构。

所谓极距，是指阳极底掌到金属铝液表面之间的距离，可以用垂直移动阳极的方法来改变这个距离。极距减少，电解温度降低；极距增大，电解温度就可提高。一般极距保持在 4~6cm。

现代铝工业有两类四种形式的电解槽：

(1) 自焙阳极电解槽。它又分为自焙阳极侧插棒式电解槽和自焙阳极上插棒式电解槽。

（2）预焙阳极电解槽。它又分为连续式预焙阳极电解槽和不连续式预焙阳极电解槽。

除了上述的四种形式的电解槽之外，还有一种多室电解槽，既可以用于氯化铝电解，又可用于氧化铝电解。

电解槽结构的现代化，除了在电能方面的降低，还必须有其他方面的改进。例如，生产操作的机械化和自动化，电解槽气体净化和综合利用等。

工业电解槽的构造，主要包括阳极、阴极和母线三部分。下面分别叙述不同形式电解槽的构造特点。

12.2.3.1　自焙阳极侧插棒式电解槽

自焙阳极侧插棒式电解槽适用于中小型电解铝厂。此种电解槽发热量少，因而需要加强保温。中型槽的结构如图 12-3 所示。

（1）基础。电解槽通常设置在地沟内的混凝土地基上面。在地基之上铺砌瓷砖和石棉板，然后安放电解槽槽壳。在现代铝电解厂房里，整流器的输出电压高达 800～1000V，故电解槽的基础应具有充分可靠的电绝缘。

（2）阴极。电解槽通常采用长方形刚体槽壳，外部用型钢加固。槽壳上口有槽沿板，槽沿板上焊接着挡料板，用以防止原料淌出。槽壳内部砌筑保温层，自上而下为 2 层石棉瓦，2～3 层硅藻土砖、2 层黏土耐火砖，其中还有 65mm 厚的氧化铝层。保温层之上为碳素垫，它由无烟煤、油焦和中硬沥青组成的“底糊”在 100～130℃下捣固而成，其作用是铺平耐火砖的表面，以便安放阴极炭块，保护耐火砖层免受电解质的侵蚀。然后在炭素垫的上面安放阴极炭块组。炭块组由炭块和阴极棒构成。阴极棒和炭块之间，用生铁浇铸。炭块组采取错缝排列，长的和短的错开，以保证槽底坚固耐久。炭块之间的缝隙用炭素底糊分层扎固。阴极棒和槽壳“窗口”之间的缝隙用水玻璃石棉灰堵塞，以免空气进入炭块氧化。电解槽槽壳的侧壁上，通常砌筑 2 层石棉瓦、1 层耐火砖和 2 层侧部炭块。槽膛内壁上通常用炭糊构筑斜坡，用来收缩铝液镜面并提高电流效率。

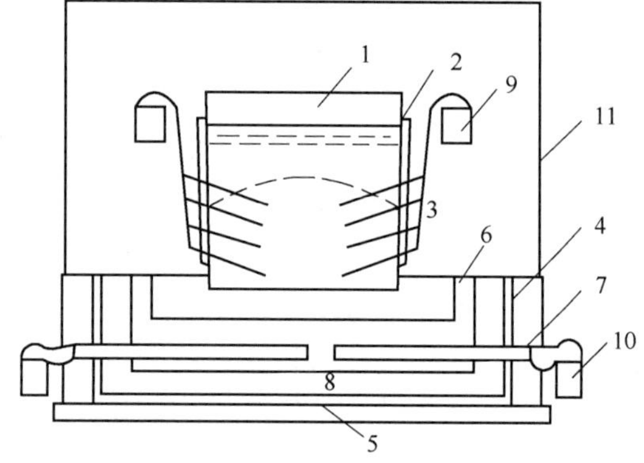

图 12-3　自焙阳极侧插棒式电解槽简图

1—铝箱；2—阳极框架；3—阳极棒；4—槽壳；5—底部加固型钢；6—边部炭块和底部炭块；7—阴极棒；8—保温层；9—阳极母线；10—阴极母线；11—槽帘

（3）阳极。炭阳极外面有铝箱和钢质框架。阳极棒用软钢制成，从阳极侧面插入，与水平面成 15°～20°，共有四排。其中上面两排棒不导电，属于备用，下面两排棒导电。

（4）上部金属结构。上部金属结构包括：支柱、平台、氧化铝料斗、阳极升降机构、槽帘和排烟管道。四个支柱装在槽壳的四角上，它的作用在于承担全面金属结构、阳极和导电母线束的重量 。电解槽是密闭的，阳极上产生的烟气由排烟管道排除。槽帘有平板式和卷帘式两种。设有自动下料装置的自焙槽是一种新的形式。

（5）导电母线和绝缘设施。铝电解槽的阳极母线、阴极母线和立柱母线均用铝板制作。但是阳极小母线采用铜板和软铜片焊成。由于铜板价格较贵，故铜母线电线的电流密度较大，一般为 1A/m^2，约为铝母线电流密度的 3~4 倍。

由于铝电解厂房内系列电压很高，电流强度很大，所以金属结构之间或金属结构与铝母线之间都有 $10^6\Omega$ 级的绝缘设施，以防短路。

12.2.3.2 预焙阳极电解槽

预焙阳极电解槽按其加料方式不同分为两种：边部下料电解槽和中部下料电解槽。这两种预焙槽的构造，在阳极、阴极、母线等方面是相同的，所不同的只是下料部位和方式。

（1）阳极炭块组。阳极炭块组包括阳极导杆、钢爪和炭块三部分。铝导杆用夹具夹紧在阳极母线大梁上。有三种炭块组：单块组、双块组和三块组。铝导杆下端与钢板的联接采取爆炸焊，钢板下面焊接圆柱形钢爪。阳极炭块成异型。炭块上有炭碗，钢爪分别插入此炭碗中。在钢爪与炭碗之间浇铸铸铁，在铸铁上面用炭糊捣固在铝环内。此种炭环在电解槽上自行烧结，可用来防止钢爪受电解质的侵蚀，并起到减少 Fe-C 电压降的作用。电解槽上有集气罩和排烟管。

（2）阴极装置。电解槽有长方形刚体槽壳，外壁和槽底用型钢加固。侧壁砌一层炭块和一层耐火砖。槽底铺一层阴极炭块，一层炭素垫，2 层耐火砖，2 层保温砖，一层氧化铝粉。此外，通常在槽膛内打一道斜坡。在中部下料预焙槽上，其侧壁保温层有所减薄，以适应边部不下料的需要。有不少工业槽，在阴极炭块下面全部铺设氧化铝作保温料。阴极炭块组由阴极炭块同埋设在炭块内的钢质导电棒构成。导电棒的数目可为一根或两根。在导电棒与炭块之间用生铁浇铸。现代电解槽有的采用通长的阴极炭块组，以减少中央部位的缝子。阴极棒也是一根通长的。为了减少槽底电压降，特意采用半石墨化或石墨化的阴极炭块。

（3）铝母线。铝电解槽有阳极母线、阴极母线和立柱母线，都用铝制作。铝母线有两种：压延母线和铸造母线。后者通常用于高电流的大型电解槽。铝母线的配置方式视电解槽的容量和排列方式而异。大型预焙电解槽一般采用横向排列方式，而中小型自焙槽或预焙槽一般采取纵向排列方式。母线的排列方式，前者采取双端进电，后者采取一端进电。新式的大型槽则采取边部四端进电。现代预焙槽的简图如图 12-4 所示。

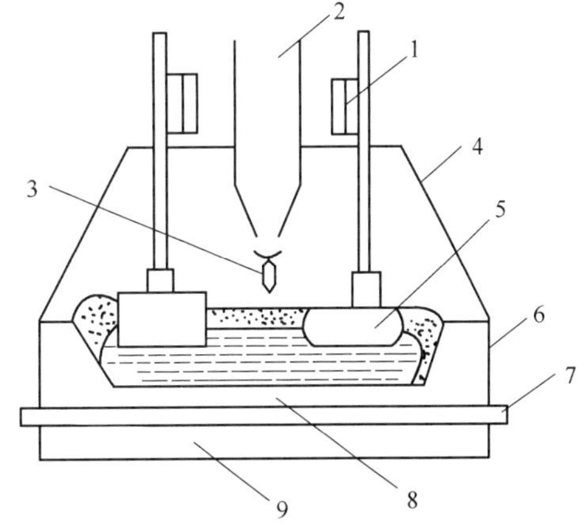

图 12-4 预焙阳极电解槽简图（中间下料式）

1—阳极母线梁；2—氧化铝料斗；3—打壳机锤头；4—槽罩；5—阳极；6—槽壳；7—阴极棒；8—炭素内衬；9—保温层

上述的两种电解槽各有优点。

目前，世界上铝工业应用最广泛的是槽型式预焙槽，约占总生产能力的 65%，其次是上插棒槽，约占 20%，旁插棒槽大约占 15%。近些年来，新建的大型槽多采用中部下料预焙槽。

在电解过程中，阳极大约以 0.8~1.0mm/h 的速度连续消耗着。在自焙阳极电解槽上，定期向铝箔内补充阳极糊，因而阳极可以连续使用。但是，不连续预焙阳极电解槽，阳极消耗到一定程度时就要更换，不能连续使用。所以，自焙阳极的连续性正好适应了电解生产过程的连续性，非连续预焙阳极则不适用。可是，自焙阳极电解槽除了向外散发氟化物之外，还向外散发有害的沥青烟，污染厂房内外的空气，这是一很棘手的问题。但是，只要采取密闭装置和排烟净化设施，这种烟害连同电解质散发出来的氟气完全能够消除。预焙阳极已经在焙烧炉内焙烧过，它的沥青烟气正好在焙烧过程中用作燃料，不再在电解槽上散发出来。因此采用预焙槽的电解厂房，烟害稍小些。当然，也需要排除和净化有害的氟气。

从阳极电压损失方面加以比较，预焙阳极的电压只有 0.3V；而自焙阳极直接在电解槽上焙烧，由于其焙烧温度较低，故阳极电压降较大，旁插棒阳极为 0.4V。因此，预焙阳极槽可节省电解用的热能。其所需的总能量与自焙阳极槽相当。

从基建投资来看，预焙槽的上部金属结构和阳极结构比较简单，因而这种电解槽的造价稍低。但是，采用预焙槽的工厂需要一整套的阳极成型，焙烧和装配钢爪的设备。另外，预焙阳极电解槽的主要优点是：可以大型化，操作的机械化程度较高，电耗率较低，烟害较少。所以，在新建大型工厂时都采用这种形式的电解槽。

近年来，铝电解业正在积极研制惰性阳极、惰性阴极和惰性侧壁材料。惰性电极电解槽和多室槽的采用，将是铝工业上的一项重大技术革新。

12.2.3.3　铝电解槽系列

铝电解槽系列是铝生产的单元。每一个系列都有它额定的直流电流和电解槽数目。一般中型电解槽系列，电流强度为 60000~80000A，直流电压 825V，槽数为 160 台，整系列的直流电功率达到 50000~66000kW。而一些较大的系列，电流强度为 280000A，槽数为 204 台，可年产铝 15 万吨，全系列的直流电功率高达 28 万千瓦。

电解铝厂需要稳定而可靠的电源，以保证电解槽系列能够连续地正常运行。系列中电解槽串联连接。直流电从整流器的正极经铝母线送到电解槽的阳极，经电解质和铝液层流过阴极，然后进入下一台电解槽的阳极，以此类推。从最后一台电解槽阴极出来的电流，返回整流器的负极。

电解槽设在电解厂房内。电解厂房有两种结构，一种是单层结构，另一种是双层结构。双层结构能改善电解厂房的通风条件，在某些情况下，还能够把需要修理的槽体（阴极装置）从楼下搬运到厂房外面的修理部去修理，这样有利于电解槽的大修，并减少停产损失。

系列电解槽通常分设在两座电解厂房里。电解厂房的长度视电解槽规模、配置方式和数目等而定。在两座电解厂房中间设有氧化铝贮仓，所贮存的氧化铝量大约可供整个系列使用半个月。电解厂房与走廊相通。由电解槽抽出的铝液运往铸造车间铸成普通铝锭和拉丝铝锭，或者配合成合金锭。此外，电解厂房还附设有通风、排烟和气体净化装置。

12.2.4　铝电解槽中的电极过程

12.2.4.1　阴极过程

电解炼铝时，铝电解槽阴极上的基本电化学过程是铝氧氟络合离子中的 Al^{3+}离子的放电析出。除此之外，在一定的条件下还会有钠的析出。

（1）阴极上的电化学反应。铝、钠两种金属按下列反应式在阴极析出：

$$Al^{3+}（络合）+3e = Al$$

$$Na^{+}+e = Na$$

在纯冰晶石熔体或在冰晶石-氧化铝熔体中，在940~1010℃时，铝是比钠更正电性的金属。因此，在阴极上发生的一次电极过程主要是Al^{3+}离子放电析出金属铝。但由于Al与Na的电位相差只有0.1~0.2V，故在一定条件下仍可能有Na同时析出。这里所说的条件，主要是指电解槽温度和阴极电流密度。在其他条件相同时，提高电解槽温度，增大阴极电流密度，Na析出的可能性都增大。

在生产上，为使阴极上放电析出的钠减少到最小程度，通常在电解质中保持过量的AlF_3，也就是采用酸性电解质。当AlF_3含量增高时，Al^{3+}离子的放电电位便降低，而Na^{+}离子的放电电位则增高。因此，提高电解质的AlF_3含量，便可使Na析出的可能性减少。此外，避免电解质过热，也是防止Na析出的必要条件。

（2）阴极金属（铝）的溶解。电解炼铝时，金属铝会部分溶解在熔融的电解质中，而造成铝的损失并使电流效率降低。

铝在电解质中的溶解度虽然很小（在电解温度下不超过0.1%），但是它是分布在整个电解质中的，而在工业电解条件下，电解质并未与空气隔绝。因此，铝在电解质表面上不断被空气和阳极上析出的气体所氧化。由于溶解于电解质中的铝不断被氧化，所以铝在熔体中的浓度总是低于平衡浓度，因而铝不断的溶解，这样就引起铝的不断损失。这种损失随温度增高而增大。因此，在尽可能低的温度下进行电解，是降低铝溶解损失的有效措施。

12.2.4.2 阳极过程

（1）阳极上的电化学反应。铝电解槽的阳极过程比较复杂，因为炭阳极本身也参入电化学反应。炭阳极上的一次反应是铝氧氟络合离子中的氧离子在炭阳极放电，生成二氧化碳的反应：

$$2O^{2-}（络合）+C-4e = CO_2$$

因此，阴、阳极总反应式为：

$$2Al^{3+}+3O^{2-}（络合）+1.5C = 2Al+1.5CO_2$$

实验表明，除了非常小的电流密度之外，阳极一次气体的组成接近100%CO_2。

（2）阳极效应。阳极效应是电解熔盐，特别是电解冰晶石-氧化铝过程中发生在阳极上的一种特殊现象。阳极效应的外观特征是：在阳极周围发生明亮的小火花，并带有特别的噼啪声；阳极周围的电解质有如被气体拨开似的，阳极与电解质界面上的气泡不再大量析出；电解质沸腾停止；在工业电解槽上，阳极效应发生时槽电压急剧升高，从正常的4.5~5V突然升到30~40V（有时高到60V），在与电解质接触的阳极表面出现许多微小的电弧。

阳极效应发生的机理，一般认为阳极效应是由于电解质对于炭阳极的湿润性的改变引起的。当电解质中有大量Al_2O_3时，电解质在炭阳极上的表面张力小，因而能很好地湿润阳极表面，在这种情况下，阳极电化学反应的气体产物很容易从阳极表面排出（呈气泡溢出)。随着电解过程的进行，电解质中溶解的 Al_2O_3 逐渐减少，电解质对阳极的湿润越来越差。最后，当 Al_2O_3 的浓度降到某一数值，电解质在阳极表面上的表面张力增加，对阳极湿润性减小，这时阳极电化学反应产生的气泡就会滞留在阳极表面上，并且很快在阳极表面上形成一层由气泡形成膜层，因而使槽电压急剧升高，发生阳极效应。当向电解质中加入一批新的 Al_2O_3 时，电解质重新具有湿润阳极的能力，又开始湿润阳极，从阳极表面很快地把气体薄膜排挤开，阳极效应熄灭，槽电压降低下来，恢复到正常值。

正常操作的电解槽，当电解质中 Al_2O_3 的含量降低到 0.5%~1.0%时，就会发生阳极效应。

阳极效应使得电能消耗增加，电解质过热，挥发损失增大。阳极效应能预告向电解槽中加入新 Al_2O_3 的时间，并且还可以根据它来判断电解槽的操作是否正常。如果电解槽操作正常，那么，阳极效应的周期（两次效应之间的时间间隔）是一定的，而且与加入电解槽中的 Al_2O_3 量、工作电流强度相适应；如果阳极效应推迟或提前到来，则说明电解槽操作不正常，比如，阳极效应推迟到来，就有可能是电解槽发生了漏电等。从工艺上说，阳极效应应当越少越好，一般应控制在每 24h 一次。

12.2.4.3　电解过程中的副反应

在电解炼铝时，除了上面所说的那些主要反应之外，还发生一些副反应，其中最重要的是碳化铝的生成和电解质成分的变化。

(1) 碳化铝的生成。电解炼铝时，在电解槽中总会有碳化铝生成，反应如下：

$$4Al + 3C = Al_4C_3$$

在通常情况下，碳和铝之间的反应要在 1700~2000℃高温下才会发生。而在铝电解槽中，在 930~950℃的电解温度下就有碳化铝生成。较多的研究者认为，由于处于熔融冰晶石层下面的金属铝的表面上，没有通常情况下总是存在于铝表面的氧化铝薄膜，这就使得铝同碳的交互作用容易发生。

碳化铝是难熔的固体，密度大，沉积于电解槽底部。渗入碳电极孔洞、裂缝中的铝，也会在那里生成 Al_4C_3。由于碳化铝导电性很小，它存在于电极和电解质中会引起电阻增大，槽电压增大，最终表现为电耗增大。

由于阴极炭块中产生 Al_4C_3以及吸收电解质和 Al_2O_3，使阴极逐渐“老化”而失去工作能力，所以阴极炭块要定期拆换。

(2) 电解质成分的变化。现代铝工业上普遍采用酸性电解质，其定义是除了冰晶石(Na_3AlF_6)之外，还含有一定数量的游离氟化铝(AlF_3)。游离氟化铝含量越高，则电解质的酸度愈大。酸性电解质的优点是：熔点比较低，因而可以降低电解温度；铝在其中的酸度较小，故有利于提高电流效率；而且电解质结壳酥松好打。

但电解槽内的电解质，随着使用时间的延长其成分会发生变化，使得冰晶石比不能保持在规定的范围内。

使电解质成分发生变化的原因，除易挥发的 AlF_3 发生挥发损失之外，最主要的原因是随氧化铝和冰晶石带入电解槽中的杂质 SiO_2、Na_2O、H_2O 等与冰晶石作用的结果。

由于氢氧化铝洗涤不好而在 Al_2O_3 中留下的 Na_2O，按如下反应使冰晶石分解：

$$2Na_3AlF_6 + 3Na_2O = Al_2O_3 + 12NaF$$

作为 Al_2O_3 与冰晶石的杂质而进入电解槽的 SiO_2，按如下反应使冰晶石分解：

$$4Na_3AlF_6 + 3SiO_2 = 2Al_2O_3 + 12NaF + 3SiF_4\uparrow$$

生成了挥发性的四氟化硅，造成 NaF 的过剩。

随 Al_2O_3 带入的水分也会使冰晶石发生分解：

$$2Na_3AlF_6 + 3H_2O = Al_2O_3 + 6NaF + 6HF\uparrow$$

上述所有反应都使冰晶石比增大，使冰晶石中出现 NaF 过剩，电解质由酸性变为碱性。

12.2.5 铝电解槽的焙烧和启动

铝电解的全部生产过程分三个阶段，即焙烧、启动和正常生产阶段。其中，焙烧和启动大约经历几天或十几天，其余绝大部分时间属于正常生产阶段，达 4~5 年之久。焙烧和启动阶段虽然时间很短，但是工作的好坏对于以后的正常生产以及电解槽的寿命有很大关系，所以特别需要精心照料。

12.2.5.1 铝电解槽焙烧

铝电解槽焙烧的目的，在于加热阳极、阴极和炉膛，以利于启动。在焙烧时利用阳极和阴极本身的电阻，以及焙烧介质（例如焦炭粒）的电阻发热，或者利用燃料发热。预焙阳极已经在槽外焙烧过，此时只需要加热。自焙阳极由阳极糊组成，它需要在槽内就地加热，在加热过程中，阳极糊发生一系列的热变。在 360~400℃以下，沥青中析出焦油物质，沥青变得浓密而发生结构流变。在 500~700℃之间焦油物质裂化并生成焦炭。此种焦炭称为结焦炭。结焦炭具有黏结能力，能够把骨料炭粒黏结起来，形成"烧结锥体"。析出来的碳氢化合物气体，在更高的温度下（700~900℃）分解，生成二次焦和甲烷及氢气。二次焦沉积在骨料炭之间，使"烧结锥体"更加结实。

自焙阳极新槽一般采用焦粒焙烧法，需时 6~7 天；旧槽采用铝液焙烧法，需时 2~3 天。预焙阳极槽一般采用铝液焙烧法，新槽需时 6~7 天；旧槽需时 2~3 天。焙烧完了后即可启动。

12.2.5.2 铝电解槽启动

铝电解槽的启动是指在电解槽内熔化电解质和铝，开始电解，然后逐步纳入正常生产。

在电解槽启动之前，在阳极周围铺放氟化钙，然后放冰晶石和氟化钠混合物，在槽膛内壁边缘铺放固体电解质块。灌入液体电解质，同时迅速提升阳极，电压达到 8~10V，使槽内固体物料逐渐熔化，并陆续添加固体冰晶石，直到电解质水平达到 30~35cm 为止。熔料结束时，槽电压保持 8~10V。全部熔料时间为 6~8h。这种启动方法称为"无效应"启动法。在铝工业上也采用"效应"启动法，就是在启动开始时提升阳极使阳极效应发生，保持槽电压 40~50V，迅速熔化槽内的物料，在 1h 内完成。

从开始电解逐步纳入正常生产的一个过渡时期，称为启动后期，大约需要 2 个月。在此期间，由于逐渐降低了槽电压、电解质温度、NaF/AlF_3摩尔比及电解质水平逐渐降低，而铝液水平逐渐升高；并且在槽膛内壁上逐渐生长结壳，其组成为 60%~80%大晶粒的刚玉（α-Al_2O_3）和20%～30%冰晶石。电解质里的氟化钙是一种矿化剂，它能促进γ-Al_2O_3向α-Al_2O_3转变。随着电解槽热平衡的建立，结壳逐渐长厚，最终建立了椭圆形的槽膛内型。它是热和电的绝缘体，对于保护炭素侧壁，减少热损失量和提高电流效率，起着有益的作用。

在启动后期中，电解质液面上也逐渐形成结壳，起初沿着槽壁结晶出冰晶石，以后渐渐向阳极推移，最终形成一整片结壳，覆盖在电解质液面上。这层表面结壳对于电解生产是有益的：第一，它是存放原料氧化铝的基地，使氧化铝得到预热，并且脱去其中的部分水分；第二，结壳本身以及在其上面堆放的氧化铝是良好的保温层，可减少电解质的热损失。

12.2.6　铝电解槽的常规作业

铝电解槽经过焙烧和启动两个阶段之后，便投入正常生产。在正常生产期间，电解槽的各项技术条件已经保持稳定，建立了热平衡，并且取得良好的生产指标。

12.2.6.1　正常生产的特征

（1）从火眼中喷出有力的火苗，颜色呈纯蓝色或淡紫蓝色，或者稍带黄线。颜色为浓黄色者，因温度高或者NaF/AlF_3摩尔比高；颜色淡蓝色而又喷冒无力者，因温度低。此二者都是不正常的。

（2）槽电压稳定地保持在设定的范围内。

（3）电解质温度保持在940～960℃范围内（对应于电解质NaF/AlF_3摩尔比为2.4～2.7范围内）。

（4）阳极周边“沸腾”均匀，炭渣分离良好。

（5）槽面上有完整的结壳，结壳酥松好打。

（6）在槽膛内壁上有稳定而规整的结壳。冷槽，槽内结壳肥大，槽内铝液挤得很高，而电解液层萎缩；热槽，槽内结壳瘦小，铝液层减薄，而电解液层增长。

12.2.6.2　铝电解槽正常生产期间所宜保持的技术条件

（1）电流强度。在现代铝工业生产上采用强大的直流电流进行电解，每一个电解槽系列都有额定的铝产量。但是，额定的电流强度不是一成不变的。铝电解厂往往根据电力供应情况调整电流强度。例如在电力供应有余裕的季节，适当增大电流强度，或者在电力供应不足的时期，适当减少电流强度。许多铝电解厂还特意采取增大电流、强化生产的措施，以增加单位阴极面积的铝产量。在现有的电流强度之下，铝电解厂采取与之适应的其他各种技术条件，以求实现正常生产并获得良好的生产指标。这些技术条件包括：槽电压、极距、温度、电解质组成、电解质水平、阳极效应系数等。

（2）槽电压。槽电压是阳极母线至阴极母线之间的电压降，它由与电解槽并联的直流电压表来指示。槽电压的数值包括电解槽的极化电压值和各部分导电体的电压降值。电解槽内有两类导电体：第一类导体包括铝、铜、炭；第二类导电体是冰晶石-氧化铝熔融电解质。

在同一台电解槽上，槽电压常随生产操作而变动，因此只能控制在一定的电压范围之内。现代铝电解生产采取自动调节电压（或极距）的办法来严格控制电解过程，因此可以节省电能并增加铝产量。

（3）极距。所谓极距，是指阴、阳两极之间的距离。在工业电解槽上，浸在电解质里的阳极表面都是阳极工作面，而槽底上的铝液表面实际上就是阴极工作面。为便于测量，一般取阳极底掌到铝液镜面之间的垂直距离作为极距。工业电解槽的极距一般保持在4cm左右。提高极距，则电解质电压降有所增大。据实测，每提高极距10mm，引起电压降增加400mV（旁插棒槽），或350mV（预焙槽）。因此在工业生产中宜在取得高电流效率的情形下维持尽可能低的极距，以便减少单位铝产量的电能消耗。

（4）电解温度。在铝电解生产中，通常把电解温度看作重要的技术条件。所谓电解温度，是指电解质温度而言。这是一个温度范围，一般取950~970℃，大约高出电解质的初晶点10~20℃。

铝的熔点为660℃。如果为了制取液体铝，电解温度只需要高出铝的熔点100~150℃。理想的电解温度应在750~800℃。但是，目前所有的冰晶石-氧化铝电解质，它的初晶点是很高的，所以电解温度也相应很高。其结果使得槽内铝的溶解损失增多（将使电流效率降低），同时电能和物料消耗亦增多，对生产不利。因此，现代铝生产中力图采用低熔点的电解质，以降低电解温度。

（5）电解质成分。工业铝电解生产目前普遍采用冰晶石-氧化铝熔融电解质。其中，冰晶石是熔剂（82%~90%），氧化铝是电解的原料（占3%~5%）。此外，在冰晶石-氧化铝电解质中还含有游离的氟化铝8%~10%，以及旨在改善电解质物理化学性质的一些添加物（CaF_2、MgF_2和LiF）3%~5%。

工业电解质中的氧化铝浓度，在打壳终了时为4%~5%，而在下一次打壳前减少到2%~3%。采取“勤加工少加料”的办法，或自动连续下料的办法，可使电解质保持比较稳定的Al_2O_3浓度，因而有利于提高电流效率。

（6）电解质水平和铝液水平。铝电解槽内，电解液和铝液两层液体按照密度差而分为上下两层。所谓电解质水平和铝液水平，是指它们各自的厚度而言。

槽内的熔融电解质起着溶解氧化铝的作用。在中型电解槽上，电解质水平通常保持16~18cm，槽内电解质质量约为2.5t。当加料周期为2h时，每次加入槽内的氧化铝量为70~75kg。而在中部下料的大型预焙槽上，电解质水平通常保持20cm，槽内电解质质量为7~8t。若加料周期为5min，则每次加入槽内的氧化铝量约为9kg。

工业电解槽内经常保持一层液体铝是有益的。第一，它保护着槽底炭块，减少生成炭化铝；第二，它使阳极底掌中央部位多余的热量通过这层良导体传输到阳极四周，使槽内各部分温度趋于均匀；第三，它填充了槽底上高洼不平之处，使电流比较均匀的通过槽底；第四，厚度适当的铝液层能够削弱磁场产生的作用力。槽内铝液水平一般保持20cm。电磁平衡好的电解槽，铝液水平还可减薄到10cm。

（7）阳极效应系数。每日分摊到每槽的阳极效应次数称为阳极效应系数。

阳极效应是铝电解生产中发生在阳极上的一种特殊现象，它的发生通常与电解质里缺乏氧化铝有着密切的关系。当它发生时，阳极上发生火花放电，槽电压升高到30V左右。通常在加入氧化铝之后，可及时予以熄灭。阳极效应延续的时间一般不超过3~5min。当阳极效应发生时，与电解槽并联的信号灯便亮。从灯光明亮的程度可以判断电解生产的状态。如信号灯暗淡，电压只有几伏或几十伏，则表示电解槽处于热行程；如信号灯异常明亮，电压达到50~100V，则表示电解槽处于冷行程。正常的阳极效应照例是灯光明亮，电压20~30V，阳极上火花放电分布均匀，加入氧化铝之后，易于熄灭。因此生产中可以利用阳极效应来检查电解槽的生产状态是否正常。

12.2.6.3　增加铝产量的措施

A　严格保持生产的稳定性

尽可能的保持槽内铝液层平静。槽内铝液和电解液两层依靠密度差别而分开。但是铝液层是不平静的。由于经常存在的磁场作用力和阳极气体抽力，使铝液层表面上25~30mm处，是铝的强烈的再氧化区。铝液不平衡，则铝的氧化损失增多，造成减产。因此，在生产管理上宜保持规整的炉膛内形，减少槽底上的沉淀，并保持适当的铝液层厚度，以使铝液层内的垂直电流的分布趋于均匀，而水平电流趋于减少，从而削弱磁场的作用力。

采取适当的技术条件进行生产。保持电流强度的稳定性非常重要，因为电流强度如果发生经常性波动，会引起槽内的铝液层波动，而增加铝的损失，同时电解质温度也要受到影响。保持技术条件稳定可使生产趋于正常。

在比较低的温度和适当的氧化铝浓度下进行生产。在两次加料中间，电解质和铝液温度逐渐升高，造成电流效率降低。因此缩短加料周期，频繁地往电解质中增加适量的氧化铝，以使电解质经常保持适当的氧化铝浓度和比较低的温度，可以实现高产。

B　提高电流强度

现有许多电解铝厂，利用现有设备条件，通过提高电流强度来增加铝产量。这是因为铝只在阴极表面析出，每平方米阴极表面积每小时一般只析出1.5kg左右，亦即铝电解槽的生产率是很小的。目前看来，增加单位阴极面积上的铝产量是可能的，而且潜力是巨大的。当然，在一定的结构条件下，强化电解槽的生产是有一定限度的。因为，在强化生产时需要照顾到电耗率所发生的变化，同时，还要照顾到阴极、电解质和阳极的热负荷。

C　增加电解槽系列的槽昼夜总数

增加系列槽昼夜总数有两种方法：增加槽数和缩短停槽大修理时间。

对于现有的电解槽而言，缩短停槽大修理时间，同样能够增加槽昼夜总数。如果系列中有200台电解槽，平均槽寿命为4年，则每年就有50台槽需要进行大修。如果因检修而耽搁的生产时间每台槽占20天，则全年损失1000个槽昼夜。如果每个槽昼夜的铝产量为1000kg，则全年损失1000t铝。此时电解槽系列的运转率只有98.6%，亦即大约相当于有三台槽经常处于停工状态。

12.2.6.4　铝电解生产的计算机控制

铝工业近年来最有意义的进展便是使用计算机来控制电解生产过程，并实现生产操作的自动化，使操作人员从繁重的体力劳动中解放出来，同时使生产成本降低。在电解厂房内采用计算机控制生产状态和生产操作是很方便的，因为许多台电解槽都采用同样的程序，而受它控制的高度机械化作业，能够按照程序在每台电解槽的指定部位上从事打壳并添加氧化铝等作业。现代电解槽的大部分过程控制功能是由靠近电解槽的槽控机自动完成的，槽控机具备的控制功能包括：

（1）原料输送，氧化铝添加，氟盐添加，电解质碎粒添加；

（2）阳极升降控制，槽电阻控制，阳极电流分布检测，槽不稳定性检测和控制，阳极效应检测和熄灭；

（3）专项控制：阳极更换，出铝；

（4）其他项目：自诊断，电解槽设备故障检测，槽前操作接口，进行与主机的通信。

槽控机与主机之间的工作任务包括：

（1）主机每秒一次向每台槽控机提出询问；

（2）主机每隔 2s 向每台槽控机播送一次电流强度值；

（3）每台槽控机每隔 7min 传送一次槽的过程数据。

列电流的测量与槽电压的测量同步进行，以便准确算出槽的似在电阻值。

在现有的条件下，一些槽状态参数（例如槽电压和电流强度）以及它们随时间而变化的关系，都是自动控制的基础。但因电解温度高而且侵蚀性大，所以像电解质温度之类的重要参数尚未直接加以利用。这是一个值得研究的课题。

12.2.7 铸锭

铝电解槽产出的液体铝，经过净化、除渣和澄清之后，铸成商品铝锭，称为原铝。国际上规定，原铝的产量不包括配入的合金元素量和再熔的废屑量，只算由电解槽直接产出的铝量。原铝通常浇铸成普通铝锭或线锭，一部分原铝配成铝合金，铝合金浇铸成圆锭或板锭。

铝锭的外观呈银白色，表面无飞边、夹渣和较严重的气孔。

从电解槽抽出来的铝液中通常含有三类杂质：

（1）金属和非金属元素，铁、硅、铜、钙、镁、钠、锂等，其中铁和硅是主要杂质；

（2）非金属固态夹杂物，Al_2O_3、AlN 和 Al_4C_3；

（3）气体，H_2、CO_2、CO、CH_4和 N_2，其中主要是 H_2，在 660℃下，100g 铝液中大约溶解 0.2cm^3 H_2。

如果铝液中存在金属杂质元素，则电阻率会增大。其中影响最大者为铬、钒、锰、锂、钛，影响最小者为镁、铜、硅、铁。非金属固态和气态杂质，使型材产生裂纹或气孔。所以，铝中的杂质是有害的，必须清除。

为清除铝液中的金属和非金属杂质，需要在铸锭之前进行熔剂净化和气体净化。

12.2.8 烟气净化

铝电解槽散发出来的烟气对人体和动植物有害，因为其中含有污染物质。气态污染物质的主要成分是氟化氢（HF）和二氧化硫（SO_2）。固态污染物质包括大颗粒物质（直径 5μm），主要是氧化铝、冰晶石和炭的粉尘；还有细颗粒的物质（亚微米颗粒），由电解质蒸气凝结而成，其中氟含量高达 45%。因此烟气需要净化。在净化过程中回收的物质，仍可返回用于电解生产。所以烟气净化与综合利用一举两得。

烟气带走的氟盐，在净化装置里捕集，大约 98%可以收回。从净化装置排放出来的废气中所含的氟量，每吨铝约为 1kg 氟，符合环保要求。

铝电解槽散发出来的烟气，由槽上的集气罩搜集进入排烟管道，称为一次烟气；由集气罩逸漏出来或未经集气罩收集而直接进入电解厂房空气中的，称为二次烟气。一次烟气体积较小，其中氟化物浓度较大；二次烟气被厂房空气稀释后，体积较大，氟化物浓度很小。电解铝厂一般只处理一次烟气，但有的兼处理二次烟气。典型的净化回收系统有以下两种。

12.2.8.1 干法净化装置

铝电解用的原料氧化铝，对于氟化氢气体有吸附能力，可用作净化介质。吸附作用发生在氧化铝颗粒的单分子层上，生成表面化合物 AlF_3。吸附过程分以下四个步骤：

（1）HF 在气相中扩散；

（2）HF 通过 Al_2O_3 表面气膜达到其表面单分子层；

（3）HF 受 Al_2O_3 表面原子剩余价力的作用而被吸附；

（4）被吸附的 HF 与 Al_2O_3 发生化学反应，生成表面化合物 AlF_3：

$$Al_2O_3 + 6HF = 2AlF_3 + 3H_2O$$

此转化温度是在 300℃以上。上述吸附过程在 0.25~1.5s 的时间内完成，吸附效率可达到 98%~99%。铝电解用的氧化铝，因品种不同而在比表面积和表面活性上有些差异，故吸附 HF 的能力有所不同，其饱和含氟量通常是 1.5%~1.8%。

干法净化系统通常是在烟气通过袋式过滤器进行收尘之前，使烟气在流化床或输送床中与氧化铝直接接触。流化床和输送床是一种强化手段，可改善气固两相的接触状况，使接触表面不断更新，这对于减少气膜内的扩散阻力无疑是有益的。此外，烟气中的 HF 浓度越高，则气相传质的推动力越大，越有利于吸附过程的进行。所以，提高电解槽的密闭程度，避免空气漏入集气系统，对于提高吸收率是有利的。干法净化法目前已得到广泛的应用。

12.2.8.2 湿式洗涤塔

湿式洗涤塔对于清除可溶性气体（HF）具有很高的效率，而对于清除颗粒物质具有中等效率。洗涤塔的效率同烟气——洗涤液的接触装置中所耗用的能量多少成正比。湿式洗涤塔通常与静电收尘器联合使用。

在湿式净化系统中，通常用5%的苏打溶液去洗涤含氟气体。其原理是使 Na_2CO_3 与气体中的 HF 起反应，生成碳酸氢钠和氟化钠：

$$Na_2CO_3 + HF = NaF + NaHCO_3$$

苏打溶液在洗涤器内循环使用。可把 $NaF+NaHCO_3$ 溶液送至冰晶石合成槽，在那里与铝酸钠溶液起反应，合成冰晶石，冰晶石泥浆经沉降过滤后，送去干燥，得到无水冰晶石，可供铝电解之用。

复习思考题

12-1 拜耳法生产氧化铝包括哪些主要生产工序，烧结法生产氧化铝包括哪些主要生产工序？

12-2 拜耳法生产氧化铝中赤泥分离洗涤的目的是什么，包括哪几个步骤？

12-3 较粗粒度的氢氧化铝在焙烧时有哪些转变过程?

12-4 烧结法和拜耳法中母液蒸发的目的是什么?

12-5 烧结法生产氧化铝的原理是什么?

12-6 碳分过程中 SiO_2 的行为如何?

12-7 什么是孔容,什么是吸湿率,什么是体积密度?

12-8 何谓老化,老化的目的是什么?

12-9 电解过程对氧化铝提出哪些要求?

12-10 什么是阳极效应,其外观特征有哪些?

12-11 铝电解过程中,阴阳极上的电化学反应各有哪些?

12-12 铝电解过程中有哪些副反应?

13　镁、钛冶金

13.1　镁　冶　金

镁是一种轻金属，其物理性质如下：纯镁呈银白色；在实用金属中密度最小（为铝的 2/3）；抗凹性优良；震动吸收性良好；电磁波绝缘性佳；放热性高；刚性较高，切削抵抗小，加工性能优良；其生产的原料成本低，可回收使用。

镁的化学性质：由于镁与氧有很大的亲和力，故其表面易被空气氧化。

镁的用途：镁在其熔点以上容易在空气中燃烧，发出炫目的白光，故镁粉或镁条广泛用于闪光灯、信号弹、焰火等方面。镁也用作镍和铜冶金中的脱氧剂，以及用作金属热还原剂，用来制取像钛、铬、钒、铍之类的高熔点金属。镁与冷水发生缓慢反应，与热水和酸类发生强烈反应，生成氢气和相应的镁化物。镁与氢发生反应，生成氢化镁（MgH_2），故镁可用作贮氢介质。镁还可与铝、锌、锂、稀土、锆等金属构成合金，在工业上应用。在钢铁行业中，镁用做钢中的脱硫剂和铸铁球化剂。

地壳中镁资源丰富，目前具有工业应用价值的是菱镁矿、白云石、水镁石、水氯镁石及光卤石等。

菱镁矿主要成分是 $MgCO_3$。菱镁矿可以作为电解法、硅热法炼镁的原料，也可以作为制备镁非金属材料的原料。

白云石是 $CaCO_3 \cdot MgCO_3$的复合物，其储量大、分布广，我国各地都有。白云石是硅热法炼镁的主要原料；也可以由它先制取 MgO，再成球氯化为 $MgCl_2$，然后用电解法生产金属镁；另外，它还是制取镁非金属材料的重要原料。

水镁石主要成分为 $Mg(OH)_2$，其中 $w(MgO)>64\%$。水镁石可以经过机械破碎后，再经后序处理来制备一种重要的镁非金属材料——氢氧化镁阻燃剂。

水氯镁石及光卤石是两种含水的氯盐，它们是电解法生产金属镁的重要原料，但在使用前，必须先经过脱水处理；同时，它们也是制备镁非金属材料的重要来源。我国青海盐湖中水氯镁石及光卤石资源丰富。

13.1.1　金属镁的生产方法

金属镁的生产方法可分为氯化镁熔盐电解法和硅热还原法。

13.1.1.1　菱镁矿为原料的氯化镁熔盐电解法炼镁工艺

该工艺主要工序包括了菱镁矿颗粒的氯化，氯化镁熔体在 $MgCl_2$-NaCl-$CaCl_2$-KCl 四元电解质体系中电解，粗镁的精炼等。电解质中 $MgCl_2$含量为 8%～13%，电流效率为 88%～90%。本工艺流程见图 13-1。

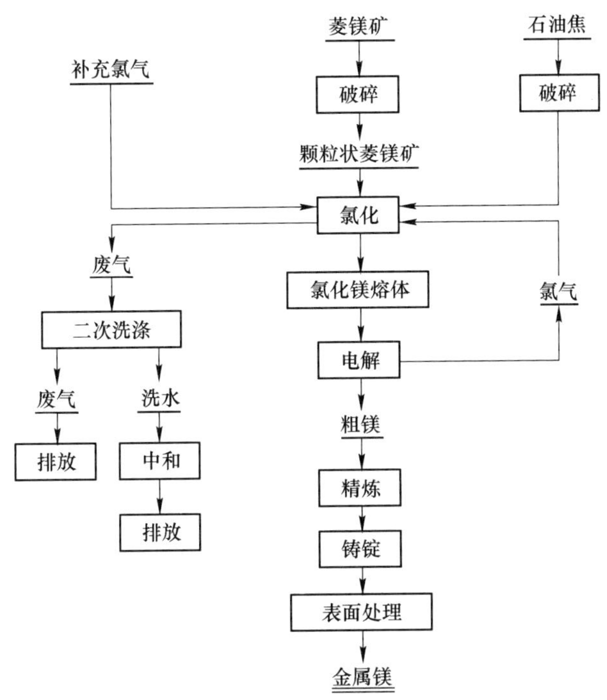

图 13-1　菱镁矿电解法生产金属镁流程

13.1.1.2　*白云石为原料的炼镁工艺流程*

白云石为原料时，一般采取硅热还原法炼镁。

硅铁合金（含 75%Si）在高温和减压下还原白云石中的 MgO，得到纯镁和二钙硅酸盐渣的反应是：

$$2CaO \cdot MgO_{(固)} + Si(Si\text{-}Fe)_{(固)} = 2Mg + 2CaO \cdot SiO_{2(固)}$$

该工艺主要包括白云石煅烧成煅白，混料（煅白+硅铁）、压球、真空热还原等工序。其工艺流程见图 13-2。

13.1.2　镁的精炼

电解法和热还原法所得原镁中，含有少量金属的和非金属的杂质。一般用熔剂或六氟化硫（SF_6）加以精炼。镁的纯度达到 99.85%以上者，即可满足一般用户的要求。纯度更高的镁可用真空蒸馏法制取。

镁在熔铸时，用熔剂以清除镁中的某些杂质，并保护熔融的镁以免其在空气中氧化。熔剂中通常含有 $MgCl_2$ 等，镁中的碱金属会同 $MgCl_2$ 相互作用，置换出 Mg，并生成相应的氯化物。镁中的非金属夹杂物 MgO 也与 $MgCl_2$ 作用，生成 MgOCl，沉淀下来。同时，熔剂在镁液表面上生成一层致密的保护膜，这是因为熔剂能够很好地湿润液态镁。

化学成分合格的镁锭，可根据用户要求及贮存期限进行表面处理，防止氧化腐蚀。表面处理的方法有：重铬酸盐镀膜；浸油及油纸包装；阳极氧化和酚醛树脂涂层等。

镁的升华提纯一般在竖式蒸馏炉中进行。其原理是根据镁和其中所含杂质的蒸气压不同，在一定的温度和真空条件下，使镁蒸发，而与杂质分离。凡是蒸气压高、沸点低于镁

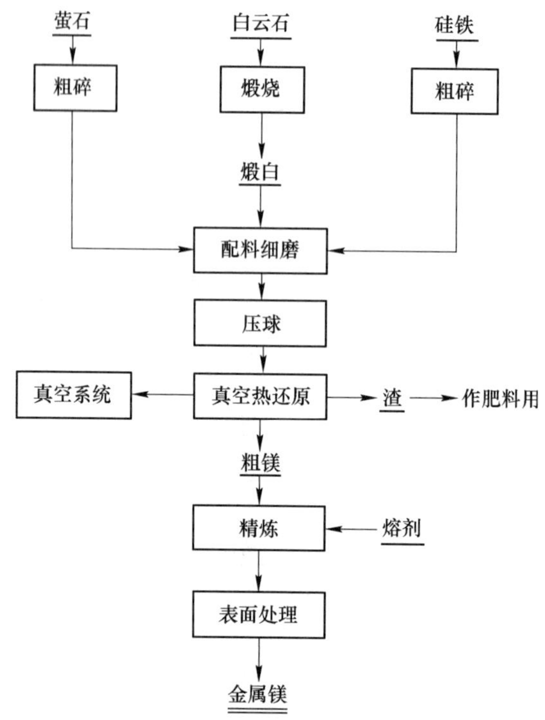

图 13-2　白云石为原料的硅热还原法炼镁工艺流程

的金属和盐类，首先蒸发；而蒸气压低、沸点高于镁的金属和盐类，则残留下来。因此，镁得以提纯。升华提纯时，镁从固态出发，直接冷凝成固态镁。

13.2　钛　冶　金

钛属于元素周期表中第四族第四周期元素，原子序数为 22。金属钛为银白色，外观似钢。钛有两种晶型：密集型六方晶型的 α-Ti 和体心立方晶型的 β-Ti。

钛的氧化物有：TiO_2，Ti_2O_3，TiO。其中 TiO_2 为白色粉末，在天然矿物中存在三种同素异形变体：金红石、锐钛矿和板钛矿。其中金红石最稳定，不溶于水和稀无机酸中。

钛的氯化物有：四氯化钛和碘化钛。四氯化钛（$TiCl_4$）在常温时为无色液体。它是非极性分子，分子间的作用力较弱，因此沸点低。四氯化钛易挥发，遇湿空气则水解生成偏钛酸而产生白烟。四氯化钛可在有碳存在的情况下，温度为 800℃ 左右时，用氯气作用于二氧化钛制得。生产上将四氯化钛用金属镁进行热还原后可得到海绵钛。

钛和钛合金是理想的高强度、低密度的结构材料。在飞机制造方面，钛合金可制作机身、内燃发动机和喷气发动机的部件；在火箭制造方面，用钛合金作发动机壳体、盛液氧的压力容器以及其他零件。钛和钛合金不仅强度高，而且耐腐蚀，因而应用于化工机械和医疗器械等方面。碳化钛具有高硬度和高熔点，钛钨硬质合金刀具切削钢材效率很高。钛白（TiO_2）是优良的白色颜料，在工业上用途广泛，如机器和船舶的防腐涂料、橡胶工业颜料、天然丝和人造丝的消光剂、造纸工业、陶瓷工业和搪瓷生产等。钛白具有独特的覆盖能力且无毒。

钛在地壳中赋存量为0.6%，通常以二氧化钛或钛酸盐的形态存在。目前生产钛的最主要矿物原料是金红石和钛铁矿。金红石中含TiO_2为95%左右，钛铁矿的组成为$FeTiO_3$，经过选矿后可获得含43%~60% TiO_2的精矿，主要杂质为氧化铁，目前是我国炼钛的主要原料。

13.2.1 钛铁精矿的处理

钛是活性大的金属，目前在钛冶金工业中，生产金属钛的主要途径是通过还原四氯化钛的方法。若用金红石作原料生产四氯化钛就非常简便，这样就可以直接用氯气氯化金红石矿得到四氯化钛。但对于钛铁矿来说，由于精矿中氧化铁的含量约占一半，若直接氯化矿石，势必消耗大量氯气，这对于生产和成本来说是得不偿失的。因此，必须首先除去大部分的铁，除铁也是钛的富集过程。可以用焦炭或无烟煤作还原剂，还原熔炼钛精矿将铁除去，从而得到富钛渣。

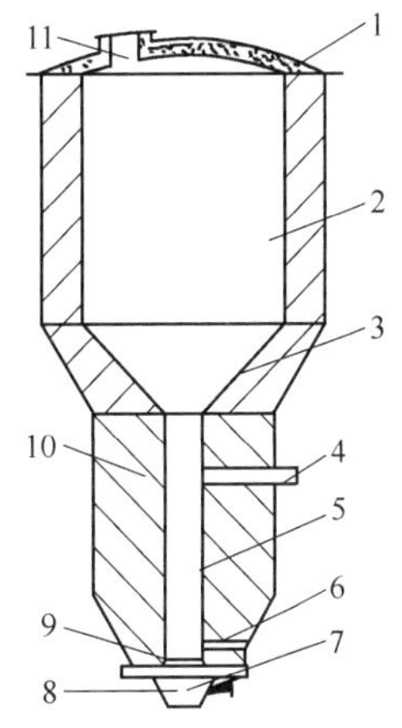

图 13-3 沸腾氯化炉

1—炉盖；2—扩大段；3—过渡段；4—加料口；5—反应段；6—排渣口；7—氯气进口；8—气室；9—气体分布板；10—炉壁；11—$TiCl_4$混合气体出口

富钛渣与氯气反应可生产四氯化钛。四氯化钛的生产工艺有三种：固定床氯化、沸腾层氯化和熔盐氯化。固定床氯化是较早采用的氯化工艺方法，此法是将料制团并焦化后装入炉中氯化。由于生产率低下，此法已被沸腾层氯化工艺所取代。

沸腾层氯化炉的构造如图13-3所示，氯气从炉底进入气室，经筛板使气体通过能均匀分布反应段的整个截面，将内装炉料吹起成悬浮状态。筛板由石墨制成，上有气孔。反应段有圆柱形的和圆锥形的，锥形膛具有沿炉膛高度气流速度逐渐减缓的特点，以适应沿炉膛高度悬浮的物料颗粒逐渐减少的沸腾状态，减少细颗粒的粉料被气流带出去。反应得到的$TiCl_4$混合气体产物从炉顶部排气口排出。

13.2.2 粗四氯化钛的精制

粗四氯化钛除含$TiCl_4$以外，还含有各种杂质，如硅（Si）、铝（Al）、铁（Fe）、氯（Cl）、硫（S）、氧氯化钛（$TiOCl_4$）、氧氯化碳（$COCl_2$）、氧氯化钒（$VOCl_3$）等。其中含量较大的液态与固态杂质主要是$VOCl_3$、$SiCl_4$、$AlCl_3$和$TiOCl_2$等。其中固体杂质可用沉降或过滤的方法除去，$VOCl_3$由于其沸点与$TiCl_4$的相近，故可用化学法除去；而对于$SiCl_4$等沸点和$TiCl_4$的差别大的杂质，则用精馏的方法除去。

13.2.3 海绵钛的生产

钛是一种化学活性很强的金属，因此，制取纯金属钛是比较困难的。现代技术部门对钛的需要量日益增大，对其纯度也要求也越来越高。钛中的氢、氧、氮、碳等杂质的存在都能明显地降低钛的可塑性而不利于机械加工。例如氢的存在就会大大降低钛的冲击韧性。在金属钛的生产中长期以来成为很大困难的问题就是如何防止和减少这些气态和固态杂质的干扰，这就导致不仅要求制取金属钛的原料有较高的纯度，也要求还原剂（如Na、

Mg）中没有能与钛作用的杂质存在，使用的设备要有相当的气密性。设备的材料也不应使钛增加杂质。因此，还原过程必须在真空或惰性介质中进行。

目前生产实践中采用金属热还原法生产海绵钛。原理就是利用活性很大的金属作还原剂，而且作还原剂的金属对氯的亲和力必须大于钛对氯的亲和力才能使反应顺利进行。还原剂本身要容易提纯净化、价格便宜、易于贮存和运输等。

用金属镁还原 $TiCl_4$ 是在充满惰性的密闭钢质反应器中进行的（见图 13-4）。$TiCl_4$ 液体以一定的速度注入底部盛有液体金属镁的反应器中，$TiCl_4$ 蒸气便与气态和液态的金属镁发生如下反应：

$$TiCl_{4(气)} + 2Mg_{(液)} \longrightarrow Ti_{(固)} + 2MgCl_{2(液)}$$

$$TiCl_{4(气)} + 2Mg_{(气)} \longrightarrow Ti_{(固)} + 2MgCl_{2(液)}$$

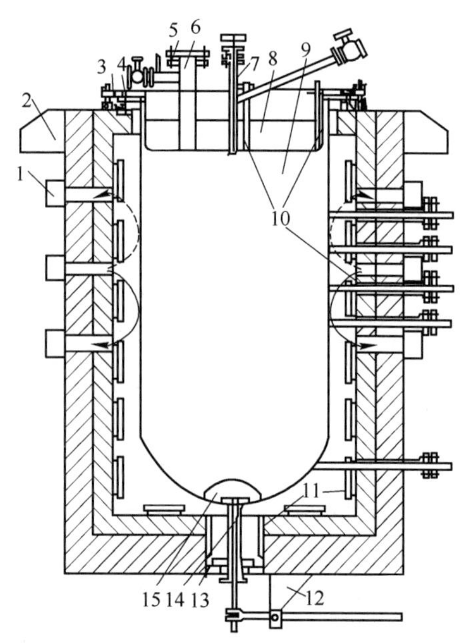

图 13-4　镁热还原 $TiCl_4$ 的设备

1—空气干管；2—炉子吊装角板；3—盖和反应器之间的水冷法兰盘；4—炉衬；5—抽空和供氩气管接头；6—注液镁管；7—四氯化钛注入管；8—反应器盖；9—反应器；10—测量反应器盖和壁温的热电偶；11—加热器；12—排流管支撑板；13—砂封；14—流注管的密封针塞连杆；15—假底

在还原过程中，生产上不希望生成低价的钛氯化物，因为低价氯化钛在开启设备时能与空气中的水分相互作用发生水解，生成钛的氧化物和氯化氢（HCl），使海绵钛受到污染。另外，低价氯化钛有时能发生歧化反应，分解产出极细的钛粉。这种钛粉易着火造成海绵钛的氧化和氯化。

镁热还原 $TiCl_4$ 的反应是在一种钢制的反应器中进行的，图 13-4 所示为此种反应器的结构。

还原过程中，反应器中的温度保持在 850~900℃之间。整个过程都采用自动控制的方法来实现。

13.2.4　致密钛的生产

只有将海绵钛或钛粉制成致密的可锻性金属，才能进行机械加工并广泛应用于各个工业部门。致密钛的生产可采取真空熔炼法或粉末冶金法。

真空电弧熔炼法广泛应用于生产致密稀有高熔点金属。首先将待熔炼的钛金属制成电极，在真空的条件下，利用强大的电流，使钛电极在水冷铜坩埚中熔化。随着熔炼过程的进行，电极逐渐熔化滴入坩埚中，经过降温后再铸造成钛锭。熔融状态下的钛具有很强的化学活性，几乎能与所有的耐火材料发生作用而受到污染。采用水冷铜坩埚，能使熔融钛迅速冷凝下来，大大减少了钛与坩埚的相互作用。

复习思考题

13-1 简述镁的物理化学性质有哪些。

13-2 炼镁的原料有哪些，金属镁的生产方法有哪些？

13-3 镁升华提纯的原理是什么？

13-4 粗四氯化钛含有哪些杂质，如何除去？

13-5 海绵钛生产的原理是什么？写出其化学反应方程式。

14　铜、铅、锌冶金

14.1　铜　冶　金

纯铜呈玫瑰红色，其展性和延性好；导电导热性极佳，仅次于银；无磁性；不挥发。铜在干燥空气中不起变化，但在含有二氧化碳的潮湿空气中则能氧化形成碱式碳酸铜（铜绿）的有毒薄膜。

铜的硫化物中，硫化亚铜（Cu_2S）对于铜的冶炼很重要。天然硫化亚铜为辉铜矿，是蓝黑色无定型或结晶型。常温下不会被空气氧化。以 Cu_2S 和 FeS 为主的共熔体称为冰铜。由于铜对硫的亲和力大，故在冰铜吹炼时 FeS 先氧化造渣，剩下的 Cu_2S 被吹炼成粗铜。

自然界的硫酸铜（$CuSO_4$）为天蓝色三斜晶系结晶的胆矾。无水硫酸铜为白色粉末，加热时分解成 CuO 和 SO_3。

由于铜具有较高的导电性、传热性、延展性、抗拉性和耐腐性，因此在国防工业、电气工业、机械制造工业以及其他部门的应用都很广，特别是在电气工业中应用得更为广泛。常规武器制造和空间探测都需要铜。铜的一半左右用于电器及电子工业，如制造电缆、电线、电机以及其他输电和电讯设备。

胆矾（硫酸铜）则用于制造农药和其他化学药品。

铜在地壳中的含量只有0.01%，具有生产价值的铜矿分为自然铜、硫化铜和氧化铜。目前世界上铜产量的90%左右来自硫化铜矿。硫化铜矿中分布最广的是黄铜矿（$CuFeS_2$），其次是斑铜矿（Cu_5FeS_4）、辉铜矿（Cu_2S）和铜蓝（CuS）。氧化铜矿中以孔雀石（铜绿 $CuCO_3 \cdot Cu(OH)_2$）分布最广。

铜矿中除含铜矿物外，还含有少量其他金属，如铅、锌、镍、铁、砷、碲、铋等，并含有金银等贵金属和稀有金属，它们在冶炼过程中分别进入不同的产品中，所以炼铜工厂通常设有综合回收这些金属的车间。另外，铜矿中还伴生有其他金属矿物和脉石矿物。

从铜矿石和铜精矿中提炼铜的方法总括起来分为火法和湿法两大类。

火法炼铜是将铜精矿和熔剂一起在高温下熔化，或直接炼成粗铜，或先炼成冰铜，然后再炼成粗铜。这种方法可处理各种不同的铜矿，特别是对一般硫化矿和富氧化矿很适用。

湿法炼铜是在常温、常压或高压下用溶剂使铜从矿石中浸出，然后从浸出液中除去各种杂质，再将铜从浸出液中沉淀出来。

14.1.1　火法炼铜的基本原理

火法炼铜的目的在于：一是使炉料中的铜尽可能全部进入冰铜，同时使炉料中的氧化物和氧化产生的铁氧化物形成炉渣；二是使冰铜与炉渣分离。为了达到这两个目的，火法炼铜必须遵循两个原则：一是必须使炉料有相当数量的硫来形成冰铜，二是使炉渣含二氧化硅接近饱和，以便冰铜和炉渣不致混溶。

14.1.2 铜熔炼的产物

铜熔炼的产物有：

(1) 冰铜。冰铜是由 Cu_2S 和 FeS 组成的合金，并含有 Fe_3O_4、Au、Ag、Sb、As、Bi、Se、Te 以及 ZnS、PbS、Ni_3S_2等物质。

Fe_3O_4在冰铜中大量溶解，容易在反射炉底析出，形成磁铁底结。

冰铜是金银等贵金属的良好捕集剂。

(2) 炉渣。炉渣是由各种金属和非金属氧化物的硅酸盐组成的复杂化合物，其主要成分为 SiO_2、FeO 和 CaO。

炉渣含铜造成铜的损失，是铜冶炼的主要损失。根据铜在炉渣中的形态，大致可将其损失分为三种类型：化学损失、物理损失和机械损失。

14.1.3 铜精矿的造锍熔炼

工业上铜精矿进行熔炼的设备有反射炉、鼓风炉、闪速炉和电炉四种。熔炼过程中，四种设备各有各自的特点，但熔炼的产物绝大多数都是冰铜。

熔炼时，当炉料中含有足够硫时，在高温下由于铜对硫的亲和力大于铁，而铁对氧的亲和力大于铜，故能按以下反应使铜硫化：

$$FeS_{(液)} + Cu_2O_{(液)} \longrightarrow FeO_{(液)} + Cu_2S_{(液)}$$

目前各种炼铜方法基本上都是先产出冰铜，冰铜送转炉吹炼成粗铜。冰铜在吹炼过程中，要彻底消除含 SO_2的烟气外泄，这在工艺和设备结构上是相当困难的，因此产生了对取消转炉吹炼过程，直接产出粗铜的新方法的研究。

14.1.4 冰铜的吹炼

吹炼的目的是将冰铜转变为粗铜。吹炼是周期性作业，每个周期分为两个阶段，即造渣期和造粗铜期。造渣期为冰铜中的硫化亚铁氧化生成氧化亚铁和二氧化硫，氧化亚铁与加入的石英熔剂造渣，除去，直到获得含铜量75%以上和含铁量千分之几的白冰铜为止。所谓白冰铜即是成分接近 Cu_2S 的熔体。造粗铜期是将 Cu_2S 在不加入熔剂的情况下继续吹炼成粗铜。

造渣期

$$FeS+1.5O_2 = FeO+SO_2$$

$$2FeO+SiO_2 = 2FeO \cdot SiO_2$$

造铜期

$$Cu_2S+1.5O_2 = Cu_2O+SO_2$$

$$2Cu_2O+Cu_2S = 6Cu+SO_2$$

在吹炼温度下，只有当熔体中 Cu_2S 浓度约为 FeS 浓度的10000~16000 倍时，Cu_2S 才能与 FeS 共同氧化或优先氧化。工业实践中，白锍中的 Fe 含量降到1%以下，也就是要等锍中的 FeS 几乎全部氧化之后，Cu_2S 才开始氧化。因为以上反应的存在，得以实现用吹炼的方法将锍中的 Fe 与 Cu 分离，完成粗铜制取的过程。

冰铜吹炼采用卧式碱性转炉或虹吸式转炉。吹炼产出的粗铜送火法精炼处理，转炉渣和烟尘返回熔炼车间或单独处理，烟气则用于制酸。

14.1.5　粗铜的火法精炼

粗铜含有各种杂质和金银等贵金属，它们不仅影响铜的物理化学性质和用途，而且有必要把其中的某些有价金属提取出来，以达到综合回收的目的。火法精炼的目的是除去粗铜的部分杂质，并为电解精炼提供优质的铜阳极。

粗铜火法精炼为周期性作业，过程多在反射炉内进行。每周期基本包括装料、熔化、氧化、还原和浇注五个阶段。

铜中有害杂质除去的程度取决于氧化过程，而铜中氧的排出程度则取决于还原过程。氧化精炼的基本原理在于铜中多数杂质对于氧的亲和力都大于铜对氧的亲和力，且杂质氧化物在铜中的溶解度很小。当空气通入铜熔体时，杂质便被优先氧化而除去。

还原过程一般采用重油、天然气、液化石油气、插木法等进行还原。重油还原实际上是氢和一氧化碳对氧化亚铜的还原：

$$Cu_2O + H_2 = 2Cu + H_2O$$

$$Cu_2O + CO = 2Cu + CO_2$$

14.1.6　粗铜的电解精炼

火法精炼产出的精铜品位一般为99.2%~99.7%，其中还含有0.3%~0.8%杂质。为了提高铜的性能，使其达到各种应用的要求，同时回收其中贵金属、铂族金属和稀散金属，因此对其还须进行电解精炼。

铜的电解精炼是以火法精炼产出的精铜为阳极，以电解产出的薄铜（始极片）作阴极，以硫酸铜和硫酸的水溶液作电解液。在直流电的作用下，阳极铜进行化学溶解，纯铜在阴极上沉积，杂质则进入阳极泥和电解液中，从而实现铜与杂质的分离。

电解精炼时，阳极上进行氧化反应：

$$Cu - 2e = Cu^{2+}$$

$$M' - 2e = M'^{2+}$$

式中M′只代表Fe、Ni、As、Sb等比Cu更负电性的金属。由于阳极的主要组成是铜，所以阳极的主要反应是铜溶解形成Cu^{2+}的反应。

阴极上进行还原反应：

$$Cu^{2+} + 2e = Cu$$

$$M'^{2+} + 2e = M'$$

精炼时，标准电位比铜低而浓度又小的负电性金属M′，不会在阴极析出。

粗铜电解精炼的主要设备是电解槽。

14.2　铅　冶　金

铅是蓝灰色的金属，密度大、硬度小、展性好、延性差、熔点和沸点低、导热和导电差、液态铅流动性好。由于铅在高温下易挥发，故造成冶炼时的金属损失和环境污染。铅在常温下不与干空气或无空气的水作用，但与含二氧化碳和潮湿的空气作用生成 PbO_2 和 $3PbCO_3 \cdot Pb(OH)_2$ 覆盖膜，防止铅继续氧化。在空气中，铅顺次氧化成 Pb_2O、PbO、Pb_2O_3、Pb_3O_4，最后分解成高温稳定的 PbO。铅是放射性元素铀、锕和钍分裂的最后产物，对 X 射线和 γ 射线有良好的吸收性，具有抵抗放射性物质透过的能力。

铅是电气部门制造蓄电池、汽油添加剂和电缆的原材料；由于铅具有很高的抗酸、碱性能，故它广泛用于化工设备和冶金工厂电解槽做内衬；铅能吸收放射性射线，所以用作原子能工业和医学中的防护屏；铅能与许多金属形成合金，所以铅也以合金的形式被广泛使用，如焊料等；铅的化合物用于颜料、玻璃及橡胶工业部门。

炼铅的主要原料是铅矿，其次是废铅物料。铅矿分为硫化矿和氧化矿两大类。分布最广的硫化矿是方铅矿。方铅矿多与辉银矿（Ag_2S）、闪锌矿（ZnS）共生，还含有 Sb、Cd、Au 等元素及其他硫化物和脉石成分，氧化矿主要有白铅矿（$PbCO_3$）和铅矾（$PbSO_4$）。

当代铅的生产方法几乎全为火法。火法炼铅按冶炼原理不同可分为：

（1）反应熔炼。此法是利用 PbS 在高温下氧化生成的 PbO 和 $PbSO_4$ 再与 PbS 反应得到金属铅。

（2）沉淀熔炼。此法是用铁在高温下把铅从 PbS 中置换出来。

（3）焙烧还原熔炼。是目前主要的炼铅法，包括硫化铅精矿烧结焙烧、烧结块还原熔炼和粗铅精炼三个工序。

14.2.1 硫化铅精矿的烧结焙烧的目的和方法

烧结焙烧的目的是将精矿中的硫化物氧化成氧化物，并将较多的砷、碲挥发出去，同时将铅精矿粉料烧结成坚硬多孔的烧结块。

烧结脱硫程度与原料的铜和锌含量有关。锌高应尽量脱硫，使 ZnS 全部氧化成可溶入炉渣的 ZnO，从而减轻锌的危害程度；铜高则应残留部分硫，使 Cu_2S 进入铅冰铜，减轻高铜粗铅的熔炼困难和铜随渣的损失。若原料含铜和锌都高，一般是先尽量除硫，然后在熔炼时加入黄铁矿使 Cu_2O 硫化进入冰铜，而锌则以 ZnO 进入渣中。烧结时不希望生成 $PbSO_4$，因为其在还原时只生成 PbS，而不是非金属铅。

焙烧有二次焙烧和一次焙烧两种操作方法。

二次焙烧是在 850~900℃ 下将精矿中的一部分硫烧去，然后将烧结块破碎，在 1000~1100℃ 下进行第二次焙烧，烧去第一次焙烧剩下的硫，并将焙烧产物进行烧结。为了区分这两次焙烧，称第一次焙烧为预先焙烧，第二次焙烧为最终焙烧。

一次焙烧是在硫化铅精矿与熔剂组成的烧结配料中，加入返回的烧结块，使整个炉料中硫的含量不超过 6%~8%，由于一次焙烧所产出的烧结块，大部分仍返回烧结焙烧过程中与精矿一道进行配料，仅一小部分送至鼓风炉熔炼，因此这种焙烧过程也叫做返回焙烧。

14.2.1.1 硫化铅精矿的焙烧过程

硫化铅精矿的焙烧，是借助于空气中的氧来完成的氧化过程，该过程使硫化铅以及精矿中的其他金属硫化物转变为氧化物。焙烧时硫化铅发生如下氧化反应：

$$2PbS + \frac{7}{2}O_2 = PbO + PbSO_4 + SO_2$$

最初形成的硫酸铅再与硫化铅相互作用而形成氧化铅 PbO：

$$3PbSO_4 + PbS = 4PbO + 4SO_2$$

PbS 与 PbO 或 $PbSO_4$相互作用生成金属铅：

$$PbSO_4 + PbS = 2Pb + 2SO_2$$

$$PbS + 2PbO = 3Pb + SO_2$$

从上述反应可以看出：PbS 焙烧的结果是获得了 PbO、$PbSO_4$、Pb。但在焙烧过程中，由于焙烧温度通常在 850℃以上，而且是强氧化气氛，所以在焙烧的最终产物中，$PbSO_4$和金属 Pb 的量都很少，主要是 PbO。

存在于硫化铅精矿中的其他金属硫化物，如 FeS_2、ZnS 以及砷碲的硫化物等在氧化焙烧中也不同程度地被氧化。

14.2.1.2　硫化铅精矿的烧结过程

使细粒物料结块，是烧结焙烧的目的之一。焙烧时，所形成的铅的硅酸盐和铁酸盐，由于其熔点较低，故能使炉料在作业温度下黏结成坚实的大块，所以它们是烧结过程有效的黏结剂。

硅酸铅于 650~700℃下开始形成：

$$xPbO + ySiO_2 = xPbO \cdot ySiO_2$$

当温度为 725~752℃时，铅的铁酸盐也大量形成：

$$xPbO + yFe_2O_3 = xPbO \cdot yFe_2O_3$$

铅烧结块是在鼓风炉中进行熔炼的。铅烧结块的组成很复杂，其中铅主要以氧化铅、硅酸铅、铁酸铅以及少量的 PbS、$PbSO_4$和金属 Pb 形态存在，此外，还含有其他金属氧化物，贵金属以及来自脉石、熔剂的造渣成分。

烧结块中的金属铅和易还原的氧化铅中的铅在熔炼时以金属状态进入炉缸。硫酸铅被熔剂分解后可还原为金属铅，若不被还原则只能得到硫化铅。硫化铅在熔炼时或进入冰铜，或部分挥发，或与加入的铁屑进行沉淀反应：

$$PbS + Fe = FeS + Pb$$

烧结块中的铁以氧化铁、四氧化三铁、硅酸铁、硫化铁等形态存在。铁的高价氧化物被还原成 FeO，并与 SiO_2造渣。

烧结块中的铜主要以硫化亚铜、氧化亚铜和硅酸铜存在于烧结块中。Cu_2S 进入冰铜。氧化亚铜和硅酸铜或被硫化成 Cu_2S 进入冰铜，或被还原成金属铜，或以氧化物形态进入渣中。

烧结块中的锌主要以氧化锌、硫化锌和硫酸锌的形态存在。在高温下，硫酸锌离解为 ZnO 或还原为 ZnS。ZnS 是炼铅炉渣中最有害的杂质，它使炉渣的黏度增大，熔点升高，渣含铅也增大。ZnS 极少被还原，但可以被铁置换：

$$ZnS + Fe = Zn + FeS$$

ZnO 也部分地被还原成金属锌，或部分在熔渣中溶解。挥发的锌蒸气随炉气上升形成炉结，部分锌溶入粗铅中。

另外，在熔炼过程中，砷有一部分以 As_2O_3 挥发，一部分还原为金属砷溶入粗铅中，也有一部分与镍、钴形成砷化物（黄渣）。锑的行为与砷相似，也分配在挥发物、粗铅和黄渣中。锡则多数进入渣中，极少被还原进入铅中。镉几乎都挥发进入烟尘。金、银、铋则绝大部分进入粗铅。脉石成分中的 SiO_2、CaO、MgO、Al_2O_3 等均与 FeO 一起进入渣中。

铅鼓风炉熔炼的产品有粗铅、炉渣、铅冰铜、砷冰铜、烟尘和炉气。粗铅需进一步精炼为精铅。

14.2.2 粗铅的精炼

鼓风炉炼得的粗铅含有 1%~4% 的杂质和贵金属，通常都需经过精炼提纯以达到牌号铅的标准。精炼是为了除去粗铅中的杂质，同时还要最大限度地回收其中的有价金属。粗铅精炼有火法精炼和电解精炼两种方法。火法精炼是依次地除去粗铅中的一两种杂质元素的高温作业，使这些元素分别富集在精炼渣中；电解精炼则是使杂质元素一次进入阳极泥。

14.2.2.1 粗铅的火法精炼

粗铅的火法精炼方法主要有：

（1）粗铅除铜。粗铅除铜有熔析和加硫两种方法。

熔析除铜是基于在低温下铜及其砷化物和碲化物在铅中的溶解度降低的原理。熔析作业用铸铁精炼锅，温度为 330~350℃。熔析时几乎所有的铁、硫、镍、钴等也被除去，贵金属也有部分入渣。

加硫除铜是利用加入的元素硫使铜形成质轻而不溶于铅的 Cu_2S 的原理。加硫时，硫首先硫化铅水中浓度最大的铅并形成 PbS。PbS 在精炼温度下在铅水中的溶解度达到 0.7%~0.8%，然后，PbS 再把对硫亲和力大于铅的铜硫化：

$$[PbS] + [Cu] = [Pb] + CuS_{(固)}$$

除铜后的粗铅，用氧化精炼的方法除去对氧亲和力比铅大的砷、碲、锡等杂质，氧化精炼一般在反射炉中进行。氧化精炼时首先氧化的是铅：

$$2Pb + O_2 = 2PbO$$

反应产生的 PbO 再使杂质氧化，同时杂质也直接被空气中的氧所氧化。因生成的氧化物密度小且不溶于铅液，故浮在熔池表面上而与铅分离。

（2）粗铅加锌除银。将金属锌加入液体铅中，锌对除银的粗铅具有很大的亲和力，可分别形成 $AuZn_5$、Ag_2Zn_3 等稳定的金属互化物，以及一系列固溶体。这些化合物和固溶体熔点高、密度小且不溶于铅液中而浮于表面，形成一种容易从溶体表面除去的固体银锌壳，从而达到银与铅分离的目的。银锌壳是锌和金、银、铅的合金，其中含有大量的机械夹杂的铅以及少量的铅锌氧化物。

（3）真空除锌。除银后的铅含有 0.6%~0.7%锌。采用真空精炼法除锌是利用铅与锌的蒸气压不同而将铅锌分离。真空蒸发适宜的真空度为 1.33~13.33Pa，温度为 600℃左右，此时锌的挥发率为 96%~98%，而铅的挥发率仅为 0.03%~0.07%。

（4）加钙、镁除铋。铋属于最难从铅中除去的杂质。该法的实质是 Ca、Mg 在铅液中可与 Bi 形成 Bi_3Ca、Bi_2Ca_3 以及 Bi_2Mg_3 等不熔化合物。这些化合物也不溶于铅，且密度比铅小，呈硬壳状浮于铅液表面而被除去。在除 Bi 精炼过程中，Mg 以金属块形态直接加入铅液中，而 Ca 则因容易氧化而以含 Ca 2%~5%的 Pb-Ca 合金形态加入。除 Bi 后，用碱性精炼法并使用少量硝石作为氧化剂，在一次作业中即可将铅中残留的 Mg、Ca 全部除去。

14.2.2.2 粗铅的电解精炼

粗铅电解与粗铜电解很相似。电解时，比铅更负电性的金属如锌、铁、镉、钴、镍、锡等能与铅一道溶解，但因其含量很小，对电解液不致造成污染，所以电解液无需进行特殊净化；而比铅更正电性的杂质如锑、铋、砷、铜、银、金等不溶解，形成阳极泥，阳极泥是回收贵金属的原料。

铅电解精炼时以硅氟酸和硅氟酸铅的水溶液作电解液，用粗铅作阳极，纯铅作阴极。在直流电的作用下，阴极反应：

$$Pb^{2+}+2e = Pb$$

阳极反应：

$$Pb - 2e = Pb^{2+}$$

14.3 锌 冶 金

锌是白略带蓝灰色的金属，其熔点和沸点都比较低，质软，有展性，但加工后则变硬，熔化后的流动性良好；锌有 α、β、γ 三种同素异构体；在熔点附近的锌蒸气压很小，但液态锌蒸气压随温度升高而急增，至 906.97℃即沸腾，这是火法炼锌的基本原理。锌在常温下不被干燥的氧或空气所氧化，在潮湿的空气中会形成一层灰白色的致密碱式碳酸锌（$ZnCO_3 \cdot 3Zn(OH)_2$），从而防止了锌的继续被浸蚀；熔融的锌能与铁形成化合物并保护了钢铁，此一特点被用在镀锌工艺中；二氧化碳与水蒸气混合的气体可使锌迅速氧化成氧化锌，这是火法炼锌的极重要的反应；锌的电化序位置很高，所以经常用在氰化法提金和湿法炼锌中的加锌置换净化溶液中；锌易溶于盐酸、稀硫酸和碱性溶液中。

锌的主要化合物是硫化锌（ZnS）、氧化锌（ZnO）、硫酸锌（$ZnSO_4$）和氯化锌（$ZnCl_2$）。其中天然硫化锌又称闪锌矿，是炼锌的主要矿物。

金属锌主要用于镀锌板和精密铸造。锌片和锌板用于制造干电池和印刷工业。由于锌能与许多金属组成合金，故广泛应用于机械工业和国防工业，其中最重要的是铜锌合金（黄铜）。

锌的氧化物多用于颜料工业和橡胶工业；氯化锌可用作木材的防腐剂；硫酸锌用于制革、纺织和医药等工业。

锌矿物按其所含矿物不同可分为硫化矿和氧化矿。在硫化矿石中，锌主要以闪锌矿的形态存在；在氧化矿石中，锌主要以菱锌矿（$ZnCO_3$）形态存在。

锌的单金属硫化矿在自然界中很少发现，一般多与铜、铅共生，还含有金、银、砷、锑、镉和其他有价金属。其中最常见的是铅锌矿，其次是铜锌矿和铜铅锌矿。应该特别提到的是镉，硫化镉是在锌矿中伴生的，所以镉是炼锌流程必须考虑的综合回收的产品。

炼锌方法归结起来分为火法和湿法两类。火法炼锌是将氧化锌在高温下用碳还原成锌蒸气，然后冷凝成为液体锌，主要包括焙烧、还原蒸馏和精馏三个过程；湿法炼锌是用稀硫酸（即废电解液）浸出焙砂中的锌，然后再用电积法把锌从浸出液中提取出来，主要包括焙烧、浸出、净化和电积四个过程，目前湿法炼锌占有优先的工业价值地位。

无论是采用火法炼锌还是湿法炼锌，硫化锌精矿都要预先进行焙烧脱硫，进入烟气的硫可以回收利用。

14.3.1 硫化锌精矿的焙烧

硫化锌精矿焙烧过程是在高温下借助于空气中的氧进行的氧化焙烧过程，焙烧的目的与要求，决定于下一步的冶金处理方法。

火法炼锌的焙烧纯是氧化焙烧，以便尽量烧去硫和砷锑，有时还须除去铅镉，以便综合回收和提高还原蒸馏时的锌锭质量；湿法炼锌的焙烧除要求得到氧化物外，还要生成少量的硫酸盐以补充电解和浸出时的硫酸损失，又要尽量少生成不溶于稀硫酸溶液的铁酸锌。

硫化锌精矿焙烧时，硫化锌发生如下的反应：

$$2ZnS + 3O_2 = 2ZnO + 2SO_2$$

$$2ZnO + 2SO_2 + O_2 = 2ZnSO_4$$

$$ZnO + Fe_2O_3 = ZnFe_2O_4$$

同时还形成部分碱式硫酸锌 $ZnO \cdot 2ZnSO_4$。

14.3.2 火法炼锌

火法炼锌是将含氧化锌的焙烧矿用炭质还原剂还原得到金属锌的过程。由于氧化锌难还原，所以火法炼锌须在强还原气氛和高于锌的沸点温度下进行。还原出来的锌是锌蒸气，冷凝后可得液体锌。因为锌蒸气极易被二氧化碳氧化，所以须在几乎不含二氧化碳的气体中冷凝，此即蒸馏炼锌法。它采用的设备有平罐、竖罐、电炉和鼓风炉。平罐和竖罐为间接加热，电炉和鼓风炉为直接加热，但电炉不产生燃烧气体，故不影响锌的冷凝。

氧化锌用碳还原的反应：

$$ZnO_{(固)} + CO_{(气)} = Zn_{(气)} + CO_{2(气)}$$

$$CO_{2(气)} + C_{(固)} = 2CO_{(气)}$$

$$ZnO_{(固)} + C_{(固)} = Zn_{(气)} + CO_{(气)}$$

在还原过程中，得到的锌蒸气容易从固体炉料中逸出，故还原蒸馏法炼锌不产生液体炉渣；另外，氧化锌的还原必须在强还原气氛中进行，还要求还原后的炉气中含有很高的CO浓度，或者配料中要加入足够的炭质还原剂。最后，得到的锌蒸气必须在冷凝器中冷凝成为液体粗锌。

粗锌中主要的杂质是Pb、Cd、Cu、Fe等。粗锌精炼一般采用火法精馏精炼，它是在一种专门的精馏塔内进行的。精馏塔包括铅塔和镉塔。铅塔的任务是从锌中分离出较高沸点的铅、铜、铁等元素；镉塔则是实现锌镉的分离。原理都是利用这些金属的蒸气压和沸点的差别。锌及常见的杂质的沸点如下：

金属	Zn	Cd	Pb	Fe	Cu	Sn	In
沸点/℃	906	767	1744	2735	2360	2260	2070

由此可见，锌与镉的沸点较铅低，比铜和铁更低，若控制精炼温度为1000℃，则锌

与镉应完全挥发出来，而铅、铁等高沸点金属则很少挥发或不挥发。精馏精炼可得到99.99%以上的纯锌。

14.3.3 湿法炼锌

湿法炼锌是用稀硫酸将锌焙砂中的锌浸出，浸出液经过净化除去杂质，然后电解析出锌，将电解锌铸锭即得成品锌。

14.3.3.1 锌焙砂浸出

浸出就是将锌焙砂中的氧化锌尽量的溶解到溶液中，以达到与杂质分离的目的。整个浸出过程又分为中性浸出、酸性浸出和氧化锌粉浸出。

中性浸出就是用锌焙砂来中和酸性浸出液中的游离硫酸，使一部分锌溶解，同时极少量的杂质进入浸出液中。再用水解法除去浸出液中的杂质（主要是 Fe、As、Sb），得到的中性溶液经净化后送去电积回收锌，浸出终点的 pH 值保持在 5~5.2 范围内。

中性浸出残渣中还含有大量的锌，需再用含酸浓度较大的废电解液进行酸性浸出。浸出的目的就是使浸出渣中的锌尽可能完全溶解，为避免大量杂质同时溶解，终点酸度一般控制在 1~5g/L H_2SO_4。

然而，经过上述两次浸出并不能将锌焙砂中的锌完全溶出，浸出渣中仍含有约 20% 的锌，这部分锌以不溶的铁酸锌（$ZnFe_2O_4$）形态进入渣中。所以，这种浸出渣常用烟化挥发的火法处理，使其中的锌挥发出来，得到的 ZnO 粉再用废电解液浸出。这一阶段称为浸出渣的处理。近些年来，酸性浸出已用热酸浸出代替，浸出液用湿法分离锌铁，使流程大为简化。

14.3.3.2 硫酸锌溶液的净化

浸出所得的硫酸锌溶液含有很多的杂质。许多杂质如铜、镉、钴、镍、砷、锑以及阴离子氟、氯等，其含量大都在危害程度以上，所以在送去电积之前，必须进行适当的净化。净化的目的除了将溶液中对电解有害的杂质除去至允许含量以外，还要将这些所谓杂质作为原料进行综合回收。

（1）锌粉置换法除铜镉。硫酸锌溶液中的铜镉可用锌粉置换除去。置换过程的基础是基于锌的电位比铜镉的电位更负，可进行如下的反应：

$$Zn + CuSO_4 = Cu + ZnSO_4$$

$$Zn + CdSO_4 = Cd + ZnSO_4$$

$$Cd + CuSO_4 = Cu + CdSO_4$$

（2）黄药除钴。黄药是一种有机试剂，除钴的实质是在有硫酸铜存在的条件下，溶液中的硫酸钴与黄药作用，形成难溶的黄酸钴而沉淀。可用如下的反应表示：

$$8C_2H_5OCS_2Na+2CuSO_4+2CoSO_4 = Cu_2(C_2H_5OCS_2)_2\downarrow+2Co(C_2H_5OCS_2)_3\downarrow+Na_2SO_4$$

从上式可知，钴是以 Co^{3+} 与黄药作用而产生黄酸钴沉淀。黄药也可以与 Cu、Cd 等作用，所以为了减少黄药的消耗，应在预先除去 Cu、Cd 杂质后，再加黄药除钴。

（3）净化除氟、氯。硫酸锌溶液电积时，其中的氟、氯会使阳极腐蚀并降低阴极锌的质量，使剥锌困难等，因此事先应将氟、氯除去。硫酸锌溶液中的氟氯来源于浸出含氟、氯高的氧化锌粉和烟尘等，浸出时，氟、氯全部进入溶液，另外，使用的自来水也带入一些氯。

除氯的有效方法是采用硫酸银净化法，使氯以氯化银沉淀除去，反应如下：

$$Ag_2SO_4 + 2MeCl = 2AgCl\downarrow + MeSO_4$$

溶液中的氟可加入石灰乳使其生成难溶化合物 CaF_2 而除去。

14.3.3.3 硫酸锌溶液的电积

锌电积一般以 Pb-Ag 合金（1%）板为阳极，纯铝板为阴极，以酸性硫酸锌水溶液作为电解液。当通以直流电时，在阴极上发生锌的析出，阳极上放出氧气。电积锌的总反应为：

$$ZnSO_4 + H_2O = Zn + H_2SO_4 + \frac{1}{2}O_2$$

复习思考题

14-1 火法炼铜的目的是什么？
14-2 冰铜的主要成分有哪些？
14-3 冰铜吹炼分哪两个阶段？
14-4 粗铜火法精炼的目的是什么？
14-5 铜电解精炼的原理是什么？
14-6 硫化铅精矿烧结焙烧的目的是什么？
14-7 粗铅除铜的方法有哪些？
14-8 湿法炼锌的原理是什么？
14-9 火法炼锌的原理是什么？
14-10 锌焙砂中性浸出的目的是什么？
14-11 硫酸锌溶液净化的杂质有哪些，如何除去？

第4篇

压 力 加 工

所谓压力加工是指利用金属塑性使其在外力作用下稳定改变其形状和尺寸，以获得所需要的外形和尺寸的产品的加工方法，它利用了金属可塑性的特点，故又称为塑性加工。

金属压力加工成型方法在技术上和经济上具有独特之处，与切削加工、铸造、焊接等其他成型方法相比，具有如下优点：

（1）压力加工成型是一种无屑加工，成材率高。金属压力加工成型，是金属在固态下的体积变形过程，因此在加工过程中除工艺原因外，加工过程的本身是不会造成废料的，这是和切削加工成型的本质区别。

（2）金属的内部组织和性能可以得到改善和提高，特别对于铸态组织的改善，效果更为显著。

（3）生产率高，适于大量生产。

压力加工的方法很多，常见的主要方法有锻造、轧制、挤压、拉拔和冲压五种，其中轧制以其易实现大型化、自动化、连续化和高速化、产量大、品种多等优点，成为压力加工中最广泛使用的成型方法。在钢铁联合企业中，轧钢与炼铁、炼钢共同构成钢铁生产的三大环节，形成了从矿石到钢材的不同生产流水线，为国民经济提供各种各样的钢铁产品。据统计冶炼出的钢，除少量采用铸造和锻压成型外，90%以上都是经过轧制成材。

目前，除了上述几种应用较广的压力加工方法外，随着科学技术的不断进步，出现了各种新型的压力加工方法，如粉末金属压力加工、爆破加工成型、振动加工以及不同压力加工方法的联合加工等。

现阶段，随着冶金和机械电气工业的进步、电子计算机自动控制技术的应用以及社会总体科学技术水平的提高，压力加工技术在工艺、设备等方面都有着较快的发展。总的来说，压力加工技术发展的主要特点和趋势是：

（1）实现生产过程的高效化、连续化和自动化。如轧钢生产中实现的带钢连轧机的电子计算机控制、热轧带钢和棒线材的无头全连续轧制、热轧带钢的薄板坯连铸连轧和H型钢及其他异型钢材的连轧等；近代挤压生产中采用了远距离集中控制、程序控制和计算机控制，使生产效率大幅度提高，操作人员显著减少，甚至可能实现挤压生产线的无人化操作；多线链式拉拔机一般可自动供料、自动穿模、自动套芯杆、自动咬料和挂钩、管材自动下落和自动调整中心，管棒材的成品连续拉拔，矫直机实现了拉拔、矫直、抛光、切断、退火及探伤的组合等。

（2）扩大品种，提高产量。为了适应国民经济各个行业和科学技术迅速发展的需要，板管型棒线及板带箔材的品种不断增加、规格不断扩大，质量不断提高。高精度轧制技术（包括计算机控制技术、高精度的数学模型、液压AGC、带钢宽度自动控制、板形控制技术、棒线材的定减径技术等）的应用使轧制品种增加、规格不断扩大，质量不断提高，热轧带钢的厚度精度达到±0. 03mm，宽度精度在 10mm 以内，板凸度 30I 以内。棒材的尺寸精度在 0. 1mm 以内。

（3）采用新工艺、新技术，降低能耗，提高经济效益。加工时金属的加热、成型过程是能源消耗和金属消耗的大户，它直接影响着工厂的经济效益，因此必须通过加强技术改造和适当地采用新工艺、新技术，使消耗降低。连铸连轧技术、全连续无头轧制技术等的实现都极大地提高了成材率，热装热送技术、高效蓄热技术、步进式加热炉等在加热炉中的应用极大地降低了能源消耗。

15　塑性成型基本理论

15.1　金属塑性变形的力学条件

15.1.1　内力与应力

在外力作用下，物体为了保持其自身的完整性而在其内部产生的抵抗外力的作用，称为附加内力，简称内力。内力的实质是原子间的相互作用。

单位面积上内力的大小称为应力，通常用下式计算：

$$p = \frac{F}{A} \tag{15-1}$$

式中　p——物体截面积上的平均应力，Pa；

A——物体截面积，m^2；

F——作用于该截面的内力，N 。

物体的变形取决于应力，而与内力的大小无直接的关系。

15.1.2　变形

物体在外力作用下其形状和尺寸发生的改变，称为变形。外力取消后，能够恢复其原来形状尺寸的变形，称为弹性变形；当外力超过某一限度后，即使外力被取消，物体也不能恢复其原来形状和尺寸而保留下来的变形，称为塑性变形。物体在外力作用下产生永久塑性变形而不被破坏的能力称为物体的塑性。

物体单位尺寸上的变形称为应变。应力与应变共生共存。

15.1.3　塑性变形的力学条件

物体抵抗变形和断裂的能力称为强度，常用应力表示。物体抵抗塑性变形保持其固有形状的能力称为屈服强度 σ_s，抵抗断裂破坏的能力称为断裂强度或抗拉强度 σ_b。各种材料的 σ_s 和 σ_b 可在有关手册中查到。如 Q235-A 钢在常温时 $\sigma_s = 220 \sim 240$MPa，$\sigma_b = 380 \sim 470$MPa。

显然，物体产生稳定塑性变形的力学条件是该物体受外力作用产生的应力 σ 必须大于或等于其屈服强度 σ_s 而小于其抗拉强度 σ_b，即：

$$\sigma_s \leqslant \sigma < \sigma_b \tag{15-2}$$

15.2 塑性变形的基本定律

15.2.1 体积不变定律

在压力加工的理论研究和实际计算过程中，通常认为：塑性变形体的体积保持不变或为常数，也就是说物体塑性变形前的体积 V_0 等于其变形后的体积 V_n，即：

$$V_0 = V_n = 常数 \tag{15-3}$$

式（15-3）即为体积不变定律的数学表达式。

体积不变定律是物体在塑性变形过程中遵循的基本定律，利用它可以计算成品的尺寸或选定坯料的大小。

15.2.2 最小阻力定律

最小阻力定律的内容是：物体变形过程中，当质点有沿不同方向移动的可能时，其总是沿着阻力最小的方向移动。最小阻力定律是变形时金属质点流动所遵循的基本规律。

最小阻力定律在塑性变形过程中是有实际意义的。例如压缩一个矩形金属块时，因为接触面上质点向周边流动的阻力与质点离周边的距离成正比，因此，离周边的距离愈近，阻力愈小，金属质点必然沿这个方向流动。这个方向恰好是周边的最短法线方向。用点划线将矩形分成两个三角形和两个梯形，形成了四个不同流动区域。点划线是四区域的流动分界线，线上各点至边界的距离相等，各个区域内的质点到各自边界的法线距离最短。这样流动的结果，矩形断面将变成双点划线所示的多边形。继续镦粗，断面的周边将逐渐变成椭圆形。此后，各质点将沿着半径方向流动，相同面积的任何形状，圆形的周边长度最小。因此，最小阻力定律在镦粗中也称最小周边法则（图 15-1）。对于其他任意断面，金属质点的流动方向也遵守上述定律。方坯在平锤间压缩时如图 15-2 所示。随着镦粗的进行，方截面逐渐变为圆截面。

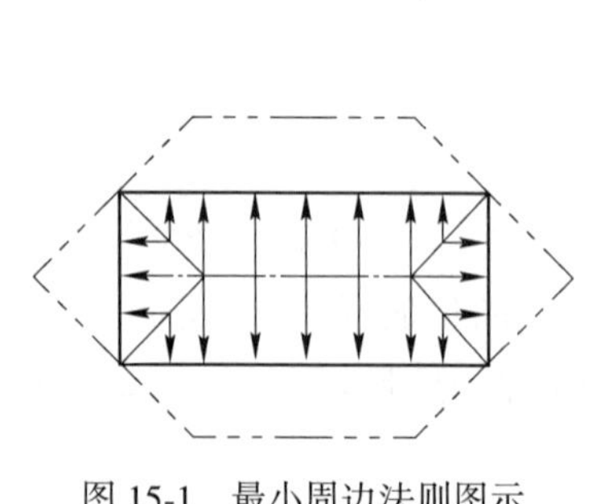

图 15-1 最小周边法则图示

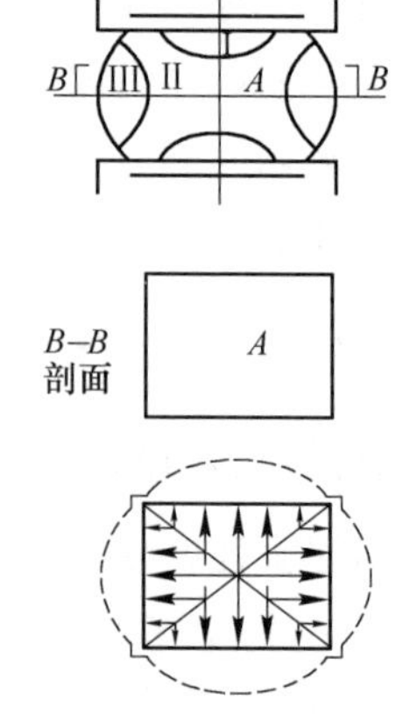

图 15-2 正方形断面变形模式

金属塑性变形过程应满足体积不变条件。根据体积不变条件和最小阻力定律，便可以大体得出塑性成型时的金属流动规律。有时还可用它来选择坯料的断面和尺寸、加工工具的形状和尺寸等。如在压下量、辊径相同的条件下，坯料宽度不同的轧制情况是不同的。从图 15-3 中看出，在（a）、（b）两种情况下，三角形区是完全相同的，即这两种情况下向宽度方向上流动的质点数目是一样的。但与整个接触面上所有质点相比，第一种情况（a）向宽向流动质点所占比例比第二种（b）大，故窄板的宽展率比宽板的大。又如在压下量相同而轧辊直径不同的条件下，轧制宽度相同的轧件时，则可预计大辊轧制时的宽展大（见图 15-4）。精轧时，为了控制宽展，一般多采用工作辊较小的多辊轧机轧制。

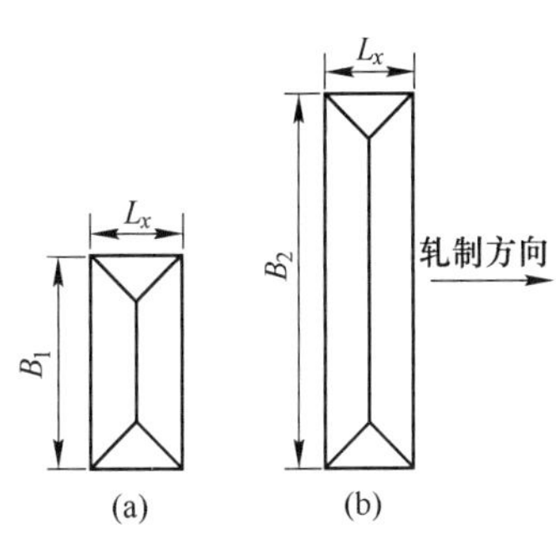

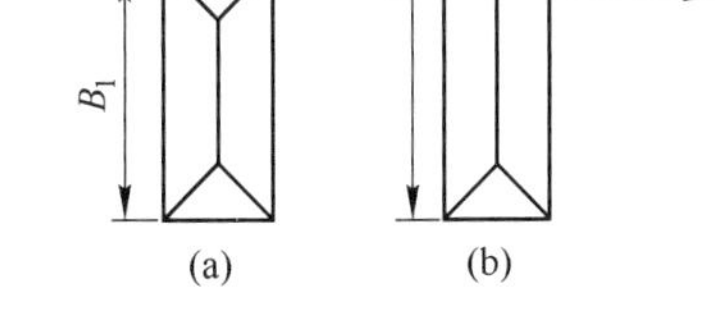

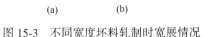

图 15-3　不同宽度坯料轧制时宽展情况

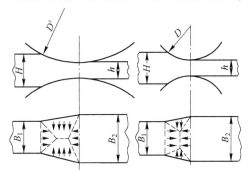

图 15-4　轧制直径不同时，轧件变形区纵横方向阻力图（$D'>D$，$B_2>B_1$）

15.2.3　弹塑性共存定律

所谓弹塑性共存定律指的是要使物体产生塑性变形，必须先发生弹性变形，即只有在弹性变形的基础上，才能开始产生塑性变形。只有塑性变形而无弹性变形（或痕迹）的现象在塑性变形加工中，是不可能见到的。

在压力加工过程中，虽然卸载后的弹性变形恢复较塑性变形小得多，在工程计算中可忽略不计，但弹塑性共存的现象在压力加工中，则是普遍存在的。例如，拉拔和挤压后的型材断面积较模孔的断面大。因此，弹塑性共存定律的重要意义就在于指导生产实践中如何减小变形时的各种弹性变形恢复，特别对于尺寸精度要求高的产品更为重要。

15.3　变形程度的表示方法

表示变形程度大小的方法分为变形量和变形系数两种。

15.3.1　变形量

采用变形量表示物体变形程度的大小，分绝对变形量和相对变形量。

设一变形前后均为立方体的物体，H、B、L 和 h、b、l 分别表示变形前后立方体的高度、宽度和长度。

以变形前后物体高度、宽度及长度三个变形方向上尺寸变化的绝对值来表示变形程度的方法称为绝对变形量的表示，三个变形方向上尺寸的绝对变化量分别称为压下量、宽展量和延伸量：

压下量　　$\Delta h = H - h$

宽展量　　$\Delta b = b - B$

延伸量　　$\Delta l = l - L$

绝对变形量表示变形程度的最大优点是计算简单、能够直观反映出变形前后物体尺寸的变化，但是不能准确反映物体的相对变形程度。如有两块金属在宽度和长度上相同，而高度分别为 $H_1 = 4\text{mm}$ 和 $H_2 = 10\text{mm}$，经过加工后高度分别为 $h_1 = 2\text{mm}$，$h_2 = 6\text{mm}$，两块金属的压下量分别为 $\Delta h_1 = 2\text{mm}$，$\Delta h_2 = 4\text{mm}$，但这并不能说明第二块金属比第一块的变形程度大。实践中，压下量和宽展量应用广泛。

以三个变形方向上的绝对变形量与相应方向上变形前尺寸的比值百分率表示变形程度的方法称为相对变形量的表示，分别称为压下率、宽展率和伸长率：

压下率　　$\dfrac{\Delta h}{H} \times 100\% = \dfrac{H - h}{H} \times 100\%$

宽展率　　$\dfrac{\Delta b}{B} \times 100\% = \dfrac{b - B}{B} \times 100\%$

伸长率　　$\dfrac{\Delta l}{L} \times 100\% = \dfrac{l - L}{L} \times 100\%$

相对变形量的表示可以比较全面地反映出变形程度的大小。实际生产中，有时还用断面收缩率来表示相对变形量的大小：

$$\psi = \frac{F_0 - F_n}{F_0} \times 100\% \tag{15-4}$$

式中　ψ ——断面收缩率；

F_0，F_n ——轧件变形前后的断面积。

15.3.2　变形系数

以变形前后相应尺寸的比值来表示变形程度的方法称为变形系数，分别为压下系数、宽展系数和延伸系数：

压下系数 η　　$\eta = \dfrac{H}{h}$

宽展系数 ω　　$\omega = \dfrac{b}{B}$

延伸系数 μ　　$\mu = \dfrac{l}{L}$

显然，变形系数反映了变形前后尺寸变化的倍数关系，是相对变形的一种表示方法。

根据体积不变定律，延伸系数还可用下式表示：

$$\mu = \frac{l}{L} = \frac{HB}{hb} = \frac{F_0}{F_n} \tag{15-5}$$

式中，F_0、F_n为分别表示变形前后物体的断面积。

变形前后物体断面积之比称为压缩比，通常用来反映物体总的变形程度。

复习思考题

15-1 何谓压力加工？与其他成型方法相比，压力加工成型有何优缺点？

15-2 常见的压力加工方法有哪些？

15-3 弹性变形和塑性变形有什么异同？

15-4 何谓应力、应变、屈服极限和强度极限，金属产生塑性变形的力学条件是什么？

15-5 变形程度有哪几种表示方法？各有什么优缺点？

15-6 体积不变定律、最小阻力定律的内容是什么？它们描述了塑性变形过程中哪两个方面的定律？

15-7 试分析某金属经过模孔拉拔后，能否不用力再顺利穿过该模孔。

16　轧　　制

16.1　轧制生产中的基本问题

16.1.1　轧制基本方式

金属在两个旋转的轧辊之间受到压缩产生塑性变形，从而得到具有一定形状、尺寸和性能的产品的压力加工过程称为轧制。轧制分纵轧、横轧和斜轧三种基本方式。

16.1.1.1　纵轧

如图 16-1 所示，纵轧是轧件在两个相互平行且旋转方向相反的轧辊之间进行塑性变形，轧件的行进方向与轧辊水平轴线在水平面上的投影相互垂直。纵轧后轧件的厚度减小，长度和宽度增加，其中以长度增加为主。纵轧在金属冷态和热态下均可进行，是轧制生产中应用最广泛的轧制方法，如各种型材和板带材的轧制。

16.1.1.2　横轧

如图 16-2 所示，横轧是轧件在两个旋转方向相同的轧辊之间产生塑性变形，轧件的纵向轴线与轧辊轴线平行或成一定锥角，轧制时轧件随轧辊作相应的转动。横轧主要用来轧制回转体轧件，如变断面轴坯、齿轮及车轮坯等。

16.1.1.3　斜轧

如图 16-3 所示，斜轧是轧件在两个轴线相互成一定角度且旋转方向相同的轧辊之间产生塑性变形，轧件沿轧辊交角的中心水平线方向进入轧辊，并在变形时产生螺旋运动(既有旋转，又有前进)。斜轧主要用来轧制管材和变断面型材。

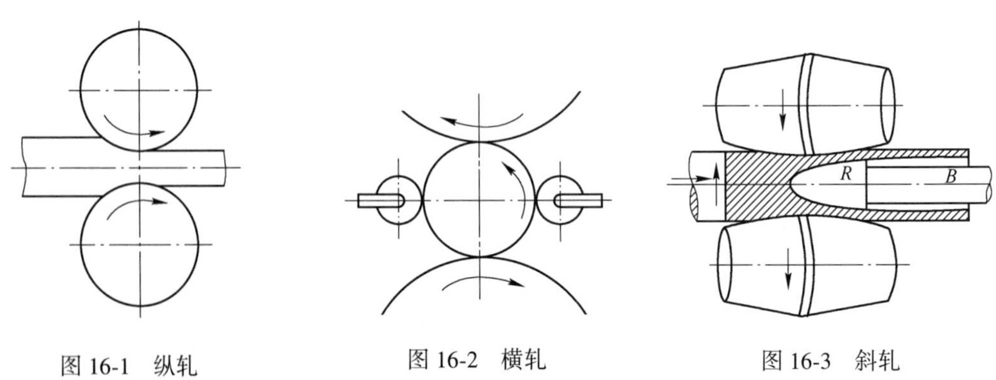

图 16-1　纵轧　　图 16-2　横轧　　图 16-3　斜轧

16.1.2　轧制产品的种类和规格

轧制产品的分类方法很多。根据其断面形状的特征，分为板、管、型和特殊类型等四大类。每一大类又可分为若干个品种。如板带根据产品厚度，分为特厚板、中厚板和薄板，型材根据断面尺寸大小分为大型材、中型材和小型材等。根据加工方式，轧制产品分为热轧材和冷轧材两大类。

一般来说轧制产品品种越多，表明其轧制技术水平越高。我国按目前的统计，大致分为十四大类：重轨、轻轨、普通大型材、普通中型材、普通小型材、优质型材、线材、特厚板、中厚板、薄板、硅钢、带钢、无缝管、焊管、特种材等。

各种产品的规格大多是采用名称后面加上能够反映产品几何特点的尺寸来描述，如圆钢 $\phi50$、扁钢 10×150，前者表示直径为 50mm 的圆钢，后者表示厚为 10mm、宽为 150mm 的扁钢。少数产品采用每米质量加其名称表示，如 75kg 重轨。

16.1.3　轧制生产的一般工艺过程

由锭或坯轧制成具有一定规格和性能的轧材的一系列加工工序的组合称为轧制生产工艺过程。合理的轧制生产工艺能够达到高产、优质和低耗的目的。

图 16-4、图 16-5 所示为一般碳素钢和合金钢的基本的典型生产工艺过程。

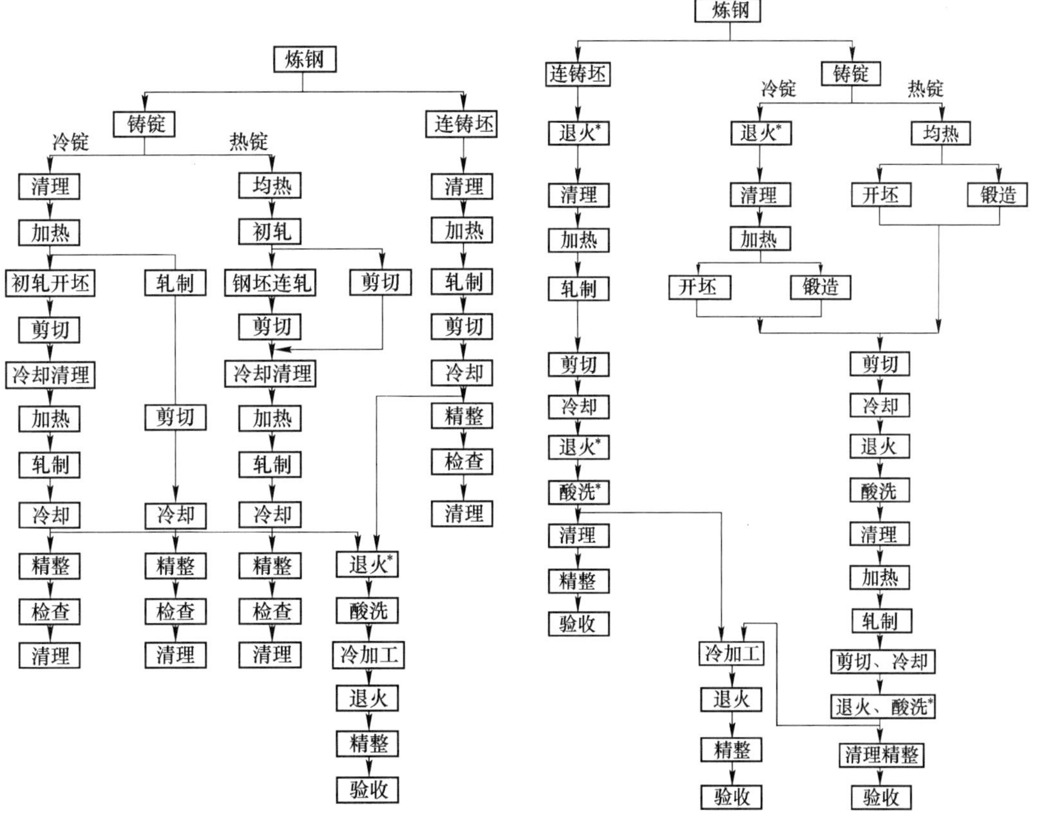

图 16-4　碳素钢和低合金钢的一般生产工艺过程
（带＊号的工序有时可略去）

图 16-5　合金钢一般生产工艺过程
（带＊号的工序视需要而定，可不经过）

16.1.4　轧制生产系统的组成

轧制生产系统是指围绕着以供坯车间为核心的一个轧制车间群所组成的一个整体。

现代钢铁企业按其规模大小及其品种的不同，组成不同的轧制生产系统。根据生产规模，轧制生产系统一般分为大、中和小型生产系统。大型生产系统年产量在 150 万吨以上，中型生产系统年产量为 60 万～150 万吨，小型年产量小于 30 万吨。根据产品种类，轧制生产系统可分为只生产一类产品的单一型生产系统和生产两类或两类以上的产品的混合型生产系统。

现代化的轧钢生产系统向着大型化、连续化、自动化的方向发展，原料断面及重量日益增大，生产规模日益加大。但应指出，近年来大型化的趋向已日见消退，而投资省、收效快、生产灵活且经济效果好的中小型钢厂在不少国家（如美国及很多发展中国家）却有了较快的发展。

16.2　轧制过程的实现

16.2.1　变形区及其主要参数

在轧制过程中，与轧辊接触并产生塑性变形的区域称为变形区，如图 16-6 所示的 *ABCD* 区域。

轧制变形区的主要参数有：

（1）轧辊直径 D 或半径 R；

（2）轧制前后轧件尺寸 H、B_H 和 h、B_h；

（3）压下量 Δh（$\Delta h = H - h$）；

（4）宽展量 Δb（$\Delta b = B_h - B_H$）；

（5）咬入角 α：轧件与轧辊接触弧所对应的圆心角；

（6）变形区长度 l：接触弧的水平投影。

变形区的上述参数之间存在如下关系：

$$\Delta h = H - h = D(1 - \cos\alpha) \qquad (16\text{-}1)$$

$$l = R\sin\alpha = \sqrt{R^2 - \left(R - \frac{\Delta h}{2}\right)^2} \approx \sqrt{R\Delta h} \qquad (16\text{-}2)$$

式（16-1）和式（16-2）是轧制生产计算中常用的基本公式，由图 16-6 很容易推导出来，在此不再赘述。

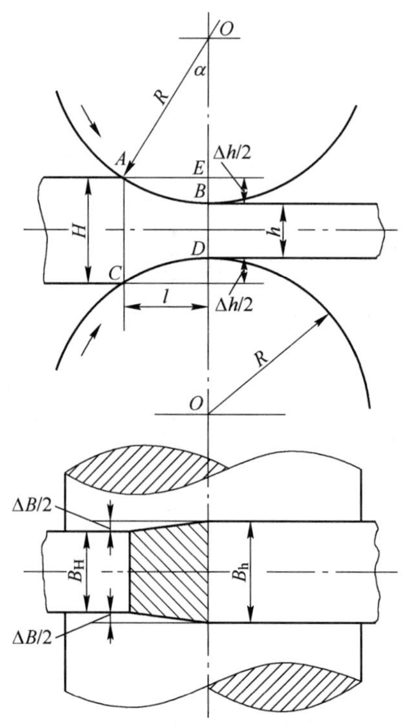

图 16-6　轧制变形区

16.2.2　咬入条件

建立正常轧制过程，首先要使轧辊咬入轧

件，即轧辊把轧件拖入辊缝。轧件的咬入可分为两个阶段：开始咬入阶段和咬入终了阶段。

16.2.2.1 开始咬入阶段

当轧件与旋转着的轧辊接触时，轧件受到来自轧辊的压力 N_1、N_2 和摩擦力 T_1、T_2 作用，而 $N_1=N_2=N$，$T_1=T_2=T$（见图 16-7）。从图 16-7 中可知，在轧件与轧辊接触的瞬间，轧件要被咬入必须：

$$T_x - N_x \geqslant 0$$

即 $T\cos\alpha - N\sin\alpha \geqslant 0$。

设 f 和 β 分别为轧辊和轧件之间的摩擦系数和摩擦角，根据摩擦定律将 $T=fN$ 代入上式，则

$$fN\cos\alpha - N\sin\alpha \geqslant 0$$

整理得

$$f \geqslant \tan\alpha \quad 或 \quad \tan\beta \geqslant \tan\alpha \tag{16-3}$$

16.2.2.2 辊缝填充阶段

由图 16-8 可知，当轧件被咬入后，若使其能继续实现轧制，则必须满足以下条件：

$$f \geqslant \tan\delta \quad 或 \tan\beta \geqslant \tan\delta \tag{16-4}$$

由于 $\alpha>\delta$，所以 $\tan\alpha>\tan\delta$，这说明轧件一旦被咬入，就会继续被咬入，轧制过程就会继续进行下去。

由式（16-3）可知，咬入角小于摩擦角是咬入的必要条件；咬入角等于摩擦角是咬入的极限条件，即可能的最大咬入角等于摩擦角。因此，轧制时的咬入条件为：

$$\alpha \leqslant \beta \tag{16-5}$$

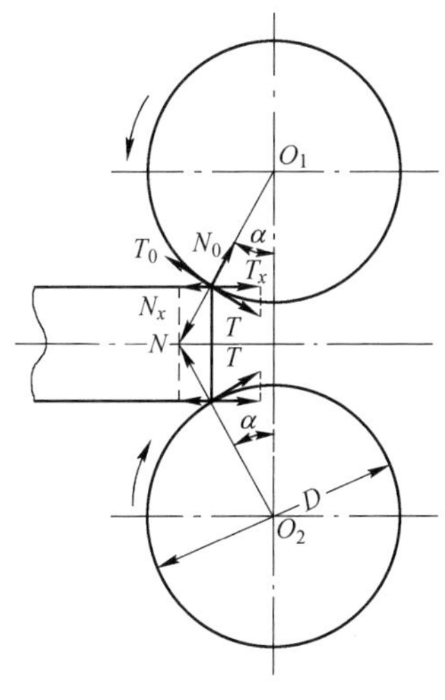

图 16-7　轧件咬入时的受力分析

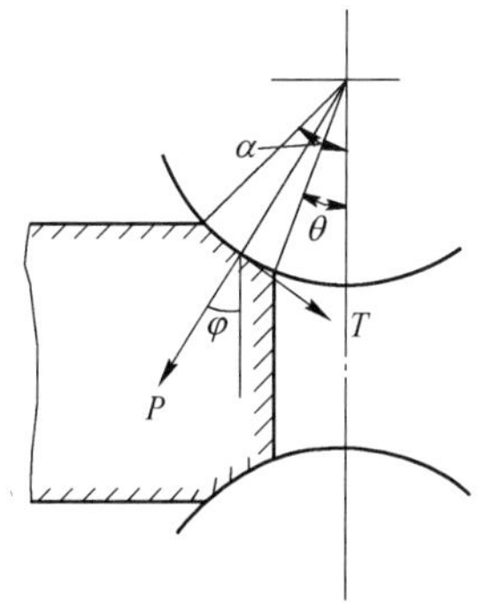

图 16-8　辊缝填充过程的受力情况

16.3　中厚板轧制

板带是一种宽度与厚度之比很大的扁平断面产品。按规格一般分为厚板（板厚 4mm 以上）、薄板带材（板厚 0.2~4mm）和极薄带材（板厚 0.2mm 以下）。

厚板中，厚度在 4~20mm 的为中板，20~60mm 的为厚板，60mm 以上的为特厚板。目前生产的特厚板最厚可达 500mm 以上。

板带材断面形状简单且具有使用上的万能型。它可以随意剪裁与组合，如焊接、铆接、咬接，可以弯曲和冲压加工，还具有包容和覆盖能力，所以被广泛应用于车、船、桥梁、石油管道、钻井平台、冶金炉壳、压力容器和机器等的制造。

生产上对板带材的技术要求主要是：尺寸精确板型好，表面光洁性能高。

中厚板产量约占板带材产量的 15%~20%。目前，我国拥有 27 套中厚板轧机，大部分产品厚度为 4~250mm，宽度为 1200~3900mm，长度一般不超过 12m。目前世界上生产的最宽的钢板为 5500mm。

16.3.1　中厚板轧机及布置

中厚板轧机最重要的标志是轧机辊身长度，它可体现一个国家制造船舶与油气输送管线的能力。从轧机的结构形式划分，中厚板轧机主要有二辊可逆式轧机、三辊劳特式轧机、四辊可逆式轧机和万能式轧机四种。其中，四辊可逆式轧机是当前生产中厚板、特别是厚板的主要轧机形式，它由辊径较大的两个支承辊和辊径较小的两个工作辊组成辊系。目前生产较宽产品和尺寸精度要求高的产品几乎均使用四辊可逆式轧机。四辊可逆式轧机结构精密，调整、控制复杂，投资较大。

中厚板轧机的布置方式主要有单机架、双机架和多机架三种方式。现代中厚板车间多采用顺列式双机架轧机布置，有二辊-四辊式、三辊-四辊式和四辊-四辊式几种“短线”形式，其中四辊-四辊式布置以轧机备品具有互换型、维修费用低、便于采用计算机控制等优点在新建车间得到青睐。

多机架布置是指连续式或半连续式轧机。由于在技术和经济上都不太合理，故发展较慢。

16.3.2　轧制方法

中厚板的轧制过程大致分除鳞、粗轧和精轧三个阶段。

16.3.2.1　除鳞

将加热时生成的氧化铁皮（初生氧化铁皮）去除干净，以免压入板材表面产生表面缺陷的过程称为除鳞过程，它是保证板材表面质量的关键工序。除鳞的方法很多，旧式轧机多采用大立辊机架进行除鳞和轧边，现代轧机多采用造价低廉的高压水除鳞箱以及轧机前后的高压水喷头除鳞。除鳞水压，普碳钢为 12MPa，合金钢达 17~20MPa 以上。

16.3.2.2 粗轧

将板坯或扁锭展宽到所需要的宽度并进行大压缩延伸的过程称为粗轧。粗轧操作方法很多，主要有全纵轧法、全横轧法、横轧-纵轧法和角轧-纵轧法。图 16-9 为三种基本的粗轧方法示意图。

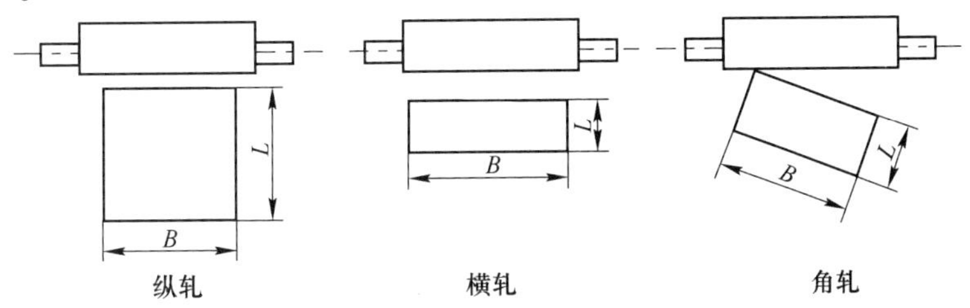

图 16-9　中厚板的三种基本粗轧方式

（1）纵轧就是钢板的延伸方向与原料（钢锭或钢坯）纵轴方向相一致的轧制方法。当原料宽度稍大于或等于成品板宽度时，即可不用展宽而直接纵轧轧出成品，即称全纵轧法。全纵轧法操作简单产量高，但由于轧制中金属始终只沿一个方向延伸，钢中偏析和夹杂等呈明显的带状分布，造成产品组织和性能严重的各向异性，横向性能（尤其是冲击性能）太低，加之板坯宽度与产品宽度也很难正好适应，故全纵轧法在生产中实际应用不多。

（2）横轧-纵轧法又称综合轧法，是生产中厚板最常用的方法。当板坯宽度小于板材宽度时，先将原料纵轴方向旋转 90°进行展宽轧制，当展宽到所需的板宽以后，再转 90°进行纵轧成材。横轧-纵轧法使板坯宽度与板材宽度可灵活配合，并减少了板材的各向异性，提高了板材的横向性能，因而适合于以连铸坯为原料的中厚板生产。但这种方法在操作中有两次 90°旋转，轧机产量较低，并且板材易成桶形，从而增加切边损失，降低成材率。

（3）全横轧法是将板坯进行横轧直至轧成成品，此法只能用于板坯长度大于或等于板材宽度的情况。当用连铸板坯作原料时，全横轧法与全纵轧法同样会使产品组织性能产生明显的各向异性。但以初轧板坯为原料时全横轧法显示出许多优点，产品的各向异性大大减小，综合性能显著提高。此外全横轧法可以得到更整齐的边部，无端部收缩，不成桶形。因此对于以初轧坯为原料的中厚板生产，全横轧法是一种较好的轧制方法。

（4）角轧，是指轧件纵轴与轧辊轴线成一定角度进行展宽轧制的方法，其送入角一般为 15°~45°。每一对角线轧制 1~2 道后即更换另一对角线进行轧制。直到轧件宽度展宽至所需要形状而其形状不发生歪斜为止，拨正后再进行纵轧到底。角轧具有改善咬入条件、提高压下量并减少咬入时产生的巨大冲击力等优点，但由于需要拨钢，故使轧制周期延长，降低了产量，而且送入角及板材形状难以精确控制，增大切损，降低成材率。此外，角轧操作复杂、劳动强度大、难以实现自动控制。因此只有在轧机强度及咬入能力较弱（如三辊劳特轧机）或板坯较窄时采用角轧展宽。

根据不同条件，可采用不同的粗轧方法。在实际轧制中，为了调整原料形状，一般开始先纵轧 1~2 道，称为形状调整道次，其目的是碾平料锭的锥度或使板坯端部扇形展宽以减少后道轧制时因横轧而产生的桶形，并碾平板坯剪切时产生的端部压扁或表面清理造成的缺损，以端正板形，减少切损，从而提高成材率。

16.3.2.3　精轧

粗轧与精轧阶段之间并没有明显的界限，对于双机架轧机通常把第一架轧机称为粗轧机，第二架称为精轧机。对于单机架轧机，则前期的轧制道次为粗轧，后期的轧制道次为精轧。精轧阶段的主要任务是延伸和质量控制。在精轧机上，为了减少板宽方向各点纵向延伸均匀，以获得良好的板型，一些中厚板轧机在精轧机上装备有工作辊或支承辊液压弯辊系统，通过控制轧辊凸度，提高板宽方向上的均匀性。

精轧机在厚度控制方面大多采用厚度自动控制系统（AGC）。轧辊的压下调整有电动压下和液压压下两种形式，目前液压压下是主要的厚度控制方式。

中厚板轧制的三个阶段的不同任务和要求对于包括热轧，甚至冷轧在内的所有板带的轧制都是相同或相似的，只是中厚板轧制的展宽任务和操作不同于其他板带的轧制。

一种较新的中厚板轧制方法称为 MAS 法。MAS（Miznshims Automatic Plan View Patten Control System）法是日本川崎制铁水岛厂钢板平面形状自动控制轧制法的简称，其轧制过程示意于图 16-10。MAS 轧制法能根据每种尺寸的板在终轧后的桶形平面形状的变化量，计算出粗轧展宽阶段坯料厚度的变化量，从而能保证最终轧出的板材的平面形状矩形化。MAS 轧制法有整形 MAS 法和展宽 MAS 法两种，为了控制切边损失，在整形轧制的最后道次沿轧制方向给与预定的厚度变化，称为整形 MAS 轧制法；为了控制头尾切损，在展宽轧制的最后道次沿轧制方向给予预定的厚度变化，称为展宽 MAS 轧制法。采用 MAS 轧制法可以明显减少切边和切头损失，提高成材率。普通轧法中展宽比愈大，切损愈大，而 MAS 轧制法使切损与展宽比无关。采用 MAS 轧制法，轧机必须高度自动化，并要利用平面形状预测数学模型通过计算机自动控制才能实现。

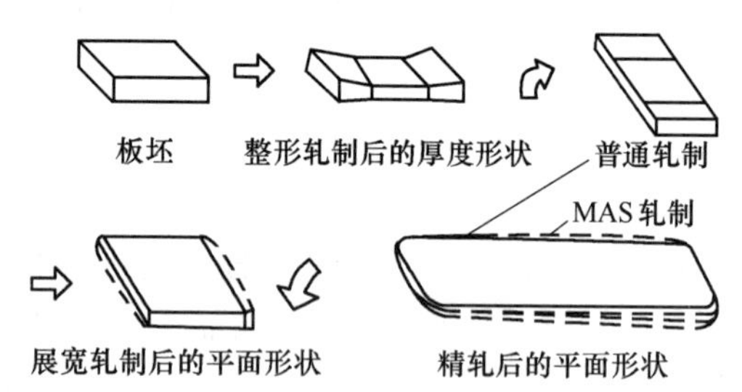

图 16-10　整形 MAS 轧制

除此以外，中厚板生产中还有以下一些新的轧制方法：狗骨轧制法（DBR 法 Dog Bone Rolling）、差厚展宽轧制法、立辊法、咬边返回轧制法、留尾轧制法等，在此不再一一介绍。

16.3.3　车间布置

图 16-11 所示为典型顺列式双机座中厚板车间布置简图，机组由二辊与四辊万能机座组成。轧制产品为（4~50）mm×（1000~2600）mm 的碳素和低合金及合金钢板，厚度在 4~20mm 以下为剪边钢板，25mm 以上的为齐边钢板。

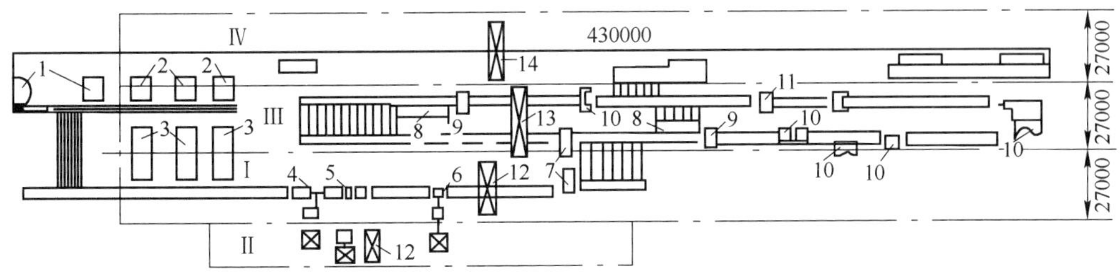

图 16-11　双机座 2800 轧机设备布置

Ⅰ—主跨；Ⅱ—主电室；Ⅲ—精整跨；Ⅳ—成品库

1—上料装置；2—推钢机；3—加热炉；4—立辊轧机；5—二辊可逆轧机；6—四辊万能轧机；7—矫直机；8—翻板机；9—画线机；10—斜刃剪；11—圆盘剪；12—75/15t 吊车；13—20/15t 吊车；14—15t 吊车

该车间主要设备及生产过程如下：

经多段式连续加热炉加热后的板坯由辊道送入立辊机座侧压除鳞，其侧压量为 50mm，然后根据板坯尺寸选择不同轧制方法在二辊轧机上高温快速可逆轧制，粗轧中间还利用立辊进行压下量为 15~20mm 的 2~4 道次的侧边轧制。在四辊精轧机上，轧制厚度为 25mm 以上的齐边钢板时，轧件先经机前立辊轧制再进行平辊轧制（偶道次机前立辊不参加轧制），轧制厚度 25mm 以下的切边钢板时不用立辊。一般在四辊精轧机上轧制 5~7 道次。

为使钢板具有良好的金属组织和力学性能，精轧后的运输辊道上设有喷雾冷却装置。根据不同钢板要求，采用不同冷却制度，将钢板冷却至 600~750℃。

精轧机后设有两条精整作业线，一条用于加工厚度为 4~25mm 的剪边钢板，作业线上设有铡刀剪、圆盘剪；另一条作业线用于加工厚度 25mm 以上的齐边钢板，也可以加工 4~25mm 的剪边钢板，作业线上设有横切、纵切的铡刀剪。

矫直机与冷床间的运输辊道上有 0.3~0.4MPa 的喷雾装置和 0.5~0.6MPa 的压缩空气，使钢板冷却到 100~150℃。为了均匀冷却，采用花辊辊道。冷却后的钢板进行检查和清理，深度浅的缺陷用移动式砂轮清理，较深的缺陷做出标记以待切除。检查台上设有可逆式翻板机和画线小车，画线后剪切。

图 16-12 为我国宝钢 5m 宽厚板轧机的车间平面布置简图，这是我国第一套现代化的特宽厚板轧机，设计年产量为 140 万吨。整个车间由板坯接收跨、板坯跨、加热炉区、主轧跨、主电室、磨辊间、冷床跨、剪切跨、中转跨、热处理跨、涂漆跨以及成品库等组成。该车间采用了当前最新的高精度轧制技术，如多功能厚度控制技术、MAS 平面形状控制技术、CVC^{PLUS}和工作辊弯辊板形控制技术等，设计目标成材率为 93%，为世界一流水平。

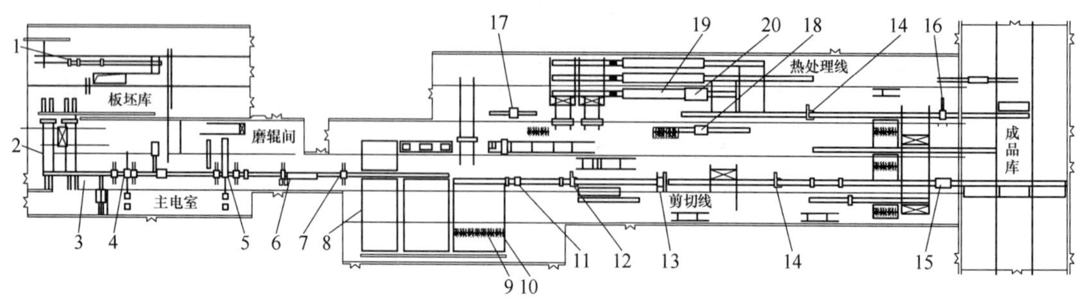

图 16-12 宝钢 5m 宽厚板车间简图

1—火焰切割机；2—加热炉；3—除鳞箱；4—粗轧机；5—精轧机及立辊轧机；6—加速冷却装置；7—热矫直机；8—冷床；9—横移台架；10—翻板机；11—在线超声波探伤装置；12—切头剪；13—双边剪；14—定尺剪；15—预堆垛机；16—冷矫直机；17—压平机；18—抛丸机；19—热处理炉；20—淬火机

16.4 热 轧 板 带

热轧板带是应用广泛的钢材之一，按其宽度分为宽带（700~2300mm）和窄带（50~250mm）两类。热轧板带既可以成卷交货，也可以横切成板或纵切成窄带卷交货。

热轧板带产品薄、表面积大，产品的这一特点决定了热轧板带具有不同于中厚板轧制的特性。热轧板带生产主要有带钢热连轧机、炉卷轧机、行星轧机三种方式，其中热连轧带钢生产方式是目前世界上生产板带钢的主要形式，生产产品的厚度规格为 1.0~23.4mm，绝大多数的薄板（厚度 4mm 以下）是采用这种方式生产的。

图 16-13 为炉卷轧机的轧制过程，采用前后设有炉内卷取机的可逆式轧机，一边加热保温，一边轧制。该种轧机又称斯特拜尔轧机，通常用来生产轧制温度范围窄而难变形的产品，如高硅钢、高碳钢和不锈钢等，适合于多品种生产。产品厚度一般为 1.5~6.0mm，板边质量较好，可以不切边交货。

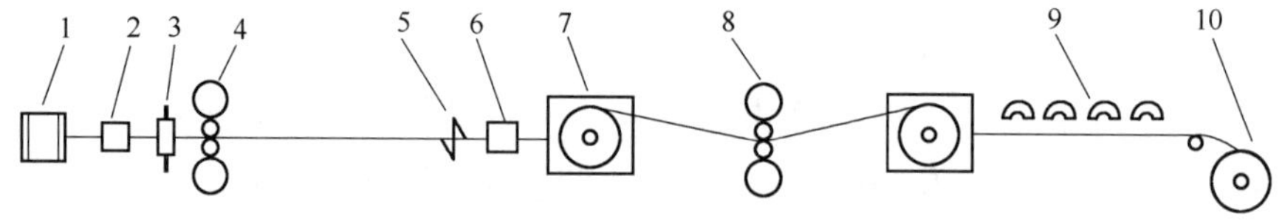

图 16-13 典型炉卷轧机布置简图

1—加热炉；2，6—除鳞机；3—立辊机架；4—四辊可逆式粗轧机；5—剪切机；7—卷取加热炉；8—四辊可逆式精轧机；9—层流冷却系统；10—卷取机

行星轧机主要由上下两个较大直径的支撑辊和围绕支撑辊的 12~24 根小直径工作辊组成，如图 16-14 所示。行星轧机利用了分散变形原理，即每个工作辊的压下量很小，但总压下量可达 90%~98%。行星轧机机组可以简化生产过程，节省生产和设备的占地面积，但轧机结构复杂，生产事故较多，轧机作业率低。行星轧机机组生产的产品必须经平

整机消除变形过程不连续造成的带钢表面的轻微波纹。

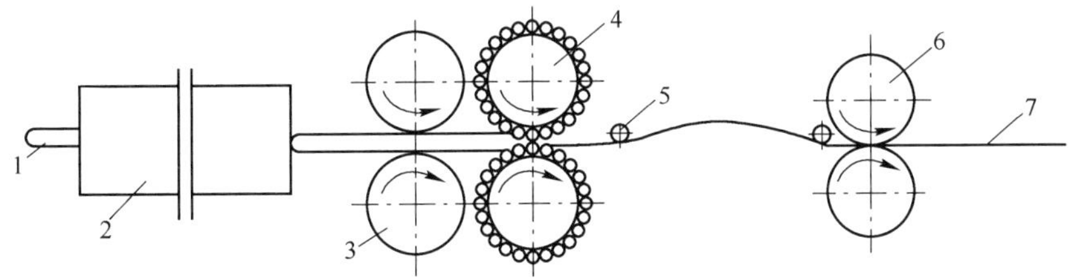

图 16-14　行星轧机机组

1—坯料；2—加热炉；3—送料辊；4—行星轧机；5—张力控制辊；6—平整辊；7—成品

连续、半连续生产方式是热轧板带的主要生产方式，尤其是板带热连轧具有高速、连续、优质、高产、低耗五大特点，发展很快。目前热连轧生产的板带钢已达板带钢总产量80%以上，占总钢材产量的50%以上。热带连轧机组的设备及工艺水平，已经成为评价一个国家轧钢水平的标志。

16.4.1　热连轧带钢生产

16.4.1.1　机组型式

现代热带连轧机的精轧机组大都是由6~8架四辊轧机组成（图16-15），没有什么明显区别，近年来有增加到8~9座的趋势。各种型式热带连轧机组主要是粗轧机组的组成和布置不同，图16-16为典型粗轧机组的布置形式。

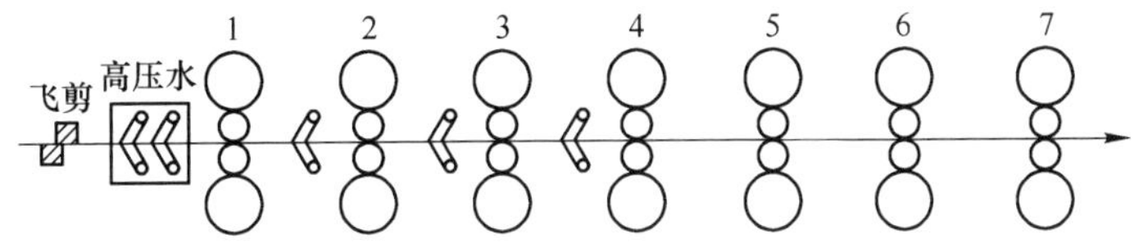

图 16-15　精轧机组布置简图

半连续式轧机布置与其他布置形式相比，具有设备少、生产线短、占地面积小、投资省等特点，并且与精轧机组能力匹配较灵活，对多品种生产有利。近年来，由于粗轧机控制水平的提高和轧机结构的改进，轧机牌坊强度增加，轧制速度也相应提高，粗轧机单机架生产能力增大，轧机产量已不受粗轧机产量的制约，因此半连续式粗轧机发展较快。

16.4.1.2　生产工艺

热连轧带钢生产一般使用200~360mm连铸坯，采用全纵轧法。

热连轧板带轧制和中厚板轧制一样，也分为除鳞、粗轧和精轧几个阶段，只是在粗轧阶段的宽度控制不但不用展宽，反而要采用立辊或定宽压力机对宽度进行压缩，以调节板坯宽度和提高除鳞效果。除鳞一般采用立辊轧机和高压水除鳞箱的形式。板坯经高压水除鳞后，进入二辊轧机轧制（此时板坯厚度大，温度高，塑性好，抗力小，故选用二辊轧机即可满足工艺要求）。随着板坯厚度的减薄和温度的下降，变形抗力增加，板型及厚度

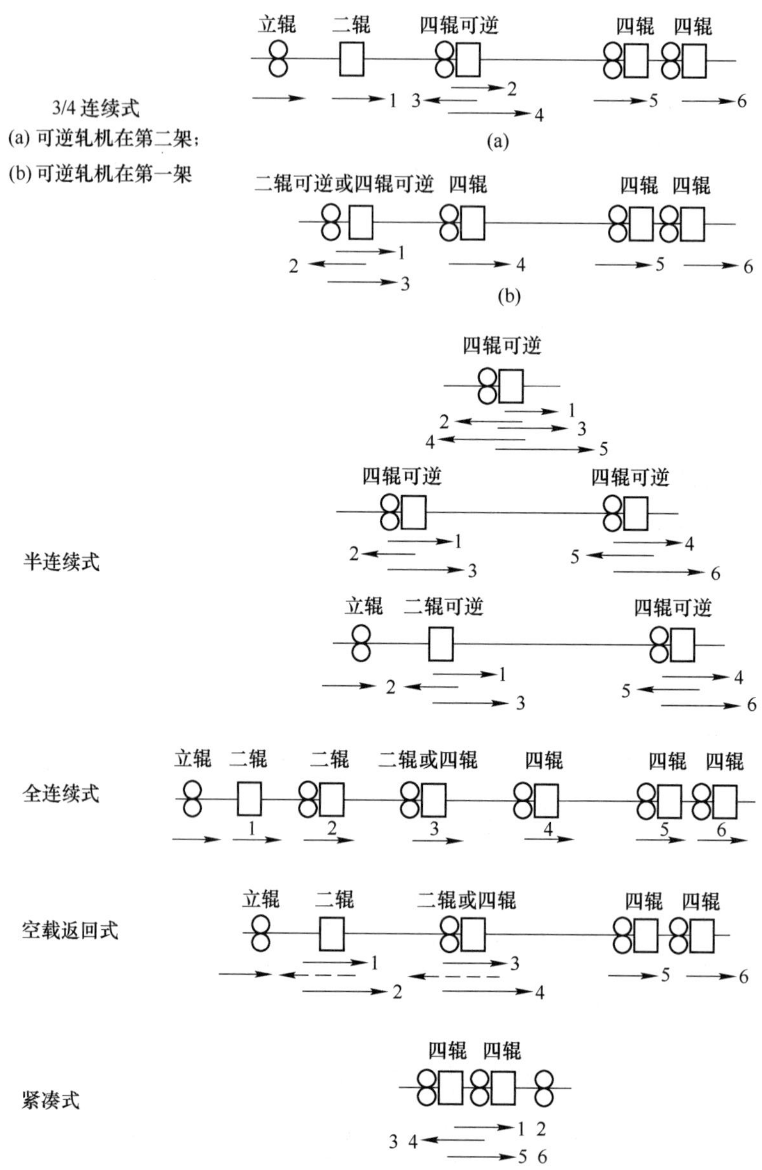

图 16-16　热连轧板带粗轧机组的典型布置形式

精度要求也逐渐提高，故采用强大的四辊轧机轧制。为了保证侧边平整和控制宽度精确，四辊轧机均为带有小立辊的四辊万能轧机。粗轧后中间坯厚度一般为 50mm 以下，特殊产品也有厚 60mm 的。精轧是热轧板带生产的核心部分，决定着轧制产品的质量水平。精轧机选用四辊或六辊轧机。钢带以较低的速度进入精轧机组，钢带头部进入卷取机后，精轧机组、辊道、卷取机等同步加速，在高速下进行轧制，在钢带尾部抛出前减速。精轧入口处和出口处设有温度测量装置，机组后设有测宽仪和 X 射线测厚仪。测厚仪和精轧机上的测压仪、活套支持器、速度调节器及各种厚度自动调节装置组成的厚度自动控制系统，用以控制带钢的厚度精度。为了获得高质量的优良产品，精轧机组大量地采用了许多新设备、新技术、新工艺以及高精度的检测仪表，如板型控制设备、全液压压下、最佳化剪切装置、热轧油润滑装置等。另外，为了保护设备和操作环境不受污染，在精轧机组中设置了除尘装置。近年来，精轧机组的轧制速度不断提高，目前最后一架的轧制速度一般为18~22m/s，最高达30m/s。

终轧温度在800~900℃，而成卷温度不能高于600~650℃，从末架轧机到卷取机之间轧件要快速降温。轧后强化冷却的设备有高压喷嘴冷却、层流冷却、水幕冷却等不同的形式，广泛采用的是层流冷却和水幕冷却方式。与水幕冷却相比，层流冷却占地面积大、控制系统复杂、对水质要求高，目前有用水幕冷却代替层流冷却的趋势。

冷却后钢带温度在550~650℃进行卷取，通常设置2~3台卷取机交替使用。卷取后经卸卷和运输链送往情整作业线，再经纵剪、横剪、平整、检验、包装等工序后出厂。

对于一些特殊品种，例如硅钢、不锈钢、冷轧深冲钢等，中间坯在进入精轧机组前，一般还要对带坯边部进行加热，使带坯在横断面上中部和边部温度均匀一致，从而获得金相组织和性能完全一致的带钢，同时也避免了边部温度低造成的边裂和边部对轧辊的严重不均匀磨损。

为使终轧温度保持在固定范围内，精轧机组采用升速轧制工艺或者带热卷取箱恒速轧制工艺，它们均能使终轧温度变化保持在±20℃，从而获得均匀一致的力学性能。

图16-17为典型热带钢连轧机生产工艺流程图，概括了现代的热连轧板带的生产。

16.4.1.3 车间布置

板带热连轧生产作业线，按生产过程分为加热、粗轧、精轧及卷取四个区域；另外还有精整工段，设有横切、纵切、热平整等专业机组及热处理设备。图16-18为某1700热带连轧车间的平面布置简图。

16.4.2 薄板坯连铸连轧带钢

薄板坯连铸连轧带钢生产是20世纪80年代后期发展起来的新型热轧带钢生产工艺，具有工艺流程短，生产简便、稳定且产品质量好，生产成本低等特点。所谓薄板坯连铸连轧，是指用薄板坯连铸机生产的普通连铸机难以生产、厚度在60mm（或80mm）以下的板坯，直接进入热连轧机精轧机组进行的轧制。与传统的热轧带钢相比，薄板坯连铸连轧机带钢在技术和经济等方面具有非常大的优越性。目前工业性生产的典型薄板坯连铸连轧技术有德国SMS-Demag公司的CSP技术和ISP技术、意大利Danieli公司的FTSR技术、奥钢联VAI的CONROLL技术以及美国Tippins公司的TSP技术等。其中CSP技术和CONROLL技术在工业生产中应用最广。自1999年8月我国第一套薄板坯连铸连轧机组在广州珠江钢厂投产以来. 目前已有邯钢、包钢、珠钢、唐钢、马钢、涟钢、本钢7套相继投产。图16-19、图16-20所示为典型的连铸连轧生产线。

鞍钢1700中薄板坯连铸连轧生产线（Angang Strip Production，简称ASP，见图16-21），是我国第一条板坯厚度为135mm的连铸连轧短流程生产线，也是第一条由国内自行负责工艺设计、设备设计、制造及研制和自主集成自动化系统的唯一一条具有我国自主知识产权的连铸连轧短流程生产线，可以生产薄板坯连铸连轧生产线难以生产的产品，如深冲钢、管线钢、焊瓶用钢等。该生产线在工艺及设备上应用开发了多项新技术，生产实践

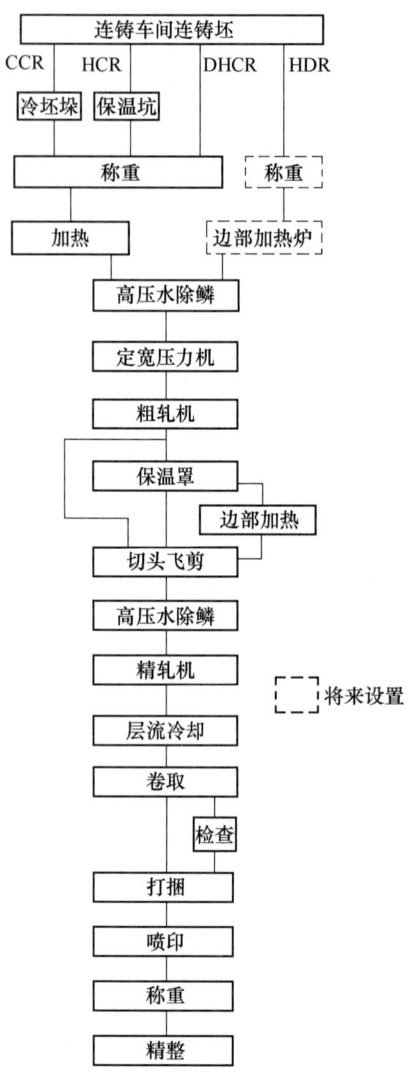

图 16-17 热连轧带钢生产工艺流程图

表明，该生产线主要设备及产品质量均达到国际先进的同类生产线的性能指标。

16.4.3 薄带连铸

薄带连铸是近终型连铸技术的一种，我国第一条薄带铸轧生产线宝钢薄带连铸于2009年2月投入试生产。与连铸连轧相比，薄带铸轧技术能有效抑制铜、硫、磷等夹杂元素在钢材基体中的偏析，从而可实现劣质矿资源（如高磷、高硫、高铜矿或废钢等）的有效综合利用，节省宝贵资源，故特别适合我国钢铁工业的发展情况，是钢铁工业实现可持续发展的利器。此外，薄带连铸技术在新材料开发，特别是在生产很难热加工产品时，更具有工艺上的优势，在难以轧制的高合金薄带钢生产方面有着巨大发展潜力。

薄带连铸根据结晶器形式的不同分为带式、辊式、辊带式等。其中双辊式薄带连铸技术是其中最接近工业化的技术，水平等径双辊式薄带连铸工艺最为成熟。薄带连铸生产过

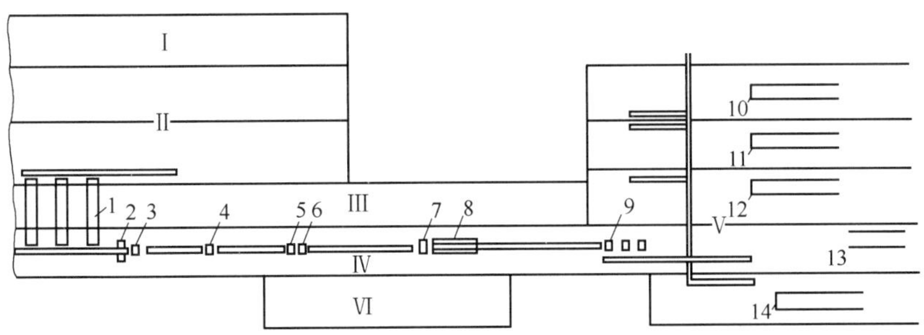

图 16-18　某 1700 热带连轧车间的平面布置简图

Ⅰ—板坯修磨间；Ⅱ—板坯存放场；Ⅲ—主电室；Ⅳ—轧钢车间；Ⅴ—精整车间；Ⅵ—轧辊磨床
1—加热炉；2—大立辊机架；3—R2，二辊不可逆；4—R2，四辊可逆；5—R8，四辊直流；6—R2，四辊直流；
7—飞剪；8—精轧机组，F1～F7；9—卷取机；10～12—横剪机组；13—平整机组；14—纵剪机组

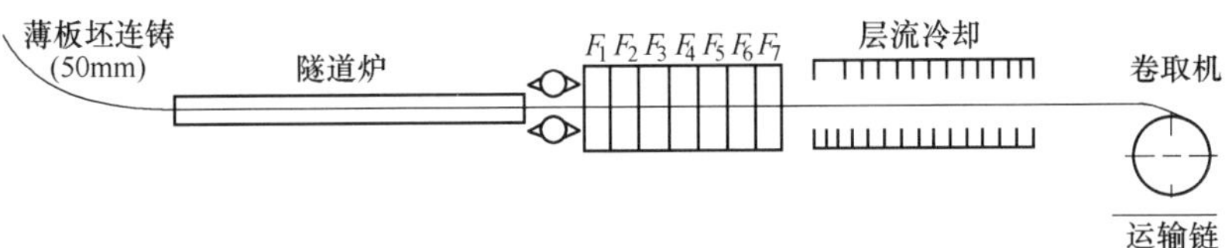

图 16-19　CSP 连铸连轧生产线

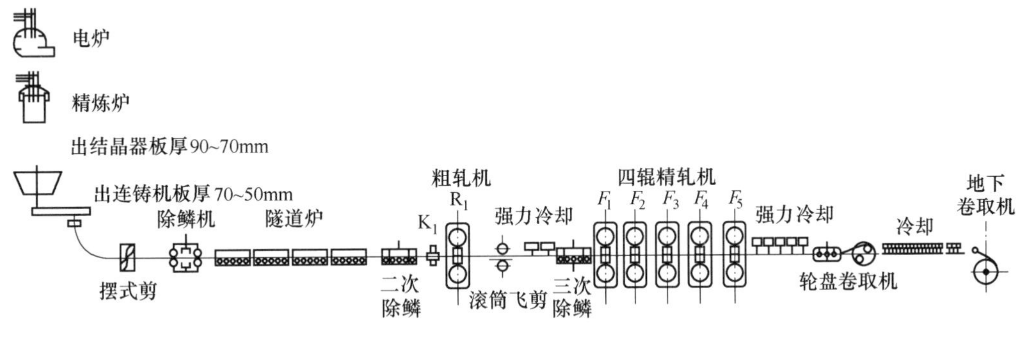

图 16-20　超薄带连铸连轧生产线

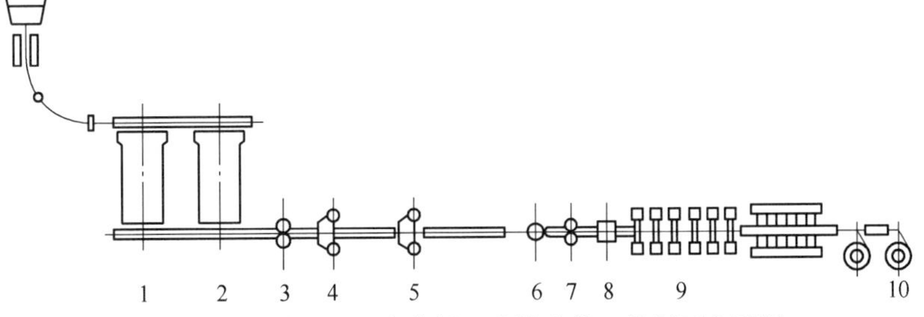

图 16-21　鞍钢 1700 中薄板坯连铸连轧工艺平面布置图

1—2 号加热炉；2—1 号加热炉；3，8—高压水除鳞箱；4—R1，粗轧机；
5—R2，粗轧机；6—热卷箱；7—飞剪；9—精轧机组；10—卷取机

程如图 16-22 所示。钢水由中间包注入两个逆向旋转的水冷辊与耐火材料侧封板组成的三角熔池，钢液接触水冷辊，经传导传热过程，首先形成半凝固层、凝固层，然后在双辊的逆向转动下进入吻合点，经过铸轧最终成为厚度在 2~6mm 左右的薄带坯。再经 1 或 2 机架四辊热轧机在线轧制成为厚度 1~3mm 薄带后成卷。

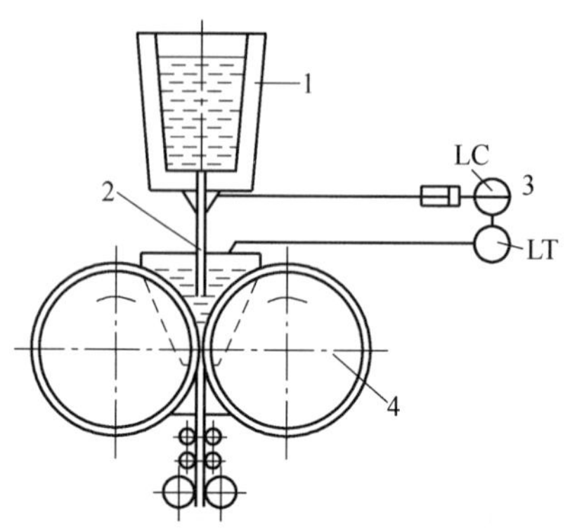

图 16-22　CSM 双辊薄带连铸示意图
1—钢包；2—水口；3—液面自动控制；
4—辊形结晶器

16.5　冷 轧 板 带

在再结晶温度以下进行的轧制称为冷轧，一般指不加热而在室温下的直接轧制过程。

冷轧板带具有尺寸精确、表面光洁、性能良好、品种多、用途广等优点，是热轧板带所无法比拟的。一般冷轧板厚度为 0. 15~0. 3mm，宽度为 400~2000mm，冷轧极薄带厚度为 0. 05~0. 001mm。需求量最大、具有代表性的冷轧板带有深冲板、涂层板、电工用硅钢板等。一般冷轧板产量占轧材总产量的 20%左右。

16. 5. 1　冷轧板带的工艺特点

与热轧相比，冷轧具有以下工艺特点：

（1）冷轧过程是冷轧与热处理相结合的过程。冷轧过程中，随着变形程度的增加，金属塑性降低，将产生塑性抗力增加的现象，即加工硬化。加工硬化的存在使金属的塑性消耗殆尽而不能进行进一步的加工。另外，加工硬化使轧制力提高，轧制变形变得困难。因此，一般的冷轧过程中，具有 60%~80%的变形量后，就必须对钢进行软化处理，用再结晶退火方法，使钢恢复其原来的硬度，然后再进行轧制。因此冷轧过程实际上是冷轧—退火—冷轧—退火……交替进行的过程，一个轧制过程与一个退火过程称为一个轧程。由于退火使工序增加、流程复杂，并使成本大大提高，多次退火也不会对一般钢种的最终性能产生多大影响，因此一般希望在一个轧程内完成产品的轧制。

（2）冷轧是采用工艺冷却和润滑的过程。工艺冷却与工艺润滑是冷轧工艺中的另一大特点。在冷轧过程中，由于金属变形及金属与轧辊间摩擦产生的变形热与摩擦热，轧辊及轧件均产生较大的温升。辊面温度过高会引起工作辊淬火层硬度下降，并有可能促使淬火层内分解组织，使辊面出现附加的组织应力；同时，辊温过高也会使冷轧工艺润滑剂失效，使润滑剂的油膜破裂，使轧制不能正常进行。

另一方面，轧件温升过高会使带钢产生浪形，造成板型不良。一般来说，冷轧时带钢的正常温度希望控制在 90~130℃。冷轧剂的作用就是控制轧制温度，保证轧制顺利进行。润滑剂的主要作用是减小金属与轧辊间的摩擦，降低轧制力，但同时也有降低轧件的变形热及冷却轧辊的作用。

目前使用的油水混合乳化液可以起到冷却和润滑的双重功效，是一种既经济又实用的冷却润滑剂。

(3) 冷轧是带有张力的轧制。在轧制过程中，带钢的前后端分别有前张力及后张力，这是冷轧过程中的又一大特点。张力对冷轧过程起着非常重要的作用，主要表现在：

1) 在轧制中自动调节带钢的延伸，使之均匀化；

2) 降低轧制压力；

3) 防止轧件跑偏。

在张力作用下，若轧件出现不均匀延伸，则沿轧件宽度方向的张力分布将会发生相应变化，延伸大的一侧，张力自动减小；延伸小的一侧，张力自动增大。结果得到自动调节张力，而使横向延伸均匀化。横向延伸均匀是保证带钢出口平直、不产生跑偏的必要条件。横向延伸不均匀，在轧制薄带钢中反应十分敏感，微小的不均匀延伸会立即得到累计，进而产生松枝缺陷，接着板面撕裂、断带，轧制过程中断。

16.5.2 轧机结构形式及其布置

冷轧板带轧机有二辊式、四辊式和多辊式，如图 16-23 所示。目前，四辊轧机是典型的冷轧机，二辊式只用于轧制较厚的带钢或做平整机。多辊轧机是一个机架内轧辊数多于 4 个的轧机，现在普遍使用的是排列顺序为 1、2、3、4 的森吉米尔型二十辊轧机。多辊轧机具有压下量大、传动功率小、产品精度高等优点，可以轧制 0.002~0.2mm 的极薄带钢和变形困难的硅钢、不锈钢以及高强度的铬镍合金材料。除此以外，还有一些特殊结构的冷轧机，主要有 Y 型轧机、摆式轧机、接触—弯曲—拉伸轧机（CBS 轧机）、泰勒轧机和异步轧机等。

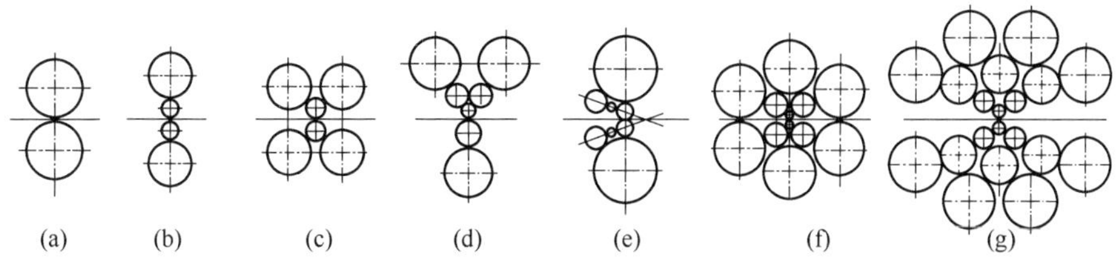

图 16-23　板带冷轧机的形式

(a) 二辊式；(b) 四辊式；(c) 六辊式；(d) 七辊式（Y 型）；
(e)（偏）八辊式；(f) 十二辊式；(g) 二十辊式

从机架布置形式看，冷轧板带轧机的早期形式都是单机架，生产工艺由单张生产发展为成卷可逆式生产。近十年来，冷连轧机布置发展迅速，全球2/3以上的冷轧板带产品是用连轧机组生产的，我国75%以上的冷轧板带产品也是用连轧机组生产的。冷连轧机组一般有2~6架轧机，图16-24为冷连轧机的三种装备形式，它们都采取单卷轧制工艺。

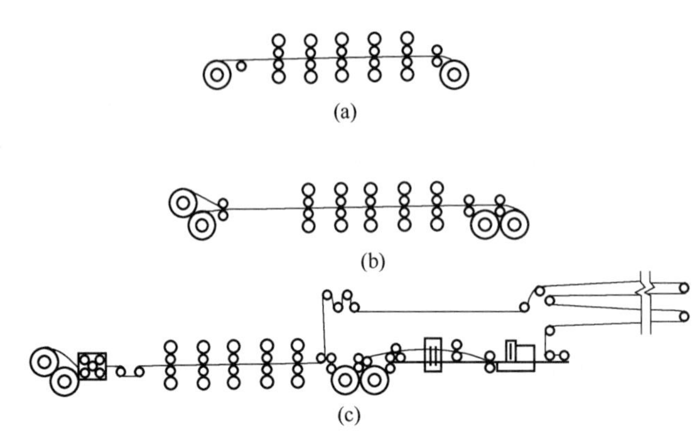

图16-24　冷连轧机的三种装备形式

（a）常规冷连轧机；（b）改进的冷连轧机；（c）全连续冷轧机

第三代全连续冷轧机使轧制工艺实现了无头轧制，使轧机生产能力实现了重大突破，产品质量和收得率也有了大幅度提高。目前在全世界范围内，全连续冷轧机有如图16-25所示的三种连续形式。

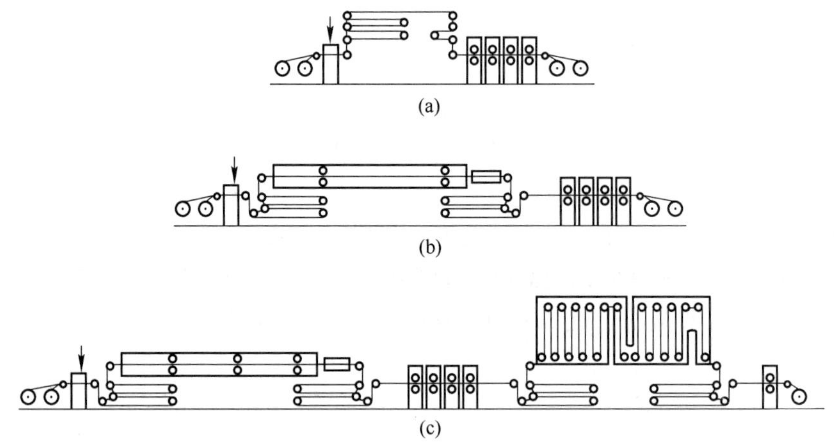

图16-25　冷带全连轧的形式

（a）单一全连续冷轧机；（b）酸洗-连轧联合机组；（c）酸洗-冷轧-连续退火联合生产线

16.5.3　工艺流程

冷轧板带品种很多，生产工艺流程各有特点。图16-26所示为我国2030mm冷轧车间的产品工艺流程框图。

2030mm冷轧厂各生产机组广泛采用了当代冷轧生产的新工艺、新设备、新技术，因此具有大型、高速、连续和自动控制的特点。

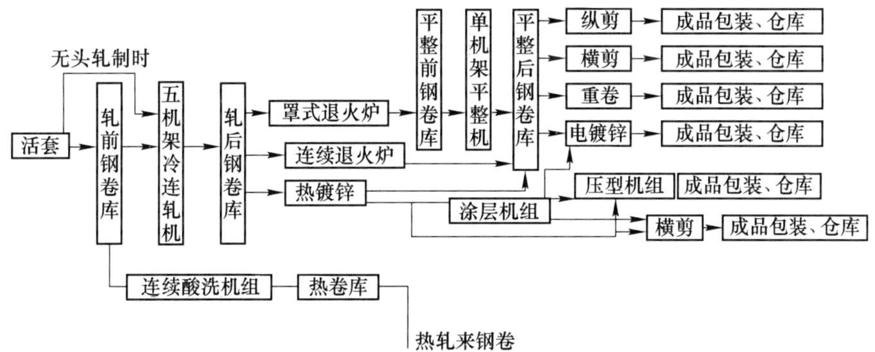

图 16-26　2030 冷轧车间的产品工艺流程框图

16.5.3.1　盐酸浅槽紊流酸洗

所谓酸洗就是利用酸与氧化铁皮发生化学反应去除带钢表面氧化铁皮的过程。使用的设备主要有半连续酸洗机组、连续卧式酸洗机组和连续塔式酸洗机组等，本车间采用应用最广的连续卧式酸洗机组，如图 16-27 所示。该机组根据工作性质分为三段：上料、拆卷、破碎带钢表面氧化铁皮、矫直、切头切尾、焊接、光整等原料准备阶段；拉矫、酸洗、漂洗、烘干等酸洗工艺段；剪边、涂油、卷取及卸下带钢卷等酸洗成品段。该酸洗机组工艺采用计算机自动化控制，除有仪表显示之外，对工艺过程参数的测量、调节，控制系统一般都使用数台微处理机在控制室集中监视操作。对重要参数如温度等还配有小型记录仪，并且在主控制室内装有工艺流程板，以供随时掌握生产情况。

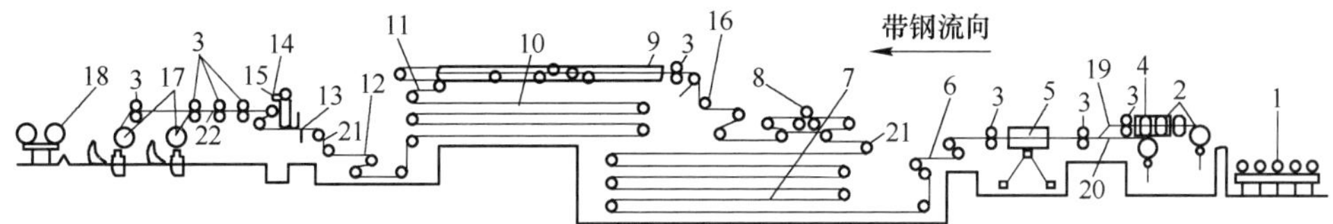

图 16-27　连续卧式酸洗机组

1—运输机；2—开卷机；3—夹送辊；4—矫直机；5—对焊机；6，11，12，14—张力辊；7—入口活套；8—拉伸弯曲矫直机；9—酸洗槽和冲洗钝化槽；10—出口活套；13—圆盘剪；15—检查台；16—跳动辊；17—卷取机；18—链式运输机；19，20，22—剪切机；21—控制辊

16.5.3.2　全连续五机架冷轧机组

图 16-28 所示为全连续五机架冷轧机组示意图。该机组具有高产、优质、高效率和低耗等特点，属当代冷轧生产最高技术水平。主要的关键技术有：

（1）确保焊缝性能，轧制断带率低（<2.5%），焊接工艺自动控制；

（2）带钢贮存装置，活套贮量为 720m；

（3）焊缝自动探测，检测精度高；

（4）精确的焊缝跟踪和钢卷头尾及位置跟踪；

（5）在轧制中动态规格变换，变换段长度为 4750mm（4~5 机架之间距）；

（6）带钢在线 300m/min 飞剪分卷，张力波动很小并快速导向；

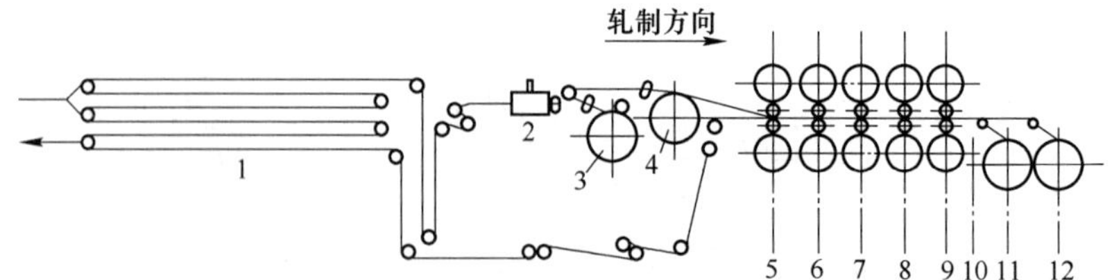

图 16-28　2030mm 冷轧机设备组成示意图

1—活套；2—焊机；3—2 号开卷机；4—1 号开卷机；5—第一机架；6—第二机架；7—第三机架；8—第四机架；9—第五机架；10—分切飞剪；11—1 号卷取机；12—2 号卷取机

（7）板形在线检测和计算机闭环控制；

（8）CVC 轧辊凸度连续变化技术；

（9）带钢留在机架中快速换辊；

（10）生产过程全盘自动化，过程控制最佳化，没有计算机系统投入运行，不能轧钢。

16.5.3.3　连续退火机组（CAPL）

目前我国使用的消除加工硬化的退火工艺主要有两种：罩式炉退火和连续退火。罩式炉退火工艺加热时间长，适用于深冲钢。内罩里采用氮气、氮氢混合气体或全氢气体等方式，其中全氢保护方式已成为近几年罩式炉退火的首选方式。连续退火工艺克服了罩式炉退火周期长、人力多、占地大等不足，以其产量大、生产稳定、效率高而得到飞速发展。它将表面清洗、退火、平整、分卷剪切等工艺过程集于一身。使产品沿纵向长度上的轧制性能更加一致、均匀，质量好，收得率高，生产周期也从 1 周以上缩短至 1～2 天。图 16-29所示为连续退火机组。

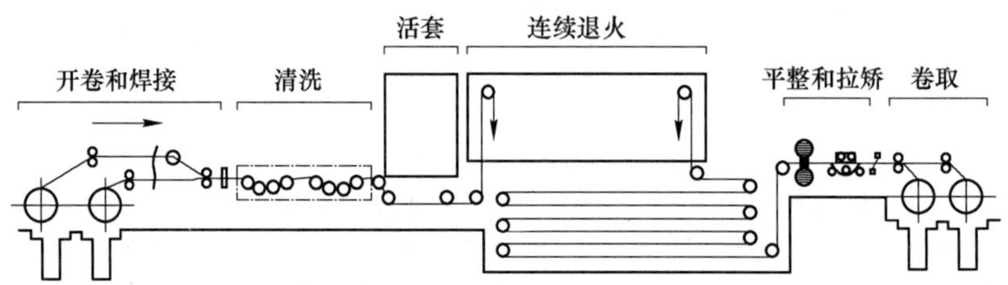

图 16-29　连续退火机组

16.5.3.4　连续热镀锌机组

图 16-30 所示为连续热镀锌作业线，采用改良的森吉米尔生产工艺。

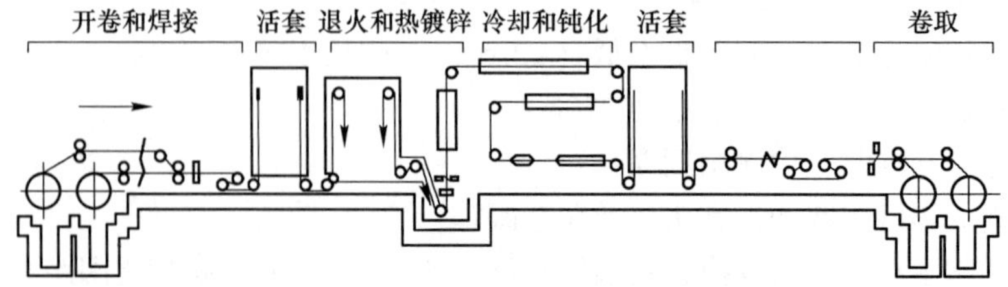

图 16-30　改良的森吉米尔连续热镀锌作业线

16.5.3.5　连续电镀锌机组

电镀锌带钢具有锌层厚度均匀和表面光洁无锌花质量特征，特别适合用作涂层基板，因而在汽车、家电、建材和轻工等部门得到十分广泛的应用。本机组采用不溶性阳极喷射式电镀工艺，生产双面镀锌、单面镀锌和差厚镀锌产品，并可进行鳞化、钝化和涂油后处理。该机组设备组成如图16-31所示。

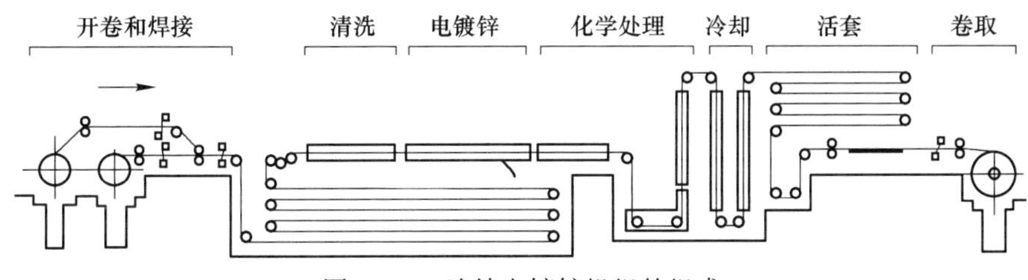

图16-31　连续电镀锌机组的组成

16.5.3.6　涂层机组

涂层带钢具有轻质、美观和良好防腐性能等特点，而且可弯曲、冲压直接加工，是一种高附加值的新型材料，广泛应用于建筑、运输、家电和家庭用品等制造行业。该彩涂机组采用辊涂法，涂层后在线测量涂层膜厚度，以迅速调整工艺参数，使之能精确地控制涂层厚度。图16-32为该涂层机组布置图。

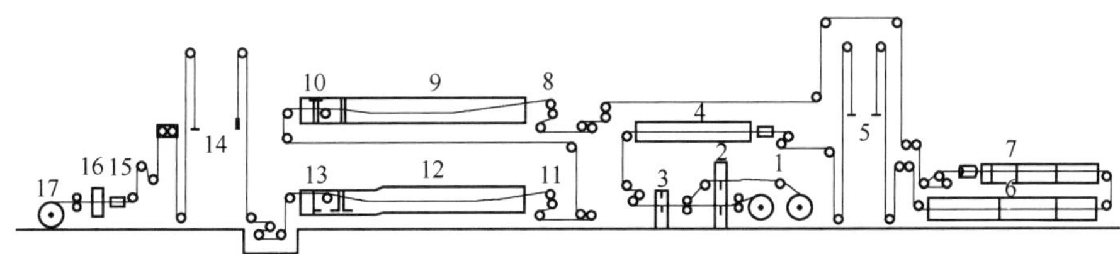

图16-32　涂层机组布置图

1—开卷机；2—剪切机；3—缝合机；4—预清洗槽；5—入口活套塔；6—清洗槽；7—预处理槽；8—初涂机；9—初涂烘烤炉；10，13—冷却装置；11—精涂机；12—精涂烘烤炉；14—出口活套塔；15—涂蜡机；16—切分剪；17—卷取机

16.5.3.7　连续辊压成型机组

本机组用来把冷轧、热镀锌和涂层钢板通过连续辊压成型为建筑、交通运输等工业用的梯形波纹板。该机组的主要特点为：

（1）剪切机自动定尺连续剪切，剪切质量好；

（2）设置红外线烘烤装置，保证冷天辊压涂层钢板无裂纹缺陷。

图16-33所示为我国2030mm全连续冷轧板带车间的平面布置图。

我国作为发展中国家，只有加快冷轧板带的生产，才能满足经济建设的需要。冷轧生产技术正向大型化、集成化、高速化方向发展，而且在进一步地提高自动化和连续化水平。产量和生产率都有显著提高，产品质量更趋完美。

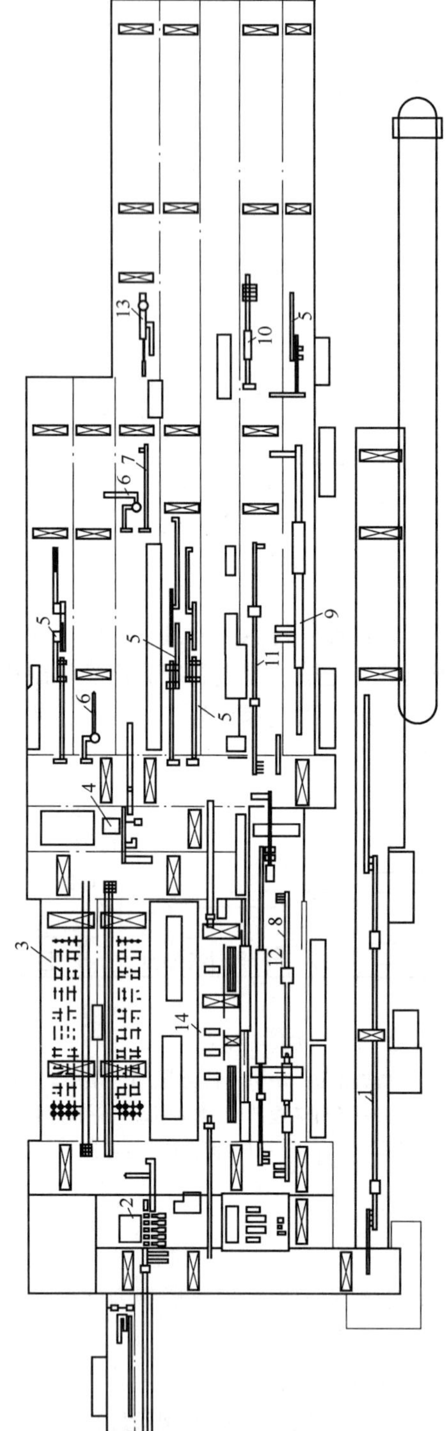

图 16-33　某 2030 mm 全连续式冷轧厂生产机组平面布置

1—酸洗机组；2—五机架全连轧机组；3—罩式退火炉；4—单机架平整机组；5—横剪机组；6—纵剪机组；7—重卷机组；8—热镀锌机组；
9—有机涂层机组；10—瓦楞机组；11—电镀锌机组；12—连续退火机组；13—包装机组；14—磨辊间

16.6 型材轧制

型材是三大材（板、管、型）中种类最多的产品。不同型材相互区别最明显的特征是他们的断面形状。图 16-34 为各种型材断面示意图。

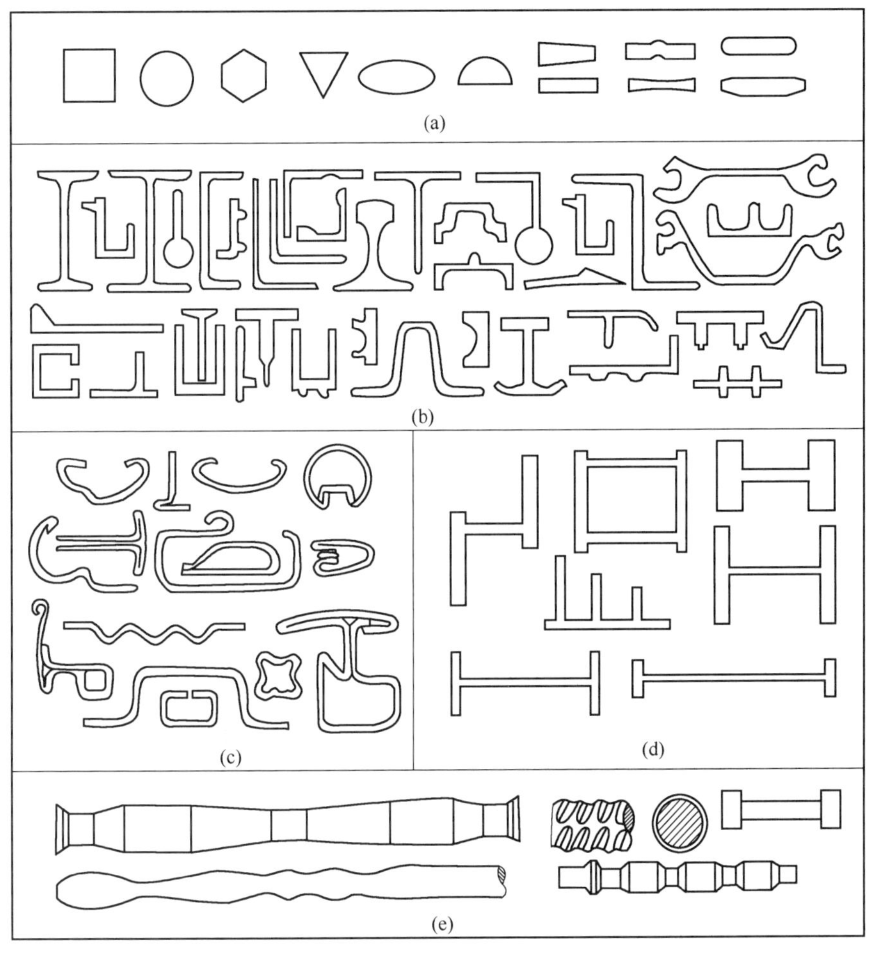

图 16-34　型钢断面示意图

（a）简单断面；（b）复杂断面；（c）弯曲断面；（d）焊接型钢；（e）特殊型钢

16.6.1　轧机类型及其配置

型钢品种、规格很多，切尺相差很大，加上各自生产要求不同，使得型钢轧机类型很多，包括各种轧机类型和布置形式。

轧机在结构形式上有二辊式轧机、三辊式轧机、四辊万能孔型轧机、多辊孔型轧机、Y 型轧机、45°轧机和悬臂式轧机等。轧机在布置形式上有横列式轧机、顺列式轧机、棋盘式轧机、半连续式轧机和全连续式轧机等（如图 16-35 所示）。

采用何种轧机和布置形式，需视生产品种、规格及产品技术条件而定。一般将轧机分为大批量、专业化轧机和小批量、多品种轧机两类，以便发挥各类轧机之所长。专业化轧机包括H型钢轧机、重轨轧机、钢筋轧机和线材轧机以及特殊型钢轧机等。这几种轧机产品专业性强、批量大，并有配套的专用设备。其优点是：轧机作业率与设备利用率高，操作技术容易熟练，易于实现机械化和自动化，对提高产品质量、产量、劳动生产率，降低成本均有好处。专业化轧机一般采用连续式或半连续式轧机。多品种轧机可采用联合型钢轧机，以适应多品种生产，满足国民经济各部门的需要。

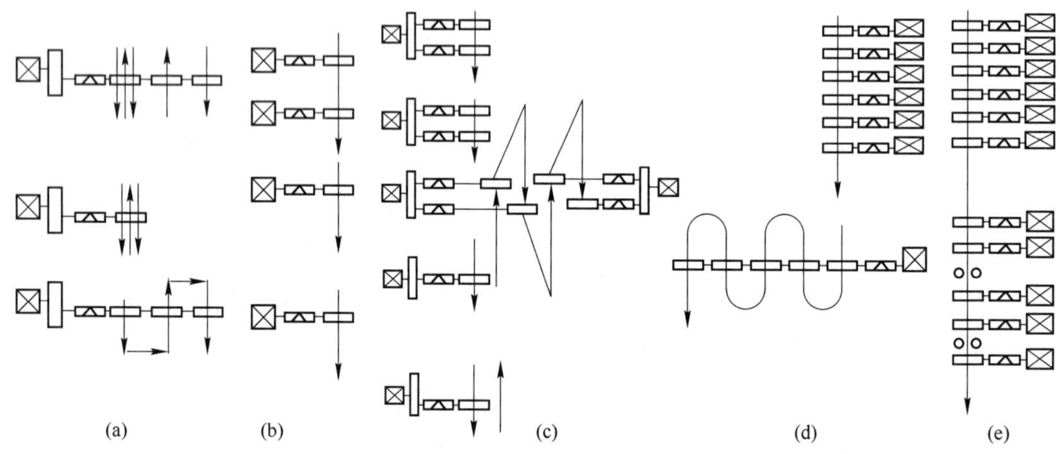

图 16-35　型材轧机的若干典型布置形式

（a）横列式；（b）纵列式；（c）棋盘式；（d）半连续式；（e）连续式

16.6.2　型钢轧制方法

16.6.2.1　普通轧法

一般在二辊或三辊轧机上进行的轧制叫普通轧法（图 16-36）。孔型由两个轧辊的轧槽所组成。能生产一般的简单断面、异型断面和周期断面型钢。

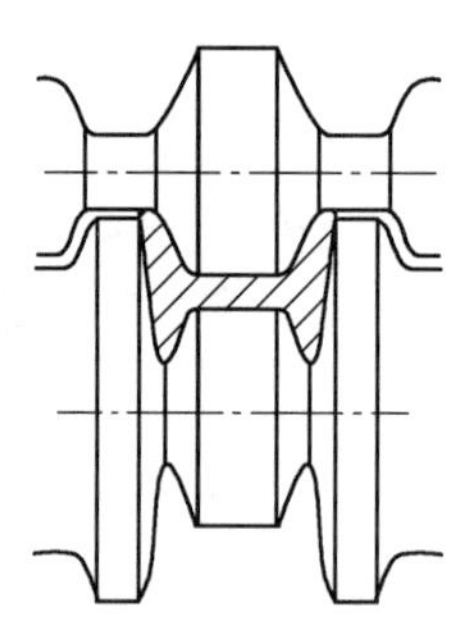

图 16-36　普通轧法

孔型内轧制是生产型材最基本的变形特点，型材轧制是否成功，关键在于是否有正确完善的孔型系统。型钢轧制中的孔型，根据其在轧制过程中的作用，分为开坯延伸孔型和精轧孔型两部分。前者将大断面坯料经若干道次轧成第一个精轧孔型所需的断面形状和尺寸的毛坯；后者将毛坯进一步轧成形状和尺寸合乎要求的成品。图 16-37 为生产各类型钢所使用的孔型图。

16.6.2.2　多辊轧法

采用一般孔型轧制形状复杂的型材，通过合理的孔型设计也能轧制成材，但存在很多克服不了的缺点：如坯料在轧槽内流动速度不一致，使孔型各部分磨损程度不均；为了使轧件顺利脱槽，必须设置孔型侧壁斜度等。多辊轧法的孔型由三个以上的轧辊轧槽组成，可轧出凸缘内外侧面平行的经济断面钢材，轧件凸缘高度可以增加，还能生产普通轧法不

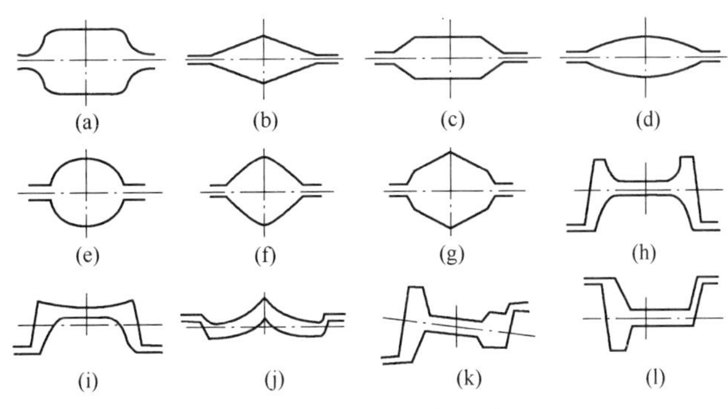

图 16-37　型钢孔型图

（a）箱形孔型；（b）菱形孔型；（c）六角形孔型；（d）椭圆形孔型；（e）圆孔型；（f）方孔型；（g）六边形孔型；（h）工字形孔型；（i）槽形孔型；（j）角形孔型；（k）轨形孔型；（l）丁字形孔型

能生产的异型断面产品。多辊轧法又称万能轧制，图 16-38 为多辊轧法示意图。H 型钢、T 型钢、轻型薄壁钢梁及高精度的钢轨及腿部与腰部相互垂直无内斜的窗框钢等均可由此类轧机轧制。

16.6.2.3　切分轧制

所谓切分轧制，就是在轧制过程中把一根坯料利用孔型的作用轧成具有两个或两个以上相同形状的并联轧件，再利用切分设备或轧辊的辊环将并联轧件沿纵向切分成两个或两个以上单根轧件的轧制方法。切分轧制可大幅度提高粗轧机的生产能力，在不增加轧机台数、坯料大小不变或增加时，可用低的轧制速度获得高的生产率，降低成本和能源消耗，显著提高经济效益。目前国内外切分轧制技术在型材生产线上应用逐渐增多。图 16-39 为用连铸坯轧制线材的切分轧制示意图。

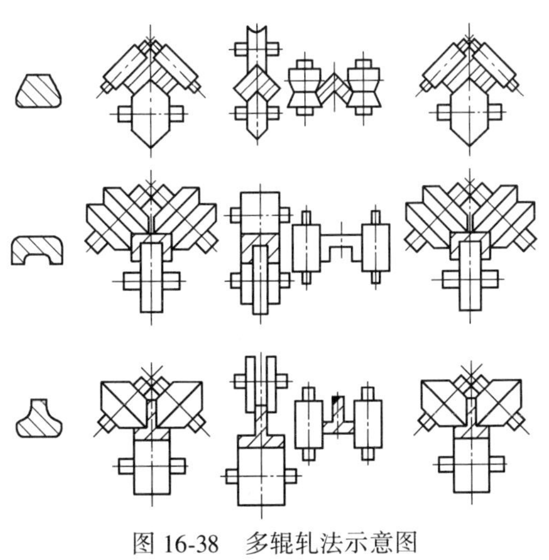

图 16-38　多辊轧法示意图

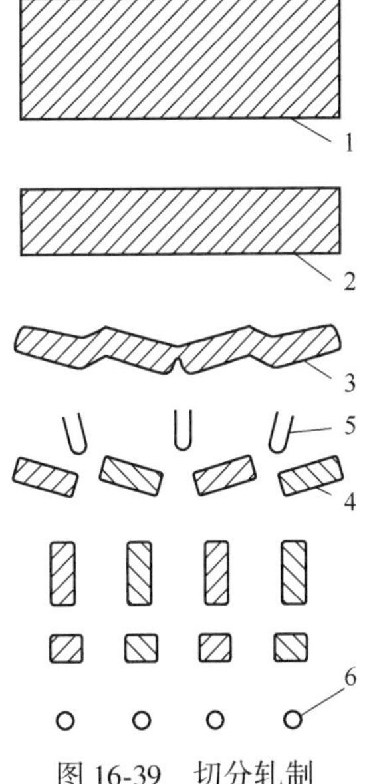

图 16-39　切分轧制

1，2—板坯；3—多连体轧件；4—切分后的钢坯；5—火焰切割；6—成品断面

16.6.3　轨梁生产

16.6.3.1　重轨生产

钢轨是仅 y 轴对称的异型断面钢材，其横截面分为轨头、轨腰和轨底三部分。轨头是与车轮相接触的部分，轨底是接触轨枕的部分，如图 16-40 所示。钢轨的规格以每米长的质量来表示。普通钢轨的质量范围为 5～78kg/m，起重机轨重可达 120kg/m。常用的规格（kg/m）有 9、12、15、22、24、30、38、43、50、60、75。通常将 30kg/m 以下的钢轨称为轻轨，在此以上的钢轨称为重轨。轻轨主要用于森林、矿山、盐场等工矿内部的短途、轻载、低速专线铁路。重轨主要用于长途、重载、高速的干线铁路。也有部分钢轨用于工业结构件。

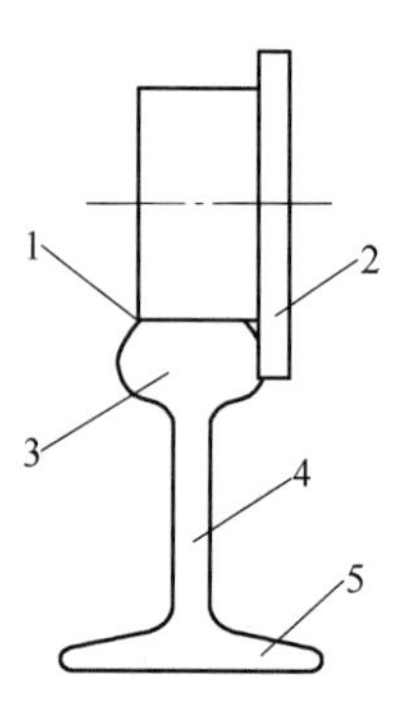

图 16-40　钢轨
1—路面；2—车轮；3—轨头；4—轨腰；5—轨底

重轨的轧制方法分两辊孔型轧制法和万能孔型轧制法。目前重轨生产以万能孔型轧制为主。万能孔型轧制法是利用万能轧机轧制重轨，其万能轧机由主辅机架组成。主机由一对平辊和一对立辊组成，其轧辊轴线在同一垂直平面上，实现上下、左右同时压缩轧件。在四辊组成的主机前或后紧跟一架二辊水平轧机，作为辅助成型机架，称为辅机。辅机只轧轨头和轨底而不轧腰。主辅机架均为可逆式，在轧制中形成连轧关系。

重轨生产工艺比一般的型钢更复杂，要求进行轧后冷却、矫直、轨端加工、热处理和探伤等工序。重轨生产的工艺流程如图 16-41 所示。

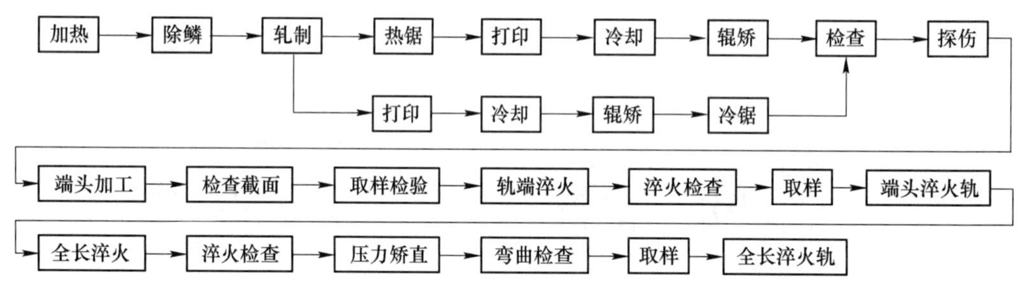

图 16-41　重轨生产工艺流程

16.6.3.2　H 型钢生产

H 型钢是断面形状类似于大写拉丁字母 H 的一种经济断面型材，又称为万能钢梁、宽边（缘）工字钢或平行边（翼缘）工字钢。H 型钢的断面形状如图 16-42 所示。H 型钢比普通工字钢具有更大的承载能力，并且由于它的边宽、腰薄、规格多、使用灵活，故可节约金属 10%～40%。由于其边部内侧与外侧平行，边端呈直角，便于拼装组合成各种构件，从而可节约焊接和铆接工作量达 25%左右，从而大大加快工程的建设速度，缩短工期，其用途可完全覆盖普通工字钢。

H 型钢生产多以轧制方式为主。H 型钢的断面特点决定了其必须在万能孔型中轧制。使用万能孔型，H 型钢的腰部在上下水平辊之间进行轧制，边部则在水平辊侧面和立辊之间同时轧制成型。由于仅有万能孔型尚不能对边端施加压力，这样就需要在万能机架后设置轧边端机，俗称轧边机，以便加工边端并控制边宽。在实际轧制生产中，可以将万能轧机和轧边端机组成一可逆连轧机组，使轧件往复轧制若干次（图 16-43（a））。或者是将几架万能轧机和 1~2 架轧边端机组成连轧机组，每道次施加相应的压下量，将坯料轧成所需规格形状和尺寸的产品。在轧件边部，由于水平辊侧面与轧件之间有滑动，故轧辊磨损比较大。为了保证重车后的轧辊能恢复原来的形状，除万能成品孔型外，上下水平辊的侧面及其相对应的立辊表面都有 3°~10°的倾角。成品万能孔型，又叫万能精轧孔型，其水平辊侧面与水平辊轴线垂直或有很小的倾角，一般在 0~0. 3°，立辊呈圆柱状，图 16-43（b）、（c）、（d）所示。

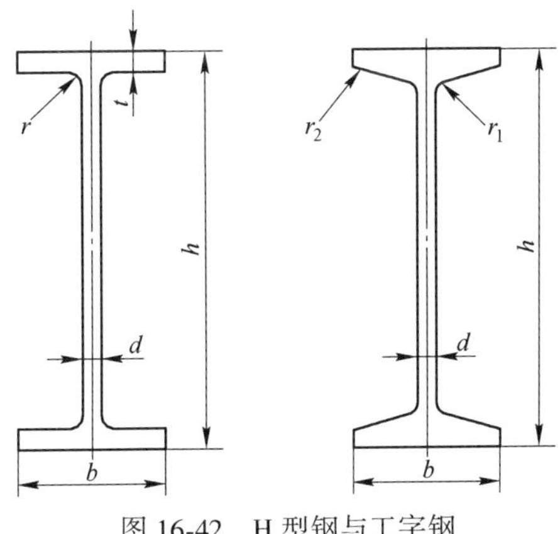

图 16-42 H 型钢与工字钢

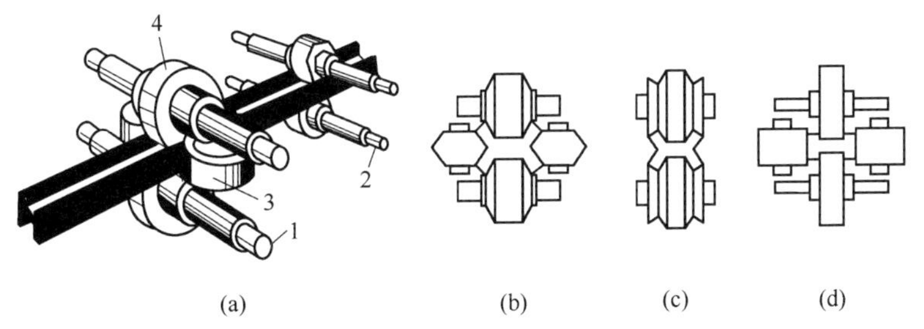

图 16-43 万能轧制

（a）万能-轧边短可逆连轧；（b）万能粗轧机；（c）轧边端孔；（d）万能成品孔

1，4—水平辊；2—轧边端辊；3—立辊

莱钢 H 型钢生产线为我国继马钢之后建成的第二条以生产中小规格 H 型钢为主的现代化生产线。该生产线采用了当今世界先进的节能型连铸坯→热送→热装→连轧短流程生产工艺，工艺装备精良，全过程计算机控制和管理，在国内同类型轧机中处于领先水平，图 16-44 为该车间的工艺流程图。

16. 6. 4 棒、线材生产

棒材是一种简单断面型材，一般是以直条状交货。棒材的品种按断面形状分为圆形、方形和六角形以及建筑用螺纹钢筋等几种，后者是周期断面型材，有时被称为带肋钢筋。线材是热轧产品中断面积最小、长度最长而且呈盘卷状交货的产品。棒、线材的断面形状最主要的还是圆形。国外通常认为，棒材的断面直径是 9~300mm，线材的断面直径是 5~40mm。国内约定俗成地认为：棒材车间的产品范围是断面直径为 10~50mm，线材车间的产品断面为 5~10mm。而随着棒、线材生产装备水平的提高，其棒、线材的产品范围会有所变化。

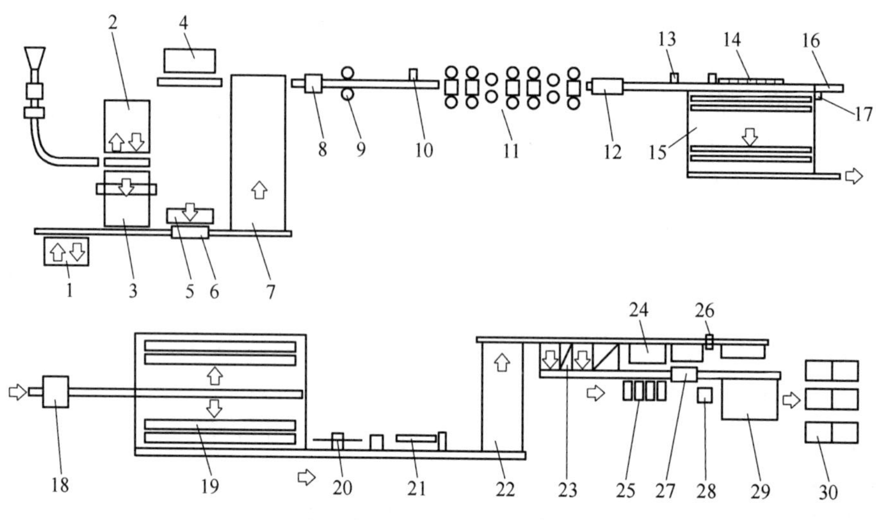

图 16-44　H 型钢生产线工艺流程图

1—钢坯上下料台；2—热缓冲室；3—钢坯输送台；4—返料台；5—冷上料台；6—称量；7—加热炉；8—除鳞；9—粗轧机；10，17—切头锯；11—精轧机组；12—水冷；13—分段锯；14，21—定尺机；15—冷床；16—定尺锯；18—矫直机；19—编组台；20—冷锯；22—检查台；23—堆钢台；24—废品台；25—打捆；26—改尺锯；27—称量；28—压印机；29—成品台；30—成品库

16.6.4.1　棒、线材生产特点与工艺

棒、线材的断面形状简单，用量巨大，适于进行大规模的专业化生产。线材断面尺寸是热轧材中最小的，所使用轧机也是最小型的。从钢坯到成品，轧件的总延伸非常大，需要的轧制道次很多。线材生产技术发展的标志是高速轧制及控轧和控冷技术。

棒、线材的坯料现在各国都以连铸坯为主，对于某些特殊钢种，有使用初轧坯的情况。为兼顾连铸和轧制的生产，目前棒、线材坯料的断面一般为边长 120～150mm 的方坯。坯长较长，一般在 10m 以上，最长达 22m。由于线材产品以盘卷交货，轧后难以探伤、检查和清理，因此对线材坯料的要求严于棒材。

在现代化的轧制生产中，棒、线材的轧制速度很高，轧制中的温降较小甚至还出现升温，故一般棒、线材轧制的加热温度较低。对于现代化的棒、线材生产，一般是用步进式加热炉加热，由于坯料较长，炉子较宽，为保证尾部温度，采用侧进侧出的方式。

为提高生产效率和经济效益，适合棒、线材的轧制方式是连轧，尤其是在采用 CC-DHCR 或 CC-DR 工艺时，就更是如此。连轧时，一根坯料同时在多机架中轧制，在孔型设计和轧制规程设定时，要遵守各机架间金属秒流量相等的原则。在棒、线材轧制的过程中，前后孔型应交替地压下轧件的高向和宽向，这样才能由大断面的坯料得到小断面的棒、线材。轧辊轴线全平布置的连轧机在轧制中将会出现前后机架间轧件扭转的问题，扭转将带来轧件表面易被扭转导卫划伤，轧制不稳定等问题。为避免轧件在前后机架间的扭转，较先进的棒、线轧机，其轧辊轴线是平、立交替布置的。这种轧机由于需要上传动或者是下传动，故投资明显大于全平布置的轧机。生产轧制道次多，而且连轧中一架轧机只轧制一个道次，故棒、线材车间的轧机机架数量多。现代化的棒材车间机架数一般多于

18 架，线材车间的机架数为 21~28 架。

为了细化晶粒，减少深加工时的退火和调质等工序，提高产品的力学性能，采用控制轧制和低温精轧等措施，有时在精轧机组前设置水冷设备。

棒、线材一般的冷却和精整工艺流程如下：

棒材：精轧→飞剪→控制冷却→冷床→定尺切断→检查→包装
（余热淬火）　　　　（探伤）

线材：精轧→吐丝机（线材）→散卷控制冷却→集卷→检查→包装

16.6.4.2 棒材轧机类型和工艺流程

目前流行的普碳钢型、棒材连轧机的类型主要有三种：第一种是通用的高速轧制的钢筋轧机；第二种是四切分的高产量的钢筋轧机；第三种是生产从小型到中型型钢、扁钢、工字钢和棒材的多品种棒材轧机。

A 通用的高速轧制钢筋轧机

这种类型的轧机是目前生产圆钢和带肋钢筋专业化轧机的典型形式。图 16-45 为高速轧制的圆钢和钢筋车间平面布置简图。

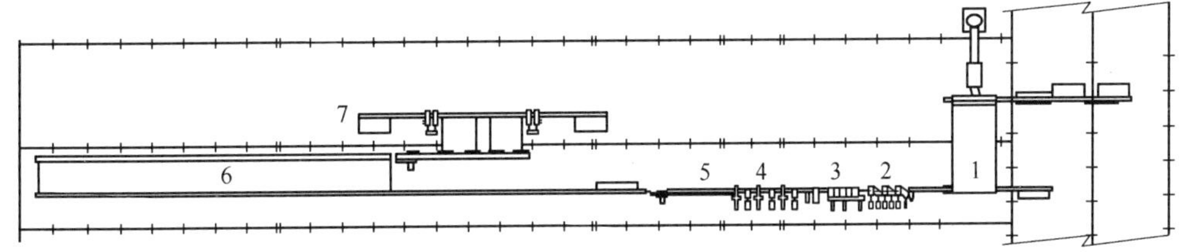

图 16-45 高速轧制的圆钢和钢筋车间平面布置简图

1—步进式加热炉；2—粗轧机组；3—中轧机组；4—精轧机组；5—水冷装置；6—步进式冷床；7—精整设备：冷定尺寸、自动计数装置，打捆机

轧制线由一座步进梁式加热炉和 18 架轧机组成。为保证产品的表面质量，在加热炉和粗轧机之间设有高压水除鳞装置，以 20MPa 高压水去除坯料表面的氧化铁皮。18 架轧机中有粗轧机组 6 架，平/立布置；中轧机组 6 架，平/立布置；精轧机组 6 架，平/立布置（其中：14、16、18 机架为平/立可转换机架），全线实现无扭转轧制。中轧和精轧机为高刚度短应力线轧机：在 6 架、12 架、18 架后设有飞剪，前两个飞剪用于切头切尾和事故碎断，后一个为倍尺剪切；轧线设有 7 个活套，精密的高刚度轧机和微张力、无张力控制系统，保证轧件尺寸的精度。在线钢筋淬火-回火装置，可以低成本生产高强度钢筋。冷床高速上料系统，保证精轧机的高速轧制最高可达 40m/s。带高速下料的齿条式冷床、棒材的最佳剪切和短尺收集系统、冷剪设备、棒材计数装置和棒材自动打捆机等精整设备，保证整条生产线的高速、连续化生产。

B 高产量钢筋轧机

这种类型的轧机以切分轧制工艺为特点，尤其是 4 切分技术的应用，是以切分轧制获得钢筋高产的专业化钢筋轧机的形式。图 16-46 为高产量的带肋钢筋轧机的布置图。全线总共仅需 14 架轧机，其中 6 架轧机为紧凑式粗轧机，平/立布置，机架配置单孔型的可互换的辊环。8 架精轧机是水平式有牌坊机架，机架可液压横移，小车换辊。这种类型的轧机以 120mm×120mm×10000mm 连铸坯生产建筑用钢筋。其中 10～14mm 带肋钢筋用 4 切分工艺生产。4 切分时，轧制速度为 15m/s；生产 16～19mm 的钢筋用传统的 2 切分，轧制速度为 18m/s。

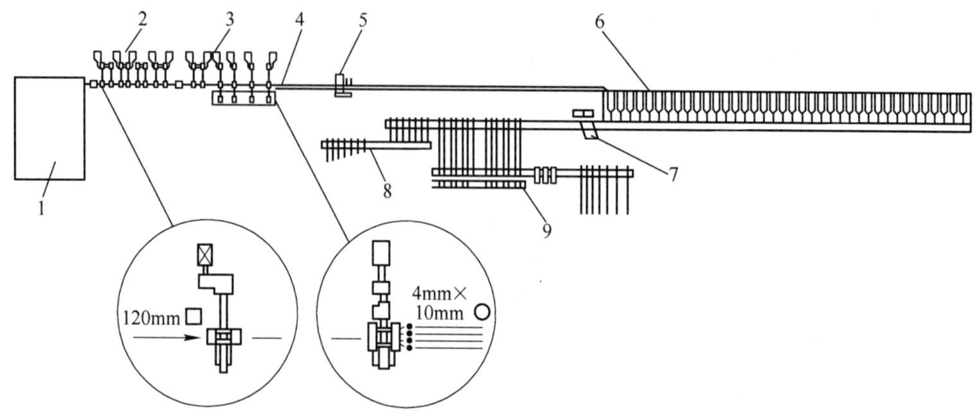

图 16-46　高产量的带肋钢筋轧机的布置简图

1—加热炉；2—紧凑式粗轧机；3—水平精轧机；4—热芯回火装置；5—倍尺飞剪；6—高产量冷床；7—5000kN 冷剪；8—短尺收集系统；9—打捆和收集区

C　灵活的多品种型、棒材轧机

这种轧机用以生产小型或中型断面型钢（等边、不等边角钢、槽钢、扁钢、工字钢）以及圆钢和带肋钢筋，可有不同的组合形式（平/立交替、万能、可倾翻机架），以求最佳地利用所有的 18 个道次，体现多品种灵活性的生产特点。图 16-47 为这种灵活的多品种型、棒材轧机的布置图。

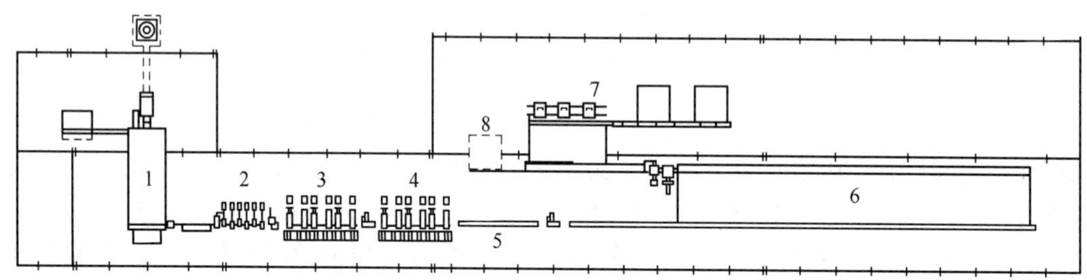

图 16-47　灵活的多品种型、棒材轧机的布置示意图

1—步进式加热炉；2—粗轧机组：6 架悬臂式轧机；3—中轧机组：6 架短应力线式轧机；4—精轧机组：6 架短应力线式轧机；5—水冷装置；6—步进式冷床；7—精整系统：多条连续矫直，自动堆垛、打捆和收集；8—短尺收集装置

16.6.4.3　高速线材轧机形式和生产工艺

高速线材轧机的工艺特点通常可以概括为连续、高速、无扭和控冷，其中高速轧制是最主要的。现代高速线材轧机的精轧速度已达 150m/s，高精轧速度已成为现代线材轧机的一个重要标志。大盘重、高精度、性能优良则是高速线材轧机的产品特点。

图 16-48 所示为某高速线材厂主要设备及工艺平面布置。

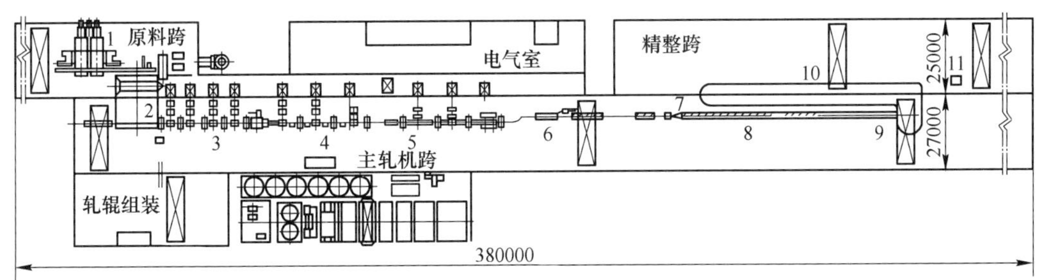

图 16-48 某高速线材厂工艺平面布置

1—步进式上料台架；2—步进加热炉；3—粗轧机；4—第一中轧机组；5—第二中轧机组；6—精轧机组；7—吐丝机；8—斯太尔摩冷却线；9—集卷筒及挂卷机；10—钩式运输机；11—称量机

16.7 管材轧制

管材广泛应用于日常生活、交通、地质、石油、化工、农业、原子能、国防以及机械制造等各部门，被称为工业的“血管”，通常约占轧材总量的8%~16%。管材按制造方法分无缝管和焊管两大类，其中焊管以其较低的生产成本在管材生产中占有较大比例。钢管品种繁多，生产方法多种多样。

16.7.1 热轧无缝管

热轧法主要生产直径 58~700mm，壁厚为 2.5~60mm 的钢管。如果配合减径机，则可生产最小直径为 15~17mm，壁厚为 2mm 的钢管。热轧无缝管的生产一般以实心坯为原料，生产过程主要包括穿孔、轧管、定径或减径工序。穿孔工序的任务是将实心管坯穿制成空心的毛管。轧管工序（包括延伸工序）的主要任务是将空心毛管减壁、延伸，使壁厚接近或等于成品管壁厚。均整、定径或减径工序统称为热精整，是热轧钢管生产中的精轧，起着控制成品几何形状和尺寸精度的作用。通常 ϕ50mm 以下的热轧成品管须采用减径工序进行生产。图 16-49 为钢管生产过程的示意图。

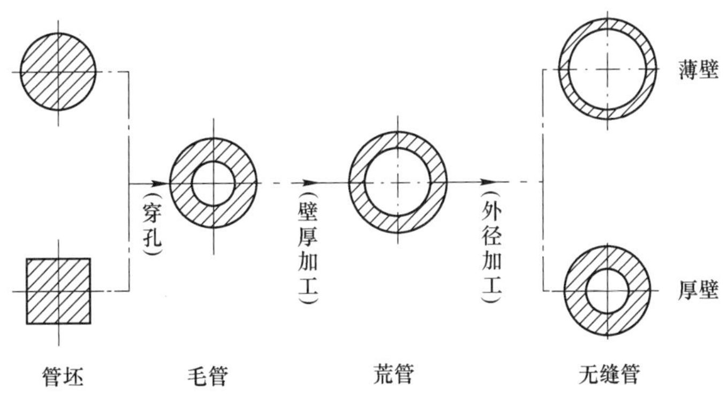

图 16-49 钢管生产过程示意图

无缝钢管比较常见的工艺流程有两种，即自动轧管和连轧管。目前，三辊轧管方式的使用也呈上升的趋势。在新型阿塞尔（Assel）轧机上生产高精度的小口径薄壁管材的生产方式得到了较快的发展。

16.7.1.1 自动轧管机组

自动轧管机组是生产热轧无缝管常用的方法之一，具有产品范围广、生产率高等优点。自动轧管机组生产管材的主要工序如下：管坯准备、管坯加热、穿孔、毛管轧制、均整、定减径、冷却、矫直、冷状态下精加工等。图16-50所示为自动轧管机组的工艺流程。

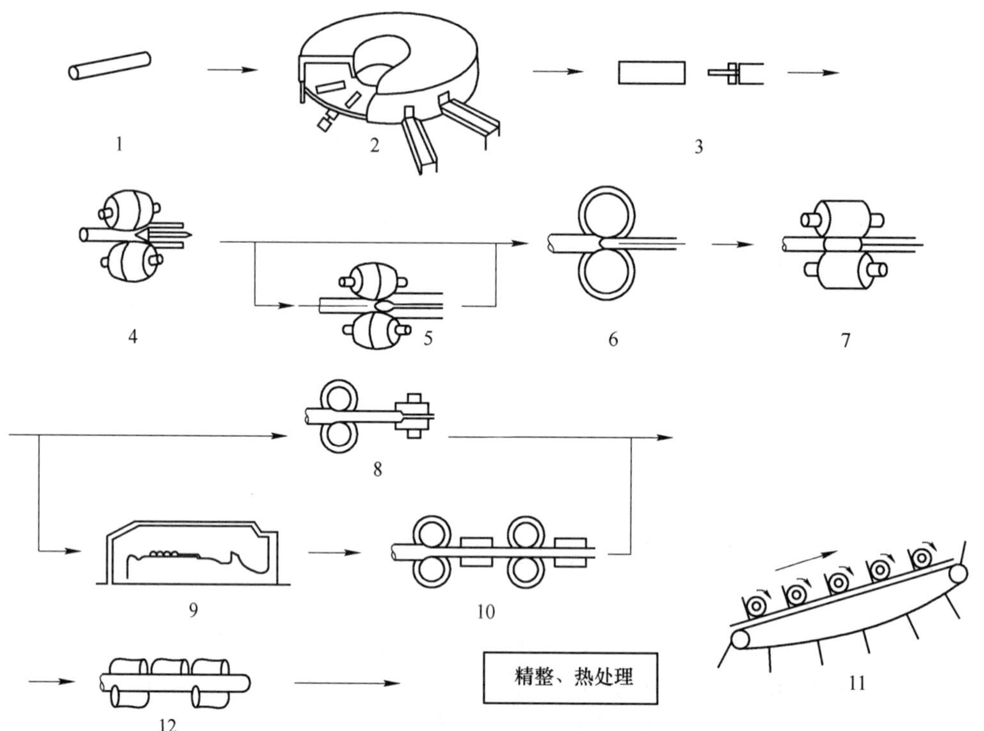

图16-50 自动轧管机组的工艺流程

1—管坯；2—环形加热炉；3—定心机；4—穿孔机；5—二次穿孔机；6—自动轧管机；7—均整机；8—定径机；9—再加热炉；10—减径机；11—冷床；12—斜辊式矫直机

管坯穿孔是热轧无缝管生产中关键的变形工序，其任务是将实心坯穿制成空心毛管。穿孔所使用的设备主要是二辊斜轧穿孔机（图16-51），其轧辊为双鼓型，两轧辊轴线相交5°~12°，同向旋转。穿孔时，管坯获得螺旋运动，并在前进中受到压缩，顶头插入中心进行穿孔而得到毛管。

经穿孔机穿成的毛管表面极不平整，尺寸不精确，壁厚也与成品管的要求相差很大，因此需要在轧管机上进一步轧制。自动轧管机（图16-52）是在轧辊上刻有圆孔型的二辊不可逆轧机，其后装有一对高速反向旋转的回送辊，把管材回送至轧管机前。一般轧制两道次，每轧一道后，管翻转90°，在同一孔型中轧制第二道次。

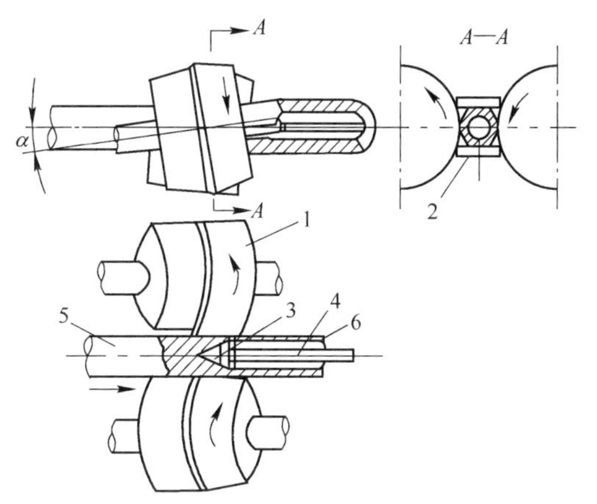

图 16-51　二辊斜轧穿孔

1—轧辊；2—导板；3—顶头；4—项杆；5—管坯；6—毛管

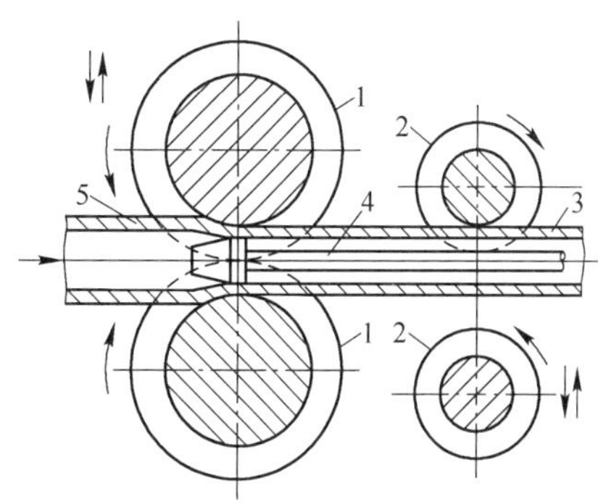

图 16-52　自动轧管过程示意图

1—工作辊；2—回送辊；3—毛管；4—顶杆；5—顶头

轧制后的毛管虽然壁厚减薄，长度增加，但仍存在壁厚不均、不同程度的椭圆度等缺点，故需要进行均整。均整的任务是均整管材壁部，消除壁厚不均，磨光管材内外表面，消除管内直道等表面缺陷，消除和减小管材的椭圆度。对于厚壁管，均整机还可完成定径任务。目前采用的均整机主要是二辊斜轧均整机，其构造、原理、生产过程与穿孔机基本相同，但任务不同，形状不同。均整机一般与轧管机并排布置。

管材的定减径是管材的连续空心轧制过程。定径的任务是将轧后荒管轧成尺寸及圆形准确的成品，一般采用3~12个机架。减径则是实现用大管料生产小直径管材的目的，减径时，管材壁厚稍有增加，采用9~24机架。张力减径则在减径的同时利用张力实现减壁，机架数一般为12~24，最多可到28架。图16-53为管材定径、减径、张力减径的过程。目前广泛采用的定减径机组均采取与地面成45°交角布置，相邻两机架相互垂直。

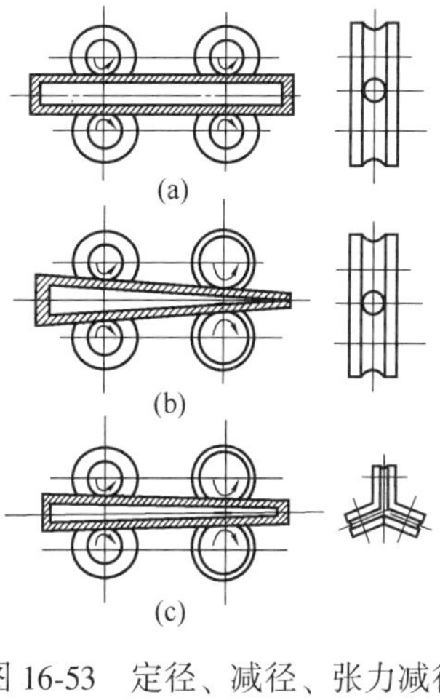

图 16-53　定径、减径、张力减径

（a）定径；（b）减径；（c）张力减径

管材的冷却、矫直等属于管材精整部分，其冷却一般在步进式或螺旋式冷床上进行，采用7辊斜辊矫直机进行矫直。

自动轧管机轧管时，辅助时间占整个轧制周期65%~80%，缩短辅助操作时间是提高自动轧管机生产率的重要措施。为此，自动轧管机及其操作有如下改进：单孔型自动轧管机、双机架跟踪式轧管、自动更换顶头以及采用单独驱动等。

16.7.1.2　连轧无缝管

连续轧管机是当今最为广泛使用的纵轧钢管方法，其是将穿孔后的毛管套在芯棒上，经过多机架顺次排列且相邻机架辊缝互错60°（三辊式）或90°（二辊式）的连续轧管机而轧成荒管。连续轧管机按其芯棒运动形式可分为两种，一种是芯棒随同管子自由运动的长芯棒连轧管机，简称MM（mandrel mill，图16-54）；另一种是轧管时芯棒是限动的或速度可控的限动芯棒连轧管机，简称MPM（multi-stand pipe mill，图16-55）。近年来，三辊限动芯棒连轧管机（PQF、FQM）因其诸多优点，在连轧管生产中备受瞩目。

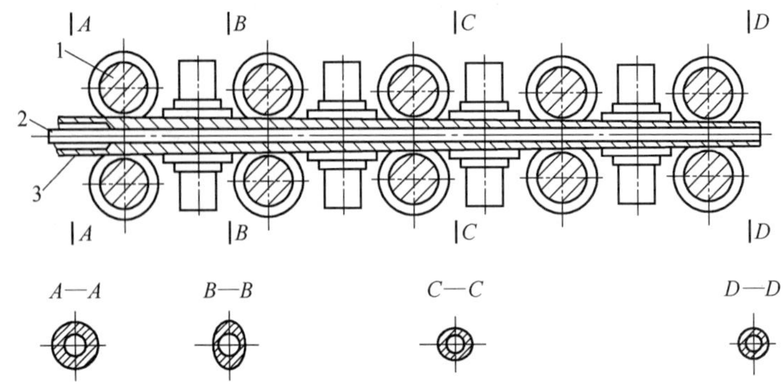

图16-54　浮动芯棒连轧管过程示意图

1—轧辊；2—浮动芯棒；3—毛管

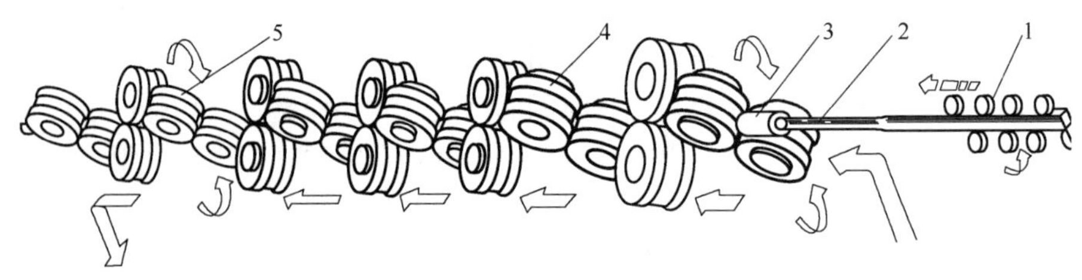

图16-55　限动芯棒连续轧管过程示意图

1—限动装置齿条；2—芯棒；3—管坯；4—连续轧管机；5—三机架脱管定径机

全浮动连续轧管机组通常由7~9架单独传动的二辊式轧机组成，每个机架中心线均与地面成45°布置，相邻机架互成90°。管坯在连轧管机组上主要是减壁延伸。轧制前在空心坯中预先插入芯棒，轧制时芯棒自由地随被轧制的毛管一起按顺序通过各机架，即芯棒处于自由全浮动状态。连轧管作业线上设有脱棒、芯棒循环系统，连轧管机组轧出的芯管在脱棒机上脱去芯棒后，再继续加工。

限动芯棒连轧过程中，芯棒以某一限定的速度运动，轧制后期芯棒由限动机构驱动回退荒管尾部离开机组时，芯棒回到起始位置，继续下一根轧制。与MM机比较，MPM具有工具消耗低，减小或避免了MM连轧机出现的“竹节”现象，改善了管子的质量，扩大了品种范围，降低了能耗，缩短了工艺流程，提高了延伸系数等优点。

MPM轧管机使用后部带有限动装置的芯棒，使芯棒在整个轧制过程中的工作行程只有二至三个机架的间距。轧制时，芯棒在限动装置的作用下，以低于或等于第一架钢管咬入的速度向前运动，从MPM机组出来的荒管随即进入由一组轧辊组成的脱管机，轧制完毕并且钢管尾部由脱管机拉出最末机架时，芯棒快速退回原位，重新更换芯棒后，进行下一根管的轧制。更换下来的芯棒在冷却装置中用高压水快速冷却，再喷上润滑油待用。

连续轧管机组的工艺流程如图16-56所示。

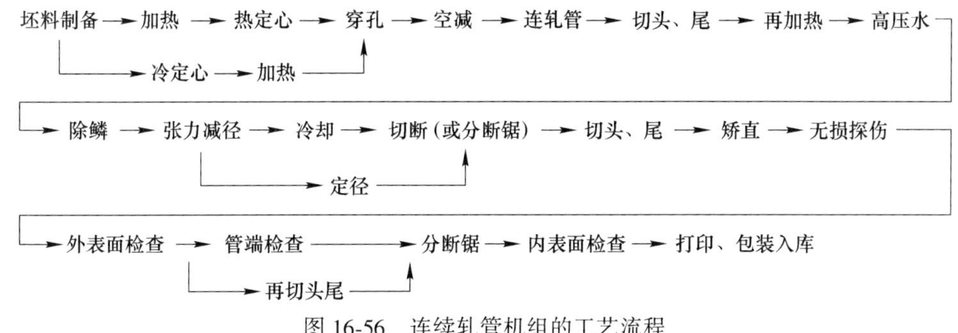

图 16-56　连续轧管机组的工艺流程

16.7.1.3　三辊轧管及 ACCU-ROLL 轧管

A　三辊轧管机

三辊轧管方式属于斜轧延伸，可以用来生产外径在 240mm 以下的钢管，尤其在生产高精度厚壁管中具有明显的优势。其主要特点是道次变形量大，工艺过程简单；产品的尺寸精度高，表面质量好；生产便于调整，更换规格容易；轧管工具少且工具消耗小，易于实现自动化。不足的地方是生产效率低；对坯料要求严格；生产薄壁管比较困难。三辊轧管方式示意见图 16-57。

由图 16-57 可知，三辊轧管机的三个辊各呈 120°“对称”地布置在以轧制线为形心的等边三角形的顶点，轧辊轴线与轧制线有一送进角 α；同时，轧辊轴线与轧制线在包含轧制线的垂直平面上的投影之间有一夹角 φ，叫辗轧角，如图 16-58 所示。轧辊的辊身分为入口锥、辊肩、平整段和出口锥四部分，相应的变形区也分为咬入减径区、减壁区、平整区、归圆区。就结构而言，三辊轧管方式目前有四种形式，即：

（1）阿塞尔（Asell）轧管机（属第一代三辊式轧管机）。主要用于生产高精度的厚壁管，当轧制 $D/S>12$ 的毛管时，会出现“尾三角”现象，严重的会导致尾部轧卡。

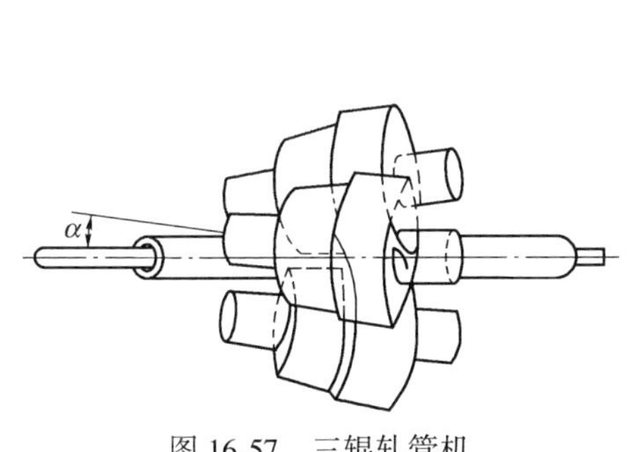

图 16-57　三辊轧管机

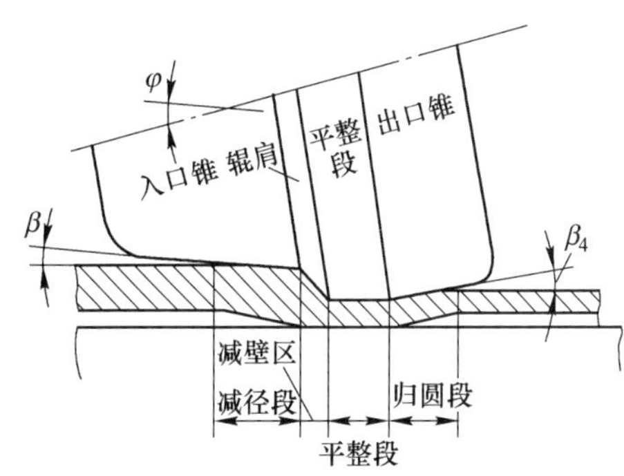

图 16-58　三辊轧管辊型及变形区

（2）特朗斯瓦尔（Transval）轧管机（属第二代三辊轧管机）。采用了在毛管轧制后期转动入口回转牌坊来改变送进角、同时变化轧制速度的办法，以消除“尾三角”的现象。但是却存在头尾部壁厚增厚的现象，增加了切头损失。

（3）抬辊快开型轧管机（属第三代三辊轧管机）。在轧制过程接近尾端时，使轧辊迅速抬起，在尾端留有一小段只减径不减壁的荒管（长度 50~70mm）。它可以消除“尾三角”现象，轧后产品的精度也进一步提高。

(4) 带 NEL（无尾切损装置）轧管机。属最新的三辊轧管技术。其主机取消了旋转牌坊，仍采用高刚性的 Asell 机架，轧制过程中保持孔喉直径不变；在主轧机上或轧机前增设一预轧机构，当轧件接近尾部约 100mm 部分通过时，由 NEL 机构对其先进行减径减壁，而三辊轧管机只给这部分少量的压下量，消除“尾三角”的现象。NEL 轧管机具有可以轧制薄壁管（$D/S<10$），产品尺寸精确、成材率高（因没有切尾损失）的优点，有着广阔的发展前景。

B ACCU-ROLL 轧管机组

ACCU-ROLL 轧管机组实质上是二辊斜轧延伸机，但它又与一般的斜轧延伸机不同，在轧制高精度钢管方面具有独特的功能，被称为精密轧管机。

ACCU-ROLL 轧管机采用锥形辊，带有辗轧角，并采用旋转与限动的芯棒、大直径主动旋转导盘，从而轧出的荒管具有高精度的壁厚，提高了钢管的内表面质量。扩大了轧制的钢种和品种。同时提高了轧制效率，降低了能耗。

ACCU-ROLL 轧管机组的主要变形工序由穿孔机、ACCU-ROLL 轧管机、定径机（有时配置微张力减径机）组成。在轧管机的前后台的关键设备是毛管夹送辊和限动装置。夹送辊夹着毛管旋转前进。限动装置也夹着芯棒旋转并前后运动。芯棒的限动方式有前进式和回退式两种，前进限动时芯棒的前端必须超前毛管前端约 300mm；回退限动时芯棒的前端必须伸出轧机中心线足够的长度，轧制过程中芯棒缓慢地回退，与毛管的运动方向相反。

16.7.2 焊管生产

焊管生产的主要过程就是将管坯（钢板或带钢）用各种成型方法弯卷成要求的横断面形状与尺寸的卷筒，再用不同的焊接方法将焊缝焊合得到钢管。成型与焊接是焊管生产的两个基本工序，焊管就是根据这两个工序的特点来进行分类的，图 16-59 所示为焊管成型的分类。

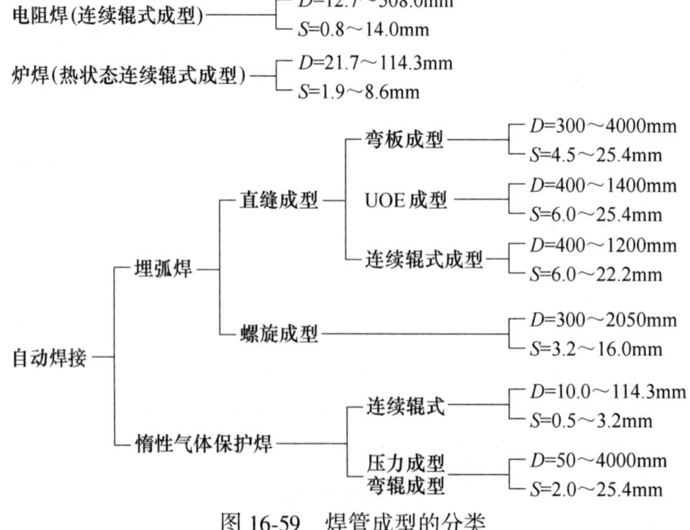

图 16-59 焊管成型的分类

焊管的焊接方法有炉焊、气焊、电焊等。电焊管按电加热方式的不同又分为电阻焊、电弧焊和电感焊等。图 16-60 所示为电焊钢管工艺流程图。

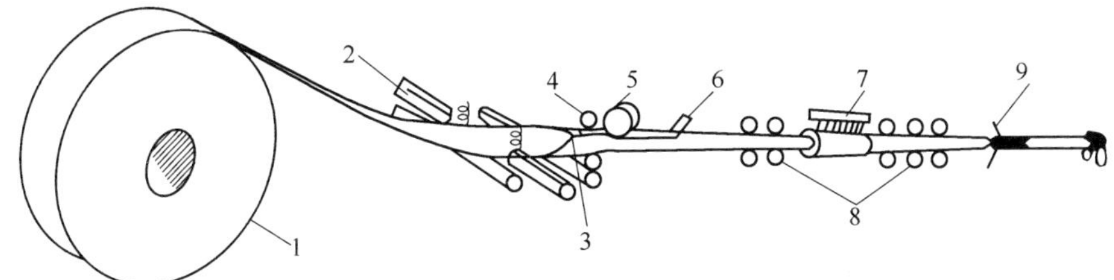

图 16-60　电阻焊钢管生产工艺流程图

1—带坯；2—侧边修整；3—卷曲成型；4—侧压装置；5—焊接；6—焊缝清理；7—冷却；8—定径；9—切管

复习思考题

16-1 何谓轧制，轧制有哪几种基本方式？

16-2 轧制生产的基本工序有哪些，各完成什么任务？

16-3 轧制产品分哪几大类型，其生产的基本特点是什么？

16-4 咬入角、压下量、轧辊直径之间有何关系，轧辊咬入轧件的条件是什么？

16-5 按厚度不同，板带如何划分，对板带有何技术要求？

16-6 中厚板生产有何特点，其生产主要用哪些设备，概述中厚板生产的工艺过程。

16-7 热轧带钢的轧制过程分几个阶段，热轧带钢的生产线上为什么要安装飞剪？

16-8 现代带钢热连轧车间采用了哪些新技术？

16-9 何谓冷轧，其生产工艺有何特点？

16-10 以 2030mm 冷连轧机组为例，概述现代冷轧生产的发展趋势。

16-11 何谓孔型，型钢轧机有哪些布置形式，各有什么优缺点？

16-12 简述自动轧管机组生产无缝钢管的工艺过程。

16-13 简述管材热连轧所用设备及工艺特点。

16-14 管材均整、定径、减径的目的是什么？

16-15 简述电焊管的生产工艺流程。

17　拉拔、挤压、锻造和冲压

17.1　拉　　拔

利用外力迫使坯料通过规定的模孔以获得相应的形状与尺寸的产品的塑性加工方法称为拉拔。拉拔一般在冷状态下进行，其产品表面光洁、尺寸精确、强度和硬度高，这是拉拔优于其他加工方式的主要方面。

拔管和拉丝是拉拔生产的两种主要方式，下面对其作简要介绍。

17.1.1　拔管

拔管分无芯棒拔制和芯棒拔制两种。无芯棒拔制又称空拔，只减小管径，而对壁厚无压缩，一般多用于生产小直径管材的成品道次和成品前几道次的定径。芯棒拔制又分短芯棒拔制、长芯棒拔制和游动芯头拔制。短芯棒拔制是最常用的方法，拔制时芯棒固定不动。短芯棒拔制道次变形量大，管材内表面质量好；长芯棒拔制有较大的减壁能力，可拔制极薄管材，但其工艺复杂，只有在非用不可的情况下才采用。游动芯头拔制其芯头后端不固定，可自由活动，芯头在拔制过程中，依靠本身的形状并借助于芯头与管材接触表面之间的摩擦力而保持在变形区中。游动芯头拔制的拔制力较小，变形量较大并有较少的工具磨损，可拔制小口径管材，也可高速拔制长管和卷筒拔制，是目前管材拉拔中较为先进的一种方法。上述拔制方法可如图17-1所示。

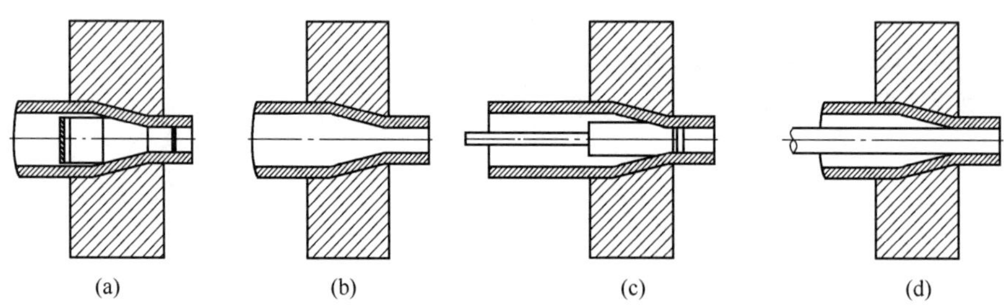

图17-1　管材拔制方法

（a）游动芯头；（b）空拉；（c）固定短芯头；（d）长芯棒

拔管所使用的设备是各种拔管机，其中往复式拔管机应用最为广泛。

17.1.2　拉丝

拉丝就是以热轧线材为原料，用拉丝模经多次冷拉而制成各种金属丝的过程。钢丝生产的一般工艺流程如下：

热轧线材 ⟶ 烧线 ⟶ 除锈 ⟶ 拉丝 ⟶ 钢丝 ⟶ 镀层 ⟶ 镀层钢丝

拉丝生产一般采用连续拉丝机，拉丝机内装有多个拉模，其模孔按顺序减小。拉丝前，先把线材的端部锻成一个尖头，然后依次穿过若干个拉模的模孔，用钳子钳住后由拉丝机从模孔中强行拉出，使线材被拉拔成细而长的金属丝（图 17-2）。

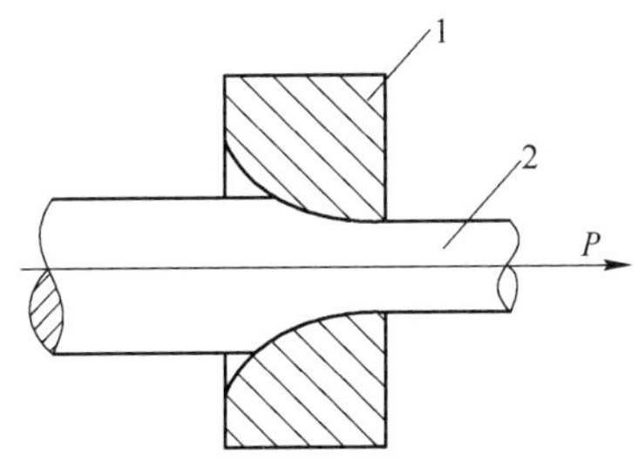

图 17-2　拉丝简图
1—模子；2—制品

近年来出现了多头连续多次拉丝机，即用一台拉丝机同时拉几根丝并且每一根丝通过多个模连续拉拔，这类拉丝机在提高产量、降低成本和设备投资等方面都显示出优越性。

17.2　挤　　压

所谓挤压就是将金属放在封闭的圆筒内，一端施加压力（如借助水压机）使金属从模孔中挤出而得到不同断面形状的成品（如型材、棒材、线材及管材等）的加工方法。

挤压生产多用于有色金属的加工以及国防工业部门，近年来也用于挤压钢材上，特别是耐热合金及低塑性金属的加工以及钛合金的挤压等。在生产薄壁和超厚壁断面复杂的管材、型材及脆性材料时，挤压是唯一可行的加工方法。其主要缺点是：生产率低、废料（主要是压余）损失大、能耗高、工具磨损严重、成品性能不够均匀等。

根据挤压时金属的流向，挤压分为正向挤压、反向挤压和横向挤压等，如图 17-3、图 17-4 所示。挤压时，金属的流动方向与挤压轴的运动方向一致的挤压为正向挤压，正挤压是生产中最常用的方法。挤压时，金属的流动方向与挤压轴的运动方向相反的挤压为反挤压，与正挤压相比，反挤压具有挤压力小、废料少等优点，但受挤压杆强度的限制，产

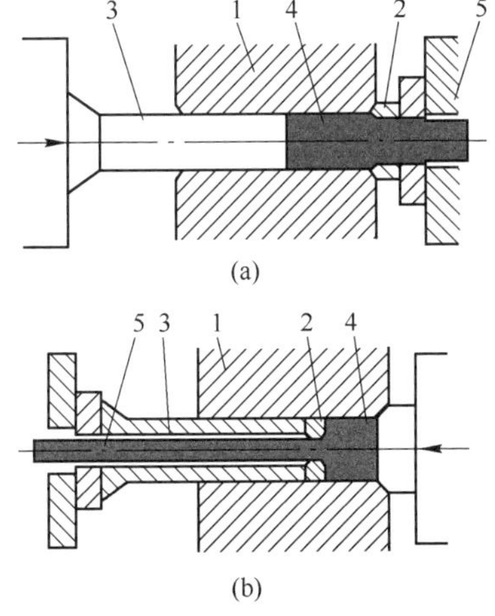

图 17-3　挤压的基本方法
（a）正挤压法；（b）反挤压法
1—挤压筒；2—模子；3—挤压杆；
4—锭坯；5—制品

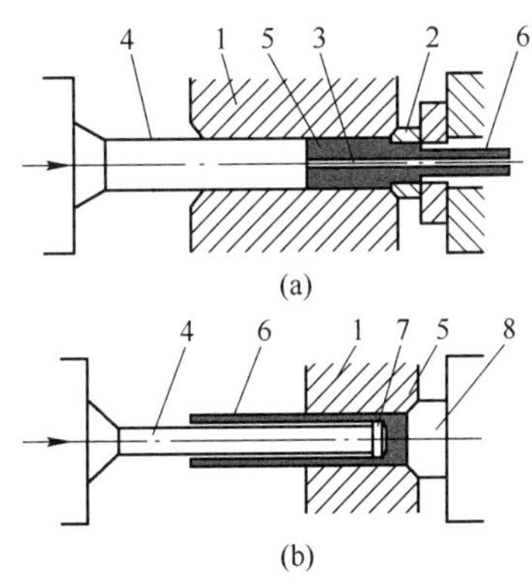

图 17-4　管材挤压方法
（a）正挤管材；（b）反挤管材
1—挤压筒；2—模子；3—穿孔针；4—挤压杆；
5—锭坯；6—管材；7—垫片；8—堵头

品外接圆尺寸小，使其应用受到限制。横向挤压时模具与金属坯料轴线成 90°放置，作用在坯料上的外力与坯料轴线方向一致，被挤压的金属以与挤压力成 90°方向由模孔流出，横向挤压制品的纵向性能差异较小，材料强度得到提高，但至今还未广泛应用。

17.3 锻　　造

锻造又叫锻压，它是利用锻锤的往复冲击力或压力机的压力使金属改变成所需要形状和尺寸的加工方法，分自由锻造和模锻两种。

自由锻是锻造常用的生产方法，主要有镦粗、拔长、冲孔、切割、弯曲、扭转、错移和锻接等。锻造时，一个锻件往往要经过几个生产工序才能完成，生产较为复杂。

模锻是模型锻造的简称，是把加热好的金属坯料放在上下锻模的模膛内使其受到冲击力或压力而变形获得锻件的方法，适用于大批生产外形复杂的锻件。模锻时，根据锻件生产坯量和形状复杂程度，可在一个或数个模膛中完成塑性变形。

图 17-5 所示为自由锻和模锻的工艺示意图。

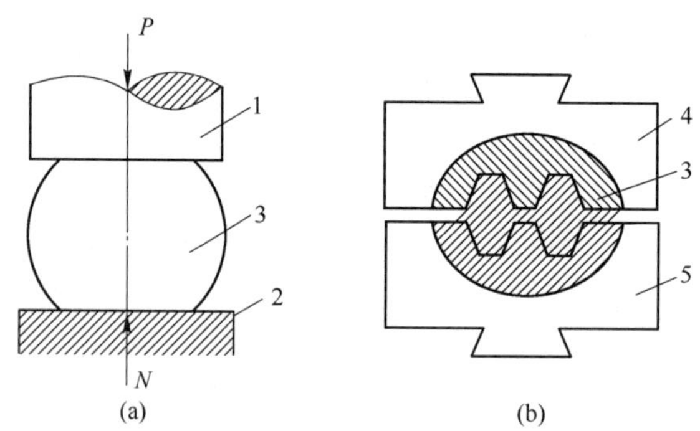

图 17-5　自由锻造（a）和模型锻造（b）

1—锤头；2—砧座；3—锻件；4—上模；5—下模

锻造对破碎金属的铸态组织极为有利，对提高金属塑性和改善质量有许多优点。锻造广泛应用于各工业部门，可生产几克重到 200t 以上各种形状的锻件，如各种轴类，曲柄和连杆等。

17.4 冲　　压

冲压是靠压力机的冲头把厚度较小的板带顶入凹模中，冲压成需要的形状的加工方法。

冲压的基本工序可以分为分离和成型两大类，主要包括冲裁、弯曲、拉延、旋压、成型以及翻边、校型、扩口、缩口、压花纹等多种方式，如图 17-6 所示。

厚度小于 4mm 以下的薄钢板通常在常温下进行冲压，称为冷冲压。厚板则需要加热后再进行冲压。冲压可以生产有底薄壁的空心制品，如飞机零件、弹壳、汽车外壳、零件以及各种仪器的零件及日常生活用品——碗、盆等。冲压制品具有质量轻、刚度好、精度高和外表光滑美观等特点。

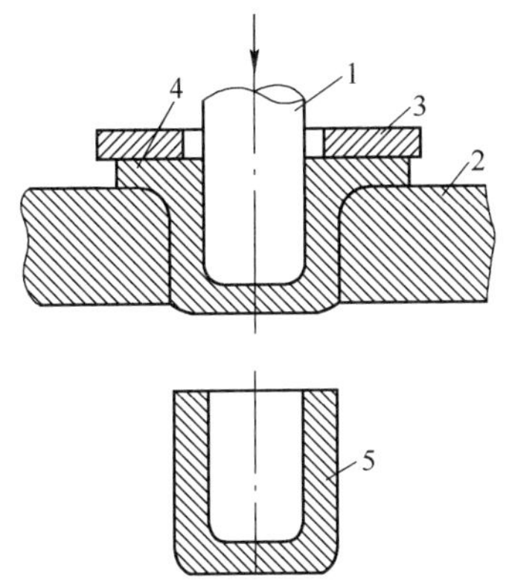

图 17-6　冲压简图

1—冲头；2—模子；3—压圈；4—工件；5—产品

复习思考题

17-1 试比较管材拉拔的几种方式。

17-2 概述冷拔钢丝生产的基本工艺过程。

17-3 挤压主要用于生产哪些产品，常用的挤压方法有哪几种？

17-4 简述锻造在钢铁生产工业中的应用。

第5篇

冶金生产用耐火材料

耐火材料是为高温技术服务的基础材料，它与高温技术尤其是高温冶炼工业的发展有密切关系，相互依存，互为促进，共同发展。在一定条件下，耐火材料的质量、品种对高温技术的发展起着关键作用。

一百多年来钢铁冶炼发展过程中，每一次重大演变都有赖于耐火材料新品种的开发。碱性氧气转炉成功的关键之一，是由于开发了白云石耐火材料；护炉成功的一个重要因素，是生产了具有高荷重软化温度的硅砖；抗热震的镁铬砖的发明，促进了全碱性平炉的发展。近年来，钢铁冶炼新技术，如大型高炉、高风温热风炉、复吹氧气转炉、铁水预处理、炉外精炼和连续铸钢等，都无一例外地有赖于优质高效耐火材料的开发。另外，耐火材料在节能方面也作出了重要贡献，如各种优质隔热耐火材料、陶瓷换热器，无水冷滑轨、陶瓷喷射管和高温涂料等的开发，都对高温技术的节能起了重要作用。现代冶炼技术的发展和节约能源的需要，既对耐火材料提出了更严格的要求，又必须借助于优质耐火材料新品种的成功开发及发展。

我国耐火原料资源丰富，品种多，储量大，品位高。高铝矾土和菱镁矿蕴藏量大，品质优良，世界著名；耐火黏土、硅石、白云石和石墨等储量多，分布广，品质好；叶蜡石、硅线石、橄榄石和锆英石等储量也多；隔热耐火材料用各种原料，各地都有储藏。另外，我国漫长的海岸线和内陆湖泊均蕴藏有大量的镁质原料资源。近年来，在提高耐火原料质量和人工合成原料方面，又取得了较为显著的成就。我国有发展各种优质耐火材料资源的优势。

我国耐火材料生产有着悠久的历史。新中国成立以来，随着科学技术和工业水平的提高，为了适应金属冶炼和其他高温技术工业的需求，我国耐火材料工业有重大的发展。新建了许多优质耐火材料生产厂和有关科研院所；开发出许多优质耐火材料新品种，保证并促进了各项高温技术和整个国民经济的发展。

今后，我国耐火材料的发展应依靠科学技术的进步和整体工业水平的提高，加强生产技术的管理。以材料的质量和品种为中心，继续提高原料质量，发展合成原料，改进生产装备，全面提高产品质量和改善性能，积极开发优质新品种，合理利用和提高耐火材料服役寿命，进一步降低消耗，保证和促进金属冶炼和其他高温技术工业以及国民经济的发展。

18 耐火材料的定义、分类、化学与矿物组成

18.1 耐火材料的定义

耐火材料是指耐火度不低于 1580℃ 的材料。一般是指主要由无机非金属材料构成的材料和制品。而耐火度是指材料在高温作用下达到特定软化程度时的温度，它标志材料抵抗高温作用的性能。

耐火度所表示的意义与熔点不同。熔点是结晶体的液相与固相处于平衡时的温度。耐火度是多相体系达到某一特定软化程度时的温度。对绝大多数普通耐火材料而言，都是多相非均质材料，无一定熔点，其开始出现液相到完全熔化是一个渐变过程，在高温下相当宽的范围内，固液相并存。故欲表征这种材料在高温下的软化和熔融的特征，只能以耐火度来度量。

耐火度不是一种物质所特有的绝对物理量，是材料在特定试验条件下测定的达到特定软化程度时的相对技术指标。将试验物料按规定方法做成截头三角锥（简称试锥），与在特定升温速度下具有固定弯倒温度的标准截头三角高温锥（简称标准锥），共同在既定升温速度和一定气氛条件下加热，以试锥的弯倒程度与标准锥弯倒程度相当的对比方法，测定耐火度。角锥可能发生的弯倒情况如图 18-1 所示。我国通用的标准锥以 WZ 和锥体弯倒温度的十分之一标之。如试锥与 WZ171 号标准锥同时弯倒，则试样的耐火度为 1710℃。

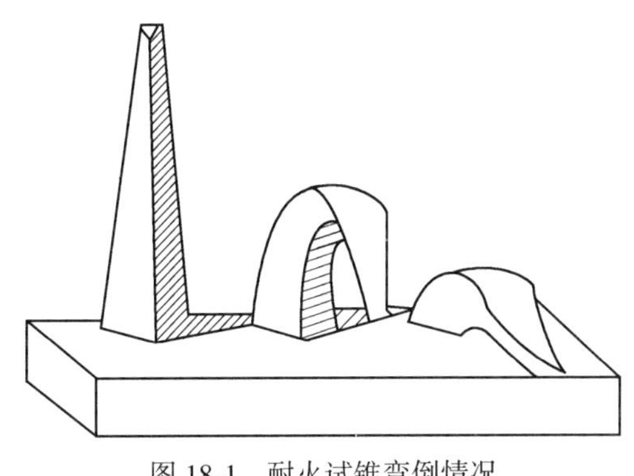

图 18-1 耐火试锥弯倒情况

耐火度是评定耐火材料的一项重要技术指标，但是不能作为制品使用温度的上限。对由单相多晶体构成的耐火材料，其耐火度一般低于晶体的熔点。但是，有些耐火材料，当形成的液相黏度很高时，其耐火度也可高于熔点。一些常用耐火材料原料和制品的耐火度如下：

结晶硅石 1730~1770℃　　高铝砖 >1770~2000℃　　硅砖 1690~1730℃

镁砖 >2000℃　　硬质黏土 1750~1770℃　　白云石砖 >2000℃

黏土砖 1610~1750℃

18.2 耐火材料的分类

耐火材料品种繁多，用途广泛，其分类方法多种多样，常用的有以下几种。

（1）按化学与矿物组成分类。耐火材料按化学与矿物组成可分为硅质制品、硅酸铝质制品、镁质制品、白云石质制品、铬质制品、炭质制品、锆质制品、特殊制品等八类（见表 18-1）。

（2）按化学特性分类。耐火材料按化学特性可分为酸性耐火材料、中性耐火材料和碱性耐火材料等三类。

1）酸性耐火材料：酸性耐火材料是以二氧化硅为主要成分的耐火材料，主要指硅砖和锆英石砖。酸性耐火材料能耐酸性熔渣侵蚀。

2）中性耐火材料：中性耐火材料主要是指以三氧化二铝、三氧化二铬和碳为主要成分的耐火材料，如刚玉砖、高铝砖、炭砖等。其特性是对酸性渣和碱性渣都具有抗蚀能力。

3）碱性耐火材料：碱性耐火材料主要是指以氧化镁、氧化钙为主要成分的耐火材料，包括镁砖、镁铝砖、镁铬砖、白云石砖等。碱性耐火材料对碱性渣有较强的抗侵蚀能力。

（3）按耐火度分类。耐火材料按耐火度可分为以下三类：

1）普通耐火材料，耐火度为 1580～1770℃；

2）高级耐火材料，耐火度为 1770～2000℃；

3）特级耐火材料，耐火度高于 2000℃。

（4）按成型工艺分类。耐火材料按成型工艺可分为六类：天然岩石、浇筑成型耐火材料、可塑成型耐火材料、半干成型耐火材料、捣打（包括机械捣打与人工捣打）成型耐火材料和熔铸制品。

（5）按烧制方法分类。耐火材料按烧制方法可分为三类：不烧砖、烧制砖和不定形耐火材料。

其中，不定形耐火材料和不烧制品根据结合剂的不同，又可分为：

水化结合剂制品（普通铝酸盐水泥、纯铝酸钙水泥等），化学结合剂制品（磷酸盐、硫酸铝、水玻璃、有机硅等），凝聚结合剂制品（耐火黏土、膨润土、二氧化硅微粉等），有机结合剂制品（焦油、沥青、胶水等）等。

（6）按气孔率分类。耐火材料按气孔率可分为以下七类：

1）特致密制品，显气孔率低于 3%；

2）高致密制品，显气孔率为 3%～10%；

3）致密制品，显气孔率为 10%～16%；

4）烧结制品，显气孔率为 16%～20%；

5）普通制品，显气孔率为 20%～30%；

6）轻质制品，显气孔率为 45%～85%；

7）超级轻质制品，显气孔率高于 85%。

（7）按形状和尺寸分类。耐火材料按形状和尺寸可分为五类：标型制品、普型制品、异型制品、特型制品和超特型制品。

此外，不定形耐火材料按使用类型又可分为：

（1）耐火浇筑料：一般以浇筑或浇筑捣实的方法施工的不定形耐火材料。

（2）耐火喷涂料：利用气动工具，以机械喷射方法施工的不定形耐火材料。

（3）耐火喷补料：利用喷射方法施工修补热工设备内衬的不定形耐火材料。

（4）耐火捣打料：以强力捣打方法施工的不定形耐火材料。

（5）耐火可塑料：泥料呈泥坯状或不规则团块，在一定时间内保持较好的可塑状态，一般采用风动工具捣打施工的不定形耐火材料。

（6）耐火压注料：泥料呈膏状或泥浆状，用挤压泵将料强力压入的方法施工的不定形耐火材料。

（7）耐火投射料：利用投射机进行投射施工的不定形耐火材料。

（8）耐火涂抹料：用手工或风动机涂抹或喷涂施工的不定形耐火材料。

（9）自流浇筑料：无需振动即可流动和脱气的可浇筑的不定形耐火材料。

（10）干式振动料：不加水或液体结合剂而用振动方法成型的不定形耐火材料。

（11）耐火泥浆：也称接缝料，用抹刀或类似的工具施工的不定形耐火材料。

此外，耐火材料还可按用途划分为高炉用耐火材料、电炉用耐火材料、转炉用耐火材料、连铸用耐火材料、玻璃窑用耐火材料、水泥窑用耐火材料，等等。

由于冶金和其他高温技术不断进步，必然扩大耐火材料品种和开发新产品。例如美国近年研究出的新材料占耐火材料总产量的25%。在耐火材料中，不定形耐火材料将逐渐占领主要地位。耐火纤维也同样蓬勃发展，现在仅硅酸铝纤维就能生产出毡、布、板、纸等50多种耐火制品。钢的炉外精炼，真空处理，气体吹炼，连续铸钢及其他新技术也在扩大耐火材料的规格和品种。

18.3　耐火材料的化学与矿物组成

18.3.1　化学组成

化学组成即耐火材料的化学成分，它是耐火制品的最基本特征之一。一种耐火材料在一定条件下能否形成某种物相，为何出现此种物相，并具有某些特定性质，以及如何从本质上改变材料的某些特定性质，都首先取决于其化学组成。所以，为了掌握耐火材料的本质必须对其化学组成有全面的认识。根据耐火材料中各种化学成分的含量和其作用，通常将其分为主成分、杂质成分和添加成分三类。

18.3.1.1　主成分

耐火材料中的主成分是构成耐火原料的主体，它的性质与数量直接决定着耐火原料的质量。主要成分可以是高熔点的氧化物，如氧化铝（Al_2O_3）、氧化硅（SiO_2）、氧化镁（MgO）等；或者是复合氧化物，如莫来石（$Al_2O_3 \cdot SiO_2$）、镁铝尖晶石（$MgO \cdot Al_2O_3$）等；也可以是某些单质和非氧化物，如碳和石墨（C）、碳化硅（SiC）、氮化硼（BN）等。

18.3.1.2　杂质成分

杂质成分是指由于天然原料纯度有限而被带入或生产加工过程中混入的对耐火原料性能具有不良影响的少量成分。一般来说，K_2O、Na_2O、FeO或Fe_2O_3都是耐火原料中的有害杂质成分。碱性耐火原料中的酸性氧化物及酸性耐火原料中的碱性氧化物都被视为杂质成分。杂质成分在高温下具有强烈的熔剂作用，他们之间相互作用或与主成分作用，使得共熔液相生成温度降低或者液相量增加，从而降低原料的耐火性能。

18.3.1.3　添加成分

在耐火原料研究与生产中，为了促进其高温物相变化和降低烧结温度或扩大烧结温度范围，有时添加少量其他成分。按其作用不同通常有矿化剂、稳定剂、烧结剂等。它们的加入量很少，但却能明显地降低原料的生产成本或改善耐火材料的性能。

18.3.2　矿物组成

在评价耐火原料的质量时，单从化学组成考察是不全面的，应进一步观察其矿物组成。耐火原料的矿物组成取决于它的化学组成与生成条件（天然原料）或工艺条件（人工合成原料）。化学组成完全相同的原料，由于其生成条件不同，所形成的矿物种类、数量、结晶状况可以完全不同，其性能差异也较大。例如，化学组成都是 $Al_2O_3 \cdot SiO_2$（Al_2O_3：62.93％，SiO_2：37.07%）的蓝晶石族矿物，由于生成时的地质条件不同，则有蓝晶石、硅线石与红柱石三个同质多象变体，其结构、密度、高温膨胀性等完全不同。即使是矿物的组成相同时，其矿物的结晶大小、形状和分布的不同，也会对耐火材料的性质产生显著的影响。

耐火材料的化学与矿物组成如表 18-1 所示。

表 18-1　耐火材料的化学与矿物组成

分　类	类　别	主要化学成分	主要矿物成分
硅质制品	硅砖 石英玻璃	SiO_2 SiO_2	鳞石英、方石英、石英玻璃
硅酸铝质制品	半硅砖 黏土砖 高铝砖	SiO_2，Al_2O_3 SiO_2，Al_2O_3 SiO_2，Al_2O_3	莫来石、方石英 莫来石、方石英 莫来石、刚玉
镁质制品	镁砖（方镁石砖） 镁铝砖 镁铬砖 镁橄榄石砖 镁硅砖 镁钙砖 镁白云石砖 镁炭砖	MgO MgO，Al_2O_3 MgO，Cr_2O_3 MgO，SiO_2 MgO，SiO_2 MgO，CaO MgO，CaO MgO，C	方镁石 方镁石、镁铬尖晶石、方镁石、 铬尖晶石 镁橄榄石、方镁石 方镁石、镁橄榄石 方镁石、硅酸二钙 方镁石、氧化钙 方镁石、无定形碳（或石墨）
白云石质制品	白云石砖	CaO，MgO	氧化钙、方镁石
铬质制品	铬砖 铬镁砖	Cr_2O_3，FeO Cr_2O_3，MgO	铬铁矿 铬尖晶石、方镁石

续表 18-1

分　类	类　别	主要化学成分	主要矿物成分
炭质制品	炭砖 石墨制品 碳化硅制品	C C SiC	无定形碳（石墨） 石墨 碳化硅
锆质制品	锆英石砖	ZrO_2，SiO_2	锆英石
特殊制品	氧化物制品	Al_2O_3，ZrO_2 CaO，MgO	刚玉，高温型 ZrO_2 氧化钙、方镁石
	非氧化物制品	碳化物（如 TiC） 氮化物（如 BN、Si_3N_4） 硅化物（如 $MoSi_2$） 硼化物（如 ZrB_2）	
	金属陶瓷等		

复习思考题

18-1 耐火材料是如何定义的?

18-2 什么叫耐火度，耐火度与熔点有何不同?

18-3 耐火材料有哪些分类方法，是如何分类的?

18-4 根据耐火材料中各种化学成分的含量和其作用，通常将其分为哪三类?

18-5 耐火材料中常见的杂质成分有哪些，对耐火材料有什么危害?

18-6 耐火材料中常见的添加成分有哪些，对耐火材料起什么作用?

18-7 简述八类耐火材料的化学与矿物组成。

19　耐火材料的主要性能

19.1　耐火材料的宏观组织结构

耐火材料是由固相（包括结晶相和玻璃相）和气孔两部分构成的非均质体。其中各种形状和大小的气孔与固相之间的宏观关系（包括它们的数量和分布结合情况等）构成耐火材料的宏观组织结构。制品的宏观组织结构特征，是影响耐火材料高温使用性质的重要因素。表示耐火材料宏观组织结构的致密程度，有如下一系列指标。

19.1.1　气孔率

耐火材料中的气孔可分为两大类：开口气孔与闭口气孔。开口气孔至少有一端与外界相通，而闭口气孔则封闭于原料之中，与外界不连通。通常认为耐火材料中的气孔中只有开口气孔对耐火材料的耐侵蚀性影响明显，闭口气孔影响较小。气孔率可分为显气孔率、闭口气孔率与真气孔率。用下述公式计算：

显气孔率　$P_a = (V_1/V_b) \times 100\%$

闭口气孔率　$P_c = (V_2/V_b) \times 100\%$

真气孔率　$P_t = P_a + P_c$

式中，V_1、V_2、V_b分别为开口气孔体积、闭口气孔体积与试样总体积。

闭口气孔体积难以直接测定，因此通常用显气孔率来表示。

气孔率与体积密度关系密切，它除反映耐火材料的烧结程度外，还与材料的其他性能如机械强度、热膨胀、抗渣性及导热性有一定关系。

19.1.2　吸水率

吸水率是材料中所有开口气孔所吸收的水的质量与其干燥材料的质量之比值。用下述公式计算：

$$W_a = (m_2 - m_1)/m_1 \times 100\%$$

式中，m_1、m_2分别为干燥试样的质量和饱和试样在空气中的质量，g。

吸水率测定方法简便，在生产实际中常用来鉴定耐火原料的质量。原料烧结程度愈好其吸水率愈低。

19.1.3　体积密度

体积密度系指材料的质量与其总体积之比，用 g/cm^3 表示。总体积包括固体材料、开口气孔及闭口气孔的体积总和。体积密度有时也称作容积质量和容重，计算公式如下：

$$\gamma_b = m_1/V_b$$

式中　m_1——干燥试样的质量，g；

V_b——试样的总体积，cm^3。

体积密度直观地反映出了耐火材料的致密程度，是耐火材料的重要质量指标。

19.2　耐火材料力学性质

耐火材料的力学性质是指材料在不同温度下的强度、弹性和塑性性质。这类性质表征材料在不同温度下抵抗因外力作用产生的各种形变和应力而不被破坏的能力。无论是在常温或在使用条件下，耐火制品都会因受到各种应力如压缩应力、拉应力、弯曲应力、剪应力、摩擦力或撞击力的作用而变形、损坏。因此对不同温度下工作的耐火材料，检验其力学性质具有重要意义。通常用检验耐压、抗拉、抗折、扭转强度、耐磨性、弹性模量和高温蠕变等指标来判断耐火材料的力学性质。

19.2.1　常温力学性质

19.2.1.1　常温耐压强度

它是指常温下耐火材料在单位面积上所能承受的最大压力，如超过此值，材料被破坏。单位为 MPa。如用 A 表示试样受压的总面积，以 F 表示压碎试样所需的极限压力，则有：

$$常温耐压强度=F/A$$

通常耐火材料在使用过程中很少由于常温下的静负荷而招致破损。但常温耐压强度能够表明制品的烧结情况，以及与其组织结构相关的性质，且测定方法简便，因此是判断制品质量的常用检验项目。另一方面通过常温耐压强度可间接地评定其他指标，如制品的耐磨性、耐冲击性以及不烧制品的结合强度等。

在生产中，工艺制度的变动会反映在制品常温耐压强度指标的变化上。高耐压强度表明制品的成型坯料加工质量、成型坯体结构的均一性及砖体烧结情况良好。因此，常温耐压强度也是检验现行工艺状况和制品均一性的可靠指标。

19.2.1.2　抗拉、抗折和扭转强度

耐火材料在使用时，除受压应力外，还受拉应力、弯曲应力和剪应力的作用。为了评定耐火材料的抗拉、抗折和扭转强度的实际大小，必须测定在相应操作温度下的数值。

在室温下测定这些数值，其实际意义较小，所以对耐火材料很少确定在室温下的抗拉、抗折和扭转强度。根据实验结果，抗折强度约比耐压强度小 1/2~2/3，而抗拉强度则小 4/5~9/10。

耐火制品的抗拉强度和抗折强度的主要影响因素是其组织结构，细颗粒结构有利于这些指标的提高。

19.2.1.3　耐磨性

耐火材料抵抗坚硬物料或气体（如含有固体颗粒的）磨损作用（研磨、摩擦、冲击

力作用）的能力，在许多情况下也决定着它的使用寿命。高炉上部砌砖因炉料沿炉身下落而经受磨损作用，焦炉炭化室的砌砖也经常受着焦炭的磨损作用。在气流中以极大速度运动的粉尘状灰渣或煤粉对耐火砌体起磨损作用，当气流速度很大，耐火制品的耐磨性不足时，能够使窑炉内衬迅速损坏。

耐火材料的耐磨性不仅取决于制品的密度、强度，而且也取决于制品的矿物组成、组织结构和材料颗粒结合的牢固性。因而在生产中除骨料的本身硬度外，还必须注意影响制品组织结构的泥料粒度组成、气孔率和结合剂性质等工艺因素。常温耐压强度高，气孔率低，组织结构致密均匀，烧结良好的制品总是有良好的耐磨性。

一般都不对耐火材料进行耐磨性测定，也无统一规定的标准测定方法。常温下通常用在一定的研磨条件和研磨时间下制品的重量损失或体积损失来表示。目前多采用吹砂法测定，即在一定时间内将压缩空气和研磨料喷吹于试样表面上，测定其减量。

19.2.2　高温力学性质

19.2.2.1　高温耐压强度

高温耐压强度是材料在高温下单位截面所能承受的极限压力，单位是 MPa。

耐火材料的高温耐压强度随着温度的升高，大多数耐火制品的强度增大，其中黏土制品和高铝制品特别显著，在 1000~1200℃时达到最大值。这是由于在高温下生成熔液的黏度比在低温下脆性玻璃相黏度更高些，使颗粒间的结合更为牢固。温度继续升高时，强度急剧下降。

耐火材料高温耐压强度指标，不仅是直接有用的资料，并且还可反映出制品在高温下结合状态的变化，特别是加入一定数量结合剂的耐火可塑料和浇筑料，由于温度升高，结合状态发生变化时，高温耐压强度的测定更为有用。

19.2.2.2　高温抗折强度

高温抗折强度是指材料在高温下单位截面所能承受的极限弯曲应力，单位是 MPa。它表征材料在高温下抵抗弯矩的能力。

高温抗折强度又称高温弯曲强度或高温断裂模量。测定时，将试样置于规定距离的支点上，在上面正中施加负荷，得出断裂时所承受的极限负荷，抗折强度可按下式计算：

$$R = \frac{3Wl}{2bd^2}$$

式中　R——抗折强度，MPa；

W——断裂时所施加的最大荷重，N；

l——两支点间距离，mm；

b——试样的宽度，mm；

d——试样的厚度，mm。

耐火材料的高温强度与其实际使用密切相关。特别是对于评价碱性直接结合砖的质量，高温抗折强度是很重要的性能指标。如碱性直接结合砖的高温抗折强度大，则抵抗因温度梯度产生的剪应力的能力强，因而制品在使用时不易产生剥落现象。高温抗折强度大的制品亦会提高其对物料的撞击和磨损性，增强抗渣性，因此，高温抗折强度常作为表征制品的强度指标。

耐火材料的高温抗折强度指标，主要取决于制品的化学矿物组成、组织结构和生产工艺。材料中的熔剂物质和其烧成温度对制品的高温抗折强度有显著影响。

19.2.2.3　高温扭转强度

高温扭转强度是材料的高温力学性能之一。它表征材料在高温下抵抗剪应力的能力。砌筑窑炉的耐火制品，在加热或冷却时，承受着复杂的剪应力，因而制品的高温扭转强度是重要的性质。

高温扭转强度可由高温扭转强度试验来确定。测定时将试样一端固定，另一端施以力矩作用，试样发生扭转变形。当试样被扭转时，试样内各按截面上产生剪切应力，当应力超过一定限度时，试样发生断裂。在高温下试样被折断时的极限剪切应力，称为高温扭转强度，单位是 MPa。

19.2.2.4　高温蠕变性

当材料在高温下承受小于其极限强度的某一恒定荷重时，产生塑性变形，变形量会随时间的增长而逐渐增加，甚至会使材料破坏，这种现象叫蠕变。因此对处于高温下的材料，就不能孤立地考虑其强度，而应将温度和时间的因素与强度同时考虑。例如，热风炉格子砖在高温长时间条件下工作，砖体逐渐软化产生可塑变形，强度显著下降甚至破坏，格子砖的这种蠕变现象成为炉子损坏的主要原因。另外在许多情况下蠕变也是加热炉侧壁和隔墙倒塌的原因。在设计高温窑炉时，根据耐火材料的荷重软化试验和残存收缩率，在一定程度上可以推测耐火材料的高温体积稳定性，但对认识制品在长期高温负荷条件下工作的体积稳定性还是不充分的。因此，检验其高温蠕变性，了解它在高温负荷长时间下的变形特性是十分必要的。

耐火材料的高温蠕变性是指材料在恒定的高温和一定荷重作用下，产生的变形和时间的关系。由于施加的荷重不同，可分为高温压缩蠕变、高温拉伸蠕变、高温扭转蠕变等。其中压缩蠕变和抗折蠕变容易测定，故应用较普遍。

高温蠕变一般用变形量（%）与时间（h）的关系曲线表示，通常称为蠕变曲线，如图 19-1 所示。也可表示为蠕变速率（%/h），或表示为达到某变量所需的时间。

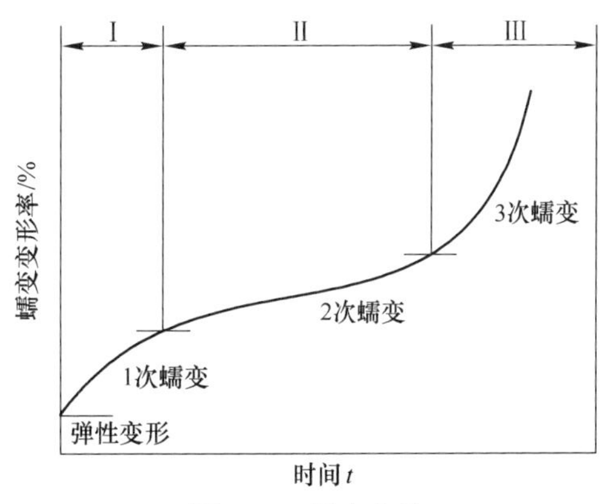

图 19-1　蠕变曲线

图 19-1 给出了典型的高温蠕变曲线，曲线划分为三个特征阶段：第一阶段为第 1 次蠕变，又可称为初期蠕变或减速蠕变，其曲线斜率 $d\varepsilon/dt$ 随时间增加愈来愈小，曲线愈来愈平缓，这一阶段较短暂；第二阶段为第 2 次蠕变或黏性蠕变，又可称为均速蠕变或稳态蠕变。其应变速度和时间无关，几乎保持不变。这个速率是蠕变曲线中最小的速率；第三阶段为第 3 次蠕变又称加速蠕变，应变速

率迅速增加直至断裂。对于具体某种材料来说，其高温蠕变曲线的性状，不一定完全包括上述三个阶段。由于耐火材料的材质、检验温度和施加的荷重不同，曲线的性状也不相同。

一般认为影响高温蠕变的因素有：(1) 使用条件，如温度和荷重、时间、气氛性质(是氧化性还是还原性) 等；(2) 材质，如化学组成（特别是低熔性微量成分含量的多少）和矿物组成（是单相还是多相，特别是玻璃相的组成和数量)；(3) 显微组织结构(气孔率、晶粒的大小、形状和分布状态的不同)。

19.2.3　弹性模量

材料在其弹性限度内受外力作用产生变形，当外力除去后，仍恢复到原来的形状，此时应力和应变的比例称为弹性模量。它表示材料抵抗变形的能力，这种关系可以表示为：

$$E = \frac{\sigma l}{\Delta l}$$

式中　E——弹性模量，MPa；

σ——材料所受应力，MPa；

$\Delta l/l$——材料的相对长度变化。

弹性模量是材料的一个重要弹性参数，它在很大程度上反映着材料的结构特征。研究耐火材料的弹性模量随温度的变化，更可以了解其高温性能。

耐火材料弹性模量的测定方法，一般分为静力法（主要是静荷重法）和动力法（主要是声频法)。由于耐火制品在常温下很脆，弹性模量也较大，变形量不易测准，故多采用动力法——声频法测定。声频法的原理是：已知弹性体的固有振动频率取决于它的形状、体积密度和弹性模量，则对于形状和体积密度已知的试样，如测定其固有振动频率，则可求得弹性模量。

一般来讲，硅砖的弹性模量在鳞石英转变温度处急剧降低。黏土砖在方石英转变效应时，弹性模量降低。耐火浇筑料在结合剂加热分解的整个温度范围内，弹性模量随温度升高而下降。

19.3　耐火材料的热学性质

19.3.1　热膨胀

耐火材料的热膨胀是指其体积或长度随温度升高而增大的物理性质。在工程技术中，对于那些处于温度变化条件下使用的结构材料，热膨胀不仅是其重要的使用性能，而且也是工业窑炉和高温设备进行结构设计的重要参数。耐火材料的热膨胀的重要性还表现在直接影响其抗热震性和受热后的应力分布和大小等。此外，材料的热膨胀系数随温度变化的特点也与材料的相变和有关微裂纹等基础理论有关。

耐火材料的热膨胀可以用线膨胀系数或体膨胀系数表示，也可以用线膨胀率或体积膨胀率表示。在耐火材料的性能中，通常使用线膨胀率和线膨胀系数。线膨胀率是指由室温至设定温度间，试样长度的相对变化率；线膨胀系数是指由室温至设定温度间，温度每升高 1℃，试样长度的相对变化率。以下列公式表示：

线膨胀率 $$\rho = \frac{L_t - L_0 + A_k(t)}{L_0} \times 100\%$$

线膨胀系数 $$\alpha = \frac{\rho}{t - t_0}$$

式中 L_0——试样在室温下的长度，mm；

L_t——试样在设定温度 t 时的长度，mm；

$A_k(t)$——设定温度 t 时仪器的校正值，mm；

t_0——室温，℃；

t——设定温度，℃。

线膨胀的测试方法有顶杆式间接法、望远镜直读法等。需要指出，热膨胀系数并不是一个恒定值，而是随试验温度而变化，所以它是指定温度范围 Δt 内的平均值。因此，在使用这一数据时，必须注明它的温度范围。

耐火材料的热膨胀取决于其化学矿物组成。一般碱性耐火材料的热膨胀系数比酸性原料的大，高铝质原料介于两者之间。当原料的矿物发生晶型转变时，会导致热膨胀系数的不均匀变化，在相变点发生突变。

热膨胀是耐火材料的重要性能，对耐火制品的强度、热震稳定性等影响明显，热膨胀系数对分析耐火材料的热应力大小与分布、晶型转变、微裂纹的产生与弥合等非常重要。

19.3.2 导热性

导热性是材料传导热量的能力，是材料的一种属性。通常用导热系数来表示不同物质的导热性能，单位为 W/(m·K)，它代表在单位温度梯度下，通过材料单位面积的热流速率。

耐火材料的导热系数对于高温热工设备的设计是不可缺少的重要数据。对于那些要求绝热性能良好的轻质耐火材料和要求导热性能良好的隔焰加热炉结构材料，检验其导热系数更具有重要意义。耐火材料导热系数的大小不仅与其用途有关，而且也是直接影响制品热震稳定性的重要因素。通常耐火原料的导热系数愈大，其制品受热震时，内部产生热应力愈小，热震稳定性愈好。

影响耐火材料导热性的因素很多。化学组分越复杂，杂质含量越多，或者加入另一组分形成的固溶体越多，它的导热系数降低越明显。矿物晶体结构越复杂，其导热系数也越小。例如 $MgO \cdot Al_2O_3$（镁铝尖晶石）的导热系数比 MgO 和 Al_2O_3低，$3Al_2O_3 \cdot SiO_2$（莫来石）的结构比 $MgO \cdot Al_2O_3$更复杂，因而导热系数更低。对于非等轴晶体，导热系数也存在各向异性。但对一般耐火材料而言，由于矿物结晶的排列杂乱无章，即使晶体为各向异性，原料的宏观导热系数的表现也为无方向性。

原料中包含的气孔数量、大小、形状及分布等对导热系数都有影响。气孔内的气体导热系数低，因此在一定的温度限度与气孔率范围内，气孔率愈大则导热系数愈小。对于粉末和纤维材料因在其间的气孔形成了连续相，材料的热导率在很大程度上受气孔相热导率的影响。所以其热导率比烧结状态时要低得多。这也是通常粉末、多孔和纤维类材料能有良好绝热性能的原因。

19.4　耐火材料的高温使用性质

耐火材料在实际使用过程中都要遭受高温热负荷作用，故耐火材料的使用性质实质上是表征其抵抗高温热负荷作用同时还受其他化学、物理化学及力学作用而不易损坏的性能。因此，耐火材料的这些性质不仅可用于判断材质的优劣，还可根据使用时的工作条件，直接考查其在高温下的适用性。耐火材料的使用性质可划分为以下几种。

19.4.1　荷重软化温度

荷重软化温度是耐火材料在一定的重负荷和热负荷共同作用下达到某一特定压缩变形时的温度，是对耐火材料进行恒荷重持续升温法所测定的高温力学性质，它表征耐火材料抵抗重负荷和高温热负荷共同作用而保持稳定的能力。

测定耐火材料的荷重软化温度多采用升温法测定，即在规定的恒压和升温速度下加热直径 50mm，高 50mm，中心孔径 12~13mm 的圆柱体试样，测定其达到规定变形量时的温度。通常查阅绘制成的变形-温度曲线，可以确定各种变形量时的温度。我国国家标准规定，将从曲线最高点起压缩变形量分别达 0.5%、1.0%、2.0% 和 5.0%时的温度分别以 $T_{0.5}$、$T_{1.0}$、$T_{2.0}$ 和 $T_{5.0}$表示，作为耐火材料的各级荷重软化温度。荷重软化曲线如图 19-2 所示。

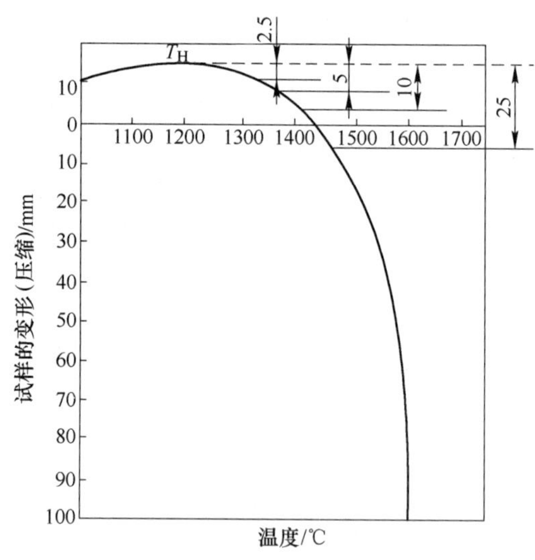

图 19-2　荷重软化变形-温度曲线

各种耐火材料的开始荷重软化温度及其荷重变形温度曲线不同，主要取决于制品的化学矿物组成和结构，也在一定程度上与其宏观结构有关。其中影响最明显的因素为以下几项：主晶相的种类和性质，以及主晶相间或主晶相和次晶相间的结合状态；基质的性质和基质同主晶相或次晶相的数量比，以及分布状态。另外，制品的密实性和气孔的状况也有一定的影响。

上述耐火材料的矿物组成和结构，取决于耐火材料的原料和制品的生产工艺。特别是提高原料的纯度和制品的烧成温度，有助于降低基质的数量，改善基质的性质与分布，提高制品的致密性和晶体的发育长大，实现良好的结合。因此，欲提高耐火材料的荷重软化温度，必须正确选用原料和采取合理的工艺方法与制度。

荷重软化温度是评价耐火材料质量的一项重要技术指标。测定荷重软化温度时的热负荷重负荷共同作用的条件接近于耐火材料服役时的许多实际状况，其中开始软化变形温度可作为在相近工作条件下大多数耐火材料使用温度上限的参考值。但是，应该指出，耐火制品的荷重软化温度基本上是瞬时测定的，而绝大多数耐火制品在实际中是长期服役的，即长期在热负荷和重负荷共同作用下工作，从而使耐火材料的变形和裂纹易于持续地发展，并可导致损毁，故耐火材料的荷重软化温度仅能作为确定耐火材料最高使用温度时参考。

19.4.2 高温体积稳定性

耐火材料的高温体积稳定性是指其在热负荷作用下外形体积或线度保持稳定而不发生永久变形的性能。对烧结制品，一般以制品在无重负荷作用下的重烧体积变化百分率或重烧线变化百分率来衡量其优劣。重烧体积变化和重烧线变化也称残余体积变形和残余线变形。其表示式如下：

$$\Delta V = \frac{V_1 - V_0}{V_0} \times 100\%$$

$$\Delta L = \frac{L_1 - L_0}{L_0} \times 100\%$$

式中 ΔV，ΔL——分别表示重烧体积变化率和重烧线变化率,%；

V_0，V_1——分别表示重烧前后的体积，cm^3；

L_0，L_1——分别表示重烧前后的长度，cm。

变化值若为正，则为膨胀；若为负，则为收缩。当重烧变化微小时，可认为 $\Delta V = 3\Delta L$。

当制品化学矿物组成及颗粒配比一定时，多数耐火制品产生重烧变形的原因是制品烧成时一些物理化学反应未充分完成或部分组分有晶型转化所致。其中重烧膨胀是由于一些高密度的反应物形成低密度产物的反应，或高密度的晶型向低密度晶型转化未充分完成之故。例如，由含 $Al_2O_3$70%左右的水铝石—高岭石型铝矾土为原料制成的高铝砖和由石英为原料制成的硅砖烧成不充分时，分别因二次莫来石化不足和鳞石英与方石英转化不足而产生重烧膨胀。与此相反，重烧收缩主要是由于制品在烧成过程中的高密度化的晶型转化、固相反应和再结晶以及其他固相与液相烧结反应未充分完成所致。其中烧成温度及保温时间，以及形成的液相量及其表面张力和黏度，对收缩影响尤著，如镁质制品、刚玉制品、黏土制品，都易产生此种现象。

耐火制品的重烧变形也是一项重要使用性质。对判别制品的高温体积稳定性，从而保证砌筑体的稳定性，减少砌筑体的缝隙，提高其密封性和耐侵蚀性，避免砌筑体整体结构的破坏，都具有重要意义。

19.4.3 抗热震性

抗热震性又称热震稳定性、耐急冷急热性，是耐火制品抵抗温度急剧变化而不破坏的能力。

耐火材料在使用过程中，经常会遭受到温度急剧变化的作用，如冶金炉炉衬在两次熔炼和间歇中，钢包衬砖在两次盛钢与浇注的交替中，其他非连续式窑炉或容器的间歇操作中，在很短时间内工作温度变化很大，都常因此种温度急剧变化即热震作用而开裂、剥落和崩溃。因此，当耐火材料在使用中，其工作温度有急剧变化时，必须考查其抗热震性。

欲提高材料的抗热震性，必须采取降低其热膨胀性、弹性模量和泊松比以及增加其断裂表面能等措施。为了避免材料产生裂纹，还可提高材料的强度。为了避免材料的裂纹扩展，还可采取释放弹性应变能的措施。

抗热震性的检测方法可以根据要求加以选择。主要考虑加热温度、冷却方式和试样受热部位等实验条件。一般可以将标准砖一端在炉内加热至一定温度，并保温一定时间，随后取出在流动冷水中或冷风气流中冷却，如此反复进行热冷处理，直至损失砖总重的一半为止，或根据试样在经过一定次数的冷热循环后机械强度降低到一定程度时为止，此时的急冷急热次数（热交换次数），即为耐火砖的抗热震性指标。

19.4.4　抗渣性

耐火材料在高温下抵抗熔渣侵蚀作用而不被破坏的能力称为抗渣性。这里熔渣的概念从广义上来说是指高温下与耐火材料相接触的冶金炉渣、燃料灰分、飞尘、各种材料（包括固态、液态材料，如煅烧石灰、铁屑、熔融金属、玻璃液等）和气态物质（煤气、一氧化碳、氟、硫、锌、碱蒸气）等。

耐火材料在与熔融液直接接触的高温冶炼炉、熔化炉、煅烧炉、反应炉等炉窑和高温容器中，极易受熔渣侵蚀。在许多热风炉、换热器、蓄热器等高温热交换的设备中，或在有些反应器和其他高温装置中，耐火材料不直接与熔融液接触。但是固态物料、烟气中的粉尘可与其接触，一些气态物质也可在耐火材料上凝结，它们都可在高温下与耐火材料反应形成熔融体，或形成性质不同的新生物，或使耐火材料中的一些组分分解，导致耐火材料损毁。通常，对耐火材料的这类（以化学或物理化学侵蚀为主要原因的）侵蚀，也通通归为渣蚀。可见渣蚀是耐火材料使用过程中最常见的一种损毁形式，有时甚至是最严重的损毁。据统计，耐火材料在实际使用中约有50%是由于渣蚀而损毁的。因而，提高耐火材料的抗渣性，对提高炉衬和砌筑体的使用寿命，提高此类热工设备的热效率和生产效率，降低成本，减少产品因耐火材料渣蚀而引起的污染，提高产品质量都是很有意义的。

耐火材料受熔渣侵蚀的具体原因与过程是很复杂的。一般而论，可简略地分为两个阶段：熔渣与耐火材料的接触与渗透、熔渣与耐火材料的反应与破坏。

测定抗渣性的方法很多，多数是模拟耐火材料在使用过程中实际侵蚀条件，采用对比试验方法。大体上有以下四类：以熔锥法为代表的平衡状态法；以坩埚法为代表的静态法；以及撒渣法、喷渣法、滴渣法和旋棒法等动态法。

19.5　耐真空性

耐火材料的耐真空性是指其在真空和高温下应用时的耐久性。耐火材料在高温减压下使用，其中一些组分极易挥发。同时，耐火材料与周围介质间的一些化学反应更易进行，如材料中的MgO在真空下与铁水接触时，被铁水中碳还原的温度显著降低。另外，在真空下熔渣沿材料中毛细管渗透的速度明显加快。所以许多耐火材料在真空下使用时耐久性降低。当耐火材料使用于真空熔炼炉和其他真空处理装置中时，必须考虑其耐真空性。

耐火材料的耐真空性通常多采用将其置于特定的真空和温度下经历一定时间的方法测定，并以其失重或失重速度量度。

提高耐火材料的耐真空性，应选择蒸气压低和化学稳定性高的化合物来构成，一些氧化物经合成复合物后可适当提高其稳定性。显而易见，提高材料的致密性也有利于其耐真空性。

19.6　耐火制品形状规整和尺寸的准确性

正确的形状和准确的尺寸对于砌筑体的严密性和使用寿命有很大的影响，对砌筑施工也提供了有利的条件。一般而论，砖缝在砌筑体中是最薄弱和最易损坏的部分。它很容易被熔渣和侵蚀性气体渗入和侵蚀。如果制品的形状不规整，尺寸不准确，不仅砌筑施工不便，而且砖缝过大，砌筑体的质量低劣。砌筑体因砖缝干燥收缩和烧成收缩造成体积不稳定，导致砖块脱落和砌筑体开裂，甚至倒坍，又扩大熔渣和气体同耐火制品的接触表面，加速侵蚀，造成砌筑体局部损坏，影响砌筑体使用寿命。因此，为便于施工，特别是为保证砌筑体的整体质量，耐火制品的形状必须规整，尺寸必须准确。这是耐火制品的一项重要技术指标。

通常，按制品种类和使用条件，制品的尺寸公差、扭曲变形、缺边掉角等都应作为其质量标准中的重要项目，规定有最高限度值，据以评价产品质量是否合格，并对合格产品划分等级。

耐火制品的形状规整性和尺寸的准确性，主要受耐火原料、加工装备和工艺制度等控制，有时贮存与运输方式也有影响。原料成分稳定，装备精良，生产工艺制度合理和操作正确，可获得形状与尺寸合格的产品。妥善的存贮，特别是精心的包装和装卸是避免产品再损坏和缺边掉角的重要保证。

复习思考题

19-1 什么是耐火材料的宏观组织结构，表示耐火材料宏观组织结构的致密程度有哪些指标，分别是怎样定义的？

19-2 耐火材料的力学性质有哪些，各是怎样定义的？

19-3 耐火材料的热学性质有哪些，各是怎样定义的？

19-4 耐火材料的高温使用性质有哪些，各是怎样定义的？

19-5 在什么情况下需要考虑耐火材料的耐真空性？

19-6 耐火制品形状规整和尺寸准确有什么重要意义？

20　耐火材料在冶金生产中的应用

20.1　高炉用耐火材料

高炉是利用鼓入的热风使焦炭燃烧并还原熔炼铁矿石的竖式炉，是在高温和还原气氛下连续进行炼铁的热工设备。

高炉用耐火材料损毁的原因主要是炉料机械磨损、碳素沉积、渣铁侵蚀、碱金属侵蚀和铅锌渗透、热应力和高温荷载等综合因素，其中温度是决定性的因素。因此，高炉炉体易损部位均设有冷却系统，以提高炉衬的使用寿命。随着钢铁工业的发展，高炉日趋大型化。同时，采用了高压炉顶，高风温、富氧鼓风、燃料喷吹和电子计算机控制等新技术以强化冶炼，耐火材料使用条件更为苛刻。通过采用耐火材料新品种及提高其质量，改进炉体冷却系统以及强化管理，一代高炉炉衬寿命不断延长。

高炉炉体由炉喉、炉身、炉腰、炉腹、炉缸和炉底等部分组成。炉体附设有风口、出渣口、出铁口、冷却系统及集气管与加料装置等设施。高炉各部位及其侵蚀情况见图 20-1。本节重点介绍高炉炉衬主要部分损毁特点、性能要求及所用耐火材料。

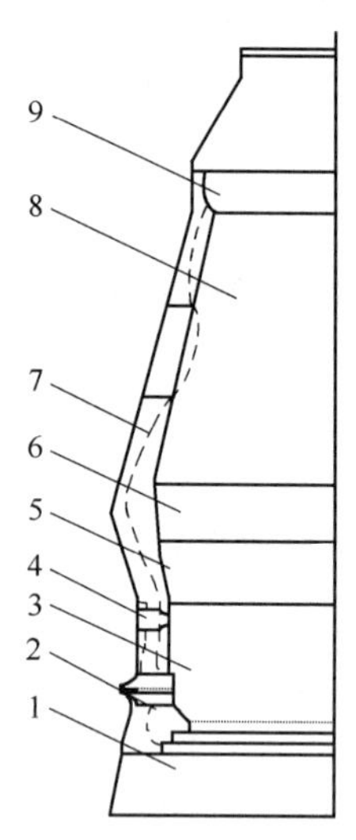

图 20-1　高炉各部位及其侵蚀情况
1—炉底；2—出铁口；3—炉缸；4—风口；5—炉腹；6—炉腰；7—侵蚀线；8—炉身；9—炉喉

20.1.1　炉底和炉缸

高炉炉底砌体不仅要承受炉料、渣液及铁水的静压力，而且受到 1400 ~ 1600℃ 的高温、机械和化学侵蚀，其侵蚀程度决定着高炉的一代寿命。

炉缸是指高炉燃料燃烧、渣铁反应和贮存及排放的区域，呈圆筒形。出铁口、渣口和风口都设在炉缸部位，因此它也是承受高温煤气及渣铁物理和化学侵蚀最剧烈的部位。

炉缸如果没有了耐火材料，则将立即被烧穿，甚至可能发生破坏性事故。炉缸内的耐火材料，平时是无法更换或修补的，只有大修时才能更换，而大修周期（即高炉寿命）一般在 10 年以上。也就是说，这部分的耐火材料要能连续工作 10 年以上。所以，对炉缸部分的耐火材料的要求是非常严格的。

对炉底和炉缸部分的耐火材料的要求是：

（1）耐高温。铁水温度1500℃左右，炉渣温度更高。

（2）耐侵蚀。首先是高温炉渣的侵蚀，特别是渣中含碱金属及氟化物时侵蚀性更强。其次是铁水的侵蚀（如铁水对炭砖的溶蚀等），此外是CO、CO_2、H_2O（冷却器漏水时尤甚）等的侵蚀。

（3）耐冲刷（耐磨）。铁水和熔渣是流动的，出铁、出渣时流动更块，对耐火材料冲刷更厉害。因而一般铁口区及铁口以下铁水产生环流部位的耐火材料侵蚀也更严重。

（4）抗渗透。铁和渣及其他有害物质对耐火材料的渗透将加速所有化学的和物理的破坏过程，铅的渗透和铁沿砖缝钻漏可以把炉底砖浮起，故要求耐火材料不仅本身要抗渗透而且外形尺寸精度要高，砖缝要小。

（5）高导热性。不管用什么耐火材料，不管该耐火材料的性能如何优越，如果没有冷却措施，耐火材料的寿命是不会长的，因此要求要有高的导热性。

20世纪50年代，炉底和炉缸一般用黏土砖或高铝砖砌筑，炉缸屡次烧穿。实践证明单用陶土质耐火材料是不能胜任炉缸工作条件的。我国从50年代后期开始采用炭块砌筑炉缸和炉底（炉底上几层的中心部分仍用高铝砖或黏土砖，称为综合炉底）后情况大有好转。因炭质材料能较好地满足上述要求。但随着高炉的大型化和强化，现在老一代炭块已显得不能适应了，急需研制新一代的炭块，即高导热性的微孔炭块。对这种炭块的主要要求是高抗碱性、高导热性、高耐铁水溶蚀性、高抗渗透性。

20.1.2　风口区和炉腹

这是高炉内温度最高的区域。风口前产生的高温煤气以很高的速度上升，其温度约在1600℃以上（风口前火焰温度最高可达2000~2350℃）；1450~1550℃左右的高温铁水和炉渣经炉腹流向炉缸；同样高温的焦炭不停地向下运动，并且在风口区有焦炭的高速回转运动；各种高温冶金反应在这个区域剧烈进行。所有这些给这个部位的耐火材料带来了很恶劣的工作条件。这个区域对耐火材料的要求是：耐高温，耐炉渣的侵蚀，抗碱性好，抗煤气和铁水、炉渣的冲刷，热震稳定性好，抗CO_2和H_2O的氧化。

目前用于这个部位的耐火材料有：高铝砖、黏土砖（小高炉）、刚玉砖、Si_3N_4结合的SiC砖、热压半石墨砖（NMD）、硅线石砖、铝炭砖等。但所有这些耐火材料寿命都不长，一般炉腹部位开炉后0.5~1.5年耐火砖就被侵蚀掉了。可以说到目前为止，世界上还没有研制出完全能满足这个区域的耐火材料。所幸在冷却作用下这个部位容易结渣皮，耐火材料被侵蚀后主要靠渣皮保护来维持生产，所以这个部位反而没有成为高炉的最薄弱环节，但炉腹部位出现麻烦的也不少。从国内现有耐火材料品种看，烧成铝炭砖和Si_3N_4结合的SiC砖，相对来说，比较适用于这个部位。

20.1.3　炉腰和炉身下部

这是软熔带所在的部位。这里温度相当高，炉衬工作条件恶劣，但形不成渣皮（软熔带根部以上）或形不成稳定的渣皮自我保护，所以它成为决定高炉寿命的两个关键部位之一（另一个是炉缸）。这里的耐火材料经受着剧烈的温度波动，初成渣（高FeO渣）的侵蚀（软熔带根部及其以下部位），碱金属、锌的侵蚀，高温煤气流的冲刷（特别是软熔带焦炭气窗出来的高温高速气流的冲刷更厉害），下降炉料的磨损，CO_2、H_2O的氧化和 CO 的侵蚀等等。对这个部位的耐火材料的要求是：热震稳定性好，耐高温，这是第一位的；抗碱性好，在冶炼高碱金属矿时尤为重要；抗炉渣侵蚀能力强；耐磨；抗氧化；导热性好。

目前用于这个部位的耐火砖有：高铝砖，浸渍磷酸盐黏土砖，刚玉砖，铝炭砖，Si_3N_4或赛隆结合的 SiC 砖，石墨 SiC 砖，炭砖（用于含氟矿高炉）等等。但实践证明这些耐火材料都不能完全满足要求，普通高铝砖的寿命一般不超过一年，Si_3N_4结合的 SiC 砖这样的高档耐火材料的寿命一般也不过二、三年（如用冷却板寿命可长一些），而高炉寿命要求 10 年以上。迄今为止，国内外都还没有找到一种完全能满足这个部位工作条件的耐火材料。目前这个部位所以能持续工作 10 年以上，主要是靠控制边缘气流和冷却。相对来说，Si_3N_4或赛隆结合的 SiC 砖和烧成铝炭砖对上述要求比较能够全面适应，使用效果也较其他砖好，所以越来越受到高炉工作者（特别是大型高炉）的欢迎。

20.1.4　炉身上部

这个区域温度较低，耐火材料主要受炉料的磨损和冲击（低料线时），上升煤气流的冲刷及碱金属、锌和碳沉积的侵蚀，当炉顶打水时还受 H_2O 的侵害。对这部分耐火材料的要求是：耐磨、抗碱性能好、气孔率低、较好的热震稳定性。

目前用于这个部位的砖有：高铝砖、黏土砖、浸渍磷酸盐黏土砖、最上部紧靠钢砖部位国外也有用 SiC 砖的。这个部位并不是影响高炉寿命的决定因素，这部分耐火材料一般都能使用一代炉役。但是随着炉缸和炉身下部（含炉腰）两大关键部位的改进，炉子寿命进一步延长，炉身上部的耐火砖寿命已显得不能同步了，往往需要喷补。近几年在一些大高炉上炉身上部有采用冷却壁来代替耐火转的趋势。

高炉炉喉主要承受入炉料的冲击和磨损，一般选用钢砖或水冷钢砖。

20.1.5　炉前用耐火材料

炉前用耐火材料主要是指堵铁口用的炮泥、泥套和铁、渣沟用的泥料。

炮泥的作用不单是能把铁口封住，而且要能保证下次出铁时，铁流、渣流稳定，流速均匀。因此，对炮泥的要求是：强度高，耐磨，能抵抗高温铁水和熔渣冲刷，抗炉渣侵蚀能力强，具有较好的塑性（不然打不进去），要有快干早强、干后不产生裂纹的性能（不然，铁口堵住后，泥炮不能及时退出，难以进行下一步操作）。针对这些要求，目前一般都得采用以焦粉、黏土、刚玉粉、SiC 粉为主要原料的无水炮泥。为了快干，有的还加入一些绢云母粉。炮泥一般都是炼铁厂自己生产的。

对泥套的要求首先是强度高。不然经不住炮泥的冲撞和打泥时的压力；第二是要耐磨，能抵抗铁水、渣水的冲刷；第三要能抵抗高温炉渣的侵蚀；第四要有较好的热震稳定性，因为一个泥套要求使用多次；每次出铁和停止出铁之间温差达 1000℃；第五是要有较好的塑性，做泥套用的料多由炼铁厂自己配制。冶炼含氟矿的宝钢高炉则长期使用粗缝炭糊捣制，效果不错。近几年在一些大高炉上成功地使用 Al_2O_3-SiC-C 系浇筑料来制作泥套，取得了良好的效果。

对铁沟、渣沟用泥料的要求是：

（1）强度高、耐磨，能抵抗铁流、渣流的冲刷；

（2）抗侵蚀性强，能抵抗高温炉渣的侵蚀，特别是铁沟渣线以上和渣沟；

（3）抗氧化，因为它是暴露在大气中的；

（4）热震稳定性好，因为出铁和停止出铁之间温差很大；

（5）快干、早强，便于施工，因为高炉是连续生产的，修理铁沟、渣沟不允许耽搁过多时间。

铁沟、渣沟料的质量好坏表现在其使用寿命的长短，它的影响是多方面的。铁沟、渣沟寿命延长，第一可以减轻炉前的体力劳动；第二可以改善炉前工作环境；第三可以减少沟料磨损对铁水造成的污染；第四可以降低泥料的消耗，降低成本。

我国相当长时期对铁沟料没有引起足够的重视，没有进行认真研究。过去铁沟料多由炼铁厂自己配制，其成分主要是焦粉和黏土，以沥青作结合剂，捣打成型，使用寿命很短，几乎每天甚至每班都要修理。20 世纪 80 年代以后，许多厂对这个问题进行了研究、攻关，在沟泥中配用了高铝熟料、刚玉粉、SiC 粉等，仍用捣打成型，虽有很大改进，然而效果仍不理想。80 年代后期，我国开发出了 Al_2O_3-SiC-C 系铁沟和渣沟浇筑料，情况大有好转。实践证明，用基本同样配方的料，浇筑成型比捣打成型的铁沟寿命长 4 倍左右。现在浇筑料已由许多专业厂生产，质量较好的一次通铁量能达到 5 万吨以上；如注意定期维护修补，通铁量可达数十万吨。

20.2 热风炉用耐火材料

高炉热风炉是一种蓄热式热交换器，是能将鼓入高炉助燃的空气由常温加热到高温的热工设备。

20 世纪 50 年代高炉热风炉的工作风温一般为 800℃左右，70 年代超过 1020℃，90 年代最高达 1350℃。中国宝山钢铁（集团）公司热风炉设计的风温为 1250℃。由于风温的提高，操作条件更苛刻，因此所用耐火材料也从普通材料向高性能、多品种方向发展，以满足高风温操作的需要。热风炉用耐火材料除了考虑体积密度及与热容量有关的比热容外，抗蠕变性能仍是最重要的指标。抗热震性与强度，外形准确且无残余膨胀也都是重要的指标。

20.2.1 炉体用耐火材料

热风炉炉体由蓄热室和燃烧室组成。热风炉一般用高炉煤气或高炉与焦炉的混合煤气作燃料，也有采用焦炉煤气或重油等作燃料的，其操作温度为 1300~1600℃。温度自炉顶往下逐渐降低。由于炉体结构和操作温度不同，各部位所用耐火材料及其损毁情况也有差异。炉体一般选用超级或高级黏土砖、高铝砖、硅砖、莫来石砖、硅线石砖、红柱石砖和一些不定形耐火材料。损毁部位主要是燃烧室、格子砖砌体的上部、内燃式炉的隔墙和外燃式炉的过桥等处。其损毁原因主要是高温、温度变化形成的热应力和粉尘的化学侵蚀等。热风炉使用寿命为 15~20 年，其间对易损部位需进行小修。

20.2.1.1 蓄热室用耐火材料

当热风温度低于 900℃时，高温部位衬砖和格子砖砌体上层用高铝砖，其余均用高级黏土砖；温度为 900~1100℃时，高温部位衬砖和格子砖则选用高铝砖、莫来石砖或硅线石砖，其余部位用高铝砖和高级黏土砖；风温高于 1100℃时，其高温部位必须选用低蠕变高铝砖、莫来石砖和硅砖。炉衬绝热层所用隔热砖必须与工作层衬砖材质相同或近似。格子砖的形状、尺寸和排列方式，对传热效率有较大影响。普遍用蜂窝状格子砖，也有用大块多孔或咬合式格子砖的。热风炉球顶或过桥部位的炉壳，当拱顶温度超过 1450℃时，将生成大量 NO_x 等气体，与冷凝水作用形成腐蚀剂，使炉壳产生腐蚀，并在热应力作用下产生裂纹或开裂。为此，除适当控制温度外，可加厚绝热层、铺以铝波纹板或者喷涂一层耐酸料。

20. 2. 1. 2 燃烧室用耐火材料

燃烧室所用耐火材料与蓄热室用的基本相同，也有用莫来石砖或者莫来石砖配用硅砖砌筑的；燃烧器的空气、煤气通道一般用黏土砖和高铝砖砌筑，其上部带辐射孔（喷嘴）的部位可用莫来石砖或莫来石刚玉砖砌筑或堇青石制成，使用寿命 2~4 年。该部位采用高铝质耐火浇筑料预制带喷嘴口的部件，也获得了较好的使用效果。

20. 2. 2 其他部位用耐火材料

指热风管、热风阀、烟道和烟囱，均为输送热风和排除废气的热工管道和设施。每座高炉所用 3~4 座热风炉共用一个烟囱，通过热风阀和烟道闸板控制每座热风炉的工作。

20. 2. 2. 1 热风管用耐火材料

包括送风支管、总管和高炉热风围管等。用厚度为 70~300mm 的黏土质隔热砖作绝热层内衬，工作层厚度为 70~170mm，一般用黏土砖砌筑，但热风出口处及与总风管接口等部位应用高铝砖或莫来石砖。高炉热风围管及送风支管采用高铝水泥或磷酸盐耐火浇筑料浇筑的整体内衬，使用寿命达 1~3 年。另外，采用耐火浇筑料现场浇筑的热风管接头或拐弯部位内衬，整体性好，使用效果亦佳。

20. 2. 2. 2 热风阀用耐火材料

热风阀双面受热，还承受阀升降时的机械振动与磨蚀及温度变化所产生的热应力等作用，工作条件较差。阀衬体采用黏土砖或高铝砖砌筑，使用寿命为 6~10 个月。1978 年以来，热风阀衬体普遍采用氧化铝水泥耐火浇筑料在制造厂浇筑成型，并经烘烤后出厂，使用寿命可延长至 1. 2~2. 5 年。

20. 2. 2. 3 烟道和烟囱用耐火材料

烟道和烟囱为废气排除的通道。热风炉均采用下排烟方式，每座热风炉均设有支烟道，废气通过总烟道从烟囱排除。烟道内衬一般用黏土砖砌筑。烟囱普遍用混凝土浇筑或红砖砌筑，其下部衬以黏土砖作保护层。

20.3 转炉用耐火材料

转炉是一种不需外加热源，主要以液态生铁为原料进行炼钢的直立式圆筒形炉（见图 20-2）。根据炉衬耐火材料的性质，分为酸性转炉和碱性转炉两种。根据气体吹入炉内的部位，分为底吹、顶吹、侧吹和顶底复合吹炼转炉。

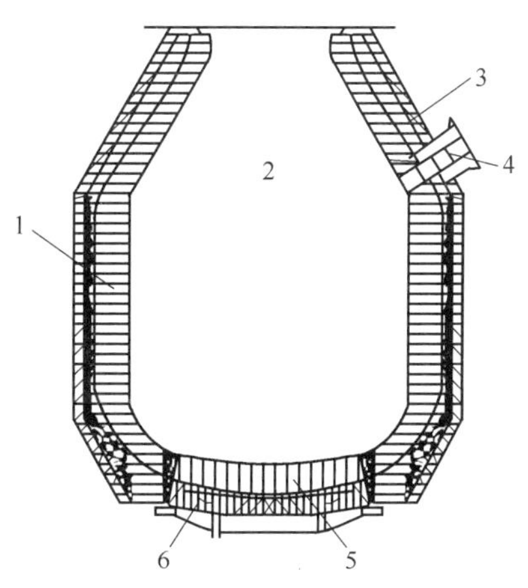

图 20-2 转炉示意图

1—炉身；2—炉腔；3—炉帽；4—出钢口；5—炉底；6—供气砖

世界各国由于铁水成分及耐火材料资源不同，因而炉衬砖的选择也有所侧重。美国主要使用焦油结合镁砖、方镁石砖、焦油浸渍烧成方镁石砖，20 世纪 90 年代以来也使用镁炭砖。法国主要使用白云石砖、镁白云石砖、白云石炭砖、沥青结合镁砖和镁炭砖。英国曾使用过焦油白云石砖，烧成白云石砖，1989 年以后大量使用镁炭砖。俄罗斯多采用焦油白云石砖，少数工厂也使用焦油镁砖和方镁石尖晶石砖。日本是最早将镁炭砖用于转炉的国家，使用效果在世界上处于领先地位。中国转炉炉衬的发展经历了焦油结合白云石砖、焦油结合镁砖、镁白云石砖、高钙镁砖、镁白云石炭砖及镁炭砖等过程。综上所述，世界各国均逐渐采用镁炭砖取代其他砖种。由于镁炭砖具有抗热震性能好、抗侵蚀性能强，在高温下具有优良稳定性能，且导热性好，耐磨损及耐剥落性好等优点，加之喷补技术、溅渣护炉等技术的推广应用，90 年代以来，炉衬寿命大幅度提高，吨钢消耗耐火材料一般不超过 2kg。

20.3.1 各部位炉衬的工作条件和所用耐火材料

由于转炉各部位工作条件的差异和操作因素的影响，炉衬侵蚀速度极不均匀，导致两侧耳轴、渣线、炉帽、出钢口等部位过早损坏，其余部位虽然基本上完好，但是整个炉衬已无法继续使用。我国在 20 世纪 50~60 年代大都使用单一焦油白云石砖砌炉，满足不了使用要求；进入 70 年代后，陆续开发了以焦油或树脂结合的二步煅烧料制成的白云石砖、镁白云石砖、镁白云石炭砖及烧成白云石油浸砖等。根据炉衬各部位的损毁特点，选用不同等级和质量的衬砖进行综合砌炉，使损毁达到基本均衡。转炉各部位炉衬的工作条件及采用的砖种见表 20-1。

表 20-1 各部位炉衬的工作条件及采用的砖种

部位名称	炉衬工作条件	采用砖种
炉口	装料、吹炼、出钢及倒渣时温度变化大；炉渣侵蚀，携尘废气冲刷；装料及清钢渣时受机械撞击	烧成白云石砖、烧成镁白云石砖，镁炭砖、方镁石尖晶石砖
炉帽	取样及出钢时受炉渣侵蚀，温度变化大，空炉时砖中碳素易被氧化，受废气及粉尘的侵蚀与磨损	烧成镁白云石砖、镁白云石炭砖，焦油结合镁砖、热处理焦油结合镁砖、镁炭砖

续表 20-1

部位名称		炉衬工作条件	采用砖种
炉身	装料侧	受废钢及铁水的撞击与冲刷，温度变化大	油浸烧成镁白云石砖、热处理焦油结合镁砖、油浸沥青结合方镁石砖、镁炭砖
	出钢侧	受炉渣及钢水的侵蚀与磨损，出钢时受炉渣及钢水的热冲击与冲刷	焦油结合镁砖、油浸镁炭砖、镁炭砖、焦油结合镁白云石砖
	耳轴区	炉衬挂渣少，空炉时砖中碳素被氧化；炉子倾动时受异常力的作用	烧成镁白云石砖，优质镁炭砖
	渣线	炉渣侵蚀	烧成镁砖、优质镁炭砖
炉底		受钢水剧烈冲刷与磨损	焦油结合白云石砖，油浸镁白云石炭砖、焦油结合镁砖、镁炭砖
顶底复合吹炼转炉炉底供气砖		受钢水及炉渣化学侵蚀与剧烈冲刷，温度骤变及氧化作用	焦油结合镁质供气砖、烧成镁质供气砖、镁炭质供气砖（分定向气孔式、环缝式及弥散式数种）
出钢口		受钢水冲刷，炉渣侵蚀及温度变化剧烈	焦油结合白云石砖，焦油结合电熔镁砂砖，电熔镁砖，镁炭砖

采用全镁炭砖砌筑炉衬后，也根据转炉炉体部位损毁的特点使用不同品级的镁炭砖配合砌筑，形成均衡损毁的综合炉衬，取得较好的经济效益。

出钢口受钢水冲击、炉渣侵蚀、空气和炉渣的氧化作用及温度剧烈变化等综合因素的影响而损毁严重。提高出钢口质量的途径是采用高温烧成电熔镁砖或优质原料并添加特殊抗氧化剂的镁炭砖，并采用等静压成型以增加制品的致密度与均匀度。传统的出钢口系以若干外方内圆筒形砖构成，并固定在周围的炉衬中，后改进为以浇筑料或捣打料筑成圆筒形出钢口大砖。较新的结构是外部直径较小，而进口端较大，形成有利的钢水束流，其寿命比传统的出钢口砖高 30%~50% 。

供气元件也称透气砖，设在炉底。目的是使惰性气体（氩气、氮气）均匀地从炉底通入熔池。它是顶底复合吹炼转炉的关键制品。20 世纪 90 年代采用的供气元件分为喷管和透气砖两种。透气砖又分为弥散型、环缝型及定向气孔型等。一般认为透气砖的使用效果好，特别是定向气孔型透气砖尤佳。复合吹炼过程中，供气元件承受钢水和炉渣的化学侵蚀和强烈的搅拌作用，频繁的温度骤变，以及供气的氧化作用，其工作条件极其苛刻，要求透气砖具有耐高温、耐侵蚀、耐冲刷、抗剥落和抗氧化等性能。从冶炼角度，要求透气砖能通过所需容量的气体，产生的气泡细小且分布均匀，使用安全可靠，其寿命要求与炉龄同步或基本同步。制造透气砖时，可选用镁质及镁炭质原料，内嵌数十根很细的不锈钢管，用等静压法或真空法成型，其外形可制成圆形或方形，使用寿命已超过 1200 炉次。中国 300 吨转炉顶底复吹供气元件性能如下：

体积密度 2.9g/cm^3，显气孔率 0.6%，耐压强度 40MPa，

高温抗折强度（1400℃，0.5h）11MPa，w(MgO)≥74%，w(C)≥17%

20.3.2 炉衬的维护

即便采取综合砌炉措施，也会由于炉衬局部过早损坏而被迫停炉，必须对炉衬实行热

补，通常热补的方法为投补、贴补和喷补，上述三种方法可以兼用。以喷补法使用较广，20 世纪 80 年代又发展为火焰喷补，它与传统的半干法、湿法喷补不同的是粉料颗粒从喷枪喷出后，在达到受喷体的过程中，被加热至塑性或熔融状态，在喷补处粘附非常牢固，效果极佳。常采用的补炉料根据炉衬的砖种分为镁质和镁白云石质两种，前者含 MgO 大于 90%，后者含 MgO 80%~86%。补炉料应具有合理的颗粒组成，一定的黏结性和较小的收缩，在低温时借助结合剂的化学作用形成较高的结合强度，在高温下又能形成陶瓷结合并与炉衬砖牢固地粘附在一起，以提高补炉效果。

20.3.3　炉衬损毁原因

炉衬损毁原因大体上可以分为以下几方面

（1）炉渣及钢水在高温下的化学侵蚀；

（2）炉内温度变化以及局部过热导致炉衬胀缩不均，产生应力，因而发生脱落现象；

（3）因加入废钢及熔池搅拌引起机械磨损，加之由于炉渣及钢水的化学侵蚀使炉衬强度降低而加剧磨损；

（4）对镁炭砖而言，由于氧化性炉渣，高温氧化气氛及 MgO 在高温下气化等因素的影响，使镁炭砖严重脱碳，是损毁的重要原因。

镁炭砖的损毁主要是熔渣中的 FeO 和空气中的氧使石墨氧化，衬砖热面的碳部分逸出，以及一部分碳溶解于钢水中，或被砖中 MgO 氧化形成薄的脱碳层；溶渣渗入砖脱碳层的气孔中，并与镁砂发生反应，形成低熔点氧化物；变质弱化的表面层被搅动的熔渣和钢水冲刷而脱落。

炉衬损毁的程度与冶炼的钢种、操作及维护条件，以及衬砖的品种有关。总的来说，渣线附近及出钢口的下部损毁剧烈，顶底复合吹炼条件下由于钢水剧烈搅动，熔池损毁亦严重。

炉衬砖的使用结果表明：工作面的基质成分与熔渣反应，形成厚度为 0.5~2.0mm 的熔化层，接着是厚度为 0.5~1.0mm 的脱碳层，脱碳层后面为原砖层。

20.4　电弧炉用耐火材料

电弧炉是以电极端部和炉料之间发生的电弧为热源进行炼钢的设备。电弧炉技术的发展是在采用高功率的基础上发展直流电弧炉、炉底供气搅拌及炉底出钢。这些技术成就与耐火材料新品种的开发与应用是分不开的。同时，耐火材料消耗亦有所降低，且易于自动控制。电弧炉由炉顶、炉墙、炉底和出钢槽等构成。

20.4.1　炉顶用耐火材料

炉顶又称为炉盖，呈圆拱形，可以移动，外环为水套式钢结构。在冶炼过程中，炉顶（特别是炉顶的中心部分、电极孔和除尘孔周围）长期处于高温状态，并且经常受到温度骤变的影响，受到炉气和造渣粉剂的化学侵蚀、电极弧光的辐射和烟尘的冲刷，炉顶的积尘也产生压力并阻碍有效散热，炉顶在升降旋转时还受到机械振动作用，工作条件十分恶劣，是整个炉衬的薄弱环节。因此，电炉炉龄就是指电炉炉顶的使用寿命。直流电弧炉由于采用单电极结构，故不存在热点区，加之炉顶水冷区扩大，耐火材料使用条件明显改善。进入 20 世纪 80 年代后，随着炼钢电弧炉容量的扩大和单位功率的提高，炉顶的工作条件变得更加苛刻，所用耐火材料亦随之发生变化。

电炉顶普遍采用高铝砖砌筑，Al_2O_3 含量介于 75%～85%之间。与硅砖比较，高铝砖的特点是耐火度高，抗热震性好，抗渣性好，耐压强度高。高铝质不定形料因抗热震性及结构的整体性好，不需要制成异型砖，一般以捣打料使用于小炉盖的中心部位和电极孔周围。由于中国矾土矿资源丰富，高铝砖已经成为电炉顶用的主要耐火材料，其使用寿命约为硅砖炉顶的 2～3 倍。随着大型超高功率电炉的发展，高铝砖的使用寿命下降，导致进一步采用烧成或不烧镁砖和镁铬砖等碱性砖。由于砖的高温强度较低和自重较大，为避免炉顶因变形而下沉，普遍采用吊挂结构。在有的超高功率电炉顶上还采用高温强度很好的直接结合碱性砖，可克服一般碱性砖由于膨胀系数较大和吸收渣尘形成变质层，因结构崩裂或热崩裂而造成的严重剥落现象，其使用寿命高达 300 炉次。

20.4.2　炉壁用耐火材料

炉壁分为一般炉壁、渣线区和邻近电弧的热点部位，不但受钢液和熔渣的严重侵蚀与冲刷，同时还受到加入废钢时的机械撞击和急冷作用。更为严重的是受到高温电极弧光的强烈热辐射，热点区钢液温度高达 2000℃。因此，该处炉壁经常发生局部熔损。此外，还受到钢液与熔渣搅动冲刷和不同冶炼期气氛的影响，致使内衬损毁严重，超高功率电炉尤甚。一般炉壁主要采用镁砖、焦油沥青结合和沥青浸渍烧成白云石砖和方镁石砖砌筑，也有使用不烧铁壳碱性砖与沥青结合镁质和白云石质捣打料的，使用寿命均较长。超高功率或冶炼特殊钢的电炉炉壁，则用镁铬砖和优质镁砖砌筑，使用效果明显改善。

渣线区和热点部位为炉壁的薄弱环节。由于炉壁的寿命主要取决于热点部位的损毁程度，因而该部位的炉衬特别受到重视。20 世纪 70 年代前，该部位普遍采用熔铸镁铬砖，直接结合或再结合镁铬砖砌筑，使用寿命达到 100～250 炉次。进入 80 年代后，在这些部位广泛采用镁炭砖砌筑，显示出优异的耐高温和抗渣性能，使用寿命明显提高，中国大功率电弧炉达到 300 多炉次。

为使炉壁损毁趋于均衡，延长寿命，炉墙也采用镶砌水冷箱或水冷套措施，其内表面喷涂一层耐火涂料，使挂渣形成保护层，可有效降低耐火材料的单位消耗，但能耗却相对地有所增加。

20.4.3　炉底用耐火材料

炉底和堤坡构成熔池，是盛装炉料和钢液汇集的部位。炉底耐火材料与钢液及熔渣直接接触，主要受化学侵蚀和冲刷，以及受炉料的撞击和急冷作用。当炉底内衬与熔渣和氧化铁反应生成变质层后，在还原期间还可因其中某些组分的还原而变得疏松，常因钢液侵入而引起漂浮。因此，要求该部位的砌体或打结内衬具有整体性能均匀、砌筑严密、严防钢液穿入、具有良好的高温性能，足够的强度，耐侵蚀、耐冲刷，抗热震性好和体积稳定，并在使用过程中得到良好烧结。

打结内衬选用烧结良好的镁砂或电熔镁砂，施工时注意各层间的衔接咬合，各层厚度和密度力求保持一致。捣打层之下有工作衬与永久衬。工作衬选用焦油沥青结合镁砖砌筑，永久衬一般采用镁砖砌筑。在堤坡上部的渣线部位，由于熔渣侵蚀严重，现在多采用与炉墙热点部位相同或类似的衬砖，如熔铸镁铬砖或再结合镁铬砖砌筑。选用镁炭砖砌筑时效果更佳，使用寿命可高达100~200炉次。

直流电弧炉的阳极端与炉底的接触件相联，炉底采用导电耐火材料或金属元件来解决导电问题，对导电耐火材料的主要要求为低电阻（10^{-3}~$10^{-4}\Omega\cdot m$），且电阻必须稳定，通常采用沥青或树脂结合，碳含量最好为10%~18%的镁炭砖作为导电耐火材料，它包括永久衬、工作衬及保护涂层。如使用非导电耐火材料，就必须采用金属元件，可将其从工作面埋入镁质捣打料中；亦可用一根或多根粗的圆钢棒作为阳极，位于炉缸内侧的钢棒则以碱性砖围砌，工作衬用镁质捣打料。高导电性能炉底的寿命已超过1500炉，因而导电炉底再也不是推广直流电弧炉的制约因素。

底吹技术已在传统的电弧炉、偏心底出钢电弧炉及超高功率电弧炉中应用。当今采用的炉底供气系统有两种：一为气体直接从搅拌塞进入钢液，例如采用多孔塞；二为带盖的搅拌系统，即在搅拌塞或风眼砖上盖一层透气的捣打料，气体通过此层进入钢液。大型直流电弧炉则在电极外围安装3个供气元件。供气元件的选择与底吹气体的种类有关，吹氧化性气体时采用双层套管烧嘴，即内管吹氧化性气体，外环管吹保护气体。吹惰性气体时，则大多采用细金属管多孔塞供气元件。底吹天然气，则采用单管式供气元件，也可选用环缝式、砖缝式及直孔型透气砖等，所用耐火材料均为镁质或镁炭质料。

20.4.4 出钢槽用耐火材料

炼钢电弧炉一般采用侧式出钢槽。该槽主要受钢液和熔渣的侵蚀及冲刷，以及受温度骤变的影响。损毁形式为侵蚀、熔损、剥落和掉砖，它是最易损毁部位之一。出钢槽内衬普遍采用镁质、高铝质、蜡石质、炭质或碳化硅质材料，可以用砖砌，也可以镁炭质料或高铝质不定形料捣打或振动浇注施工。

20世纪80年代开发的炉底偏心出钢口出钢法将炉体由倾动式改为固定式，在炉底偏心位置设置出钢口代替出钢槽。其优点是：取消了倾动机电设备，扩大了水冷壁面积，缓和了炉衬的损毁，可适当降低出钢温度并缩短出钢时间，从而降低了投资并节省电能。偏心出钢口砖为沥青浸渍烧成镁砖，管砖采用树脂结合碳含量为15%的镁炭砖，端部砖为树脂结合含碳量为10%~15%的镁炭砖或树脂结合含碳量为15%的Al_2O_3-SiC-C砖。为使出钢顺利，常采用以橄榄石为基质的粗砂作为引流料。

20.5 连续铸钢用耐火材料

连铸技术的发展对耐火材料部件提出了更高的要求。除要求具有通常耐火材料的性能之外，还必须兼有净化钢液、改善钢液质量、控制和调节钢液流量和缩短精炼时间等一系列特殊功能，故称为功能耐火材料。连铸用功能耐火材料包括整体塞棒、长水口、浸入式水口、定径水口等。这些都是连铸机组中的重要部件，有的需要和金属件形成机械配合。其特点是材质优异，形状复杂，尺寸精确，性能优越及制造工艺先进，为耐火材料行业中技术含量高技术密集型产品。

20.5.1　钢包用耐火材料

配合连铸所用钢包的特点是钢液的温度高且停留时间长，尤其是连铸技术与炉外精炼配套使用时，钢包又是二次精炼的容器，要在钢包中完成钢液脱气、排除杂质、调整成分与温度等工序。耐火材料的工作环境，尤其是渣线等关键部位更为恶劣。

钢包内衬一般由保温层、永久层和工作层组成。

保温层紧贴外壳钢板，厚 10~15mm，主要作用是减少热损失，常用石棉板砌筑；永久层厚 30~60mm。为了防止钢包烧穿事故，一般由有一定保温性能的黏土砖或高铝砖砌筑；工作层直接与钢液、炉渣接触，受到化学侵蚀、机械冲刷和急冷急热作用而引起剥落。因此可根据钢包工作环境砌筑不同材质、厚度的耐火砖，可使内衬各部位损坏同步，这样从整体上提高钢包寿命。

如钢包的包壁和包底可砌筑高铝砖、蜡石砖或铝炭砖，其耐蚀性能良好，还不易挂渣；钢包的渣线部位，用镁炭砖砌筑，不仅耐熔渣侵蚀，其耐剥落性能也好；当然还可以使用耐蚀性能更好的锆英石砖，但价格贵些。钢包内衬若使用镁铝浇筑料整体浇筑，在高温作用下 MgO 与 Al_2O_3反应生成铝镁尖晶石结构，可以改善内衬抗渣性能和抗热震性，提高钢包使用寿命。目前钢包内壁有的用镁铝不烧砖砌筑，使用效果也不错。

钢包使用前必须经过充分烘烤。

20.5.2　中间包用耐火材料

中间包也称为钢液分配槽，是连铸系统中使用耐火材料最多的热工设备之一。

中间包的永久衬从黏土砖发展到不同材质的不定形耐火材料。除了采用半硅砖、黏土砖、高铝砖、锆英石砖及镁铬砖作为工作衬外，20 世纪 70 年代初开始采用高铝质、镁质、镁铬质涂抹料或喷涂料。为了节约能源，70 年代末期开始采用绝热板以代替涂抹料或喷涂料，绝热板材质从硅质发展至镁质，以满足优质钢的要求。其优越性在于降低中间包的热损耗，使用过程中无须烘烤，且易于清渣和拆底。耐火材料损毁的原因：温度骤变导致的崩裂、钢液的冲刷及钢与渣的侵蚀及中间包吊运及运输过程中的机械损伤等。宝山、鞍钢连铸用中间包采用镁质绝热板，使用寿命达 6~8 次。武钢与首钢的中间包容量较小，使用硅质绝热板寿命也达到 4~6 次。中间包采用的罐盖材质为轻质碱性或带有钢纤维的硅酸铝质浇筑料，其性质必须与内衬材质相适应。

综合喷涂料具有易于施工与节约能源的优点，欧洲及日本 20 世纪 90 年代以来开发了绝热喷涂法，即在镁质原料中加入保持材质孔隙度及利于排除水分的添加物，喷涂制成中间包壁，取得满意的效果。

钢液从长水口注入中间包的位置砌有耐钢液冲击砖，材质为莫来石-刚玉质砖、电熔莫来石砖。

20.5.3　整体塞棒用耐火材料

塞棒安装在中间包浸入式水口上方，铸钢时起关闭钢流与调节流速的作用，还兼有从头部吹入氩气等惰性气体的功能。对整体塞棒耐火材料的要求是具有优良的抗钢流的侵蚀性与抗热震性，由于连接处弯曲力矩大，故抗折强度要求高。当浇铸添加 Ti、Ca 或 Si 元素的钢种时，整体塞棒和中间包水口接合部位容易形成夹杂物，故塞棒前端做成多孔式或缝隙式，由此吹入惰性气体，有助于减轻浸入式水口的结瘤，气体进入结晶器还有助于改善钢液的洁净度。整体塞棒以铝炭质材料经等静压机成型，其成品的端部必须经过精整和再研磨。当浇注特殊钢种时，其端部采用高档材质如 ZrO_2-C、MgO-C 复合材料等，使用寿命可达 12h 以上。中国使用的铝炭质整体塞棒，常在外表涂防氧化涂层，保障使用安全。整体塞棒可取代定径水口，用于小方坯连铸。

20.5.4 滑动水口用耐火材料

滑动水口包括水口座砖、上下水口砖和上下滑板、水口用引流砂等制品。安装在钢包底的外部，并借助驱动机构移动滑板，达到节流钢水的目的。与传统的塞棒系统相比，其操作安全可靠，节省耐火材料，因此得到了广泛应用。

上滑板砖与上水口砖紧密配合，下滑板砖为移动式的，并与下水口砖紧密相接。上、下滑板砖工作面接触严密，其平滑度为 0.02~0.03mm。整个滑动水口系统由金属结构固定在钢包底部，采用液压或机械驱动机构推动下滑板作直线往复运动。当滑板上的铸口错开时，钢包可盛钢，反之则铸钢，并以铸口的重合程度，控制钢水流量。滑动水口承受钢水的冲刷和热震的作用，致使滑板产生裂纹、铸口变大，难以控制钢流，其使用寿命较低，一般为 1~6 次；在大型转炉和超高功率电炉用的钢包上，采用回转式滑动水口铸钢，其水口平均使用寿命为 3~6 次，有时达到 10~12 次；在连铸中间包上，也采用滑动水口控制钢水流速，并有取代塞棒系统的趋向。

回转式滑动水口结构特点是上、下滑板砖呈圆形，借助于驱动机构，使之沿圆周方向做回转运动。在转动的下滑板上，设有数个（常用 2 个）直径不同的铸孔，可根据钢包内钢水静压头及其铸孔孔径的变化，灵活调节铸钢的流速，也很少出现漏钢现象。

大、中型钢包上采用 Al_2O_3 含量大于 80%的莫来石刚玉质或刚玉莫来石质滑板砖和 Al_2O_3 含量大于 95%的刚玉质滑板砖，并在此基础上应用了抗渣性较好的铬刚玉质滑板砖。同时，为了提高其抗渣性、耐冲刷性和抗热震性，使用了铝炭质不烧或烧成滑板砖、烧成铝锆质和铝锆炭质滑板砖等。该类滑板砖的特点是，纯度高、强度大、耐冲刷和不粘渣，因此使用寿命高，一般为 2~5 次。滑板砖损毁严重处主要是铸孔，当采用锆质材料先制成铸孔环，然后镶嵌在滑板铸孔中，损毁后可及时更换效果较好。采用复合型滑板，可显著延长使用寿命。

上水口砖直接装在钢包水口座砖内，高温下钢水流经上水口时，钢水、熔渣的化学侵蚀和冲刷以及安装时造成的机械损伤使上水口要求长寿命、耐钢水和熔渣侵蚀、冲刷。国内上水口砖普遍使用铝炭质，其使用寿命随钢种、过钢量和浇注时间等因素有关。国外用 CaO-C 质水口砖较多，该砖采用等静压成型，要求 CaO 沙显气孔率<5%。CaO-C 质水口与原用 Al_2O_3-C 质水口相比，在使用中 CaO-C 质水口的特点是无堵塞现象，无裂纹，熔损率 30%，而 Al_2O_3-C 质水口虽无裂纹但堵塞较严重，熔损率 3.3%。

下水口主要用来控制钢水流量和注速，要求高温下具有良好的耐冲刷性，高温体积稳定性好，并有一定的自熔性。下水口损坏因素有：钢水和熔渣的侵蚀、冲刷；温度急变引起的开裂或断裂；烧氧开浇造成的熔损。其材质要求耐侵蚀性好，如浇注普碳钢可选用高铝质、熔融石英质；浇注含锰较高的钢种时，可选用铝炭质、镁质等下水口。为提高下水口的抗热震性，将下水口安装在铁套内，以防止开裂。应尽量避免烧氧开浇。下水口使用高铝质、铝炭质和铝锆炭质，其使用寿命分别为 1 次和 2~3 次。

钢包正式盛钢前，关闭滑动水口后，用一长漏斗向上水口内放入引流砂，防止钢水进入上水口内而凝结。当滑板开启后，引流砂下落后钢水随之即下，达到自动开浇的目的。钢包引流砂能否自开，与引流砂的材质、粒度配比以及精炼时间的长短等因素有很大的关系。引流砂在材质上有海砂、河砂、耐火砖粒和铬矿砂等。

20.5.5　长水口用耐火材料

为避免钢水从钢包注入中间包过程中的二次氧化，钢包集流式水口的下端安装有长水口。为了避免从接头处吸入空气使钢水再氧化和吸氮，新的办法是采用“零度空气吸入式水口”装置。对长水口主要要求是良好的抗热震性，并能采取吹氩保护措施。常用的材质为熔融石英及铝炭质两种，前者因热膨胀低，无需预热可直接浇筑，但冷至 1000℃以下时会出现裂纹；铝炭质长水口成本较高，需预烘烤方可使用，但抗渣蚀性较强，可多次使用。在铝炭质长水口的渣线部位镶以耐侵蚀性强的铝炭质材料，使用效果良好。涂抗氧化釉可改善其抗氧化性，采用钢纤维，甚至碳纤维补强，可明显降低裂纹生成的敏感性，适用于多炉连铸工艺，使用寿命达 4h 以上。

美国 1989 年开发了锆英石–氧化锆质和氧化铝-氧化锆质复合水口，使用寿命分别达到 21 次和 16 次，1991 年日本新日铁公司以 Al_2O_3-SiC-C 质浇筑料为基础，加入人造石墨和碳纤维，生产出用不定形料制作的长水口，均取得良好的使用效果。

20.5.6　浸入式水口用耐火材料

浸入式水口设置在中间包和结晶器之间，用以保护钢液不致氧化和飞溅。浸入式水口应具有良好的抗热震性及外部渣线部位抗侵蚀性，并能防止脱氧产物 Al_2O_3 在内壁的沉积造成堵塞。浸入式水口的材质常用的为熔融石英质及铝炭质。熔融石英质水口由于耐侵蚀性较差，不适应多炉连铸及连铸钢种扩大的要求。20 世纪 90 年代以来主要采用铝炭质、铝炭-锆炭质复合式水口，日本还开发了在铝炭质材料的基础上添加 AZT、AZTS 合成原料的浸入式水口和以 ZrO_2-C 补强的复合式水口。

保护渣对浸入式水口外表的侵蚀是影响使用寿命的关键，采用烧结的氧化锆或氧化锆-炭质渣线套，可保护铝炭质主体不受保护渣的侵蚀，并内镶 SiC-C-BN 内环提高其抗侵蚀性能。20 世纪 90 年代初开始开发不吹氩、无堵塞新一代浸入式水口。据报道，以 Al_2O_3-Sialon-石墨作内衬的浸入式水口，不吹氩可进行多炉连浇。但不吹氩、无堵塞的新一代浸入式水口仍处于探索攻关阶段。为适应接近最终形状板坯及小方坯连铸的需要，各种新型浸入式水口仍在研发中。

20.5.7　定径水口用耐火材料

定径水口用于小方坯的浇铸，借助出口的孔径来调节浇铸速度，因此要求口径处耐冲蚀，基本上保持恒定。定径水口一般用锆英石或氧化锆制造，其中 ZrO_2 含量为 60%~95%，亦可用锆英石石墨制造。为保证热稳定性，采用薄壁结构的镶衬套在水口本体中以降低热应力。20 世纪 90 年代以来，国际上已普遍采用具有高致密度的 ZrO_2 镶衬的复合式定径水口。为防止浇注含铝量高的钢种时造成的堵塞，研制了 CaO 质定径水口与 CaO 型和 ZrO_2质镶嵌型的定径水口。为减少钢液的二次氧化，定径水口将逐渐采取浸入式。我国主要是使用 $ZrO_2 \cdot ZrSiO_4$质定径水口镶衬复合水口，其中 ZrO_2 含量为 65%~75%。

20.5.8 展望

由于连续铸钢技术正朝着提高效率、降低能耗、降低成本及扩大浇注品种的方向发展，因此，对耐火材料提出了新的要求。今后应解决 Al_2O_3的堵塞问题；开发无需烘烤的铝炭质长水口；研制薄壁异型及超薄壁浸入式水口，以及高级复合滑板，并不断开发高级新型耐火材料。

20.6 加热炉用耐火材料

加热炉是轧钢或锻钢时用于加热钢坯或小型钢锭的热工设备，使用温度一般为 1300~1400℃。随着轧钢机的大型化和高效化，对加热炉提出了更高的要求，其发展趋势是大型、低耗、无公害和操作自动化，筑炉材料也因此发生了较大的变化。从 20 世纪 70 年代起，不定形耐火材料相继应用，并逐步得到推广。到 80 年代后期，烧煤气的加热炉采用结晶氧化铝纤维或硅酸铝纤维制品作工作层，取得了显著的节能效果。

20.6.1 炉体用耐火材料

炉体由炉墙、炉底和炉顶组成。在炉子一侧端墙安装有端烧嘴，均热段端墙上还有出料门，另一侧端墙上有进料门。侧墙除有炉门和人孔外，加热段侧墙上有时也安装侧烧嘴；推钢式炉炉底由均热床和水冷管滑道或陶瓷滑轨砖组成，步进式炉炉底则由固定梁（底）和步进梁组成。习惯上所称炉底系指砖砌或不定形耐火材料制作的实炉底。炉顶分为拱顶和平顶两种。炉顶部位受高温、气流冲刷和热应力等因素影响，特别是加热段前部和均热段的炉顶，较易损毁，是整个炉体的薄弱环节。因此，炉顶的寿命，即代表加热炉的使用寿命。

20.6.1.1 *砖砌炉体*

用隔热砖和耐火砖砌筑的炉衬。炉子绝热层用黏土质或高铝质隔热砖、漂珠砖、硅藻土砖及耐火纤维毡等材料砌筑，厚度为 113~300mm。炉墙工作层用黏土质耐火砖砌筑，厚度为 230~460mm，开孔洞处可用砖砌拱、用异型砖拼砌或搭盖长条黏土质耐火砖。如炉墙较高需在适当的间距处安设高铝质抗拉砖，以防炉墙倾倒。同时，加热段炉墙底部需加厚，以增加其稳定性。受钢坯碰撞的炉墙较易损毁。烧嘴周围和侧出钢口等开孔洞部位的炉墙，受高温、急冷急热和机械等作用最易损坏。炉底工作层厚度为 300~460mm，预热段用黏土质耐火砖砌筑，加热段则用黏土质或高铝质耐火砖砌筑，其上铺一层冶金镁砂以抵抗氧化铁皮渣的侵蚀，也可用镁砖或镁铬砖直接砌筑一层保护层。均热段的实底均热床因受高温和钢坯冲击、移动磨损及渣侵蚀等作用，损毁较快。该部位用高铝砖或镁砖作工作层时，使用寿命约为半年，改用电熔莫来石砖或刚玉砖使用寿命可延长至 1 年左右。炉顶为砖砌拱顶时，其工作层厚度为 230~300mm，并加厚度为 120~300mm 的隔热砖砌绝热层。采用吊挂平顶时，其工作层厚度为 230~250mm，绝热层厚度约为 70mm。吊挂平顶用的吊挂砖分为单沟式、单面槽式、双面槽式和夹持式等类型。一般用黏土质吊挂砖，高温区也有用高铝质吊挂砖的。炉顶压下部位常用的异型吊挂砖不需作绝热层。黏土质耐火砖炉顶的使用寿命为 1~2 年，高铝砖炉顶的寿命略长些。将烧成砖改用不烧高铝质吊挂砖后，使用寿命可提高 1 倍左右。在正常操作的情况下，轧钢加热炉的使用寿命一般为 1~3 年；锻钢加热炉因间歇操作，受热应力和机械碰撞等作用大，其使用寿命为 3~11 个月。

20.6.1.2 预制块吊装炉体

预制块是用铝酸盐水泥、磷酸盐低水泥和水玻璃等耐火浇筑料制造的。如用黏土结合耐火浇筑料制作预制块需配有锚固砖。炉顶预制块分为拱形和长条形两种，如配用钢筋，必须安放在非工作层内。

20.6.1.3 耐火可塑料捣制炉体

用耐火可塑料捣打制成的安有锚固件的炉衬工作层。在锚固砖或吊挂砖的间隙部位需填充耐火可塑料料坯，并用风锤或捣固机捣打密实。包括炉底在内耐火可塑料一般需分层、分段连续施工，并将表面刮毛、扎排气孔和切出膨胀缝。耐火可塑料炉衬的优点是整体性强、烧结性好和高温强度高。因此，炉衬一般不剥落，使用寿命约 13 年。

20.6.1.4 耐火浇筑料浇筑炉体

用耐火浇筑料现场浇筑的炉衬工作层。炉墙和炉顶部位的构造与耐火可塑料炉体的相同。锚固砖或吊挂砖安装就位后，从一侧开始布耐火浇筑料拌和料，然后用振动器（棒）振动密实，应连续施工、及时养护。1980 年之前，一般用高铝水泥或磷酸盐耐火浇筑料浇筑炉衬工作层，但高温区域的炉衬工作层易产生结构剥落，影响使用，寿命一般为 2~4 年。1980 年以后，炉体普遍用各种黏土结合或低水泥系列耐火浇筑料浇筑炉衬工作层，高温区炉底有时用抗渣蚀的刚玉质、莫来石质或镁铬质耐火浇筑料，均热床则用耐磨的耐热钢纤维耐火浇筑料进行浇筑。烘炉时间约需 8 天。在正常操作的情况下，轧钢加热炉的使用寿命可达 4~10 年，煅钢加热炉的使用寿命为 2~4 年。

烧嘴砖是用于各种烧嘴部位的耐火制品，主要起组织火焰的作用。平焰烧嘴安装在炉顶上，其他烧嘴均安装在炉墙上。烧嘴砖呈喇叭口形状，由一块或若干块组成，并镶砌在炉衬内，其中必须与烧嘴中心对准，以保证燃料与空气的有效混合和预热、组织好火焰形状并稳定燃烧过程。该砖及其周围的衬体经常遭受高温、温度骤变和气流冲刷等作用，损毁较快。烧煤气用的黏土质烧嘴砖使用寿命 1 年左右，以重油为燃料时，其寿命仅为 3~6 个月。改用高铝质或硅线石质烧嘴砖时，使用效果有所改善；在燃煤气加热炉上使用高铝水泥或磷酸盐耐火浇筑料制作的烧嘴砖，寿命为 1~2 年。用刚玉质或莫来石质低水泥系列耐火浇筑料制作的烧嘴砖，在燃油加热炉上使用，寿命为 6 个月至 3 年。

20.6.2 燃烧室用耐火材料

用于烧煤的加热炉，分为往复炉排式和旋风燃烧式等多种类型，一般由底、墙和顶等部分组成。普通燃烧室的衬体通常用黏土砖或高铝砖砌筑，因受使用温度高且温度波动大、熔渣侵蚀和清渣时的机械损伤等影响，其寿命为 1 年左右。当采用特等高铝熟料、刚玉、莫来石或镁铝尖晶石等耐火浇筑料浇筑衬体时，整体性好、不粘渣，使用寿命可延长至 1~3 年。旋风燃烧室的衬体用高强度、高热导率的碳化硅质耐火浇筑料浇筑，使用寿命 1~2 年。腰炉是燃烧室和加热炉炉膛之间的通道，使用温度 1600℃左右，用硅线石砖或刚玉砖砌筑时，其寿命仅 0.5 年左右。

20.6.3 炉门和出钢槽用耐火材料

用于封闭炉墙上的孔洞，分为侧开式和升降式两种。炉门一般用黏土砖、耐火浇筑料或耐火可塑料、高铝质隔热砖或耐火纤维毡等材料作内衬。侧开式炉门可使用一个炉役，升降式炉门因受温度波动和机械碰撞等因素的影响，使用寿命约为 1 年。

出钢槽用于侧出钢坯的加热炉。除用水冷铸铁出钢槽外，一般用高铝砖或镁砖砌筑，使用寿命 3~6 个月。采用烧结或电熔莫来石质大砖砌筑时，强度高、耐磨性好，但抗热震性较差，易于崩裂，其寿命 1 年左右。采用耐热钢纤维增强的刚玉质耐火浇筑料在现场浇筑成整体出钢槽，使用寿命达 2 年以上。

20.6.4 陶瓷滑道用耐火材料

小型推钢式加热炉，由棕刚玉-碳化硅质滑轨砖组成陶瓷滑道。在炉子长度方向上用耐火砖砌筑 2 行或 4 行基墙。在基墙上砌筑高铝碳化硅座砖，然后安装滑轨砖并组成陶瓷滑道。钢坯在滑道上移动，实现上、下两面加热，具有耗能少、钢坯上无黑印等优点。陶瓷滑道承受高温、钢坯荷重、高温磨损和氧化铁皮渣侵蚀等作用，使用条件较苛刻，其寿命 1 年左右。

20.6.5 炉底水冷管绝热用耐火材料

大、中型推钢式或步进梁式加热炉，炉底水冷管由纵向、横向分布的和起支撑作用的厚壁水冷管组成。绝热的目的是降低冷却介质带走的热量、减少钢坯黑印和提高加热质量。其绝热方式分为异型黏土砖镶嵌或马蹄形砖吊挂、耐火可塑料或耐火浇筑料制成的焊瓦式预制块焊接及用该料与耐火纤维毡现场包扎等。使用寿命一般为 3~12 个月。采用优质耐火可塑料、超低水泥或无水泥等耐火浇筑料进行现场包扎，其使用寿命在 1 年以上。

20.6.6 烟道与烟囱用耐火材料

烟道内衬一般用黏土砖砌筑，也可用耐火浇筑料预制块吊砌或现场浇筑，有时也可用耐火喷涂料施工。红砖或混凝土烟囱在高温区域用耐火砖砌筑。金属烟囱内壁焊金属锚固钉，有时加金属网，采用轻质耐火浇筑料或耐火喷涂料作内衬，施工方便，整体性强，使用寿命长。

20.7 炼铝用耐火材料

炼铝工艺过程主要是生产氧化铝，而后将氧化铝电解成金属铝并进行熔炼脱氢纯化处理，最后铸成铝锭。炼铝用的窑炉种类较多，炉子工作温度较低，使用条件较好，一般采用黏土砖和高铝砖等材料作衬体即可满足生产要求，而且使用寿命较长。

20.7.1　生产氧化铝用耐火材料

用铝矾土为原料先生产氢氧化铝，然后在 950~1200℃ 的温度下煅烧，便获得氧化铝。煅烧氢氧化铝的热工设备一般采用回转窑和闪速焙烧炉。

20.7.1.1　回转窑用耐火材料

回转窑分为预热带、烧成带和冷却带。烧成带的工作温度不高于 1200℃。窑绝热层结构为先靠炉壳铺一层耐火纤维毡，然后用硅藻土砖、黏土质隔热砖或漂珠砖等隔热砖砌筑，也可用体积密度为 0.8g/cm³ 轻质耐火浇筑料整体浇筑。预热带工作层用黏土砖砌筑，烧成带工作层用高铝砖、低钙铝酸盐水泥结合高铝质不烧砖或磷酸结合高铝质不烧砖砌筑。冷却带工作层受烧成物料磨损较大，除采用致密黏土砖砌筑外，宜选用磷酸高铝质不烧砖砌筑。

20.7.1.2　闪速焙烧炉用耐火材料

该炉组由闪速炉、预热炉、停留槽、流态化干燥器和冷却器等部分组成。最高工作温度为 1100℃ 左右，炉体截断面的物料最大流速约为 30m/s。炉内物料整个焙烧过程是在高温、高速和不断改变流向的条件下进行的，因此对炉衬产生磨损。该炉衬体一般用高强度硅酸铝质耐火浇筑料浇筑。即先在炉壳上焊接耐热钢锚固钉或安装陶瓷锚固件，然后铺一层 20mm 厚的耐火纤维毡，最后浇筑 200~300mm 厚的耐火浇筑料，经烘炉后即可使用。

20.7.1.3　氧化铝电解用耐火材料

用氧化铝和冰晶石（Na_3AlF_6）熔剂组成电解质，将电解质溶液装进电解槽通电，在 950~970℃ 的温度下，使其中的氧化铝分解为金属铝和氧。

铝电解槽的非工作层厚度一般为 240~400mm，首先靠槽壳铺一层绝热板或耐火纤维毡，接着砌筑黏土质隔热砖或漂珠砖，也可浇筑体积密度为 1.0g/cm³ 的轻质耐火浇筑料，最后砌筑普通黏土砖；工作层采用炭质或氮化硅结合碳化硅质耐火材料砌筑，能抵抗铝液的渗透、氟化物和电解质及熔融钠盐的侵蚀，延长使用寿命。槽壁工作层一般用炭块砌筑，如采用碳化硅砖时，可减薄工作层，有利于扩大槽容量，提高其导热性、抗侵蚀性和机械强度，对高功率或快速冷却的铝电解槽尤为适用。同时，在碳化硅砖层表面上还可形成氧化铝与冰晶石的共熔物，保护槽壁工作层，延长使用寿命。槽底工作层用炭块砌筑，厚 400~500mm，其中埋设有金属导体，周围用炭质耐火捣打料捣实而构成阴极内衬。电解槽生产初期，由于热应力作用和炭砖与铝液的化学反应引起砌体体积膨胀，使炭砖拱起或出现裂纹，致使电解质和铝液渗透到阴极内衬，影响其使用寿命。因此，炭块砌缝要求较小，以防渗漏。小型电解槽的工作层可用炭质耐火捣打料捣打成整体衬。铝电解槽衬体的平均使用寿命为 3~4 年。当用碳化硅砖作槽壁，用高效黏结剂砌筑槽底炭块时，其使用寿命可提高至 4~7 年。

20.7.2 铝熔炼用耐火材料

炼铝炉主要有反射炉、转筒炉和感应电炉等，操作温度一般为700~1000℃。该类炉子衬体的损毁主要是铝液的渗透和冲刷所致。其衬体一般用黏土砖、高铝砖及刚玉莫来石砖砌筑，也可用高铝质耐火浇筑料和耐火可塑料制作，由于使用条件好，炉子寿命较长。

20.7.2.1 反射炉用耐火材料

该炉分为固定式和倾动式两种，一般采用煤气或重油作燃料。铝的熔炼通常用固定式反射炉。反射炉非工作层用耐火纤维毡和黏土质隔热砖砌筑，熔池以上部位的工作层一般用黏土砖砌筑，也可用高铝质耐火浇筑料预制块吊装或在现场进行浇筑或者用高铝质耐火可塑料捣打而成。熔池工作层根据使用要求不同，其材质也不同，一般情况下采用 Al_2O_3 含量75%以上的高铝砖砌筑，也可用 Al_2O_3 含量为80%的高铝质耐火浇筑料浇筑成整体工作层。当熔炼高纯度金属铝时，熔池工作层宜用高纯度的莫来石砖、锆英石砖或刚玉砖砌筑，放铝口、流铝槽及其衬体，为了抵抗铝液的渗透和侵蚀，一般采用大型碳化硅砖砌筑。保温炉及其熔剂和合金料处理室用的耐火材料与反射炉的基本相同。当用电解铝液作原料时，首先从铝电解槽底部用虹吸管或真空包吸出铝液，然后运到反射炉，从装料口倒入。装料后，边加热边向熔池内吹入氯气进行脱氢处理。虹吸管内衬一般用耐火纤维增强轻质耐火浇筑料作绝热层，也可用0.8g/cm³的黏土质隔热砖砌筑，其工作层普遍采用致密黏土砖或刚玉砖砌筑。真空包内衬的绝热层与虹吸管的相同，其工作层用优质黏土砖或高铝砖砌筑。在正常操作的情况下，反射炉及保温炉的使用寿命一般为2~5年。

20.7.2.2 转筒炉用耐火材料

该炉非工作层用黏土质隔热砖或漂珠砖砌筑，也可用体积密度为1.0g/cm³的轻质耐火浇筑料浇筑或做成预制块砌筑；工作层用致密黏土砖或 Al_2O_3 含量大于55%的高铝砖砌筑。转筒炉炉龄一般为300~500炉次。当添加盐类熔剂熔炼铝块时，因化学侵蚀加剧，其炉龄有所降低。

20.7.2.3 感应电炉用耐火材料

该炉炉衬一般用黏土砖或三等高铝砖砌筑。炉底有时先用高铝质耐火浇筑料浇筑基层，然后再砌高铝砖。感应电炉容量小于10t时，其衬体可用 Al_2O_3 含量约为75%的高铝质耐火浇筑料或耐火捣打料制作，也可用刚玉质耐火浇筑料或干式振动料。炉子感应器线圈周围的衬体，一般采用刚玉质耐火浇筑料整体浇筑或用干式振动料振动密实。由于原料种类和操作条件的不同，炉子使用寿命也有差异，一般炉龄为0.5~4年。在使用期间，线圈周围的衬体等易损部位应进行1~5次小修。

20.7.2.4 保温炉及铝水罐用耐火材料

铝保温炉分为槽形感应炉、电阻加热池式炉和煤气膛式炉等。该类设备因工作温度较低，一般用黏土砖等材料作衬体，也获得了较高的使用寿命。

（1）槽形感应炉用耐火材料　该炉的衬体结构为先靠炉壳铺10mm厚的石棉板或耐

火纤维毡，再砌筑黏土质隔热砖或漂珠砖作绝热层；炉子的工作层和线圈周围衬体普遍采用黏土质耐火捣打料捣制，也可用黏土质耐火浇筑料现场浇筑。大型槽形感应炉的工作层，也可用 Al_2O_3 含量大于 55% 的高铝砖砌筑。

(2) 电阻加热池式炉用耐火材料　该炉非工作层用黏土质隔热砖、漂珠砖或隔热板砌筑、也可用体积密度为 0.8g/cm^3 的轻质耐火浇筑料整体浇筑；熔池工作层采用 Al_2O_3 含量约为 80% 的高铝砖砌筑，也可用体积密度为 2.4g/cm^3 的高铝质耐火浇筑料浇筑。熔池以上部位的工作层一般用黏土砖或耐火浇筑料预制块砌筑，也可用高铝质耐火可塑料捣制。

(3) 煤气膛式炉用耐火材料　该炉由炉底、炉墙和炉顶组成。可单独使用，为了节约能源，便于管理，也可与炼铝反射炉联合使用。其炉衬材质为黏土砖和高铝砖。

(4) 铝水罐用耐火材料　铝水罐是用于盛装铝液、运输和浇铸的热工设备。该罐壁非工作层用黏土质隔热砖砌筑，也可用体积密度为 1.5g/cm^3 的轻质耐火浇筑料浇筑。其工作层则用黏土质或高铝质衬砖砌筑，也可用氧化铝空心球耐火浇筑料整体浇筑；槽底采用高铝质衬砖砌筑，或用刚玉质耐火浇筑料整体浇筑，其表面涂抹耐火涂抹料作保护层。铸口因受铝液的冲刷和侵蚀，一般用碳化硅砖、刚玉砖或熔融石英砖砌筑。我国普遍用塞棒装置控制铝水罐铝液的浇注。世界大多数国家采用滑动水口装置节流铝水罐铝液。滑动水口的滑板砖用 Al_2O_3 含量为 90% 的高铝质材料或 ZrO_2 含量大于 65% 的锆质材料制作，使用前需涂抹石墨粉并进行预热，以防止铝液的渗透和冷凝。滑板砖的使用寿命一般为 10 次左右。

复习思考题

20-1 高炉用耐火材料损毁的原因主要有哪些，高炉各部位主要选用哪些耐火材料？

20-2 由于风温的提高，操作条件的苛刻，热风炉对所用耐火材料有哪些更严格的要求？

20-3 热风炉各部位主要选用哪些耐火材料？

20-4 简述转炉各部位炉衬的工作条件及采用的耐火材料。

20-5 转炉炉衬的维护方法有哪些，哪种方法使用较广？

20-6 转炉炉衬损毁原因大体上可以分为哪几个方面？

20-7 为什么电炉炉龄就是指电炉炉顶的使用寿命？

20-8 简述电炉各部位炉衬的工作条件及采用的耐火材料。

20-9 连铸用功能耐火材料包括哪些内容，各起什么作用，它们的主要材质是什么？

20-10 为什么说加热炉炉顶的寿命即代表加热炉使用寿命？

20-11 简述加热炉各部位使用的耐火材料。

20-12 简述炼铝工艺中，哪些环节使用耐火材料，使用什么耐火材料？

参考文献

[1] 王明海. 冶金生产概论. 2版. 北京：冶金工业出版社，2015.
[2] 任贵义. 炼铁学. 北京：冶金工业出版社，1996.
[3] 张玉柱. 高炉炼铁. 北京：冶金工业出版社，1995.
[4] 郑荣秋. 烧结球团机械设备. 北京：兵器工业出版社，2003.
[5] 王振龙. 烧结原理与工艺. 北京：兵器工业出版社，2003.
[6] 初立新. 球团原理与工艺. 北京：兵器工业出版社，2003.
[7] 薛俊虎. 烧结生产技能知识问答. 北京：冶金工业出版社，2003.
[8] 周取定，等. 铁矿石造块理论及工艺. 北京：冶金工业出版社，1989.
[9] 王雅贞，等. 新编连续铸钢工艺及设备. 北京：冶金工业出版社，2003.
[10] 冶金报社. 连续铸钢500问. 北京：冶金工业出版社，1995.
[11] 蔡开科，等. 连续铸钢原理与工艺. 北京：冶金工业出版社，1994.
[12] 陈家祥. 连续铸钢手册. 北京：冶金工业出版社，1991.
[13] 郭建钢. 连续铸钢. 北京：冶金工业出版社，1995.
[14] 北京科技大学. 弧形连续铸钢设备. 北京：冶金工业出版社，1978.
[15] 张树勋. 钢铁厂设计原理. 北京：冶金工业出版社，1997.
[16] 刘根来. 炼钢原理与工艺. 北京：冶金工业出版社，2004.
[17] 王庆春. 冶金通用机械与冶炼设备. 2版. 北京：冶金工业出版社，2015.
[18] 张承武. 炼钢学. 北京：冶金工业出版社，1991.
[19] 沈才芳，等. 电弧炉炼钢工艺与设备. 北京：冶金工业出版社，2002.
[20] 王雅贞，等. 氧气顶吹转炉炼钢工艺与设备. 北京：冶金工业出版社，2004.
[21] 杨重愚. 氧化铝生产工艺学. 北京：冶金工业出版社，1981.
[22] 杨重愚. 轻金属冶金学. 北京：冶金工业出版社，1991.
[23] 谢艳丽. 铝酸钠溶液的晶种分解. 北京：冶金工业出版社，2003.
[24] 霍庆发. 电解铝工业技术与装备. 沈阳：辽海出版社，2002.
[25] 邱竹贤. 预焙槽炼铝（修订版）. 北京：冶金工业出版社，1988.
[26] 彭容秋. 有色金属提取冶金手册，锌铅镉铋卷. 北京：冶金工业出版社，1992.
[27] 赵天从. 重金属冶金学（上、下册）. 北京：冶金工业版社. 1981.
[28] 徐秀芝，等. 有色金属冶金. 北京：冶金工业出版社，1988.
[29] 曲克. 轧钢工艺学. 北京：冶金工业出版社，1991.
[30] 康永林. 轧制工程学. 2版. 北京：冶金工业出版社，2015.
[31] 张景进. 热连轧带钢生产. 北京：冶金工业出版社，2005.
[32] 白星良. 有色金属压力加工. 北京：冶金工业出版社，2005.
[33] 黄守汉. 塑性变形与轧制原理. 北京：冶金工业出版社，2002.
[34] 王维邦. 耐火材料工艺学2版. 北京：冶金工业出版社，1993.
[35] 任国斌，等. Al_2O_3-SiO_2系实用耐火材料. 北京：冶金工业出版社，1988.
[36] 韩行禄，等. 耐火材料应用. 北京：冶金工业出版社，1986.

冶金工业出版社部分图书推荐

书　名	作　者	定价(元)
钢铁冶金原理（第4版）	黄希祜	82.00
钢铁冶金原理习题及复习思考题解答	黄希祜	45.00
冶金传输原理	刘　坤	46.00
冶金传输原理习题集	刘忠锁	10.00
现代冶金工艺学——钢铁冶金卷（第2版）	朱苗勇	75.00
钢铁冶金学（炼铁部分）（第4版）	吴胜利	65.00
钢铁模拟冶炼指导教程	王一雍	25.00
钢铁冶金用耐火材料	游杰刚	39.00
钢铁冶金过程环保新技术	何志军	35.00
电磁冶金学	亢淑梅	28.00
冶金设备及自动化	王立萍	29.00
炉外精炼教程	高泽平	40.00
连续铸钢（第2版）	贺道中	38.00
冶金科技英语口译教程	吴小力	45.00
冶金专业英语（第2版）	侯向东	36.00
物理化学（第2版）	邓基芹	36.00
无机化学	邓基芹	36.00
煤化学	邓基芹	25.00
冶金原理（第2版）	卢宇飞	45.00
金属材料及热处理	王悦祥	35.00
烧结矿与球团矿生产	王悦祥	29.00
高炉冶炼操作与控制	侯向东	49.00
转炉炼钢操作与控制（第2版）	李　荣	58.00
炼铁工艺及设备	郑金星	49.00
炼钢工艺及设备	郑金星	69.00
铁合金生产工艺与设备（第2版）	刘　卫	45.00
高炉炼铁生产实训	高岗强	35.00
转炉炼钢生产仿真实训	陈　炜	21.00
炉外精炼操作与控制	高泽平	38.00
连续铸钢操作与控制	冯　捷	39.00
矿热炉控制与操作（第2版）	石　富	39.00
稀土冶金技术（第2版）	石　富	39.00
金属热处理生产技术	张文莉	35.00
金属塑性加工生产技术	胡　新	32.00